官営八幡製鉄所の研究

佐藤昌一郎

八朔社

官営八幡製鉄所の研究 ● 目　次

凡　　例 iv
図表一覧 v

序　章　本書の課題と方法 …………………………………… 1
　　Ⅰ　課　題　1
　　Ⅱ　方　法　8

第1章　製鉄所の成立と経営方針 …………………………… 15
　　Ⅰ　設立と企業形態　15
　　Ⅱ　官業財政制度の特徴　29
　　Ⅲ　経営方針　35

補　論　赤谷鉄山問題 ………………………………………… 43
　　Ⅰ　本稿の課題　43
　　Ⅱ　赤谷鉄山開発をめぐる諸問題　44
　　　1　赤谷鉄山買収＝開発の根拠　44
　　　2　製鉄事業調査会における赤谷開発論議の特徴　53
　　Ⅲ　製鉄所と三菱合資会社との
　　　　鉄鉱石輸送契約書について　58
　　結　語　66
　　資　料　68

第2章　創立期における製鉄所財政の構造 ……………… 77
　　Ⅰ　創立費　77
　　Ⅱ　作業費　93

i

　　　　Ⅲ　作業収入と損益　106
　　　　　1　作業収入　106
　　　　　2　損　益　112
　　　　結　語　116

第3章　製鉄所の拡張政策の展開と矛盾 ……………119
　　　　序　119
　　　　Ⅰ　第1期拡張　121
　　　　Ⅱ　第2期・第3期拡張　128
　　　　Ⅲ　官・民の「対抗」と協調　136

第4章　拡張期における製鉄所財政の構造 …………147
　　　　Ⅰ　作業費の膨張　147
　　　　　1　概　観　147
　　　　　2　原料費　153
　　　　　3　生産費と生産品　174
　　　　Ⅱ　作業収入と損益　188
　　　　　1　製品販売の動向　191
　　　　　2　販売価格の動向　202
　　　　　3　損　益　210
　　　　結　語　213

第5章 「製鉄原料借款」覚書 ……………………219
 はじめに　219
  I　漢冶萍借款の発端　223
  II　漢冶萍借款の展開　234
  III　製鉄原料の購入価格　255
 結　語　263

第6章 製鉄所特別会計の成立 ……………………265
  I　問題の提起　265
  II　鉄鋼資本と特別会計　271
  III　国家財政と特別会計　292
  IV　製鉄所特別会計の内実と特徴　320
 結　語　334

  解　題──石井　寛治　337

  あとがき──花原　二郎　347

装幀●高須賀　優

凡　例

(1) 原資料からの引用の一部には，読みやすさへの配慮から，カタカナ表記の平仮名への置き換え，句読点の補足，旧字の当用漢字への変更などの処置が，著者によって施されている。
(2) 引用文中の〔　〕は著者の補足である。
(3) 原資料に散見される明らかな誤字は，著者によって特に断りなく修正されている。
(4) 原資料の統計数値には，一部計算の不一致や相互の矛盾などが散見されるが，該当部分には著者がその旨注記している。
(5) 著者の誤記と推測されるものは，編集部の判断で，特に断りなく修正した。
(6) [　] は，編集部による補足である。
(7) 遺稿に残されていた著者による書き込みは，可能な限り本書に反映させているが，判読不能な部分は論文初出時のままとしてある。
(8) 引用文・統計については，原資料，および著者による原資料からの手書きの写本「八幡・漢冶萍ノート（1965. 4〜11）」に照合し，編集部が修正した部分があるが，照合不可能なうえ誤記であるか判断がつかないものは，論文初出時のまま掲載している。

図表一覧

表1-1	製鉄所創立費継続費予算	21
表1-2	石川島平野造船所売上高	27
表1-3	海軍,軍艦・水雷艇等修理費	28
表1-4	一般会計歳入と官業及び官有財産収入	30
表1-5	受払勘定	33
第1表	[新潟港,石灰窰港との間の年間船線]	60
第2表	3000トン積船舶の年間船費内訳	61
第3表	石灰窰―門司,石灰窰―製鉄所間運賃明細	61
表2-1	製鉄所創立費	78
表2-2	製鉄所創立費内訳(1)	79
	製鉄所創立費内訳(2)	80
	製鉄所創立費内訳(3)	81
	製鉄所創立費内訳(4)	81
表2-3	製鉄所要求5カ年継続費予算案(明治37-41年度)	86
表2-4	臨時事件費支出「製鉄所創立補足費」	87
表2-5	明治38,39年度臨時事件費による創立補足費	89
表2-6	収支推計表	93
表2-7	創立期の作業費支出	94
表2-8	作業費中給料額	96
表2-9	製鉄所従業員数(明治34-38年度)	96
表2-10	材料素品購買費内訳	98
表2-11	製鉄所の鉄鉱石購入高・消費高	99
表2-12	製鉄所の銑鉄等地金購入高・消費高	101
表2-13	製鉄所鋼材品目別生産高(明治34-38年度)	102
表2-14	作業収入の動向(明治34-38年度)	107
表2-15	製鉄所の鋼材販売高及び価額	108-109
表2-16	鋼材トン当たり平均販売価格と平均生産費	111
表2-17	創立期受払勘定表	113
表2-18	製鉄所貸借対照表(明治34-38年度末)	114
表3-1	製鉄所第1期拡張費予算	124
表3-2	熔鉱炉設備(明治34-昭和5年)	132
表3-3	製鋼設備	132

表3-4	鋼材圧延設備能力	133
表3-5	製鉄所の「固定資本」	133
表4-1	作業費の動向（会計年度・支出済額）	148
表4-2	製鉄所従業員数の推移（会計年度）	149
表4-3	作業費中給与額	150
表4-4	材料素品購買費	150
表4-5	製鉄所における鉄鉱石購入高	154
表4-6	大冶鉄鉱石購入価格	154
表4-7	製鉄所における鉄山別鉄鉱石買入高及び契約単価	156
表4-8	鉄鉱石の品質	157
表4-9	製鉄所における石炭受入高	162
表4-10	製鉄所の石炭購入額	163
表4-11	大正9年度製鉄所購入（予定）石炭平均単価	164
表4-12	大正12年度製鉄所購入石炭主要炭種契約単価	165
表4-13	石炭の門司船積価格	165
表4-14	製鉄所における銑鉄生産高と購入高	167
表4-15	外国銑鉄沖着価格（1911-13年）	168
表4-16	製鉄所の購入銑鉄契約価格とインド銑・釜石銑価格	169
表4-17	製鉄所における外部銑購入量及び金額	171
図4-1	銑鉄・鋼塊・鋼材直接生産費の動向	174
表4-18	平均生産費の変化と内容	175
表4-19	生産費内訳（Ⅰ）	177
表4-20	生産費内訳（Ⅱ）	178
表4-21	製鉄所職工（男工）月額賃金と物価指数	178
表4-22	製鉄所における原料購入単価	180
表4-23	製品歩留まり（会計年度）	181
表4-24	製鉄所における工場別鋼材生産能力と実生産高	183
表4-25	主要製品生産費	185
表4-26	製鉄所の鋼材生産高	187
表4-27	製鉄所の鋼材生産高及び販売高	189
表4-28	作業収入の動向（収支済額）	190
表4-29	製鉄所の官民別鋼材販売高(1)	192-193
表4-30	製鉄所の官民別鋼材販売高(2)	192-193
表4-31	海軍の製鉄所への発注予定及び発注額	195
表4-32	普通鋼・圧延鋼材用途別消費高	196-197

図表一覧

表4-33	主要製品販売高	196-197
表4-34	製鉄所の海軍工廠及び民間造船所への造艦・造船用鋼材販売高	199
表4-35	製鉄所主要製品販売価格及び輸入価格	202-203
表4-36	大正7年5月製鉄所在庫品（丸鋼・角鋼・平鋼300トン）主要入札者及び価格	204
表4-37	製鉄所の棒鋼・軌条平均販売価格と生産費	204
表4-38	官民別鋼材平均販売価格	206
表4-39	大正10年1月の製鉄所の販売価格と東京市価	207
表4-40	大正12年3月10日発表の製鉄所製品販売価格	207
表4-41	製鉄所の損益	211
表4-42	大正末年貸借対照表	212
表5-1	国別鉄鉱石輸入高	221
表5-2	製鉄所における鉄鉱石受入高	222
表5-3	［1904（明治37）年漢冶萍借款契約内容］	229
表5-4	30万円借款元利返済明細表	236
表5-5	漢冶萍公司借款一覧	238-239
表5-6	漢冶萍公司借入金（1913〔大正2〕年はじめ）	242
表5-7	漢冶萍借款による鉄鉱石及び銑鉄の契約数量	244
表5-8	漢冶萍公司の鉄鉱石・銑鉄生産高及び製鉄所への納入高	246-247
表5-9	漢冶萍借款の期限・償還方法の改定及び担保	248-249
表5-10	裕繁公司借款	251
表5-11	裕繁公司借款元利償還予定（1923〔大正12〕年決定）	251
表5-12	漢冶萍公司の製鉄所への鉄鉱石・銑鉄販売価格	256
表5-13	1917（大正6）年上半期漢冶萍公司大冶鉄山鉄鉱石生産費	257
表5-14	1917（大正6）年漢冶萍公司漢陽銑鉄生産費	258
表5-15	鉄鉱石輸入トン当たり単価	259
表5-16	1918（大正7）年度平均大冶鉱石・漢陽銑鉄1トン当たり着値	260
表5-17	アメリカにおける鉄鉱石（non bessemer, 鉄51½％）1トン当たり平均卸売価格	260
表5-18	アメリカの銑鉄卸売価格（ベッセマー）	261
表5-19	イギリスの銑鉄価格	263
表6-1	主要会社別銑鉄生産高の推移（暦年）	274
表6-2	主要会社別鋼材生産高	275

表6-3	対払込資本金利益率	………………………………………	276
表6-4	日本鋼管経営実績の推移	………………………………	278
表6-5	釜石鉱山収益状況	…………………………………………	279
表6-6	国債の起債・償還額	………………………………………	308-309
表6-7	西原借款一覧	……………………………………………………	316-317
表6-8	「製鉄原料借款」の預金部への元金返済額及び残高	………	325
表6-9	製鉄所特別会計資本勘定収支決算（会計年度）	………………	328
表6-10	製鉄所特別会計国債	………………………………………	329
表6-11	製鉄所特別会計より国債整理基金特別会計への繰入額	…	330
表6-12	製鉄所借入金残高内訳	……………………………………	331
表6-13	漢冶萍借款元利総額	………………………………………	333
表6-14	製鉄所特別会計への借款資金貸付高	………………………	333

序　章　本書の課題と方法

I　課　題

　周知のように，資本主義の帝国主義段階においては，国家の経済的役割・機能は著しく増大し，そのひとつの環として，国家所有，公企業の内包的外延的拡大——かならずしも直線的ではないにしても——がかなり顕著である。主要資本主義諸国の公企業の歴史と現状を一瞥すれば，その傾向は容易に看取しうることである。この公企業の顕著な展開は，一面において，公企業における企業・経営形態の変化・新形態の現出の過程でもあった。それは，基本的には，公企業の本質である資本主義の補強装置としての機能をより「合理的」に遂行するための方策として必然化するのである。世界的動向からみれば，公企業の「新しい企業・経営形態」といわれている，いわゆる公共企業体の形成がそれである。イギリスのW・A・ロブソン教授は公共企業体出現の意義を強調して，「公共企業体は政府制度の分野における20世紀の最も重要な案出である」と揚言しているほどである。

　公共企業体は出自的には英米産であるが，アメリカ，イギリスなどにおける公共企業体の形成・展開とそれらの研究は，アメリカの対日占領政策の一環として行なわれた官庁企業（Regieunternehmung, Regiebetrieb）の公共企業体改組のさいに，一定の影響を与えた。敗戦後，官庁企業の何らかの改組は官僚機構の内部でもいちおう問題とされ，そのための参考資料として外国の独立採算制を中心とした公企業の制度の紹介が行なわれはじめていたが，学会では例のマッカーサー書翰（昭和23〔1948〕年7月22日）前後に公共企業体研究が盛んとなり，公企業研究の重点は公共企業体研究に移行したかの如き観を呈した。公共企業体は形態的には従来の公企業の「近代化」形態で

あったから，それにたいする経営学的研究が数多く登場したのは当然であったといえよう。この場合，一方では，公共企業体は如何に合理的かつ現代的公企業であるか，したがってそれと対比した官庁企業は如何に非合理的かつ時代錯誤的公企業形態であるか，そしてまた官庁企業を改組した日本の公共企業体の実態はアメリカ，イギリスなどのそれと比べて如何に不充分なものであるか，が強調されていたのである。他方では，科学的経済理論に立脚した理論家たちは，この種の公共企業体論にたいして，鋭いイデオロギー的批判をあびせ，アメリカ帝国主義に従属した戦後日本資本主義の危機の一環として公共企業体への改組を分析せず，しかも日本資本主義の具体的な現実と歴史的条件を無視した輸入理論である，と痛論したのである。

　これらの諸見解を検討することは，本稿の主題ではないから，深くたちいらないが，必要な限りで一言すれば，前者の方法的特徴は次の点にある。すなわち，それは，主としてアメリカ，イギリスの公共企業体の検討を通じて，とくに企業・経営体としての自主性を基準に，いわば公共企業体の「理想型」を設定し，それを価値判断の尺度として，官庁企業一般および日本の敗戦後の公共企業体の制度的欠陥を指摘して，「理想型」へのそれらの接近・移行を説く点にあった。このような方法であったから，公共企業体の経営的特質を浮きぼりにすべくその比較対象としてとりあげられた官庁企業は専ら法的規定・規制を中心として把握され，財政上・行政上・政治上・人事上の拘束性，官僚主義経営・非能率などの点に特徴が求められ，かかるものとして「理想型」が設定されることにとどまった。実態分析抜きの抽象的かつ形式論理的手法であるといわざるをえない。

　わたくしも，一般的に官庁企業が種々の拘束性を強く保有していることは何ら否定しない。しかしながら，公企業の理論問題において，公企業の一形態である官庁企業が資本主義の発展の一定の段階または時期まで，一般に指摘されているような種々の拘束にもかかわらず，公企業の支配的形態として存続してきたのは何故か，そして如何なる企業経営活動を遂行してきたのか，または自主化官庁企業，公共企業体への改組や新出現がみられたのは何故か，その過程で財務・経営組織の改編が何故，どのように資本主義の状態に「適

合的」に行なわれてきたのか,という諸問題の解明を抜きにして,形態的特徴を形式論理的に説いても科学的研究としてはきわめて不充分であるといわなければならない。

　われわれは,公企業の形態変化や形態的多様性を,形式論理的ではなく,論理的かつ歴史的に把握するために,まず,運動体としての官庁企業の経営経済構造とその特質および矛盾を析出しなければならない。それは何よりも国家の企業であるから,たんなる個別企業的観点からのみ把握することはできないであろう。この方法的諸問題の詳論は別の機会にゆずらざるをえないが,要するに,公共企業体の解明のためには,官庁企業の解明がなされなければならないのである。日本の場合についていえば,戦前を通じて公企業の重要な形態として存在していた官庁企業がどのような経営経済形態と構造をもち,経営活動・政治経済的機能を果してきたのか,そしてそれらは如何なる相互連関性と矛盾を有していたのかが問題なのである。これらの解明は,第1に,自主的官庁企業や公共企業体への改組の諸条件および公共企業体の特徴の解明の歴史的理論的前提を形成する。第2に,営団,特殊会社の形成の基礎条件の証明,第3に,公企業一般の本質・運動の析出・把握の一助となる。第4に,多くの官庁企業を天皇制国家機構に包摂してきた戦前日本資本主義の重要な一翼と分析となるであろう。

（1）　公企業の歴史と現状については多くの文献が刊行されている。イギリス,西ドイツ,フランス,イタリアの公企業の動向については,さしあたり,A. Weber (hrsg.), *Gemeinwirtschaft in Westeuropa,* Vandenhoeck & Ruprecht, Göttingen, 1962. が包括的で一瞥するのに便利である。これは4つの論文集であるためにでもあろうが,各国に示される公企業の諸形態の相違,すなわちイギリスではいわゆる「混合企業」(mixed enterprise) が見るべき展開をとげず,西ヨーロッパ諸国におけるその広汎な展開との対照的現象,それを惹起せしめた歴史的経済的要因の論究などは殆ど行なわれていない。

　　各国の公企業研究の文献は数多いが,科学的経済学に立脚した研究の代表的なものとしては次のものをあげることができよう。

西ドイツを主対象とした，L. Maier, L. Ivánek, *Unternehmer Staat － Zur Rolle der Staatskonzern in Westdeutschland,* Dietz Verlag, Berlin, 1962. これはおそらく唯一のまとまったものであろう。同書の簡単な紹介は筆者が『経営志林』第1巻第3号で行なったが，同書の第1章「1945年以前の帝国主義ドイツにおける国家企業の生成と発展」の部分が竹林真一氏によって「ドイツの国家企業」と題して『同志社商学』(16－5，16－6，17－2) に訳載されている。

　イギリスについては，周知のように，H.Fagan の小冊子 *Nationalisation,* London, 1960 (佐藤昇訳『現代資本主義と国有化──社会主義への前進のために──』合同新書，1961年)，フランスについては，私は暗いのであるが，シャルル・ベットレーム「国有化部門の役割」(井汲卓一編『国家独占資本主義』大月書店，昭和33年，所収) が注目すべき労作である。ただし，これらにおいても，公企業の形態変化に関する分析はなされていない。

(2)　同上。

(3)　公共企業体の起源を本源的蓄積期や産業資本主義期に求める見解もある。たとえば，E. C. S. Wade は「名称は同じではないが……公共企業体は政府の自主的機関として，殊に今日地方自治体により担当された分野で，長い歴史を有している。ホールズワース (Holdsworth) たちは，一般的には法令によって創立された……18世紀における中央政府によってコントロールも監察もされない特別の団体について書いている」とのべている (E. C. S. Wade, The Constitutional Aspect of the Public Corporation, *Current Legal Problems,* Vol.2, 1949. この論文はイギリスの公企業に関する雑誌論文のうち重要と思われるものを収録した A. H. Hanson (ed.), *Nationalization － A Book of Readings －,* George Allen and Unwin, London, 1963, pp.110-113 に "A Transitory Form?" と題して入れられている。引用はこの本から)。Wade 自身は1919年までの歴史をみれば，自主的な国家諸機関は中央政府内で恒久的な地位をもっていたとはいえないし，それらはすぐにかあるいはのちに，政府各省に吸収された，と指摘している。たとえ，本源的蓄積期や産業資本主義段階に，公共企業体に類似した自主的な国家機関が存在したとしても，それは Wade のいうようにいったん政府各省に吸収されてしまうのであり，また地方自治体所有の自主的な事業体の場合には，局地的な部分的存在にすぎなかったのであるから，それらを公共企業体の発生史の出発点におくことはできないであろう。それは独占資本主義段階の産物として把握しなければならない。

序　章　本書の課題と方法

　　竹中龍雄教授は，公共企業体の発達を促したひとつの要因を「戦争や世界恐慌の如き非常事態」に求めている（「公共企業体の発展とその背景」，杉村章三郎・柳川昇編『公共企業体の研究』有斐閣，昭和30年，29－30ページ）が，他方次のようにものべている。「公企業の本質に適応した根本的体系的改革は，なかなか容易でないけれども，公企業の企業性を認め，もってその経営能率を高める必要の大なることは明瞭であって，輿論が強く要求した。そこで，個々の公企業について，例外措置として，部分的処理が世界的に行なわれ，その結果，多くの公共企業体や独立的公企業が生れたのである」，と（「公企業の新しい在り方」，竹中『公企業研究の世界的動向』森山書店，昭和29年，20ページ）。この両者の指摘がどのように有機的連関をもっているのか，教授の場合明確であるとはいい難い。

（４）　W. A. Robson, *Nationalized Industry and Public Ownership,* Revised Second Edition, G.Allen and Unwin, London, 1962, p.28. ロブソン教授によれば，公共企業体なる「現代的形態の創出の基礎的理由は工業的あるいは商業的性格をもつ諸事業（undertakings）の管理における高度の自由，大担さ，企業心の必要」と政府各省に典型的にみられる「警戒と慎重さから脱しようとする欲求である」（*ibid.,* p.47）。この種の見解は一般によくみられるのであるが，このように専ら「必要」と「欲求」に還元されてしまっては皮相的たらざるをえない。それらを生みだす基礎構造との連関を把握しなければ，問題は科学的に解明されたことにならないであろう。

（５）　直截にいえば，直接的には官業労働者の運動抑圧を意図的契機として具体化されたことは周知の如くである。理論的立場が異なっていても，公社化における政治的な意図の存在は否定されていない。しかも，それが戦後日本の公共企業体の実体を規定する第一の要素として重視されているほどである。たとえば，占部都美教授は次のようにのべている。長文だが念のため引用しておこう。「この〔マッカーサー〕書簡は，当時わが国における労働運動の過激化の傾向に直面して，労働運動の指導的地位にあった政府職員労働組合から，その争議権及び団体交渉権を剝奪する主旨をもったものである。このような書簡に関連して，わが国の国有企業の公共企業体化が発足した過程は，かなり変則的である。それは，公務員法改正の問題とからんで，政治的な外部的要請に基いたものであり，公企業の自主化の内的必然性の正常なあらわれということはできない」。「このことは，日本国有鉄道の実体を規定する第一の要素として考慮されねばならない」（『公共企業体論』増補版，森山書店，昭和27年，380，393ページ）。

（６）　一般的には，官庁企業は「所管大臣の指揮のもとで行政の一部として

〔企業活動が〕遂行される」公企業と規定されている（Hans Ritschl, Öffentliche Unternehmungen, in *Handwörterbuch der Sozialwissenschaften*, 26 Lieferung, S.510）。またこれを「純粋官庁企業」と「自主化官庁企業」に類型化しているのが通例である。本稿で単に官庁企業という場合にはとくにことわりのない限り、前者の「純粋官庁企業」をさすものとして使用する。

(7) たとえば、大蔵省理財局『公企業の独立採算制』昭和21年、「公企業の独立採算制」（『大蔵省調査月報』第25巻第1号）など。

(8) 主なものをあげれば次のような研究文献である。運輸調査局『独立採算制論——パブリック・コーポレーションの研究』中央書院、昭和23年。占部都美『公共企業体論』森山書店、昭和24年（増補版は同27年）。同『公経営管理』技報堂、昭和29年。竹中龍雄『国営企業論』泉文堂、昭和24年（増補版は同28年）。同『公企業経営』ダイヤモンド社、昭和29年、同『公企業研究の世界的動向』森山書店、昭和29年。山城章『公企業』春秋社、昭和25年（改訂新版は同30年）。国弘員人『公企業概説』昭和24年。同『企業形態論』泉文堂、昭和24年（新訂版は昭和40年）。杉村・柳川編前掲書。

　これらによって、公企業とりわけ公共企業体の研究が大きく前進したが、公企業の概念と形態についての把握の相違も明確なかたちで表現されたのである。これらのなかで展開された公企業の概念規定の整理とその批判については、とりあえず、朽木清「公企業概念の吟味」（『経営研究』第27号、1957年）を参照されたい。

(9) とくに占部教授の前掲書。

(10) 木村和三郎他監修『現代経営会計講座——戦後日本の経営会計批判——』第1巻、東洋経済新報社、昭和31年、352－353ページ。

　なお、島恭彦『日本資本主義と国有鉄道』日本評論社、昭和25年、大島藤太郎『国家独占資本としての国有鉄道の発展』伊藤書店、昭和23年、戸田慎太郎『天皇制の経済的基礎分析』三一書房、昭和22年、など国鉄を分析した労作が刊行された。これらの評価については、現在予定している別稿［本書第6章と思われる］で詳論する。

(11) 従来の公共企業体論がこの種の問題意識を全く欠いていた、といえばたしかにいいすぎである。たとえば、竹中教授は次のようにのべている（《　》はわたくしの挿入）。

　「18世紀の末頃までは、国営企業の経営と私企業との相違はそれ程甚しくなかった《それは何故か？》……19世紀に入って自由放任主義が普遍化

序　章　本書の課題と方法

し，公企業が排斥されるにつれて，例外的存在に堕せる国営企業の運営は私企業の経営方法とは離れて，次第に公行政に同化され《何故か？》，遂に，国家並に地方自治体の一般行政の中心に融合されるに至った。ここに於てか，国営企業の経営は専ら官僚主義によって支配されることとなったのである。而してこの状態は自由主義が漸次衰退し，国家及地方自治体が私企業を買収したり，公企業を自ら創設する事例が漸く多きを加えるようになっても，容易に改めないで，現在にいたっている」（『国営企業論』増補版，133ページ）。本来ならば，公企業の発展にともなって，「公企業にふさわしい・行政組織ならびに・行政運営手続を用意すべきであるが，その準・備・ができなかったため，別の目的からできているけれども，既存のものを借用したに過ぎない」（傍点は引用者）。「公企業の経済性を認め，従って，経済法則ならびに経営原則に準拠すると同時に，行政上の要請をも満足する公企業に適応した組織ならびに運営方法〔の〕工夫が……軌道に乗り出したのは，世界的にみると第1次世界大戦以後である」。その原因は次のような「法則もしくは事実」である。「おもうに，行政機構は停滞性を有し，その改革はなかなか容易ではないが，更に次のような事実が，これにからみ付いている……。……行政組織および行政技術は，もちろん，それ自身の内部における自己発展力を有している《どういうことか？》けれども，これを指導する政治が，一方において，大いなる推進力となると同時に，他面また，非常な阻止作用を演ずるのである。具体的にこれを例示すると，政治が腐敗堕落しているところでは，科学を基礎とした行政や行政技術の発達は行なわれるべくもない。また，民主政治の樹立の初期においては，民主政治の徹底に主力が注がれ，行政の合理化までは到底手がとどかない。行政の合理化および能率化に積極的に乗出すようになるのは，民主政治が確立され，その運営に成功した後で，これをアメリカについていえば，それは1930年代以来のことに属する」（前掲『公企業研究の世界的動向』19－20ページ）。

　敢えて長文すぎる程の引用を行なったが，それは公企業の研究は経済学，経営学，行政学，財政学的研究によって体系的に行ないうる，とする竹中教授の所論の特徴がここにも明白に読みとれることと，「国家の性格の相違ならびに変化につれて，公企業の在り方が変って〔いる〕」（同上，18ページ）という指摘の具体化でもあるからである。要するに教授によれば，純枠官庁企業は自由主義イデオロギーにもとづく政治形態の産物であり，その合理化の準備と工夫ができていなかったために，その形態が長い間続き，民主政治が確立し，その運営に成功してはじめて，行政の能率化・合

7

理化が推進され、公企業の形態変化がみられるようになった、ということのようである。

　解明さるべきことが解明されておらず、わたくしには理解しかねる点があるが、ここではそれを措くとしても、公企業の形態変化をこのように行政を中心として説明するのが妥当であろうか。行政学的アプローチはそれ自体として存在するが、公企業（経営）論としての問題を行政学的アプローチで代位させるわけにはいかないであろう。経済・経営・行政などの諸要因を並列的にのべることではなく、規定・被規定の関係を明確にして、並列的総括ではなく、統一的把握が試みられなければならないであろう。この点に関して、寺尾晃洋教授が公企業の形態変化の基本的契機を公企業の利潤率の相違に求め、「公企業の利潤率の度合はその経営の自主性の度合に反映し、この経営の自主性におけるバラエティーや色彩のちがいが公企業の形態的多様性を直接的に規定する」（『独立採算制批判』法律文化社、昭和40年、97ページ）とのべているのは、注目してよい点であろう。

II　方　法

　官庁企業研究の現実的意義が、以上のような諸点に求められるとすれば、それはまた官庁企業研究の一般的な問題の所在を示すものといえるであろう。しかしながら、現在官庁企業全般を本書の対象として分析することは、時間的にも能力的にも不可能である。したがって、本書では、戦前日本の官庁企業＝官業解明の一齣として、戦前日本資本主義の構造的特質の一端を明示する、基幹産業たる鉄鋼業の官業、すなわち官営製鉄所を分析対象とし、とくにその財政の展開と構造の検討に課題を限定し、それを通じて官業経営活動の特徴把握に接近することを意図している。官業財政は国家財政の一般会計、特別会計両面にまたがり、いわゆる財務も経費も収益もそのなかに包括されている。したがって、官業財政は経費（生産）、収入（販売）、収益の3つの領域と後述するような官業財政制度の特徴にもとづく固定資本投資を含み、それだけに問題領域が広汎化するが、国家目的と官業の経済経営活動の状況をそれ自体のなかに表現する。官業分析の序論として、財政をとりあげるゆえんはこれである。

しかしながら，われわれは本書の対象をさらに限定しなければならない。なぜなら，官業財政——したがってまた官営製鉄所財政——といっても官業の財務会計上の相違によって2つのものに分けられるからである。すなわち，「独立会計」形式のそれと「作業会計」形式のものである。これはかならずしも適切な表現ではないが，前者は一般会計からの資金の投入ならびに収益の一般会計繰入を廃止し，いわば独立採算が原則化されている特別会計制度をとるものであり，後者は，固定資本投資が一般会計に依存し，収益は一般会計に繰り入れられ，赤字は一般会計から補塡される「作業特別会計」制度をとるものである。前者には，明治42（1909）年度からの国鉄特別会計，昭和2（1927）年度からの製鉄所特別会計，昭和8（1933）年度からの通信事業特別会計が該当する。それらが現実に独立採算たりえたかは疑問のあるところであるが，このように制度を異にする官業財政を一括して論ずることは困難であるとともに当をえないので，独立採算的な製鉄所財政の分析は次の課題として留保し，専ら「作業特別会計」制度下における製鉄所財政の展開と構造の論究に課題を限定する。ここに本書の大きな限界があることをあらかじめおことわりしておかなければならない。

本書では，上述した理由から，製鉄所特別会計への変更以前，すなわち，製鉄所の創立から大正期までの製鉄所財政を検討するが，それを創立期（明治29〔1899〕年－同38〔1905〕年）と拡張期（明治39〔1906〕〕年－大正末〔1925・26〕年）に時期区分して分析する。創立期はいわゆる産業資本の確立期・帝国主義への早熟的転化時点であり，製鉄所自体に即していえば，当初の創立計画の事実上の失敗，生産規模の拡大——国家投資の激増をへて，日露戦争のための生産設備の補強などによって，鉄鋼生産機構がいちおう完成され，鋼材9万トン生産目標達成の現実的基礎が形成された時期である。拡張期は日露戦争後の日本帝国主義の軍事的経済的展開に対応して，その生産的基盤の拡充・強化のために，第1次から第3次にのぼる製鉄所の拡張政策が遂行され，あわせて製鉄合同論をうみだす経済的諸条件が形成される時期でもある。

以上のべてきたような視角から従来の研究史をみると，製鉄所の研究は，

日本資本主義発達史，日本鉄鋼業（史）論として，あるいは製鉄技術（史）論の立場から行なわれ，相当の秀れた研究の集積があるが，官業としてのまたは官業財政のたちいった研究は，殆どない，いや全くない，といっても過言ではない。財政学における日本官業の研究も，明治前期のそれにようやくメスが加えられはじめた程度で，内在的な分析は全く行なわれていない。これは綿業研究の進展と比べてみると対照的である。その理由はいくつかあるが，資料の制約・「欠如」がひとつの要因といえよう。製鉄所の研究の場合にも資料的制約が大きい。それが製鉄所の企業経営研究の進展を制約しているひとつの理由といえるが，それはさて措き，従来の戦前日本鉄鋼業論における根本的欠陥は，原料問題の考察に際して，たんに外国依存とか，借款による中国鉄鉱石の確保とかが指摘されるか，あるいは山田盛太郎博士の古典的規定などが引用されるにとどまり，朝鮮は措くとしても，中国（漢冶萍公司），製鉄所，国家信用機関，天皇制国家権力の諸関係の内的連関・構造的把握が放擲されていたことである。

　製鉄所の原料問題は，製鉄所の再生産の，したがって製鉄所の存立の絶対的条件であったばかりでなく，戦後日本鉄鋼業，そしてまた戦前日本帝国主義の特質把握のために不可欠のものであるだけでなく，製鉄所の財政分析にさいしても無視できないものである。何故なら，大蔵省預金部，横浜正金銀行，日本興業銀行を通ずる国家資本の輸出による鉄鉱石の確保は，製鉄所にとって原料確保のための借入金としての意味をもち，したがって，購入代金は製鉄所から正金銀行・興業銀行（→大蔵省預金部〔元利支払い後残金がある場合にのみ，中国の漢冶萍公司に支払われる〕）へ支払われる，かかる特殊な形態をとっているからである。これは官業のなかでも製鉄所にのみ存在する特徴的な形態である。さらに，もし，その鉄鉱石が相対的に安価であるとするならば，それだけ製品の費用価格を低減させ，製鉄所財政に多面的な影響を与えることは明らかである。本書でいわゆる「製鉄原料借款」を分析しなければならない理由はこれである。

　要言すれば，本書は官業財政分析のひとつとして，官営製鉄所の創立期および拡張期の財政の展開と構造を具体的に分析し，それを通じて官業＝製鉄

所（経営）の特徴把握に接近することを意図している。比喩的にいえば，官業は議会を諮問機関（ただし部分的には監督的機能をもつが）とし，全内閣を顧問とし，所管大臣・長官・高級官僚を取締役重役とした特殊な管理機構をもつ。ときとして顧問は取締役的機能をもつが，かかるトップマネージメント機構のもとで官業経営が遂行されるのであり，それは国家の政策として具現する。その数量的表現（一般会計および「作業特別会計」にまたがる）が官業の財政収支であり，その収支の計算方法は，財務管理機関である大蔵省で決定した方法，すなわち会計法によらなければならない。それ故に，われわれは官業財政それ自体を具体的に論究するまえに，その前提として，会計法にもとづく官業の財政制度の特徴的方式を一瞥しておくことが必要である。

(12) 正式名称は農商務省所管（商工省設置後は商工省所管）製鉄所であるが，本書では官営製鉄所またはたんに製鉄所と表現する。八幡製鉄所という言葉がいつごろから一般的に用いられるようになったかは詮索の必要もないが，初期には枝光製鉄所とか若松製鉄所などと所在地にちなんで使われた（三枝博音・飯田賢一共編『日本近代製鉄技術発達史』東洋経済新報社，昭和32年，凡例，viiiページ）ことからみて，おそらく八幡に市制がひかれてからであろう（大正6〔1917〕年3月）。枝光，若松云々は新聞や議会の議事録にも散見され，後者は日本製鉄所という言葉とともに中国の漢冶萍公司の公式文書にもみられる。

(13) 官業は通信事業（ただし昭和7〔1932〕年度まで）と軍事工廠を除いて，すべて特別会計として処理されているがここでは本文で指摘した2つの特別会計を区別するために，一般会計と資金的に結合している特別会計を「作業特別会計」と表現する。これは，一般に財政当局者が使用する作業特別会計と同一ではない。

(14) これは，収益の一定部分を一般会計に繰り入れることを義務づけられている点で前二者と異なっている。それについては，大蔵省昭和財政史編集室『昭和財政史』第17巻（山村勝郎氏執筆），140ページ以下，および蠟山政道「公企業と特別会計」（『国家学会雑誌』第47巻第2号，1933年2月）を参照。なお，周知のように国鉄特別会計も昭和12（1937）年度から収益の臨時軍事費特別会計への繰り入れが制度化された。

(15) たとえば，国鉄特別会計について，島恭彦教授は，帝国鉄道会計法（明治42年）は「少なくとも条文の上では完全に近い独立会計がここに与えられているかのように見える」が，鉄道公債残高と比べて国鉄の負債償還金は過少であり，しかもそれは国債整理基金に繰り入れられていたのだから，一般会計の負担で元利償還されていた──とのべている（『日本資本主義と国有鉄道』180，186ページ）。寺尾晃洋教授も「この［島］教授の理解にたいして，基本的に付け加えるべきものはない」（前掲書，145ページ）とのべている。この理解が充分に論証されているかどうかも含めて，別稿［第6章］で批判的に検討・詳説する予定である。
(16) ［本書第1章から第4章］に引き続き，独立採算化導入必然性と独立採算的な製鉄所の財政構造の分析を含む「官業における独立採算化の諸問題」（仮題）［第6章］をまとめるが，先に提起した官業研究の諸問題点のいくつかはこれらを通じて解明されるであろう。
(17) 戦前，戦後を通じて多くの文献が刊行されているが，文献目録的に，あるいは文献解題的にとりあげてみても意味がないので省略する。
(18) 『八幡製鉄所50年誌』（昭和25年）の編輯後記は「終戦直後多数の貴重なる資料を焼却したため，参考資料の蒐集が容易でなかった」と書いている。とくに，官営経営の実態を解明するための資料は殆ど残っておらず，厖大な焼却済文書目録をみて，わたくしは筆舌につくしがたい気分を味わった。それでもかなりの残存資料があり，多くの方々の御好意で接する機会をえた。本書で「製鉄所文書」としたのがそれである。この「文書」には，資料ナンバーを附してあるのが稀であるので，文献注には，たんに所収あるいは収載とするにとどめざるをえなかった。なお，「製鉄所文書」のうち第一次資料を駆使して製鉄所の確立過程を詳細に検討した力作である三枝博音・飯田賢一『日本近代製鉄技術発達史──八幡製鉄所の確立過程──』──本稿はこれに負うところが大きい──に利用されている資料と同一のものについては，参照に便ならしむるために，その所引ページを併記しておいた。
(19) 山田盛太郎『日本資本主義分析』岩波書店，昭和9年，117ページ参照。
(20) このような問題を把握しようとしたものに，小野一一郎・難波平太郎「日本鉄鉱業の成立と原料問題」Ⅰ，Ⅱ，Ⅲ（『経済論叢』第73巻第4号，第74巻第3号，第75巻第5号）がある（とくにⅡ）。これは従来の研究の総括の意味をもつ論文であるが，資料的制約も手伝ってか，部分的には重要な事実誤認すらもはらんでいる（注22参照）。
(21) 加藤高明憲政会単独内閣の片岡直温商工大臣は次のようにのべている。

序　章　本書の課題と方法

　「もっとも，八幡製鉄所は，従来一般会計から，原鉱石取得のために，巨額の借入金をなしてゐる。支那の漢冶萍公司，裕繁公司および南洋鉱業公司に対する借款の如きが，すなわち夫れである。故に私は，特別会計法を実施すると同時，右借欵（ママ）を，預金部および国庫より引き離して，製鉄所に肩替りせしむるを以て至当とした。何故なら，これらの借款は，要するに，製鉄所の為めのものであり，殊に漢冶萍の如き，その金額数千万円に上り，いつ回収し得るという見当もつかない状態にあるが，しかし，必ずしも，永久に不可能というわけではなく，気永に待つことにすれば，少しづつでも，鉱石で支払いを受けらるるからである」（片岡『大正昭和政治史の一断面』西川百子居文庫，昭和9年，381ページ）。
　片岡商相が，製鉄所は鉱石取得のために一般会計から借入をしているというのは誤りであるが，このように政府当局者によっても借入金と認識されている。

(22)　[本書第1章] では当初この借款については1節もうけて叙述したが，研究史の現状からみて，借款の発端と展開の検討に相当の枚数をついやして，構成上のバランスを失したことと，独立した論文とした方が適切だと考えて，この部分をきりはなした。この部分に関しては，分析すべき点が多々残っているが，拙稿「『製鉄原料借款』についての覚え書」（『土地制度史学』第32号）[本書第5章] を参照されたい。そこでは，国内鉄鉱石よりも「大冶価格は遙かに低価格である」（前掲，小野・難波論文II，54ページ）とか「日清戦争の勝利を背景として略奪同然に清国から独占的に輸入した大冶の鉄鉱」（井上清・鈴木正四『日本近代史』上巻，合同新書，昭和30〔1955〕年，166ページ，藤井松一「産業資本の確立」，歴史学研究会・日本史研究会編『日本歴史講座』第5巻，東京大学出版会，昭和31年，190ページ）とかいうのは何ら根拠のない議論である（とくに後者）ことを明らかにしている。なお，最近，安藤実「漢冶萍公司借款(1)」（静岡大学『法経研究』第15巻第1号）が発表された。前掲拙稿のゲラ校正後であったために言及できなかったが，本稿が活字になるころには安藤氏の労作の続稿も発表されるであろうから，あわせて参照されたい［本書第6章，注98を参照］。

第1章　製鉄所の成立と経営方針

I　設立と企業形態

　周知のように，明治維新政権の成立以来，何らかのかたちでの製鉄所の設立は，とくに軍器生産の基礎確立（したがってまた絶対主義的天皇制権力の暴力的基礎確立）の必要から，政府内部での問題となっており，軍事工廠の設立（藩営軍事工場の接収・統合），改良と拡充，ならびに釜石鉱山・中小坂鉱山の官収・製鉄工場の建設などを通じて，国家権力による製鉄所の創出措置がとられた。明治13（1880）年2月，陸海軍省，工部省の三省連署による太政官への「一大製鉄所〔の〕創設」稟議は，詳細な内容は不明だが，大規模な統一的製鉄所建設という方向規定性のうえで注目してよい。「人民此業ヲ創記スルノ日ヲ待タンカ，事業宏大ニシテ成業ノ期ヲ予図スヘカラス。外国ノ輸入ヲ仰クノ止ムヘカラサル其弊害言ヲ須キス」というのが国家による製鉄所設立の経済的根拠であり，これは官営製鉄所創設にいたるまで，くりかえし政府によって主張される論点である。しかしながら，釜石・中小坂鉱山の失敗，いわゆる「体制的沈静期」における紙幣整理，軍備拡張・軍拡財政の展開のもとでの財政矛盾の激化にともない，一方ではそれらの官営の放棄となり，他方では軍事工廠の拡充に力点がおかれ，国家による製鉄所創出の試みは一時影をひそめるが，紙幣整理のいちおうの成功と企業勃興，軍拡の強行の過程において，軍器それ自体および国内の鉄鋼需要の増大――軍器素材・労働手段素材の需要増加と正貨の流出――に対応して，製鉄所の設立が政府の緊急の課題として提起されるのである。周知のようにその試みは明治24（1891）年，海軍省所管による製鋼所設立案にほかならない。

　こうして，明治28−29（1895−96）年にいたるまで種々の曲折をへながら，

製鉄所設立が明治政府によって推進され，具体化されるのであるが，これは，官業払い下げの決定・実施，その実質的終了の過程に照応している。一方では既存の官業（軍事工廠を除く）を払い下げ，他方では新しい官業を創出するという対照的過程——より正確にいえば，軍事工廠を除く既存官業の払い下げの終了と新官業の創出の時期的オーヴァーラップ——が進行する。それは何故であろうか。換言すれば，製鉄所を官業として起業せんとしたのは何故であろうか。製鉄所の経営方針・財政の解明のための一過程として，この問題を一瞥しておかなければならない。

　国家による製鉄所創出の理由（それは同時に民間の鉄鉱業が何故はなはだ未展開であったのかの理由）については，古くから論じられてきた。周知のように，政府自身がその主なる理由として軍事的必要と輸入防遏をあげていることとあいまって，これにふれる論者は一様にこの2要因（とくに前者）を指摘している。前者については異議をはさむ必要はないが，製鉄所創立の本質・性格づけについては若干の議論がかわされている。たとえば，「『ビスマルク的』国有」説（戸田慎太郎氏），「『ビスマルク的』国有の性格がすこぶる濃厚」説（鈴木武雄教授），「エンゲルスの挙げたいずれにも属さぬ第三のケース」説（森川英正教授）などがそれである。これらの説は，いずれも官営製鉄所それ自体についての性格規定ではなく，戸田説を措くと，日清戦争から日露戦争までの時期，あるいはそれ以後大正期までの国家企業総体の性格づけとしてなされたもので，その中に官営製鉄所の創出をも含めているものである。したがって，その限りではそれを製鉄所創出の本質規定・性格づけでもあると理解してよいだろう。日本の場合には，多くの場合，種々の諸要因が入りこんでいるので一義的な規定は困難である。もっともビスマルク的国有には経済的必然性・必要性がある，という主張が行なわれているのであるからスコラ的論議をしようとは思わない。しかしながら，従来，日本資本主義の軍事的半封建的性格，あるいは日本資本主義の後進的性格という因子を軸点として，かなり一般的論理でこの問題が処理されてきたように考えられる。われわれは，明治20年代末における官営製鉄所創出の「必然性」をより内在的に検討しなければならない。

明治24（1891）年の時点で製鉄所が官営として提起されたのは，製鉄所の設立のために多額の資本を必要とし，しかも利潤の獲得が確実でないから，民業としての起業を坐視していたら，いつになるかわからず，軍事上経済上大きなマイナスである，という認識にもとづくものであった。天皇制国家の目的意識，「企業勃興期」の産業構造，国家財政の状態などの相互関係から，製鉄所設立の意図と規模が決定されるが，それは，①軍器製造の独立とその製造期間の短縮化，②鉄鋼輸入の増加にともなう正貨の流出阻止（輸入の抑制），③鉄鉱業者の保護，④工業の発展であり，そのために当面「地鉄3万噸」を生産し，陸海軍の需要6000トンをみたし，残りを一般の需要にあてる，というものであった。明治25（1892）年の製鋼事業調査委員会の議決では，民業では資本の調達と利潤の困難をあげ，「故ニ若シ之ヲ民設トセハ政府ヨリ充分ノ補助ヲ与フルモ株式組織ノ会社ニ委任スルコト能ハサルハ従来ノ株式会社ノ成績ニ依テ多言ヲ要セスシテ明ナリ」とのべ，更に個人資本家では適当なる人物が居らず到底行なわれがたい，しかも官営の場合には民営のように利潤目的でないから「軍事上ノ必要ト国家経済上ニ利益アル」ゆえに，官営となすべきことを提議している。この官僚・軍人・学者の調査委員会の株式会社不信は株式会社の経済的経営的意義を何ら理解できないこともあろうが，現実には，投機目的で株式会社を設立する傾向の存在――より具体的には「日本製鉄会社」の経験であったと考えられる。しかし，木をみて森をみない評価だといわざるをえない。もちろん，この議決でも，そしてまた後藤象二郎の民営論でものべられているように，民営の場合には鉄道や海運と同じく政府の補助を必要としたであろうことは疑いえない。

　民営論にとどめをさしたとみられる榎本武揚農商務大臣は明治28年日清戦争終結後の意見書で，もし「企業者……其人アリテ民設トスルモノ頗ル大業ナレバ必ズヤ国庫ヨリ相当ノ補助ヲ要スベシ」と民営の場合の政府補助の不可避を認めている。だがそのことの故に（正しくはそれを一要因として），民営論を否定するのである。その理由は，「之ニ制限的補助ヲ与ヘンカ，或ハ事業ノ消長ニ大関係ヲ生ズベキノミナラス遂ニ防止ス可ラサル弊害ヲ惹起セン。又之ニ無制限的補助ヲ与ヘンカ，所在企業者ヲ競争セシメンノミナラ

ス,又政府ニ在テ補助者ノ撰択ニ迷フノ弊アルハ従来普通ノ補助事業ニ徴シテ明了ナリ」というにある。ある意味では明らかに資本家不信論でもある。

このように, 民営の場合に適当な資本家がいないことや株式会社不信, 補助金交付の問題性などが民営否定の前提条件として指摘されているが, それは, 三井と三菱が政府の勧誘に応じなかったことと無関係ではない。金子堅太郎は後年「政府は三井・三菱の当事者を招き両家合同して製鉄事業を経営せば, 多少の保護金を支給すべしとて勧誘したれども, 両家は共に事業の経験なく, 又至難なるを以て謝絶したり, 故に政府は農商務省に於て創立することに決定したり」とのべている。この意味をどの程度まで評価しうるかは問題のあるところであるが, 三井, 三菱の明治20年代後半の資本蓄積状況からみても, たかだか400万－500万円程度（しかも4カ年支出；後掲表1－1参照）の資本を調達しえないことはないだろう。原蓄期において, 特権的・独占的な地位を背景とし「初期的独占利潤」を取得し, きわめて巨大な蓄積を達成した三井や三菱が明治20年代（1890年代）に多角化を定着させ, 三井は物産・鉱業・銀行, 三菱は日本郵船・鉱業（そして銀行）を軸として資本蓄積をおしすすめていった。しかし, 工業部門（その多くは官業払い下げによって取得）ではいずれも予期したほどの利潤を取得していない。たとえば, 三菱の場合には, 長崎造船所は日清戦争時に炭坑・鉱山に匹敵する利益をあげたがその前後は停滞的で不安定であり, 大阪製煉所の収益は微々たるものである。三井の場合にも, 工業部所属諸事業が芝浦製作所を除き軽工業部門であるにもかかわらず, 経営的には, 全体的に不振といってよい状態を現出していた。この流通部門・鉱業部門と工業部門との対照的な状態は注目してよい。加藤幸三郎教授の説明によれば, 三井が明治26（1893）年に取得した芝浦製作所（田中製造所）は, 三井にとって明治31（1898）年にいたっても「頭痛のたね」で同族会でも種々の議論がかわされている, とのことである。

かかる状態であったから, この時期においていわば隔絶した地位をしめる大資本＝三井や三菱が, 新たな製造業, すなわち鉄鋼業を起業することに消極的であったのは, 資本の運動法則に照らしても明らかであろう。それよりも, 高利潤を取得している分野に資本を投入するのである。

第1章　製鉄所の成立と経営方針

　さて，官業の一要因を上述の如く理解しうるとしても，問題の核心はかならずしもそこにはない。その核心は通説的にいわれている軍事的目的にある。榎本武揚は官営でなければならない理由を次の如く指摘している。すなわち，「本業設立ノ要点ハ首トシテ軍器材料ノ製造ヲ以テ一ノ目的トスルガ故ニ，時トシテハ其費用上収支ヲ論ゼズ特質ノ鉄材ヲ製スベキモノアルベク，又製品ノ種類ニヨリテハ厳ニ祕密ヲ守ルベキ場合モアルベク，政府ニ於テハ是等ノ要点アルニ由リ，止ムヲ得ズ之ヲ官設ト為ス事ニ決セリ」と。強烈な絶対主義的政策論理である。ある意味では私企業不信論でもある。松方正義がのべているように「軍艦兵器ノ主要材料タル鉄材ハ一朝有事ノ日ニ於テハ之ヲ内地ノ供給ニ須タサル可ラサル」ことが，そしてその認識が，したがって製鉄所創立費が軍備拡張継続費のひとつとして大蔵省当局によって説明されているような現実が，製鉄所創出の基本的出発点であった。明治24（1891）年の海軍製鋼所設立（案）の意図は強固に貫かれている。

　以上，われわれがのべてきたことは，とりわけ新しい指摘を含んでいるわけではない。従来，現象的に指摘されていたのを内在的に把握しようとしたにすぎないし，まだ言及しなければならない点も残っている。しかし，以上の考察を基礎として，官営製鉄所創出の「必然性」を次のように把握できるであろう。明治16（1883）年度から開始された軍備拡張8カ年政策——朝鮮をめぐる日清の対抗，対清武力強化——がいちおう完了し，そこで明らかになった工業構造と軍器および軍器素材生産との矛盾を克服し，とくに対清武力発動の準備として軍需生産力の拡充・強化のために，製鉄所の創出が意図された。軍事目的なしには製鉄所の創出が急速に意図されることはありえなかったであろう，という意味でそれは第一義的規定的要因を形成する。一般にいわれている経済的理由なるものは，まさしくこれとの関連および鉄鋼生産の特徴から生ずるのである。軍器・軍器素材生産・自己充足の増加がそれ自体として一定の輸入防遏の機能を果たす（なお明治20年代では国内鉄鉱石利用が基本的前提となっていることに注意）のであり，鉄鋼生産設備・生産力は大規模であることが経済的に有利であって，しかもある一定の軍器素材は即時的に生産手段素材でもある。それ故に，特定規模の鉄鋼生産設備の移

19

植・稼動は，この時期の鉄鋼需要の状態からみても，軍器素材の需要量をはるかに凌駕するのであって，そのことがまた鉄鋼輸入防遏ならびに他の産業部門への鉄鋼供給となるのである。このような意味において軍事的＝非経済的と考え，軍事的要因と経済的要因を抽象的に切断してとらえるのは明らかに誤りである。経済的必要が軍事的必要に包摂されているのである。

かかる軍事的必要は，それが緊急を要するものであったことと，絶対主義的政策論理を媒介とし，次のような経済過程を基礎に，官営形態を「必然化」するのである。すなわち政府が本源的蓄積過程において「純粋軍事警察機構」を創出し，軍工廠は製鋼，一部の生産手段生産を行ない，それが生産機構の圧倒的優位をしめるなかで，さらに帝国主義諸国の重工業製品の流入――関税自主権の喪失――のなかで，民間の重工業は軍・官需への依存度が比較的高く，しかも経営的にも不安定要因が多かったのであるから，それは利潤追求・取得の対象として，一般的に魅力あるものではなかった。[26] 釜石の製鉄業が小規模ながらようやく緒につきはじめていたが，後藤象二郎の製鉄所民営論が登場したころに，若干の民営案がブルジョアジーによってだされたが，それは，後藤の下野とともにたちぎえになってしまうほど根の弱いものでしかありえず，多額の固定資本投資を必要とする民営鉄道株式会社の発展（国家の保護によるところ大ではあるが）とは著しい対照をなしていた。大政商資本の企業活動もその例外ではありえなかった。

わたくしは製鉄所設立決定にいたるまでの製鉄所創出の「必然性」は，上述のように，日本資本主義の内的・外的条件のもとで鉄鋼業が大政商資本を中心とした民間資本による高利潤取得の対象となりえないことを基礎としているが，基本的には，国家による経済的必要を包摂した軍事的必要にあった，と考える。

かかる必要性，そして目的は，利潤自体を目的としないばかりでなく利潤の取得をも困難にする。と同時に政府のより直接的な支配のもとにおくことがその目的の達成にきわめて重要かつ必要となる。純粋官庁企業形態はそれらの条件に「適合的」なものであり，それが設定されるのである。

かくして，製鉄所は日清戦争戦後経営の一環として，4カ年計画，4,096

第1章　製鉄所の成立と経営方針

表1-1　製鉄所創立費継続費予算

(単位：千円，会計年度)

	明治29	明治30	明治31	明治32	合　計
給与及諸給	46	46	46	46	183
庁　　費	15	3	3	3	24
死傷手当	0.5	0.5	0.5	0.5	2
旅　　費	32	20	2.5	2	58
雑給及雑費	15	10	10	10	47
建築及土工費	422	280	211	50	963
器械及工場費	25	1,357	754	130	2,266
傭外国人諸給	25	24	54	55	158
鋼材試験費			108	288	397
合　計	580	1,742	1,189	585	4,096

備考：『大日本帝国議会誌』第3巻，1167ページ。数字はすべて四捨五入，したがって，合計と一致しない場合がある。以下各表すべて同じ。

千円の予算規模（表1-1）で，その初年度を清国の賠償金から支弁し，建設を開始する。しかしながら，製鉄事業調査会の設立計画（設計と予算）は，着手過程で種々の問題を露呈し，計画の改定を不可避にするのである。

継続費予算は机上の計算であり，具体的には，(1)設立地を予定せずに推算したものであること，(2)日清戦争前の調査に依拠したものであるから物価の騰貴した戦後では絶対的に不足であること，(3)その他全般的に予算が不備であること，などが現業側から指摘され，設立計画そのものの再検討が強調された。かくして，鋼材9万トン，銑鉄12万トン生産，廉価な原料確保のための鉄山・炭坑・石灰山の購入，直接の軍器生産は技術的困難があるために徐々に起業すべきこと，などにあらためられ，第2章で詳論するように，明治31（1898）年度に追加継続費予算6,474千円が組まれ，また翌32（1899）年度には若松港築港費が計上されるなど，財源を公債で確保し，明治32（1899）年完成を同34（1901）年完成にあらため，建設は急ピッチで進められ，同34年9月にはようやく製品の販売をはじめるのである。他方，銑鋼一貫化の本格化のため原料確保が必須となり，明治32（1899）年，国内鉱石買入規則を制

定し，同年8月赤谷鉄山，同年11月二瀬炭坑，翌33（1900）年7月粟ケ岳鉄山，を国有化し，鉄と石炭のいわゆる"Gemischte Werke"形態を志向し，あわせて，中国，朝鮮の鉄鉱石入手の方策を遂行するのである。

(1) 『工部省沿革報告』（『明治前期財政経済資料集成』第17巻）25ページ。
(2) 釜石の失敗については，臨時製鉄事業調査会の「釜石及仙人鉄山巡視報告」（『釜石製鉄所70年史』29-33ページに抄録，明治26〔1893〕年）参照。
(3) 詳しくは拙稿「『松方財政』と軍拡財政の展開」（『商学論集』第32巻第3号，1963年）参照。
(4) 拙稿「企業勃興期における軍拡財政の展開」（『歴史学研究』第295号，1964年12月）参照。
(5) もとより，この問題の全面的解明は当該期の日本資本主義の構造把握によってのみなしうるのである。これは，日本産業革命史研究会の共同研究「確立期日本資本主義の再生産構造」において果たされるはずである〔大石嘉一郎編『日本産業革命の研究――確立期日本資本主義の再生産構造――』上・下，東京大学出版会，昭和50年〕。
(6) 戸田慎太郎『天皇制の経済的基礎分析』三一書房，昭和22年。戸田氏は製鉄所が「ビスマルク的」国有であると明言してはいないが，国鉄は「『ビスマルク的』国営であり，プロイセン的な官僚支配の為めの鉄道国営である」（177ページ）こと，また「プロイセン的国家企業（鉄道，電話，発電，日鉄等々）」（212ページ）とのべていることからみて，戦前日本の国家企業の本質を全体として「ビスマルク的」国有と規定している，といって大過ないであろう。
(7) 鈴木武雄「帝国主義段階における国家資本の役割と推移　上」，『日本帝国主義講座』Ｉ，白日書院，昭和24年。鈴木教授は正当にビスマルク的国有を日本資本主義の確立期に限定している。すなわち日清戦争から日露戦争までの時期を「ビスマルク的国有の時期」（54ページ）と規定し，「この時期における国家資本としては，『ビスマルク的』な国有の性格がすこぶる濃厚である」（58ページ）とのべているものであるが，この時期の国有化の評価についてヴァリエイションをもたせ，煙草の専売はビスマルク的国有の典型的なもの，鉄道国有は典型的なビスマルク的国有の最後といい，製鉄所については直接的にはこの種の規定をしていないが文脈からみてビスマルク的な国有の性格がすこぶる濃厚，と評価していると理解しておく。なお，鉄道国有に関して，一方では上述のように典型的ビスマルク的国有

といいながら，他方では「その性格の中に資本主義的特質をもすでに相当有していることを見落してはならない」(78ページ)とものべている。

　鈴木教授が「すこぶる濃厚」というとき，それが如何なる意味なのかは明確ではないが，ビスマルク的性格すなわちビスマルク的性格以外の要因も若干含まれるが，基本的にはビスマルク的性格をもつ，と理解しておきたい。これらの説明によって明らかなように，鈴木教授が明治大正期の国家企業をビスマルク的国有である，とのべていると考えるのは誤解である。

　なお鈴木教授のヴァリエイションを含んだ説明をより具体的に説明しているのは広岡治哉教授である。たとえば，教授は製鉄所について「近代的一貫工場としての製鉄所建設が，軍事的理由からも経済的理由から(輸入防遏)も急がれたのに反して，民営ではとうていこれに必要な巨額の資本調達ができず，その技術的冒険も期待できなかったことが，国営の理由であった」とのべている(「日本における国家資本の発展とその特質」，今井則義編著『日本の国家独占資本主義』合同出版社，昭和35年，第3部，201ページ)。

(8)　森川英正「日本における国家独占資本主義の史的展開」，今井編著，前掲書，第2部，118ページ。その理由は，「当時の国家企業を含む国家資本の運動は経済上さけられずまた経済的必要に立脚していた」からであるが，それが「一つの経済上の進歩を示したかというとそれも疑問である」からに他ならない，「なぜなら国有化が経済上さけられなくなったのは生産＝交通手段がそれ程発達した結果というよりも，発達した生産＝交通手段を移植して，なおかつそれを管理すべき株式会社の発達を期待し得ないといういわば後進国的状況によるものだからである」。

　この論述にたいする批判については中西健一『日本私有鉄道史研究』日本評論社，昭和38年，133ページを参照。

(9)　石井彰次郎「ビスマルク的国有について」(『経済理論』第41・42号)，中西健一『日本私有鉄道史研究』第3章補論。

(10)　たとえば，森川英正教授は「日本資本主義がこの時点〔日清戦争から日露戦争にいたる時期――引用者〕で国家資本の動員を必要としたのはなぜであろうか」と設問され，次のようにのべている。

　「それは一つには，アジア近隣諸地域侵略のための軍事力強化に必要な重工業・交通業の近代化が急がれたためである」。だが「国家の軍事的必要をいうだけでは，日本産業革命期における国家資本の運動の特殊性を解きかかすのに不十分である。それでもう一つ，後進資本主義国としての特殊事情が考慮される必要がある」。それは何か。後進資本主義国である

ため，資本蓄積のいちじるしい立ち遅れのために資本市場の発展が著しく制約され，これは株式会社制度の円滑な機能の障害となり，生産力水準と蓄積水準のギャップを克服する手段として株式会社制度は有効適切でなく，その限界は固定投資規模の大きい重工業において露呈し，このギャップを埋める作業が国家資本の手に委ねられるにいたったのである（前掲書，115－116ページ）。

中西健一教授の言葉になぞらえていえば，森川教授のこの論述はわれわれの問題である製鉄所の創立過程の考察から導出されたものではなく，教授の考究対象である日本における国家独占資本主義の成立の前史としての明治大正期の国家資本一般についての巨視的特徴づけとして提起されているのである。したがって，ここで製鉄所の創立の「必然性」を分析する立場から吟味を加えても生産的ではないであろう。ただ，若干附言すれば，資本蓄積が一般的には低位であっても，周知のことであるが本源的蓄積過程で天皇制政府と結合して莫大な利潤を取得し「財閥」の基礎を形成しつつあった経済的に傑出した「財閥資本」グループが現実に存在していたこと，資本市場がいちじるしく制約されたかたちにしろ，この時期には，国家のバックアップが大きいとはいえ平均的にみてもきわめて大きな資本規模をもつ私有鉄道株式会社が続出していたこと，を考慮しなければならないだろう（私有鉄道とその金融については，野田正穂「明治期における私有鉄道の発達と株式発行市場の展開」〔『経済志林』第32巻第1号〕，同「明治期における鉄道会社金融の展開（上）」〔『経営志林』第3巻第1号〕を参照）〔『日本証券市場成立史――明治期の鉄道と株式会社金融――』有斐閣，1980年〕。

(11) 製鉄所の創出過程における種々の論議については，三枝博音・飯田賢一『日本近代製鉄技術発達史――八幡製鉄所の確立過程――』（東洋経済新報社，昭和32年）が詳細な紹介を行なっている。そこでは軍事主要目的＝官営論→民営論の出現→官営論への逆転，官営製鉄所建設過程での軍官需優先から一般鋼材生産への変更，などが詳しく論じられているが，本節では，当初の製鉄所創出計画に表現される規模のものを直接の考察対象としている。官営として提起された「必然性」の検討は官営として決定された時点における資本規模（400万－500万円）を前提として論ずるのが順当であろう。プランの変更，創立費の激増は別個の問題である。

(12) 「製鉄所設立費要求書説明」，製鉄所文書『製鉄事業調査会関係書類』所収。三枝・飯田，前掲書，125－127ページ。

(13) 「鉱山局長調査・製鉄所ノ沿革」，製鉄所文書『自明治30年至同43年復命

書並報告書』所収。三枝・飯田,前掲書,138-139ページ。

三枝・飯田両氏はこの製鋼事業調査委員会の報告について,「先の海軍製鋼所設置案とはその目的において大いに変化している」(前掲書,136ページ)とのべているが,「独リ軍用ノミナラズ汎ク国家ノ需要ニ応ズルヲ目的」とし農商務省所管を適当とする,というこの報告書は,本文でのべた明治24年の海軍製鋼所設立の目的に明らかなように,基本的には何ら変化はない。

(14) 製鋼事業調査委員のひとり野呂景義は,「鉄業調」において,例の日本製鉄会社の解散を「畢竟該会社ハ当時流行ノ株券ノ売買等ヲ主トシ,工業熱心家ノ乏シキ」とのべている(大蔵省編『鉄考』明治25年,伊藤博文秘書類纂『実業・工業資料』所収)。榎本武揚もまた「一ノ株式会社ヲ組織シテ〔製鉄業を〕之ニ委任セシメンカ,斯ル国家必要ノ事業ヲ挙テ彼ノ保護金ニ垂涎シ,株式ヲ弄ブ投機者流ノ掌中ニ帰セシムルトキハ,啻ニ其ノ成功ヲ望ムベカラサルノミナラズ却テ弊害百出ノ一端ヲ開クノ虞ナキ能ハズ」(明治27〔1894〕年12月25日の意見書,前掲「鉱山局長調査・製鉄所ノ沿革」,『日本製鉄株式会社史』19ページ)とはげしい言葉で株式会社不信をはいている。

(15) 三枝・飯田,前掲書,152-153ページ,または『日本製鉄株式会社史』18ページを参照。

(16) 製鉄所文書『明治30年7月起,参考書』所収。三枝・飯田,前掲書,184ページ(榎本意見書全文は182-185ページ)。この榎本意見の背景には,おそらく,三枝・飯田両氏が紹介しているように後藤象二郎の民営論が明治26年7月閣議決定をみたころ,民間実業家の製鉄計画がもちあがり,小室信夫一派と雨宮敬次郎一派の抗争,大倉喜八郎を中心とした資本金600万円の日本製鉄株式会社設立案の登場,これらの政治的抗争などがあったと思われる(前掲書,154-155ページ参照)。

(17) 金子堅太郎(明治28年6月設置の製鉄事業調査会委員長で当時農商務次官)の談話筆記「製鉄所設立ノ沿革」(中井励作「本邦製鉄業の発展を顧みて」,『日本製鉄参考資料』第6巻第5号〔昭和14年9月〕に全文収載,486ページ)。金子によれば,明治28(1895)年日清戦争終了後閣議で製鉄所創立を決定したが「官設論は戦後兵器,軍艦等復旧の為に多額の経費を必要とするが故に成立せず,遂に民設論が決定したり」,そこで三井・三菱に云々,と本文引用の如くなっている。中井励作氏は『鉄と私』(鉄鋼と金属社,昭和31年)でこの通りのことをのべている(19ページ)。これによれば,日清戦争終結後まで民営論が強かったことになるが,前掲「鉱

山局長調査・製鉄所ノ沿革」によれば,明治27年12月,榎本武揚農商務相が官営論を閣議に提出し,決定をみた,となっている。『日本製鉄株式会社史』はこの時期的ズレをルーズにして,官営論・民営論があったがとして金子の説明を踏襲している（3ページ参照）。時間的なズレの問題は今のところ確定しえないが二転三転はありうることでもあり,要するにここでは三井・三菱に意向を打診していることに注目しておけばよいだろう。

(18) 柴垣和夫『日本金融資本分析』東京大学出版会,昭和40年,76ページ。

(19) 柴垣,同上,前編第2章による。

(20) たとえば,芝浦製作所をドック・小造船所へ変える（明治31年9月17日）とか水雷艦を建造すべき（同年9月21日）とか,外国技術の模倣をやめて新しい営業方針を出すべきだ（同年9月28日）とか,種々の論議が同族会でだされ製作所の再編プランは未決定である（加藤教授の日本産業革命史研究会における報告による）。

(21) この時期に三菱に居た堀田連太郎（工学博士,衆議院議員）は三菱の動き等について次のように語っている。

「長谷川君〔芳之助,明治35年の製鉄事業調査委員〕ハ吾々ト共ニ豫テ三菱会社ニ居ツテ各方面ニ向ツテ尽力セラレ,最モ製鉄事業ノコトニ付テハ始メカラ考ヲ持ツテ居ラレマシタ,乍併三菱ノ事業トシテ銅山若クハ炭山等ニ多ク力ヲ尽シテ居ラレタ際デアリマスカラ氏ノ苦心ガ一向顕レヌデ居リマシタ,……其間氏ノ進退トカ三菱ノ変遷トカアリマスガ,先ヅ一時ハ事ニ依ツタラ民間事業トシテ製鉄事業ヲ起サウト云フヤウナコトモアツタニ聞テ居リマス,其事成ラズシテ遂ニ官業トシテ起ルニ至ツタ……私ガ長谷川君ノ遺志ヲ継グト云フ訳デモナカツタガ,期セズシテ是非製鉄事業ヲ起スト云フコトヲ感ジマシタガ為ニ〔明治〕28年ニ洋行ヲシマシタ,其時ノ主モナル目的ハ三菱会社カラヤツテハ呉レマシタガ何ンノ注文モナイ」,君の研究したいことをしてこいというので製鉄の研究をしてきた,と（「製鉄事業調査会第13回議事速記録」,『製鉄事業調査報告書附録　1』408ページ）。

ここでのべられているように,三菱会社内部においては,鉄鋼業に関心をもっているのは少数の技術者・専門家にとどまり,鉱業にウエイトがおかれ,堀田の洋行にさいしても,とくに鉄鋼業の調査を指令するのでもない程の状況である。

(22) 榎本「製鉄所設立意見」（前掲書,所収）。三枝・飯田,前掲書,184ページ。

(23) 私企業は秘密を守れないというのはそのひとつのあらわれと考えられる。

表 1 − 2 石川島平野造船所売上高

(単位：円)

		明治23年	明治24年	明治25年
海　軍	造船部門	19,706	2,038	1,411
	機関部門	37,903	33,730	23,246
	小　　計	57,609	35,768	24,657
官公庁	造船部門	8,759	1,136	2,792
	機関部門	30,319	18,363	31,814
	小　　計	39,078	19,499	34,606
民　間	造船部門	20,567	32,329	19,111
	機関部門	86,312	92,941	116,399
	小　　計	106,879	125,270	135,510
不　　　　明		617	1,761	1,613
合　　　　計		204,183	182,298	196,387

備考：『石川島重工業株式会社108年史』278ページ。

榎本の株式会社不信論とあいまって，彼の論理の底には，製鉄業の如き軍事経済的大事業を利潤めあての私企業にはまかせられない，という意識が流れているように思われる。

(24)　松方正義『戦後財政始末報告』19ページ。
(25)　『明治財政史』第3巻，826ページ。
(26)　これらについては，前掲の「確立期日本資本主義の再生産構造」におけるわたくしの担当箇所で詳論する予定［「国家資本」，前掲・大石編『日本産業革命の研究』上，第6章］であるから，ここでは若干の事例をあげるにとどめる。
　　　田中製造所（芝浦製作所）でも，石川島平野造船所でも海軍工廠の整備にともない軍需の減少を来している（『芝浦製作所65年史』18−20ページ，『石川島重工業株式会社108年史』253ページ参照）。なお石川島平野造船所の明治23−25年の売上高をみると，表1−2に明らかなように，軍・官需はむしろ減少傾向にあり，売上高総額も停滞的である。また，海軍の軍艦・水雷艇等修理費工場別支払額をみると，わずか2カ年度だけであるが民間への支払高は少額であり，長崎の三菱造船所を除くと不均一である（表1−3）。
(27)　松方正義の戦後経営計画では製鉄所創立費500万円を清国賠償金から全

表1-3 海軍,軍艦・水雷艇等修理費
(工場別支払額,単位:円)

	明治25年度	明治26年度
横須賀鎮守府造船部	154,713	164,174
呉　　　同　　　上	66,737	93,654
呉鎮守府小野浜分工場	41,896	35,249
小　　　　　計	263,396	293,077
東京石川島造船所	11,302	－
兵庫川島造船所	2,415	－
長崎三菱造船所	27,895	39,326
小　　　　　計	41,612	39,326
そ　の　他	8,065	8,602
合　　　　　計	313,025	341,007

備考:海軍大臣官房『海軍省報告』各年度より作成。

額支出することになっていた(前掲『戦後財政始末報告』)。しかし,初年度のみ賠償金支出となり,翌30年度からは事業公債支弁に変更されている。その理由は明白ではない。

(28) 和田維四郎(製鉄所長官)「意見書」(明治30年11月),製鉄所文書『自明治30年至同34年・重要書類但事業関係1部』所収。この資料は三枝・飯田,前掲書,214-220ページに全文収録されている。

(29) この間の諸事情は三枝・飯田,前掲書が詳細に説明している。同書201-236ページを参照されたい。

また農商務大臣林有造は明治34年1月14日付で伊藤博文首相宛に兵器及び鋼材生産等について「製鉄所方針決定ノ件」と題して,次のように報告している。長文ではあるが,紹介しておこう。

「当省所管製鉄所設立ノ趣旨ハ兵器用鋼材ト工業用鋼材トヲ併セ製造シ之ヲ供給スルカ為有之候処製鉄事業ハ諸工業中最モ至難ノ事業ニ属シ且巨額ノ資金ヲ要スヘク以テ先ツ最モ多量ノ需用アル『シーメンス』鋼及『ベッセマー』鋼ヲ製造セシメ兵器及工業用材中是等鋼材ヲ以テ製造シ得ヘキ材料ノ製造ニ着手セシメ該事業ノ創立ハ明治34年度ヲ以テ其ノ功ヲ竣ヘシムルノ計画ニ有之而シテ銃砲身及厚サ5寸以内ノ鍛鋼板其ノ他『シャフト』車軸又ハ鍛鋼ヲ以テ製作スヘキ材料ヲ供給スルニ至テハ更ニ明治35年

第1章　製鉄所の成立と経営方針

度ヨリ創立ニ着手シ３ヶ年ヲ期シ是等材料ノ製造ニ要スル鋳鋼鍛錬工場ヲ完成セシメントスル予定ナリキ

　今回海軍省ハ軍艦及砲楯用ノ特種甲鉄板製造ノ必要ヲ認メ此製造ヲ呉造兵廠ニ於テ為サシメント欲シ其ノ豫算案ヲ提出シ閣議ニ於テ之ヲ可決シ既ニ当議会ニ提出セラレタリ而シテ該事業ノ豫算成立シ之カ設備完成セルニ至ラハ甲鉄板ハ勿論砲身材モ亦33年度ヨリ海軍省カ起工シタル造砲工場ト相俟テ製出スルニ至ルヘシ又陸軍ニ要スル銃砲身ノ如キハ同造兵廠ニ於テ供給スルコトヲ得ヘキヲ以テ製鉄所ニ於テハ該材料以外ノ普通材料ヲ陸海軍ニ供給スルコトニ定メラレ度

　本来兵器用鋼材即チ砲身砲材等ノ製造ハ製鉄所ニ於テ之カ製造ニ着手スヘキコトニ豫定シ其豫算ヲ35年度ニ提出セント欲シ目下技師ヲ海外ニ派遣シテ其ノ調査中ニアリ然レトモ前陳ノ如ク決定セラルルトキハ製鉄所ニ於テハ銑鉄及普通『シーメンス』及『ベッセマー』鋼材ニ止メ主トシテ経済上不利ナラサル鋼材ヲ製造スルヲ目的トシ将来ニ於テ鋳鋼及鍛鋼工場ヲ設クルモ其ノ機械力ハ工業用材ヲ製作シ得ルニ止ムルノ方針ニ相定メラレ度此段及稟請候也」（製鉄所文書『自明治29年至同37年・閣議稟請』所収）。

　ここにも示されているように，製鉄所の軍器直接生産を含む鋼材生産から一般鋼材重点生産への変化は陸海軍工廠の拡充となってあらわれた。しかし，林農商務相のこの工業用材生産専一主義の希望は通らず，予定の如く，兵器用特殊鋼材生産を含む方向をたどる。製鉄事業調査会もその方向を示すのである。明治29年までの時点での製鉄所の設立目的が，製鉄所の建設過程において変容するが，製鉄所創出の必然性の論理には何ら変更の要がない。

II　官業財政制度の特徴

　日本資本主義は，周知のように，本源的蓄積期から一貫して——種類と形態には変化があるが——数多くの公企業をその構造の有機的一環として保持してきた。戦前日本資本主義における官業＝国家資本の役割の大きさは，漠然としているきらいがあるが，一般に常識化しているといってもよいほどである。その厖大な官業とその他の莫大な国有財産を基礎に，いわゆる「官業及官有財産収入」は国家財政（一般会計）収入において無視しえないウエイ

表1－4　一般会計歳入と官業及び官有財産収入

(決算，単位：千円)

	一般会計歳入（A）	官業及官有財産収入（B）	(B)/(A)%
明治13〔1880〕	63,367	2,774	4.7
23〔1890〕	106,469	8,856	8.4
33〔1900〕	295,855	40,074	13.5
43〔1910〕	672,873	128,768	19.1
大正 3〔1914〕	734,648	135,830	18.5
8〔1919〕	1,808,633	251,560	13.9
13〔1924〕	2,127,391	383,137	18.0
昭和 4〔1929〕	1,826,444	479,964	26.3
8〔1933〕	2,331,759	495,246	21.2

備考：『明治財政史』第3巻，『明治大正財政史』第3，4巻，『金融事項参考書』（昭和10年）より作成。

トを保持し続けてきた（表1－4参照）。明治前期には多くの官業の存在と官業収入とは比例的ではないが，国有鉄道益金が明治42（1909）年度以降「独立採算」化にともない一般会計歳入への繰り入れが廃止されまた昭和2（1927）年度から製鉄所益金が国鉄益金と同一措置となったにもかかわらず，絶対的にも相対的にも官業他収入が上昇傾向にあることは明白である。官業収入が財政収入上もつ意味は明らかである。

明治初年以降，日本国家が官業を数多く経営していたことは，財政技術的にもそれに応じた官業財政制度を必要とした。本来，国家の経済である財政が不生産的行政官僚機構による権力支配のための「消費経済」にとどまらず，官業を含む場合には，経済的に異質のものをその内部にはらむことになる。すなわち，建設資材・機械・原材料の購入，官業労働者への賃金の支払いは，一般行政費の支出ではなく，資本の投下であり，営業費の支出であり，また行政機構とは異なって，製品を販売するのであるから，経済計算を必要とすることは明白である。したがって，官業が官僚主義の権化的な存在たる天皇制国家機構・官庁によって経営されても，行政費と作業＝官業費とをいちおう区別し，異なった取り扱いをし，国家資本運用の技術的方式を設定し，個

第1章　製鉄所の成立と経営方針

別企業の会計制度を確定しようとするのは当然であった。官僚がかかる認識をして，というよりは，むしろ主観的には財務行政上の技術的必要性がその端緒であったことは否定しえないが，その制度が形態的に整備されたのは，明治9（1876）年9月の「作業費区分及受払例則」とその改訂たる翌明治10（1877）年7月の「作業費出納条例」である。体系化されたのは明治23（1890）年3月の「作業会計法」（法17）及び「作業及鉄道会計規則」（勅令33）である。後者は戦前日本の官業財政制度の「原型」を形成したものであり，製鉄所の設立にともない，これに追加された（明治32〔1899〕年2月の法改定で富岡製糸所を削除し〔明治26年三井に払い下げ〕，製鉄所をそこに入れかえた）。前者は官業財政を「別途会計」として「常用」（一般会計）からいちおう切り離し，国家資本運用の原則を技術的に整備したもので，「他日特別会計法制定ノ淵源ヲナセシモノ」である。その意味で重要であるが，ここでは後者の特徴を明らかにするために，対比的にのみ言及するにとどめたい。

「作業費出納条例」（以下「条例」と略称）は次のような特徴をもっていた。すなわち，官業費を作業費と規定し，それを興業費（創業費と新規設備費〔新規固定資本投資〕）と営業費とに区分し，前者は「常用」から繰り入れられるが，興業費も営業費も「別途会計」として一括して処理され，給与，機械，建設費等が総括計上されて収支計算が行なわれることになっている。しかも注目すべきことは，興業費支出も営業費支出もともに，固定資産を形成するものは減価償却を行ない，それを製品価格に加算し，またその減価償却費をいわゆる益金から控除し（赤字の場合は一般会計から補塡），その残額を収益として一般会計に繰り入れるものとされていた。しかも，興業費は「実際ニ至リ小科目金額ハ彼此流用スルモ妨ケナシ若シ大科目金額ヲ流用スルトキハ大蔵省ヘ報知スヘシ」（第5条第3節）といわゆる予算の流用・弾力性が大幅に認められているのは興味をひく。単純化していえば，「条例」は，(1)創業費・新規設備費は一般会計支出・収益の一般会計繰入，(2) (1)も含めた官業財政の一元的総括計算（会計），(3)減価償却の実施，(4)いわゆる予算の弾力性の承認，の4つの特徴を有していた。

これにたいして，帝国憲法と踵を接し制定された「作業会計法」と同「会

計規則」では，従来の興業費を固定資本，営業費を据置運転資本と規定し，前者は一般会計から支出され，後者は定額を決定し，漸次定額まで一般会計から繰り入れられ，収益は一般会計に繰り入れられる。この限りでは，「条例」と同一のようであるが，その内実は大きな改定を含んでいる。すなわち，第1に，新規固定資本投資（支出）は一般会計経常部または臨時部支出であり，それは官業の収支会計から除外され，官業財政の会計構造は一般会計と「作業特別会計」とに二元化され，それぞれ別個の会計処理が行なわれるのである。第2に，減価償却費は収支会計から排除されていること（固定資本の減価償却規定は不明確ながら存在するが，それは官業の収支会計とは無関係であり，専ら国有財産の増減計算の問題である），第3に，予算の流用・弾力性が大幅に制限され，いわゆる款・項の流用禁止，目・節の流用は大臣の権限という会計法の規定が適用されるのである。予算の流用はいま措くとして，「作業特別会計」は「条例」にみられる会社会計法に一面では近い会計制度を根本的な点で否定し，専ら，作業にともなう流動資本の転態・流通のみに関する会計制度である，といえよう。資本勘定は行なわれないのである（官業の独立採算化にともなってこれは導入される）。これらの諸点から，「条例」と「作業会計法」との間には大きな変化があるといわなければならない。[37]

「作業特別会計」制度はこのような特徴をもっていたが，それはまた表1－5の如き収益計算の方法（受払勘定）[38]によっても察知しうるであろう。さらにもう一点附記すれば，「作業特別会計」は大蔵省証券，預金部・国庫余裕金からの短期借入[39]（据置運転資本補足）を行なうのであるが，いずれも無利子であって，利子分は大蔵省所管の国債費から支払われていることに注意しなければならない。製鉄所の場合についていえば（詳しくは後述）明治35（1902）年度に大蔵省経由で日本銀行からの借入金200万円の利子93千円を製鉄所「作業特別会計」から支払ったのみで，その他は1銭も支払われていない。このことは，製鉄所が何らいわゆる金融費用を負担しないことであり，先に指摘した固定資本の生産物への価値移転の未計算とともに，それだけ生産費の低廉化として帳簿上表示されることを意味している。製鉄所と民

第1章　製鉄所の成立と経営方針

表1-5　受払勘定

受　　　　入	払　　　出
1．歳入収入済額	1．歳出の支出調定済額
2．収入未済額	2．支出未済額
3．据置運転資本に属する現金の持越高	3．据置運転資本額
4．総生産品の価格	4．売払代価収入未済既出物品の価格
5．総材料及素品の価格	5．消費したる材料及素品の価格
6．総機械運転用品の価格	6．消費したる機械運転用品の価格
7．作業場用総備品の価格	7．損失に帰したる物品の価格
8．代価支出済未収物品の価格	8．損失金

間鉄鋼企業を比較する場合にこの点を看過してはならないであろう。

(30)　官業資本と民間資本との厳密な意味での比較は困難である。日本資本主義における国家資本の量的意味については井上晴丸教授の試算（とその方法）を参照されたい（『日本資本主義の発展と農業及び農政』中央公論社，昭和32年，136-137ページ，「独占資本主義の確立」，岩波講座『日本歴史』現代2，104-105ページ）。
　なお，明治以降の官業一覧については『明治大正財政史』第2巻，巻末附表を参照（ただし，大正末期まで）。
(31)　『明治財政史』第1巻，919-923ページに収録。
(32)　同上，924-934ページに収録。なお，これは明治12（1879）年10月に改定されている。以下「出納条例」についての叙述はこの改定をも含めている。
(33)　同上，964-966ページ，『明治大正財政史』第2巻，501-506ページに収録。
(34)　『明治財政史』第1巻，970-983ページ，『明治大正財政史』第2巻，507-531ページに収録。これらの各注の法律や勅令からの引用はいちいち引用注をふさない。

(35) 『明治財政史』第1巻，586ページ。
(36) 西野元氏は『会計制度要論』（日本評論社，大正15〔1926〕年）において次のようにのべている。
　「各作業会計ニ在リテハ其ノ会計ノ存在ハ単ニ既ニ成立セル事業ニ関シ其ノ事実上ノ収支ヲ特別ニ経理スルヲ以テ目的トシ事業其ノモノノ基礎ニ関スル収支換言スレハ創業ニ関スル収支ヲ以テ之ニ包含セシムルコトナシ随テ作業会計ハ単純ナル収益ノ勘定ニ属シ資本勘定ヲ包含セス其ノ固定資本ノ増減ニ関スル歳入歳出ハ作業会計ノ関係ヲ離レ一般会計ノ所属トシテ整理セラレ換言スレハ特別会計ハ単ニ一定ノ据置運転資本ヲ以テ事業上ノ収支ヲ営ムニ過キス之ニ関シテ固定資本ヲ置クト謂フハ単ニ其ノ事業ニ投シタル固定資本ノ額ヲ明ニシ之カ維持修理補充ノ費用ヲ負担セシメ以テ其ノ損益ノ状況ヲ審ナラシムルノ手段タルニ止マル」（前巻，403ページ）。
(37) このような変化が何故生じたかは興味ある問題であろう。これは官庁会計論，財政制度論の対象であるが，筆者はまだ断定しうる論拠を明示することができないので提起するにとどめざるをえない。従来全く不問にされてきたことは否定できない。
(38) 花田七五三氏は受払勘定を「受入には現金，債権，物品の受入等を掲記し，払出には現金支払，債務発生，物品の消耗等に併せて据置運転資本額を掲記することに依つて利益金額を算定するものなれば，恰も損益計算書と貸借対照表とを合併せる観あり。作成は複雑にして且つ観察には甚だ不便である」とのべている（『官庁会計』東洋出版社，昭和9年，288－289ページ）。
(39) これらの短期借入金の調達方法はすべて同時的に行なわれたのではない。製鉄所の場合についていえば，明治35（1902）年3月，据置運転資本不足の場合，当該年度に限り200万円まで一般会計から借入が認められ（法律第30号），次いで同38（1905）年2月，融通証券（大蔵省証券）によって550万円まで（法律第17号）と変更され，翌39（1906）年4月，それが1200万円まで借入限度がひきあげられ（法律第27号），同44（1911）年3月には，大蔵省預金部からの借入金が認められ（法律第8号），以下借入金の枠が拡大され，大正10（1921）年3月には大蔵省預金部からの借入金および大蔵省証券の発行が，国庫余裕金の繰替使用に改定され，その枠も98百万円にまで拡大されている（法律第32号）。

III　経営方針

　兵器の直接的生産や陸海軍用特殊鋼材の生産を次の課題とし，当面一般鋼材（軍需を含む）を主要目的として生産を開始した製鉄所は，何よりもまず第1に，外国の鉄鋼独占資本との対抗（製品の質と価格），第2に，原料の大量的安定的確保の必要(40)，にせまられるのである。製鉄所設立の計画が一時的にすぎないが，一般鋼材生産中心に「屈折」したのであるから，とくに外国の鉄鋼独占資本に対抗して，可及的に国内市場を保握し，正貨の流出を低減させることは，まさしく製鉄所存立の根本的意義に係わる問題であった。もちろん，鋼材輸入高が年平均27万余トン（明治30－34年）(41)に及ぶ時期に，製鉄所の鋼材生産目標が9万トンにすぎなかったのであるから，もし製鉄所がフルに稼動し，製品が全部販売されたと仮定したにしても，国内市場の30％程度を掌握しうるにすぎないのである。しかも，外国からの鉄鋼輸入価格を全く無視して，生産設備が未完である製鉄所の生産費に照応した販売価格を設定したとしたら，製鉄所は自己生産部分の市場把握すら困難になるであろう。生産力格差（ならびに多品目少量生産）に起因する鋼材生産費の格差，しかも保護関税なしに外国の鉄鋼独占資本に対抗するために，如何なる方策＝経営方針をとるべきか，生産開始・本格化にあたって，製鉄所はこの問題の解決にせまられるのである。

　官業であるから，収益を全く無視してもよい，という理由はない。明治30（1897）年度以降，創立費の財源を公債に求めたひとつの理由に収益がある。すなわち収益によって公債の利子支払い，ひいては元金償還が可能である(42)，という見通しに基づくものであり，創立費不足額約391万円増額に関する大蔵省と農商務省との協定書（明治33〔1900〕年）では「国庫ハ今回増加額ノ全部ヲ一般財源ヨリ支出スルニヨリ製鉄所ハ責任ヲ以テ作業ヲ経営シ其益金ヲ国庫ニ納付シ製鉄所ノ為メニ投シタル元金及利子ヲ可成速カニ償還スルコトニカムヘシ」（第4条）(43)とされ，収益をあげることが要請されていた(44)（これは国庫管理官庁たる大蔵省の要請であり，製鉄所の計画変更によ

って経費が激増したこともその一因と見做されるが，かつて榎本が損益を論じない場合もありうるとのべた点は顧慮されずもっぱら創立費の回収が要請されている。明らかに「戦後経営」における財政状態の反映である)。

だが，製鉄所における収益性と設立目的とは，製鉄所の「作業特別会計」の特徴的な制度にもかかわらず，相剋を有していた。いみじくも製鉄所官僚は次のようにのべている。長文だが引用しておこう。

「製鉄所ノ作業ハ諸般ノ設備完成シ職工操業ニ熟練スルニ於テハ投資ニ対スル相当ノ収益アルコト必然ナリト雖創業ノ際ニ於テハ予期ノ収益ヲ得ル能ハサルハ勿論設備不完全ナル今日ニ於テハ却テ幾分ノ損失アルヲ期セサルヘカラス是ニ於テカ当局者ハ設備ノ完成ニ努ムルト同時ニ作業ノ際ニ於テ成ルヘク収益ノ多カルヘキ手段ヲ執ラサルヲ得サルナリ〔次いでヨーロッパ，アメリカの鉄鋼業，保護関税，トラストに言及し〕内外ノ事情右ノ如クナルヲ以テ若シ当所ノ作業上単ニ収益ヲ以テ唯一ノ目的トスルトキハ内外市場ノ状況ニ応シ最モ利益アル鋼材ノ種類ヲ製造販売スルノ方針ヲ執リ他ノ事業ニ於ケル影響ヲ顧ルコト能ハサルナリ之ニ反シ若シ当所ノ作業ニ於テ成ルヘク我国ノ需用ニ応セントスルト同時ニ内国ニ於ケル鋼材ヲ使用スル事業ノ発達ヲ幇助スルノ方針ヲ執ラントスルトキハ当所製造ノ一部ノ鋼材ニ於テ不利アルヲ免レス故ニ第二ノ方針ヲ執ル場合ニ於テハ当所ハ一部分ノ製品ニ於テ不利ヲ凌クト同時ニ他ノ部分ニ於テ之ヲ償フ収益ヲ求メサルヘカラス……我製鉄所ノ如キ最モ創業ニ当チ何等ノ保護ナクシテ尚他ノ事業ニ向テ保護的ノ供給ヲ為スコトハ到底為シ能ハサル所トナリトス」[45]

すなわち，ヨーロッパやアメリカでは巨大鉄鋼企業が形成され，かつまた保護関税や「官業ニ於テハ自国産ノ鋼材ヲ使用スル」などの鉄鋼業保護政策がとられているが，わが国では創業にさいして，その種の保護政策は行なわれておらず，しかも収益を製鉄所の経営方針とするときには他の事業への影響を顧慮しえないし，製鉄所設立の目的を達成しようとすれば経済上不利なある種の鋼材生産も行なわなければならない，そうすれば創立期であるから，

第1章　製鉄所の成立と経営方針

とくに赤字の可能性がある，したがって不利な部門を他でおぎなう必要がある，というのである。不利なのは「一部ノ鋼材」にすぎないのかどうかは大いに疑問であるが，これは製鉄所設立の目的（国家の政策）と製鉄所の企業性との相剋についての官僚的表白である。それでは，このような相剋をどのような方法で克服しようというのであろうか。その方法として，製鉄所官僚は，官庁へは協定価格で，民間へは輸入価格以下で，という販売方法を提示する。すなわち，「当所ノ作業経済上左ノ方針ニ拠リ閣議ニ於テ豫メ決定セラレンコトヲ望ム」と次の3点をあげている。

一　政府ニ於テ使用セラルル鋼材中製鉄所ノ供給シ得ヘキモノハ之ヲ購入スルモノトシ且其価ハ購入当時ノ海外相場ニ拠ラスシテ毎年協定ノ価格ニ拠ルコト

一　此協定価格ハ海外ニ於ケル最近五ケ年間ニ於ケル平均相場ヲ基トシ製鉄所ノ作業状況ヲ参酌シ一定ノ価格ヲ算出シ豫メ需用官庁ト協定スルモノトス

一　多量ノ鋼材ヲ使用スル我国ノ工業者ニ向テハ或ル種類ヲ限リ輸入価格ヨリモ低廉ニ其原料ヲ供給スルコト
　　　　　　　　　　　　　　　　　　　　　　(46)　　　　（傍点は引用者）

このように，官庁にたいしては相対的に高価に，民間へは，需要の多いある種の鋼材を安価に販売し，損益のバランスを図ろうとする方針をとるのである。さらに，具体的に「製品売払ノ標準」が決定される。大蔵大臣宛の製鉄所長官の伺（原案）はそれを次のように示している。

一　製品ハ随意契約ニ依テ売払フコト
二　注文ノ製品ハ左ノ順位ニ依リ供給スルコト
　第一　官庁
　第二　鉄道造船機械工場等直接製品ヲ使用若クハ之ヲ製作ノ材料トスルモノニシテ1カ年3百噸以上ヲ注文スルモノ（但当分ハ之ヨリ少量ニテモ応スヘシ）
　第三　東京大阪ノ鉄材問屋及内国人ニシテ従来多量ノ鉄材ヲ輸入スルモノニ

シテ千噸以上ヲ注文スルモノ（但当分ハ之ヨリ少量ニテモ応スヘシ）（三井物産会社大倉組高田商会磯野商会等）。
三　製品注文ノ際価格ノ４分ノ１ヲ支払ハシムルコト（但時宜ニ依リ之ヲ免除スルコトアルヘシ）
四　至急ヲ要スル注文品ニ対シテハ定価ニ２割以下ヲ増スコト
五　価格ハ海外市場ノ相場ヲ参酌シ時々定価ヲ定メ之ニ依ルコト
六　多量ニ注文スルモノニハ割引スルコト
七　毎年引続キ注文スル者ニ対シテハ不時ノ注文主ヨリモ便宜ヲ与フルコト(47)

(傍点は引用者)

このように，製品販売の順序を①官庁，②工場，③問屋・貿易商社とし，大口取引には値引をし，しかも一種の「外注値段追随」（五の規定は民間への販売価格規定であることは疑いえない）政策をとる，というのである。しかも当分の間は民間の少量の注文にも応ずる，と鉄鋼の国内自給度の上昇──外国鉄鋼独占資本との対抗──，正貨流出（支払）の抑制，軍事工業力の強化等々の観点から，このような営業方針がうちだされるのであるが，これらはいくつかの矛盾をはらんでいるといわなければならない。第１に，いわゆる官需にたいして相対的に高い価格で販売することは，その分だけ関係官庁の費用（予算）増加となり，一定の予算の枠内で官需品を調達しようとする場合には，明らかに限界をもつものである。と同時に，国家財政全体の面からみれば，たとえ製鉄所が赤字をだし，それを補塡するにしても，あるいはまた官需部分の予算増になるにしても，国庫金がいずれかに支出されるにすぎず，結果的には五十歩百歩であろう。現実には，一定の予算内で可及的に多量の各種鋼材を購入しようとするならば，官庁（陸海軍省・鉄道院〔省〕等）対製鉄所の間に価格の協定をめぐっていわゆる「力関係」が介在してこざるをえない。たとえば，製鉄所創立時の製鋼部長であり，のち日本鋼管設立に参加した今泉嘉一郎が，後年，「軍器独立を標榜し，且官業として創立せられたる製鉄所は，製造註文を受くるに当りても，亦営利をのみ目的とすること能はざるは，当然の結果にして，之がため陸海軍よりの註文中

第1章 製鉄所の成立と経営方針

には，損失を忍ぶも尚之を製造したるもの少からざるが如し」（傍点は引用者）(48)とのべているように，軍拡・帝国主義戦争の準備過程における天皇制国家の政策遂行のもとでは，官（軍）需にたいする協定価格は製鉄所の目論見通りには達成されていないのである。しかも，販売高中官需のウエイトは，創立期にあっては，いわゆる民需よりも高いのである(49)。そのうえ，製品販売順序は官需第1順であり，少量のものでも生産する方式をとるのであるから，生産技術上コスト高を不可避的にするのである(50)。これでは，民需部分を安価にし，官需部分でそれを補おうとする方策は画餅にならざるをえないであろう。第2に，民需の場合でも，少量の注文にも応ずるのであるから，その品目が多種に及ぶ場合には，いわゆる少量多品目生産とならざるをえず，機械制大工業における大量生産の経営経済的利点が失われ，官需の場合と同じように，コスト高を必然化するであろう(51)。そのうえ，「外注値段追随」方式をとるとすれば，生産費と販売価格とのマイナスのギャップは深まらざるをえないであろう(52)（とくに，第2章で詳論するような鉄鋼生産機構の未整備の状態のもとでは）。

このような国家の政策である製鉄所の経営方針は，とくに創立期における製鉄所の状態のもとでは，製鉄所財政の赤字を不可避にし，国家財政（一般会計）の支出増加を必然化するのである。しかし，日露戦争の準備とその勃発は，製鉄所の生産量の絶対的増強，軍需品生産の本格化への驀進となり，製鉄所の大規模化のために財政資金の投入は続けられる。われわれは，かかる経営方針によって遂行される製鉄所の経営状態を創立費，作業費，作業収入の分析を通じて明らかにしていくことにしよう。

(40) これについては，拙稿「『製鉄原料借款』についての覚え書」（『土地制度史学』第32号）［本書第5章］参照。
(41) 明治34（1901）年11月18日作業開始式における和田製鉄所長官の報告による（『八幡製鉄所50年誌』10ページ）。
(42) 阪谷芳郎は「現在ノ予算ガ極マリマシタトキニ大蔵省ニ向フテ御説明ノアツタノハ今ノ2千万円ノ費用ヲ懸ケルトソレニ対シテ大凡ソ年6分位ノ利益ハ出ル斯フ云フ御説明デ即チ大蔵省ニ於テモ御同意ヲ表シテ公募ヲ募

ルコトニシ……」とのべている(「製鉄事業調査会第1回議事速記録」,『製鉄事業調査報告書附録』所収,16ページ)。

(43) 「製鉄4製鉄所事業経営ニ関シ大蔵省農商務省協定書」(製鉄所文書『自明治30年至同34年・重要類但事業関係ノ部』収載)。この協定書の「参考書ノ一」では,今回の予算増額(明治34年度150万円,同35年度100万円,同36年度141万円)により,明治36年度において諸般の設備が完了するから,同37年度より100万円の収益,同38年度には作業経験の増加などにより,1,083,259円,同39年度以降1,200,770円46銭の収益となる予定である,となっている。近い将来の予測なのに円・銭の単位まで推計しているのは驚きだが,その算定法や根拠は示されていない。

(44) しかし,周知のように操業開始年度から大幅の赤字を生みだしてくる。この内容・理由は次章で詳論するが,製鉄所の当初の失敗が明らかになり収益が当分期待しえなくなった時点で,中村製鉄所長官が「元来ハ国家ノ事業デアッテ……サウシテ此損得ト云フコトデ利益ノ為メニ製鉄所ヲ起スト云フ性質ノモノデナイ,……国家ニ於テ必要ナル事業デアルト云フコトヲ第一ノ観念ニ見テ完全ナル立派ナルモノヲ拵ヘルト云フノガ第一ノ目的ト云フ考デアリマス」と力説しながら,他方では明治39年に「職工及ビ機械ガ揃ツテ其後3－4年ニ於テ整頓スル考ヘデアリマス,此場合ニ於テ資本ニ対シテ……五朱位ノ利益ハ挙ゲタイト思ヒマス」とのべている(「製鉄事業調査会第1回議事速記録」,前掲書,31－32ページ)。ある意味では,これは当然であるが,収益にたいする製鉄所の志向性そのものまで否定する議論があるので,附言しておく。

本文で指摘したような収益についての大蔵省の要請と製鉄所の志向性が,現実には直ちに達成されない諸条件(内的・外的)が問題であろう。

(45) 「製鉄所作業ノ方針ニ付上申」(明治34〔1901〕年8月5日付,事務官執筆,製鉄所長官の大臣への上申案,製鉄所文書『自明治30年至明治34年・重要書類但事業関係ノ部』所収)。

(46) 同上,これは明治34(1901)年8月9日付で「製鉄所作業方針ニ関スル件」として大臣に上申され,同年9月9日付で桂太郎首相名で「請議ノ通」承認されている。この上申は前注の上申案と内容的に全く同一である(製鉄所文書『閣議稟請』所収)。

ここで明らかなように製鉄所から上申されてから内閣の承認をうるまで1カ月の月日を要している。製鉄所長官は現地に居住することなく東京に居をかまえ,しかも閣議によって製鉄所の重要方針を決定するのであるから,政策決定には長期間を要するのは必然である。そして,かかる管理機

構のもとでは，製鉄所の政策はただちに国家の政策としてあらわれることは明らかである。

(47) 明治34（1901）年8月7日付執筆「製鉄所製品売払標準ニ付伺」（大蔵大臣宛）。これには「本所製品売払ノ義ハ左ノ標準ニ基キ尚実際ノ情況ニ依リ多少酌量ノ上施行致度此段御決裁ヲ請フ　追テ売払規則ハ制定ノ上可及報告候也」と前文が付してある（製鉄所文書『自明治30年至明治34年・重要書類・但事業ノ部』所収）。これは内閣の決済をえたという確証はないが，その後の推移から，決済をえたと推論して大過ない。それは行論のなかで明らかとなるであろう。なお，売払規則がその後制定されたかどうかはまだ確定していない。

(48) 今泉嘉一郎「製鉄所処分案」（明治末年執筆，同『鉄屑集』上巻，工政会出版部，昭和5年，303ページ）。

(49) 第2章III節を参照。

(50) 今泉は，前掲稿で，引き続き次のようにのべている。すなわち，「彼の欧米諸工場が其組合事務所の予定分配せる1ヶ年の製造量に準拠し，殆んど無規格なる普通市場鋼材のみを，種類少なく量多く製造するに反し，我製鉄所の註文中には陸海軍を始め，鉄道院，各造船所等の厳重なる規格物大部を占め，而も種類多き割合に各種の数量極めて少なきを常とするを以て，之がため作業の不便を感ずること頗る大なり」。そして，それは鋼塊に対する製品の歩留まりを悪化させる，と（前掲書）。

(51) 同上。

(52) このような点を無視して，「官営八幡製鉄所の経営は，官僚主義的であるとともに，それが国家によって保障されているという点から採算無視的であった。……その経営状態は鉄鋼価格に無関心であった」（菅野重平『日本鉄鋼業論』同文舘，昭和32年，92ページ）とだけのべてみても，実質的に殆ど意味がない。

補　論　赤谷鉄山問題

I　本稿の課題

　私は，かつて官業財政の分析視角から官営製鉄所の財政構造分析をとおして経営行動の内在的検討および日本資本主義の構造的特徴との連関分析を試み，(1)さらにその不可欠の要素として「製鉄原料借款」を漢冶萍（Han Yah Ping）借款を中心に試論を展開した。(2)それらは分析視角から当然論ずべくして論じていないいくつかの論点やさまざまの制約を含むことはいうまでもない。本稿は，残されている論点のうち次の２つの問題について検討を加える。ひとつは，官営製鉄所の原料問題，とくに国内鉄鉱石（赤谷鉄山）使用問題について私の見解に批判が提起されているのでそれに答えつつ，(3)さらにたちいった分析をおこなうことである。もうひとつは，1899（明治32）年４月７日付で官営製鉄所長官和田維四郎と「大清頭品頂戴大理寺少堂湖北漢陽鉄政局」(4)盛宣懷との間に大冶鉄鉱石購入の契約が結ばれ，1900（明治33）年７月，1600トンの大冶鉄鉱石を積載した飽ノ浦が八幡に到着し，これ以来製鉄所は大冶鉄鉱石に大きく依存したことは周知のことである。大冶鉄鉱石の清国から日本への輸送を担当したのは三菱合資会社であるが，輸送の条件については従来ほとんど論じられていない。製鉄所と三菱合資会社とのこの契約書の内容は明治30年代の国家（資本）と財閥資本との関係の一側面を示すものであり，注目してよい内容を示している。(5)したがって，契約書にもられた鉄鉱石輸送の特徴を明らかにして国家（資本）と財閥資本との結合関係を分析する。このような意味で「戦前日本における官業財政の展開と構造」［本書第１，２，３，４章および第６章］への補論である。(6)

（1） 拙稿「戦前日本における官業財政の展開と構造——官営製鉄所を中心として——」Ⅰ, Ⅱ, Ⅲ (法政大学経営学会『経営志林』第3巻第3号, 1966年10月［本書第1章］, 第3巻第4号, 1967年1月［第2章］, 第4巻第2号, 1967年7月［第3章および第4章］), そして「製鉄所特別会計の成立　上・下——戦前日本における官業財政の展開と構造〔Ⅳ〕〔Ⅴ〕——」(『経営志林』第4巻第4号, 1968年1月, 第5巻第1号, 1968年4月) ［第6章］。なお, これに続いて「製鉄所特別会計の構造」をまとめる予定でいたが様々の事情で果たしていない。近いうちに果たす予定である。以下これらにふれる場合には拙稿Ⅰ, Ⅱ, Ⅲ, Ⅳ, Ⅴと略記する。
（2） 拙稿「『製鉄原料借款』についての覚え書」(『土地制度史学』第32号, 1966年7月) ［第5章］, 以下これにふれる場合には「覚書」と略記する。
（3） 藤村道生「官営製鉄所の設立と原料問題——日本帝国主義史の一視点——」, 『日本歴史』1972年9月号。
（4） 契約書署名のさいの盛宣懐の肩書。
（5） この内容は重要であり, かつ未紹介なので稿末に資料として全文紹介することにした。したがって, これにふれる場合にはたんに第○条○項と典拠を示すにとどめる。
（6） 上述の論点および前掲の藤村論文については, 私の最近の論文「国家資本」(大石嘉一郎編『日本産業革命の研究——確立期日本資本主義の再生産構造——』上, 東京大学出版会, 昭和50年) で若干論じたが, 紙数の関係で大幅に省略した。部分的に重複があるかもしれないがあわせて参照していただければ幸いである。

Ⅱ　赤谷鉄山開発をめぐる諸問題

1　赤谷鉄山買収＝開発の根拠

製鉄所と三菱合資会社との鉱石運搬契約書は1900 (明治33) 年6月28日に結ばれ, 1902 (明治35) 年1月より実施とされていた (ただし製鉄所の必要如何でそれ以前でも輸送する) が, これは大冶鉄鉱石のみならず新潟県赤谷鉄山からの鉄鉱石10万トンをも輸送する内容となっている。このことは製鉄所が赤谷開発に自信をもっていたことを示すものである。製鉄所が赤谷鉄山

補　論　赤谷鉄山問題

等を買収＝国有化したのは和田維四郎長官（1897年10月－1902年2月在職）の次のような主張を基礎としたものである。すなわち,

　「予定ノ計画ニ於テハ製鉄ノ原料タル鉄鉱，石炭及石灰ハ悉ク之ヲ購入スルノ予定ナリ。我国ニ於テハ鉄鉱ニ乏シカラズト雖ドモ鉱床ノ大ナルモノハ二，三ニシテ，採砿ノ業ヲ営ムモノニ至テハ唯釜石鉄山アルノミ。且釜石ト雖ドモ目下ノ施設ハ唯自用ノ鉄鉱ヲ供給スルニ止マルヲ以テ，我製鉄所ニ原料ヲ供給セント欲セバ数十万円ヲ投資シテ其設備ヲナサザルヲ得ズ。況ンヤ其他未開ノ鉄山ニ於テヲヤ。又骸炭製造ニ要スル石炭ノ如キモ其種類少ナク，且我国ノ炭価ハ日々益々騰貴シ，目下ノ価格ハ外国諸鉄山ニ於テ消費スルモノヨリ遙カニ高価ニシテ，将来ト雖モ其低落ハ決シテ予期スルヲ得ズ。加之製鉄事業ニ於テ最モ必要ナルモノハ，恒ニ原料ノ性質一定シ時々変更セザルニ在リ。是ヲ以テ外国ノ製鉄所ハ務メテ鉄山，炭坑及石灰山等ヲ所有シ，一ハ廉価ナル原料ヲ消費シ一ハ原料ノ一定不変ナルコトヲ計レリ。外国ノ如ク原料ノ供給饒多ナル邦ニ於テスラ尚斯ノ如クナルニ，我国ノ如ク原料ノ供給少数者ニ限ラレ，且高貴ナル国ニ於テ悉ク之ヲ購入スルトキハ，原料高値ニシテ到底外国品ト競争スルコト能ハザルヤ事理ノ明白ナルモノナリ。我国現況ニ於テハ，原料ヲ購入スルト自己ノ所有山ヨリ採掘スルトハ，鋼鉄1噸ニ付大凡12,3円ノ差ヲ生ズベシ。故ニ製鉄事業ノ存立上鉄山，炭坑及石灰山ヲ購入シ，自ラ之ヲ採掘シ，努メテ廉価ノ原料ヲ供給スルノ途ヲ計ラザルベカラズ」。[7]

　論旨は明確である。もちろん1890年代はじめから鉄鉱資源の調査がおこなわれていた。1892（明治25）年の製鋼事業調査会による調査結果の報告以後もさらに調査が続けられ，赤谷（1899年8月），粟ケ嶽（1900年7月），二瀬（炭山1899年11月－1901年）の買収となった。[8] これは大冶鉄鉱石販売の意思あることが盛宣懐より（小田切総領事代理を通じて）和田長官に伝えられた時点（1898年11月13日付）よりも後のことである。私はかつて大冶鉄鉱石取得と赤谷鉄山との関連にふれて製鉄所の原料政策について次のように論じた。
　「八幡への製鉄所の立地が当初から中国・朝鮮の鉄鉱石を目的としたもの

であったという主張は今では完全に崩壊した。また1899（明治32）年の大冶鉄鉱購入契約が国内鉱山開発の失敗・中止の帰結であるという説明も誤謬であることは明白である。日清戦争戦後経営のひとつとして政府が『陸海軍拡張及製鉄所創立』といわば軍拡の一環として設立を意図した官営製鉄所は，周知のように，国内鉄鉱石利用を第一義的に考えていた。しかもそれは製鉄所自身が国内鉄鉱石を購入するだけでなく鉄山を所有するということであった。……大冶鉄鉱石は……赤谷鉄鉱石を補足するものと考えられていた。しかし，赤谷開発は予定通り進行しない。また製鉄所は作業設備の整備の遅延と1902（明治35）年7月28日熔鉱炉の故障のため1904（明治37）年7月まで銑鉄生産の中止を余儀なくされたために，鉄鉱石需要が激増せず，現実には大冶鉄鉱石のみで充分であるかまたはそれだけでも過剰である状況が現出した（1902,1904両年度）のである。したがって，赤谷開発が進行しない限り，たかだか5万－7万トン程度の大冶鉄鉱石購入（契約）では原料問題はけっして解決しない。製鉄事業調査委員会は赤谷の採掘中止と大冶鉄鉱石使用を勧告するのである。かくして国内鉄鉱石使用の見通しは困難となり，国内鉄山の保有による低廉かつ安定的な鉄鉱石確保の方針は変更され，日本政府＝製鉄所は別途の形態により，同一の内実をもつ方法を急速にとろうとするのである」［本書第5章，227ページ］。

　ここでの私の論理は若干の曖昧さをもっているが，当初＝国内鉄鉱石，明治30年代前半（1898－1902年）＝国内（赤谷中心）プラス大冶，明治30年代後半（1902,03年以降）＝大冶中心，である。私の前掲論文［第5章］は副題に明白であるように官営製鉄所財政との関連分析が中心であり，それに必要な限りで漢冶萍借款の分析をおこなったものである。これにたいして，日本帝国主義史の視角からの藤村道生氏の批判点は次のような点である[9]。

　藤村氏は1895（明治28）年の製鉄事業調査委員会の①「調査報告の『鉄鉱ヲ始メ諸原料豊カニシテ，質亦良』がかりに正確であるとしても，それを採掘し運搬する技術と工業力が存在しなければ，それはたんに土中に埋蔵されているというのみであって『画餅』にひとしい。それは政府，議会に製鉄所設置を承認させるための政策的見地から書かれたとみてよいであろう」。②

補　論　赤谷鉄山問題

「事実，釜石鉄山，仙人鉄山の買収は拒絶され，巨費を投じて買収した赤谷鉱区は搬出の手段がなく，明治35年の製鉄事業調査委員会は，出鉱のためには，なお51万円の支出を必要とするが，埋蔵量にも疑問があるので，『今直チニ開発ニ着手スルハ不可ナリ』と決議し，結局は放棄されたのである」。③ 3代長官中村雄次郎の証言では，1897 (明治30) 年の計画拡張の結果，年間鉱石需要量を24万トンとみこみ，このうち赤谷から10万トン，釜石から 5 万トン前後の供給をうけ，残余を大陸に依存する計画であったという。「かりに計画通り国内鉄鉱が供給されても，年間 9 万トンの鉱石が不足することは，明治30年に生産能力を拡張したときに明らかになっていた。海外鉄鉱資源の獲得は，おそくとも明治30年に必須の課題として意識されていたのである」。もし，赤谷が所期のように採掘しえたとしても埋蔵量は37万トンにすぎないから，10万トンずつ年間採掘できたとしても 4 年間で掘りつくすはずであった。したがって「製鉄所の規模の変更は同時に原料政策の変更をもたらしたはずである」。④「八幡に製鉄所の立地を定めたことにも，中国からの鉄鉱石の輸入の便が考慮されていたようである」(前掲論文，83－84ページ)。

　これらはすべて私の所論への批判ではない。私に関係する点について逐次検討を加えていこう。私は別稿 (前掲「国家資本」) で，すでに藤村氏の所論では製鉄所が何故赤谷鉄山等を買収したのか不明になること，国内鉄鉱石利用の方針は，製鉄事業調査会が製鉄所設置を政府・議会に承認させるための政策的見地から書かれたとする論拠が説得的でないこと[(10)]，明治20年代の国内鉄鉱石利用の方針は国際収支の問題や「殖産興業」的意図も加わっていること，などを指摘した。これに若干附言すれば，もし藤村氏のいうように国内鉄鉱石利用の方針が「政策的見地」であり，八幡立地も中国を当初から意図したものであるとすれば (鉄鉱石の全面的中国依存)，借款，鉱区「買収」に失敗したのちも何故大冶鉄鉱石購入交渉で 5 万トン程度を日本側が提起したのか不明になる。これはこの時点では国内鉄鉱石を補足するものとみなされていたと考えなければ統一的に把握しえないであろうことを指摘しておきたい[(11)]。

　まず，第 1 に，藤村氏の①の前半の論理は一般論としてはその通りである。

しかし，赤谷鉄山についてそれが妥当するかどうかは別の問題である（藤村氏の②の指摘とも関連するが，赤谷鉄山開発放棄の最大の根拠はたんなる費用と埋蔵量への疑問ではない。次項で詳論）。

まず採掘の問題について検討しよう。おそらくこのための唯一の資料と考えられるのは1902（明治35）年の「製鉄事業調査会議事速記録」である。製鉄事業調査会の専門委員会であり採鉱冶金部門担当の「第2部調査報告」(1902年11月12日付）は，「日本製鉄会社法案ノ精神ヲ標準トシテ調査ノ上」赤谷鉄山について「本山ノ鉱量及採掘ノ方法並製鉄所マテ鉱石運搬ノ方法ハ従来ノ調査ヲ以テ未タ充分ナリトスル能ハス故ニ今直ニ本山ノ開発ニ着手スルハ不可ナリトス依テ総鉱量採掘鉱量及採掘並運搬ノ方法等ニ付テ充分ノ調査ヲ遂ケ（仮令ハ2〔～〕3ノ坑道ヲ開鑿スル等ノ如キ）其結果ヲ待テ之カ開発ノ可否ヲ決セサルヘカラス而シテ鉄鉱ノ供給ニ付テハ他ニ充分之ヲ得ルノ見込アリトス」（傍点は引用者，〔　〕は引用者の補足で以下引用文についてことわりなき限り同じ）と決議した。このような前提で論じていることと1902年の時点であることに注意しなければならない。採掘の方法について，製鉄所技師長であり創立過程からの中心人物の1人である大島道太郎は，赤谷鉄山は大別して場割沢と簀立沢があり，後者は「今坑道ヲ……3ツ付ケテ居リ……将来坑内掘ニスル積リデヤッテ居リ〔マ〕ス」，前者は「坑道ヲ付ケル必要ハ認メマセヌ，露天掘デ以テ直グト鉄索デ運搬スル……計画デアリマス，又雪ノ御話ガアリマシタガ，赤谷ハ雪ガ非常ニアリマスガ，雪ガ多カッタラ別ニソレガ為メニ運搬スル計画ハシマセヌ，冬ハ露天掘ハ止メテ其方ニ使ツタ者ハ坑内掘ニ使ウト云フ計画デアリマス，夏ニナルト復タヤルト云フ風ノ計画ニナツテ居リマス」(1902年11月24日，第6回「議事速記録」155-156ページ）と言明している。これにたいして露天掘がよいかどうか疑問であるとか，地形とか鉱量，鉱質などの疑問がだされる。私はかかる技術的な問題（鉱量，鉱質については後述）の判断ができないが，採掘が技術的に全く不可能であるという論議がないことに注目しておきたい。そして疑問の提起者が「此際ハアソコ〔赤谷〕ノ鉱石許リヲ当テニシナケレバドウシテモ仕事ガ出来ヌト云ウヤウナ場合ナラバ……多少ノ困難ハ縦シアッテモ打勝ツト云フ勇気ヲ出

補　論　赤谷鉄山問題

シテモ宜シイガ，ソレ程アノ山ヲ必要視セヌデモ外ニ山ガアル，現ニ約束ヲシタノモ鉱石ノ置場ニモ困ルト云フ有様デアルカラ此処暫ク研究ヲスルト云フ考ヲ持ツテ居ラナケレバナラヌ」(第6回「議事速記録」158-159ページ) という方向に論議を収斂させていくのである。したがって採掘の技術と工業力がないということはできないであろう。

　第2は，搬出・輸送の問題である。鉄山からの搬出が問題なのではなくて，むしろ水路，さらに船への積載・船操の問題が大きかったことは次の「第4部調査報告」(17)(1902年10月9日) から理解できる (第4部の委員は第2部の委員と異なり赤谷開発に積極的であることに注意)。その報告の「第1　赤谷ノ鉱石ニ関スル運輸方法」は次の3点を指摘している。(18)

　1　「鉄山ヨリ福島潟ニ至ル鉄索ハ1時間40噸ノ運搬力ヲ有ス故ニ積雪ノ為メニ毎年凡4箇月間其運転ヲ中止スルモ1箇年10万噸以上ノ鉱石ヲ運搬スルニ支障アルナリ而シテ鉄索ノ材料ハ大概購入済ナルヲ以テ之ヲ架設シ其各部ヲ完成セシムル為メニ更ニ約14万円ヲ支出セントスルハ至当ニシテ此間ノ運輸ニ就テハ別ニ顧慮ヲ要セスト認ム」。

　2　福島潟鉄索停車場―新潟鉱石置場間の運搬は「目下水路ニ依ルノ外ナキヲ以テ之ヲ改修スルノ必要アリ」。ただし現在の設計では1日450-500噸の鉱石輸送にたいする設備としては不十分である。しかし1年間5万-6万噸，1日300噸以内ならば「水路ノ改修モ大体予算額ノ程度ニ於テ為シ得ル限リニ止メ他日新潟ニ於ケル輸出力ヲ増加スルニ至リ更ニ計画スル所アリテ可ナリ」。

　3　新潟においては「鉱石置場ヨリ凡3浬ノ沖ニ本船ヲ置キ艀ニ依リテ14時間ニ鉱石約1000噸ヲ積込ムヘキ計画ナリ」。しかし，新潟沖で安全に貨物の積卸を為しうるのは1年100日-120，130日にすぎない。1日1000噸なら100日で10万噸であるが「夜間ノ操業ヲ断行スルモ尚隔日ニ1艘ノ本船ヲ回漕スルノ準備ナカルヘカラス斯ノ如キ船操ハ到底望ムヘカラサルモノト認ム故ニ他ニ計画スル所ナクシテ新潟ヨリ1年10万噸ノ鉱石ヲ積出サントスルハ不可能ノ事ニ属ス現計画ニ依レハ1年ノ積出高ハ5-6万噸ヲ超ヘサルヘシ」。赤谷より毎年5万-6万トン出鉱すれば「他ノ鉱山ニ対スル索制ノ目

49

的ハ達スルヲ得ヘシ又向後数年間ハ大冶ヨリ輸入ノ量ヲ幾分カ増加シテ赤谷ノ不足ヲ一部補塡スルトセハ事業ニ大ナル支障ナカルヘシ然レトモ将来ニ於テハ赤谷ノ鉱石1年10万噸ヲ出スヲ必要トスルノ日アルヘキヲ以テ予メ之ニ応スルノ策ヲ講セサルヘカラス」。その策として夷港（佐渡）と新潟の改修の2案があるが，後者がはるかに有利である（傍点は引用者）。

　これらの論点は現行計画を基本として一定の予算措置により輸送条件を整えるならば，年間5万-6万トンの鉄鉱石輸送が可能であることを示している。
(19)

　第3は，埋蔵量の問題である。たしかに1892（明治25）年の調査会のデータでは赤谷鉄山の埋蔵量は37万トンであるからこれを基準とすれば，藤村氏のいう通りである。しかし，埋蔵量は37万トンではなく，最低200万トンである。鉱量調査は大塚技師の調査（先の37万トン）のあとに鈴木技師（当時三菱会社所属）の調査があり，これは「大塚君ノヨリ余程良ク出来テ居ツテ各鉱々々に就テ一々細カニ調ベテアリマス」……「鈴木君ハ……閉篭ツテ9箇月ヲ要シタサウデ」，約290万トンと見こんでいるがこれは「甚ダシイ相違ハナカラウ」（渡辺渡委員，「議事速記録」290-291ページ），また，鈴木技師のあとに「船橋ト云フ人が出張シテ調ベタ……結果……マア鈴木氏ノ調査……ハ正当ト見テ宜カラウト云フコトハ私モ同意シテ居リマス」（渡辺芳太郎委員，同上，293ページ）といわれている。製鉄所では「概シテ」200万トンとみている（大島道太郎，同上，298ページ，次項での大島発言も参照）。もちろんこれに疑問もだされている。私の前述の所論は，これらの数値を基礎としたものである。
(20)

　これらの諸点は，さまざまな問題性を内在させているとはいえ，一定の手段をとることによって，赤谷鉄山を開発しうる可能性が技術的にみても存在していた，といえるであろう。にもかかわらず，赤谷鉄山開発が消極化（＝事実上の中止）の方向をたどるのは何故か。製鉄事業調査会での赤谷問題論議の特徴を明らかにすることによって解明していこう（以下の検討によって，私の「覚書」［第5章］における「製鉄事業調査委員会は赤谷の採掘中止」以下の叙述［本書227ページ］の誤りも明白になる）。

補　論　赤谷鉄山問題

（7）　和田維四郎「意見書」（1897年11月），三枝博音・飯田賢一『日本近代製鉄技術発達史——八幡製鉄所の確立過程——』東洋経済新報社，昭和32年，214－220ページに全文収録。

（8）　これらは二瀬を除き，買収完了年月である。当然買収準備はもっと早いであろう。ただ，従来の研究文献は二瀬を別として製鉄所が誰から買収したものか説明していない。赤谷鉄山は三菱合資会社所有のものを買収したようである（製鉄事業調査会における渡辺渡委員の発言，後述57ページを参照）。とすると，ここからまた問題がでてくるだろう。

（9）　藤村氏の外交史的積極的主張はここでは論じない。その点は，私が啓発される点が多々あり，私が分析視角からふれなかった点が詳論されている。ただし，基本的な問題把握では共通点が多い。

（10）　「政策的見地」から書かれたとか「政策的文書」というのは，私はよく理解できないのであるが，藤村氏がそのように認識する根拠は論文では明らかではない。いわゆる初期議会における自由党の杉田定一の主張や原料調査不十分を理由とした海軍製鋼所予算案の否決への対応（藤村論文，80ページ）を意味しているのであろうか。しかし，鉄鉱石の埋蔵量が全くの虚偽であるならば別だが，一定の調査のうえ一定の量を示し，それが使用可能だとすることが何故「政策的」なのであろうか。採掘の技術や搬出の手段にふれずにあたかも採掘＝使用が可能であると製鉄事業調査会などが主張しているから「政策的」なのか，あるいはまた，中国や朝鮮の鉄鉱石については全くふれないでいるから「政策的」なのであろうか。

（11）　拙稿「覚書」［第5章］では日本側の当初の借款政策の帝国主義的意図・内容の分析をおこなったが，鉄鉱石購入問題の偶発的性格といわれているものをいわば前提として議論をすすめたために，明らかに不十分さを残した。そこに，藤村氏が帝国主義史の視点から鋭い分析を加えている。その点は啓発されるところが多い。しかし，私の視点が官営製鉄所財政であり製鉄所の現業側を重視した議論を展開しているのにたいして，藤村氏は天皇制政府・支配層の意図を重視してそこにポイントをおいて議論を展開している。そこにひとつのズレが生じているのではないか，そしてそれはむしろ当然のことであろう，と私は考える。もちろん問題は全機構的と把握しなければならないし，そのための努力は近年展開されはじめてきているところであり，一層の学問的＝科学的討論が必要である。藤村論文について，本文でふれえない点についてもう少し附言しておけば，氏の原料政策論は一貫してすべて中国志向性に収斂されてしまう傾向が強く，それは国内鉄鉱問題にも端的に示されている。赤谷については本文でのべるが，

釜石等についても「釜石鉄山，仙人鉄山の買収は拒絶され」と簡単にすませている（買収が拒絶されたかどうかは私は確かめえないのだが）。別稿でも言及した（前掲II［本書第2章，注29］,「国家資本」371ページ）が，国内最大の埋蔵量をもつ釜石鉱山は釜石製鉄所の製銑に必要な限りでの採掘をおこなっているのであり，官営製鉄所の需要に応ずるためには新たに資本を投下して拡張しなければならない。官営製鉄所がその資金をだせばその拡張が可能でありかなりの鉄鉱石を購入しうる条件にあったとみなしうる。しかし製鉄所はそれをしないで赤谷等の買収をおこない，国家資本の輸出による大冶鉄鉱確保＝支配を追求するのである。このような相互連関の論理を明らかにする必要がある。

また，八幡への立地問題についての藤村氏の指摘については，私は氏の依拠している資料の理解も含めていくつかの疑問があるし，「製鉄原料借款」についても遠くない将来に再論する予定なので，その折に他の論点とあわせて具体的に論じたいと思う。

(12) 『製鉄事業調査報告書附録 1』23-25ページ所収。これは約700ページに及ぶ大部のもので調査会の16回にわたる議事録がおさめてある。これは稀覯本のようなのでなるべく原文引用を行なうことにしたい。そのために引用の過多と読みにくさが生ずるがやむをえない。なお以下これからの引用については，第○回「議事速記録」○ページと略記する。

(13) 『製鉄事業調査報告書附録 2』所収。製鉄事業調査会は，1902年6月28日委員を決定し発足，7月1日農商務大臣官邸で会議をもち，全4部の調査担当を決定した。すなわち，第1部＝一般計画，第2部＝採鉱冶金，第3部＝機械及電気，第4部＝運輸土木及建築である。第2部の委員は長谷川芳之助（工学博士，1892年の調査会メンバーでもある），渡辺渡（東京帝国大学工科大学教授・工学博士），堀田連太郎（1900年7月28日-8月20日製鉄所長官事務取扱，8月20日-10月6日同長官心得），渡辺芳太郎（東京帝国大学工科大学教授・工学博士）である。

(14) 同上24ページ。この決議は当初より同一であったのではなく，次項でのべるように，第10回の委員会の討議の過程でとくに赤谷の埋蔵量について「突如」として変更されたものである。注21参照。

(15) 同上。

(16) 「製鉄事業調査会記事」によると，1902年8月20日，古市公威委員長，真野文二，三好晋六郎，内藤政共，堀田連太郎，近藤基樹（海軍造船中監）の各委員が，翌21日，島川文八郎（陸軍砲兵中佐）委員が赤谷視察のため新潟県下出張を命ぜられ，また10月2日中条精一郎嘱託員が新潟県下

ジ）。採掘，露天掘の地形的問題について堀田，島川の間で正反対の議論がおこなわれている。
(17) 前掲『製鉄事業調査報告書附録　2』所収。第4部委員は古市公威（工学博士），松本荘一郎（鉄道作業局長官・工学博士），三好晋六郎（逓信技師・工学博士），近藤基樹の4人である。
(18) 実際には4点を指摘しているが4は赤谷鉄鉱石の輸送契約書にかかわるもの（契約書では10万トン新潟より輸送となっているが現状では10万トンは無理だから契約書を修正すべきであるという）であるので本文では省略。
(19) この第4部の報告について調査会で論議された。第7回委員会で報告され若干の質疑がなされているが，鉄鉱石単価が高くつくのではないかというのが主である（第7回「議事速記録」193-195ページ）。むしろ他の委員会でかなり抽象的質議がだされている。たとえば鉄索がはたして動くか，とか「取調ガ不充分」とかの類である。経済性論議は次項で紹介する。
(20) これらの数値の妥当性はその後の調査でもほぼ確認される。たとえば，1907（明治40）年3月の赤谷採掘中止請議案で「鉱量ニ就テハ略有望ノ見込相立タル……」と把握され（ただ経済的な搬出が困難と続けてのべている），また日鉄鉱業成立時に赤谷の可採鉱量が255万トンと測定されていた（『日本製鉄株式会社社史』315ページ）。もっとも大正期の商工省の実測では埋蔵量が400万トンとなっている（東亜経済調査局編『本邦鉄鋼業の現勢』昭和8年，35ページ）。

2　製鉄事業調査会における赤谷開発論議の特徴

　前項でも製鉄事業調査会における赤谷問題の論議は部分的に紹介したが，調査会の「製鉄事業調査報告書」が「本委員等赤谷鉄山ニ就テ調査スルニ本山ノ鉱量及採掘ノ方法並製鉄所マテ鉱石運搬ノ方法ハ従来ノ調査ヲ以テ未〔タ〕充分ナリトスル能ハス故ニ今直ニ本山ノ開発ニ着手スルハ不可ナリトス依テ総鉱量採掘鉱量及採掘並運搬ノ方法等ニ就テ充分ノ調査ヲ遂ケ其ノ結果ヲ待テ之カ開発ノ可否ヲ決スヘキモノトス」と結論づけるにいたる過程は，明らかに大冶鉄鉱石（および朝鮮鉄鉱石）の取得を背景とした大冶利用グループによる国内資源重視の赤谷開発論者の圧倒であった。別稿（「国家資本」）で詳論は省略したので，本稿でたちいって検討することにしたい。赤谷問題

は，製鉄事業調査会の第5回（1902〔明治35〕年11月20日），第6回（同11月24日），第10回（同11月30日）の会議で主として論じられている。この間第8回（11月28日）会議では西沢公雄技師を招いて大冶鉄山に関して秘密会を開いている（各委員と中村雄次郎製鉄所長官，大島道太郎技師長出席，もちろん議事録はない）ことに注目しておきたい。

　赤谷問題については大別すると4つの態度＝論理に類型化できる。

　第1は，国家事業的視点からの開発論。真野文二委員（東京帝国大学工科大学教授・工学博士）。「私ノ意見ハ赤谷ノ鉱山ハ2部〔調査委員〕デハ多少ノ疑ヲ持ツテ居……〔る〕ガ，乍併鉱質モ良イ，量モ此通リ不当ト認メナイ，唯採掘ノ仕方ニ於テ色々仕方ガアル或ハ雪ニ遇ツタラぽろぽろ(ママ)ニナツテ仕舞ヒハシナイカト云フ御疑ガア……〔る〕ガ，此赤谷ノ鉄鉱ヲ持出シテ使ウト云フ御考ハアルヤウデア……〔る〕」。経費の問題はたしかにあるが私〔真野〕の「考デハ今日外ニ山ガアツテ日本ニ在ル……外ノ鉄鉱デ間ニ合ウト云フ論ナラバ或ハ此赤谷ヲ止メテ……モ宜シイカモ知レマセヌガ，ソレハマダ調査セヌケレバ分ラヌ(ママ)，又値段ガ外国ノト比較シテ高イト云フコトハ多少高クトモ赤谷鉄山ノ鉄ヲ使ウ……コトニシタイト云フ考ヲ持ツテ居……〔る〕，唯高売一点張デ仕ツタナラバ廉イ鉄鉱ヲドコカラ買ツテデモ利益ヲ見ル……コトニナ……〔る〕ガ，一体此製鉄事業……ガ国家事業デアツテ輸入品ヲ防グ……ノデア……〔る〕……カラ鉄鉱ガドンドン輸入シテ来テハ何モナラヌ，矢張リ本邦ノ鉄鉱ヲ少シ位高クテモ即チ国ガ保護シテソレデ仕事ヲヤツテ往ク……コトヲ希望」する（第10回「議事速記録」284－285ページ）。

　第2は，いわゆる経済性を中心とした開発消極論。堀田連太郎，渡辺渡委員等（2部調査委員）。製鉄会社法案を前提として考えている。したがって「経済ノ範囲内ニ於テ果シテアノ山ガ十分ニ維持サレルヤ否ヤ」が第1の問題である。「マダ日本ニハ他ニ鉄鉱ハアルニ相違ナイ，ケレドモ製鉄所トシテ赤谷ヲ根拠トシテ仕事ヲスルト云フ計画デアルカラ多クハ民間ノ鉄鉱ヲ盛ニスル……コトモ眼中ニ置テナイ，少シ無理ナ仕事デモ行懸リトシテ赤谷ヲヤラナケレバナラヌ……責任ガ生ジテ居ル，更ニ之ヲ民業トシテ経営致シテ往ク……日ニナレバ果シテ1噸幾ラニシテ製鉄所ガ使ヒ得ルカ……ガ問題」

である。すなわち，赤谷の鉄鉱石はぼろぼろになる，雪国での作業の困難がある，「鉱量……ニモ疑ガアル，鉱量ソレ自身ガ疑ヒガナイニシタ所ガ果シテソレヲ皆採掘スルコトガ出来ルカドウカ……ガ大変ナ疑問デアル」。したがって「私ノ希望ハそっくり止メテ置キタイガ，順序トシテアレダケニシタモノダカラ，殊ニアレダケノ山ガ決シテ将来何ンノ見込モナイト云フ訳デモナカラウ，幸ニ仕出シタ仕事ハ一部分ハシタ，即チ其後ヲヤル，一ト冬アソコデ以テ坑夫モ馴ラシテ見テ役人モ経験ヲ積ムガ宜シイ，ソレマデノ間ハ暫ク中止シテ置イタガ宜カラウ」（堀田連太郎，第6回「議事速記録」157－159ページ）。「雪ノ中ニ貯ヘテ置クト其間ニ水ヲ含ンデソレガ凝ツタラ〔鉱石が〕破羅々々ニナル，又塊ヲ運ブト粉末ヲ運ブトハ余程考ガ違ウ……，今日マデニ吾々ガ見タ所デハ随分粉末ガ多イ，掘ツタトキハ塊デモアチラコチラニ運搬スルトキハ粉末ガ多クナル……製鉄所ノ方ノ考ヲ聞クト〔粉末が〕2割5分ニ当ルト云フ」，はたして25％が正確か（渡辺渡委員，第5回「議事速記録」149ページ）。掘り方も「技師デ調査シテ貰ヒタイ」（同，第6回「議事速記録」154ページ，これとの関係で後述の大島発言参照）。

　第3は，全面的な開発反対論。これは大冶および朝鮮を明確に前提とした議論である。長谷川芳之助委員。「万ガ一日本ガ敵ニ囲マレテ他ニ供給ヲ仰ガレヌ……時ニ要リ用ガアルダラウガ，今ハヤラヌト云フ意見」（第6回「議事速記録」161ページ）。「赤谷ハ生臭坊主ノ袈裟デアル」（第10回「議事速記録」278ページ）。「充分ナ鉱量ノ調査モセズ，又採掘鉱量之ハ最モ肝要デア……〔る〕，採掘シタ跡デ皆運搬中ニ粉末ニナツテ仕舞ウ……コトハ段々分ツテ居ル，ソレカラ……此土地ノ非常ナ不便，険岨，殊ニ年中ノ内デ降雪ノ為ニ，其他ノ為ニ，成程ソレハ非常ニ熱心ナ役人ナラバ，1年位ハ耐ヘラレルカモ知レヌガ……中々〔仕事が〕困難デア……〔る〕，又此運搬ニ就テモ取調ガ不充分ト思ヒマス……私ハ……赤谷……ハ丸デ葬ツテ仕舞ヒタイ，私ハ他ニ鉱石ヲ得ル見込ガアル其見込ノ箇所々々ハマダマダ6円トカ7円トカ8円トカニ積ツテ居ルガ，マダマダ廉クスル見込ガアル或ハ4円以下ニナルカモ知レヌ，為ス見込ガアル，……サウスレバ製鉄所ニ取ツテハ非常ナ益ニナル，乍併此赤谷ヲ元ニシテヤラウト云フ方針ヲ採ルト益々困難ニナル，此

方針ガ大嫌ヒ、此迷ヒニ冒サレ居ルルガ大嫌ヒ、私ハ……赤谷抔ヲ基礎ニシテ製鉄事業ヲ為サウト云フコトヲ脳髄カラ去ツテ仕舞ツテ、……他ノ経済的ナ方法ヲ求メタナラバ私ハ3年カ4年カ遅クモ5年ノ内ニハ銑鉄ガ25円多クテ30円デ無論デキル、或ハ25円ヨリカ廉クナルト思」う。赤谷では30円ではとても出来ないと思う（第10回「議事速記録」302－303ページ）。

　第4は、全面的開発論である。製鉄所の大島道太郎技師長の第2、第3の論への全面的反論。「赤谷ノ鉱石ハ伊太利ノ『エルバー(ママ)』ノ赤鉄鉱、之ハ非常ニ尊重サレテ遠ク伊太利地中海ヲ廻ツテ独逸ニ持ツテ往ツテ大砲抔ヲ拵ヘテ居ル鉱石デア……〔る〕、之ト少シモ違ヒマセヌ、粉ノ具合モ同ジデア……〔る〕、之ハ皆様御承知ヲ願ヒマス、製鉄所デ見ルト……赤谷ノ鉱石ハ200万噸大丈夫在ル……、其内ノ場割沢ノ方ノ丸デ露出シテ居ル所デ5〔～〕60万噸ハ在ル筈デア……〔る〕、若シモ之ガ第4部〔委員報告〕ノ……通リニ、赤谷カラ鉱石ノ出ス量ガ1年ニ5〔～〕6万噸位ヨリ外今ノ新潟ノ河口ノ模様デハ出ナイト云フコトナラバ10年間許リノ採掘ニ耐ヘル物ガ目ノ前ニ見ヘテ居……〔る〕、之ヲ調査スルニ10日間ナリ20日間ナリ往ケバ直グニ分ル話デ……之ヲ掘ツテ鉄索ヲ架ケテ製鉄所ニ持ツテ来レバ粉ガドレダケ出ル、其整理ガ六カシイト云フヤウナコトハ之ハ眼前ニ現ハレル話デア……〔る〕、又採掘方法ニ就テえらい(ママ)御懸念ガアルヤウ……〔だ〕……ガ、場割沢ハ……露天掘ニヨルヨリ外……〔ない〕……之ニ外ノ方法ヲ持ツテ来テ露天掘ガ懸念ト云ウコトハ実ニ分ラヌ……、此鉱石ノ厚サハ10尺カ15尺シカ製鉄所デ見込ンデ……〔ない、だから露天掘で坑道の必要がない〕、之ヲ鉄索ニ持ツテ来ルノモ極楽デア……〔る〕、又粉鉱ニナツテ難議ト云フ御議論ガア……〔った〕ガ、或ハ粉鉱ニ沢山ナルカモ知レ……〔ない〕、乍併万ガ一前ヨリ粉鉱ニナツテモ20万噸ニ対スル5〔～〕6万噸ナラバ決シテ整理ニ差支ナイ……」（第10回「議事速記録」304－305ページ）。

　このように4つの類型の論議がなされ、赤谷開発問題は第10回委員会で採決にまで進展する。第1の論は反復されず、第2・第3の論と第4の論の対立となり、前述の調査報告の赤谷処理の方針の妥協案＝修正案に帰結する。大島技術長は和田前製鉄所長官とともに赤谷買収＝開発の方針を推進してき

たのであるから，それを積極的に擁護しようとするのは当然であろう。この論議のなかで，とくに注目すべき点は，技術的な問題は措くとして，前項でふれたように鉱量について第2部調査委員が290万トンを大略肯定していた（当初の第2部調査報告の原案では「本山鉱量ハ従来ノ調査ヲ以テ敢テ不当トナスニ非ズ」となっていた）のが，突如として「本山ノ鉱量及採掘ノ方法ハ従来ノ調査ヲ以テ未ダ充分ナリトスル能ハズ」と変化してくることである。その理由を渡辺渡委員は次のように説明している。

「吾々ガ此鉱量ニ付テ此度調査シ……タノハ彼ノ鈴木君ノ調査ヲ元トシテソレニ拠テ調査ヲシタ……，乍併ソレハ……確カナリト言フコトハ出来ナイ，甚ダシイ相違ハナカラウト云フダケデア……〔る〕，サウ一面カラ観ルト鈴木君ノ報告ハ……三菱会社ノ頃ニ拵ヘタ報告デ……後ニハ製鉄所ノ技師ニ為ツタヤウデア……〔る〕ガ，其頃ハ三菱ノ為ニ調査シタノデア……〔る〕カラ一方ハ買手デ一方ハ売手デアリ……，其売手ノ調査デ以テ先ヅ充分ノ安心ハ出来ヌ……コトモ充分疑ハレル」。だから「尚此鉱量ニ付テハ，即チ総鉱量……ハドレダケアルダラウカ……ヲ製鉄所ノ手ヲ以テヤツテ貰ヒタイ或ハ数箇月ノ時日ト数人ノ技手ノ手ヲ要スル」と（それから採掘の方法調査について論じている）。そして「鉱量ノ点ニ於テモ製鉄所デ調ベタノモ2部デハ御信認ナサラヌノデアリマスナ」との三好晋六郎委員（逓信技師・工学博士）の質問に「信認セズ，又一面カラ言ヘバ信認ガ出来ヌ」（同上，299-300ページ）と答えている。このように新たな論点をもちだして，自らの従来の言明をも否定して強引に鉱量疑問を貫徹させ，赤谷即時開発論に急ブレーキをかけていくのである。

これは明らかに，大冶からの年々5万トンが存し「此処デ1年2年ノ間ハ赤谷ガ出マセヌデモ少シモ困ルコトハゴザイマセヌ」（中村製鉄所長官，第10回「議事速記録」296ページ）という状態（鉄鉱石購入・消費高については本書第2章の表2-11参照）を背景に，そして借款によってさらに大冶鉄鉱石を「経済的に」取得しようとする天皇制政府の政策の進行過程のもとで，大冶よりも安価にあるいは同価格程度で取得しうるならば開発を考慮する余地をいちおう残しながら，赤谷鉄山再調査＝再検討の結論を，第2部調査委員

を中心に製鉄事業調査会はうちだしてくるのである。第2部のいわば中心人物である堀田連太郎委員は「大冶ノ鉱石……ハ本当ニ之ヲ利益アル計算ニシテ吾々ガ採掘スルモノトナレバソレハ実ハ案外ニ安ク採レ又安ク運送ガ出来ル……」（第15回「議事速記録」597ページ，傍点は引用者）と，仮定であれそこまで想定しているのである。

以上のことから侵略的原料取得政策を基礎とした民族資源開発「放棄」の方向規定性が看取できる。ただし，そのことによって，官営製鉄所の赤谷鉄山政策が適切かつ妥当であったということができるかどうかは別である。それは1899（明治32）年8月赤谷出張所を開設し，製鉄事業調査会におけるこの論議の時期までの約3年間にどのように開発政策が展開されているかの検討によって判断すべきであろう。

(21) 突如として，というのは埋蔵量や開発方法について第10回委員会で討議され，疑問もでるが，埋蔵量に関する第2部委員の報告原案の「敢テ不当トナスニ非ズ」をめぐって大島道太郎技師長から疑議・不満がだされ，休憩に入った。そして開会直後に本文でのべたような修正案がいきなり提示されたのである。

III 製鉄所と三菱合資会社との鉄鉱石輸送契約書について

いわゆる政商資本が国家権力による各種の保護政策のもとで資本蓄積をおこない，あるいは国家権力と結合して巨大化してきたこと，そして産業資本確立過程[22]において，いわば政商から財閥へ「成長」することはよく指摘されている。とくに財閥資本の鉱山と銀行，国際貿易・海運部門の基軸的役割は明らかである。[23]

本節は契約書の分析を通して国家資本（企業）と財閥資本（企業）との利益結合，国家による財閥資本の資本蓄積の助成の特徴を析出する。一般的には日本の産業資本確立期における国家の資本にたいする保護政策は，原蓄期における特定資本重点のそれではなく開かれた形態をとるが，客観的には特

補　論　赤谷鉄山問題

定資本の資本蓄積を強化するものとなっている（たとえば造船奨励法・航海奨励法に典型的に示されている），ことが通説化している。私も基本的にはそういって大過ないと考えるが，以下検討するような国家（資本）による財閥資本との個別契約をとおした独占権附与・特徴的運賃決定原則，などによる財閥資本への優遇措置を看過できない。ここではこの契約の実施過程・実態にまで分析がおよばないので，契約書の特徴分析による問題提起にとどめざるをえない。

　この鉄鉱石運搬契約は，製鉄所にとっては必要鉄鉱石のたんなる輸送にとどまらず，大冶鉄鉱石購入契約書で明記された漢陽鉄政局および盛宣懐兼轄の招商局，織布局，紡績局への石炭の販売手段でもあった。ただし，同契約書に明らかなように，この石炭は漢陽鉄廠等が「製鉄所ノ手ヲ経テ少クモ毎年3〔～〕4万噸ノ石炭ヲ購入スヘシ」であり，製鉄所が直接漢陽鉄廠等に石炭を販売するのではなく製鉄所を経由しての意味である。鉄鉱石と石炭のかかる方式は公的には「専ラ往復共ニ貨物ヲ積載スルコトヲ得テ運賃ヲ省減シ双方利益アルカ為ナリトス」（第1款）と外見的に表明されていた。三菱にとっては，鉄鉱石の独占輸送による料金を収得するだけではなく，往路を利用した商品輸出が可能であり，現実には上述の漢陽鉄廠等への石炭の輸出をおこない，中国市場への進出のいっそう有利な条件を獲得しうるものである。かかる形態での三菱合資会社の資本蓄積への助成である。ここにこの契約書の第1の特徴がある。

　具体的に検討すれば，第18条に明記されているように，三菱会社は鉱石輸送に差し支えない限り，返荷または他の貨物を積載し，同航路または他の航路の航海の自由を確保し，かつ規定の鉱石運賃を収得しうるのである（料金については後述）。三菱会社は，一定の条件に適合する約3000トン積の鉄鉱運搬汽船2隻を新造しなければならない（第11条および「鉄鉱運搬船新造に必要なる事項」参照）が，これは三菱長崎造船所で建造しうるものである[24]（しかも収益が保障されたかたちでの新造船である）。まず船繰をみよう。前節でのべたように，新潟・製鉄所間の赤谷鉄鉱石輸送は中止されたので，本契約の船繰は実施過程で変化したと思われるが，新潟と追加契約書の石灰窯[25]

表1表　［新潟港，石灰窰港との間の年間船繰］

船舶	積載地	期　　間	日　数	航海数
甲	新　潟 石灰窰	4月1日－10月31日 11月1日－3月31日のうち	210 ⎫ 36 ⎭246	14 2
乙	新　潟	4月1日－10月31日	210	14
丙	新　潟 石灰窰 石灰窰	4月1日－10月31日のうち 4月1日－10月31日のうち 11月1日－3月31日のうち	75 ⎫ 135 ⎬270 60 ⎭	5 6 3
丁	石灰窰	3月16日－12月15日のうち	275	12

注：1）船舶甲・乙・丙は3000トン積，丁は2000トン積。
　　2）営業日数として料金算定日数となっているのは年間340日。

について整理してみると第1表の如くである。予備日をすべて見込んだうえでの日数であり年間各船とも最短210日，最長275日で，営業日数340日（運賃算定の基礎となっている日数）と比べるとかなりの余裕があり乙船の如きは冬期間全く自由に三菱会社が使用しうる状態となっている。甲・丙・丁の各船にしても残りの期間を同社は中国・東南アジア等にも十分に使用しえたであろうことは疑いえない。また，実態面からみると，1903（明治36）年の『通商彙纂』の次の叙述は三菱会社の有利性の一端を明らかにしている。す(26)なわち，明治「33,4年度ノ税関年報ニ徴スルニ当港〔漢口〕ニ輸入サレタル石炭ハ

　33年　34,677噸　日本（門司及ロノ津）
　34年　36,596噸　日本（同　　前）

然ルニ昨35年ハ前2ケ年ヨリモ多額ノ日本炭ノ輸入アリタリ，即チ約6万噸ニシテ之ガ供給取扱者ハ三菱会社ト三井物産ナリ，三菱会社ハ大冶鉄鉱運搬ノ序ヲ以テ門司炭ヲ輸入シ重ニ漢陽鉄政局ニ売込ミ（昨年ハ約3万4〔〜〕5千噸）三井物産会社ハ亦タ門司，ロノ津ヨリ輸送シ来リ漢陽槍砲局，武昌銀元局及当市磚茶製造所ニ売込ム，両者共ニ増水期ニ於テ航洋汽船ヲ以テ輸送ス」(27)（傍点は引用者）と。

補　論　赤谷鉄山問題

表2表　3000トン積船舶の年間船費内訳
(単位：円)

項　　目	金　額	(%)
船体保険料	17,325	(12.59)
減価消却積立金	45,000	(32.71)
入渠及修繕料	13,000	(9.45)
乗組員給料及食料	25,000	(18.17)
消耗品代	6,000	(4.36)
雑　費	2,000	(1.45)
船　税	260	(0.18)
運搬収益金（A）	28,950	(21.04)
計　　（B）	137,535	(100)
B－A　（C）	108,585	
A／C　（%）	26.66	
1日平均	404.51	

第3表　石灰窰－門司，石灰窰－製鉄所間運賃明細
(単位：円)

費　　目	石灰窰－門司間	石灰窰－製鉄所間
船　費	8,494.71	7,685.69
石炭消費高	2,415.00	2,415.00
門司での鉱石積移賃	750.00	
製鉄所沿岸貨車積移		420.00
鉱石にたいする全損保険料	73.50	73.50
清国入港税	227.45	211.20
領事館手数料	5.00	5.00
門司港税	19.40	18.01
水先料(呉淞口－石灰窰間)	723.68	723.68
計	12,708.74	11,552.08
1トンにつき	4.24	3.85

第2の特徴は運賃算定方式である。まず，年間の船費を算出し，総船費を営業日数340日で除して1日の船費を算出する（第2表）。それを往復航海日数（予備日を含む）に乗じ，その他の費用を加えて運賃を算出する（第3表）。つまり減価償却費（定額法，年10％），船体保険料（年7％）に船舶の入渠・修理費を加え，その他賃金・雑費に利潤を加えた船舶総費用が基礎となっている。営業日数を340日と想定している（これはこの時期の平均的な数値と思われる）が，340日稼動するならば2万8950円の利潤（＝費用の26.6％にあたる）が保障される方式である。大冶等の鉄鉱石輸送全日数は全営業日数ではないから，他の航路に使用することを前提とした基礎の算定方式であると考えられるが，現実の利潤はさらに大きいとみなしうる。なぜなら，この時期の日本郵船の年減価償却費は船価の4％であるのと比べてその2.5倍の償却積立金を計上していること，また石炭消費高（第3表）の石炭トン当たり単価が6円とされているが，これはかなり高価であること，が明白であるからに他ならない。1901（明治34）年度製鉄所が三菱合資会社へ販売した石炭の単価は4.68円（8474.528トン，金額3万9724.35円）[29]であり，かつ三菱会社は筑豊の優良炭田を三井とともに掌握しており，自社炭の低価格のものを使用しえたと考えられる。石炭の価格は市場の状態によって変動しているが，その変動が著しい場合には（石炭だけでなく「運賃明細計算書」の5項から9項に該当するもの），製鉄所と三菱合資会社とが協議して運賃額の増減をおこなう（契約書第6条）こととされている。したがって三菱会社への影響は少なく，当初に単価6円とされたことはきわめて有利であるといえる。さらに，三菱会社の漢陽鉄廠等への石炭輸出によって利潤を取得するのである[30]。

　第3の特徴は一定の資本力をもつ企業でなければ契約の対象者になりえないような内容であること。すなわち，前述した運送船の新造（1隻船価45万円），契約担保金として4万円相当の「利付無記名公債証書」保有がそれである。後者は年5％以上の利子を確実に収得しうる有価証券であり，前者は生産過程の延長として剰余価値の取得，ならびに商業利潤の取得のための手段として機能するが，それに投下しうる蓄積がなければならないから，おの

ずと契約対象者が限定されるだろう。その限定された対象者は契約の履行に よってさらに資本蓄積が助成されるのである。

　以上の指摘から，この契約をとおして三菱会社は一定の規制された形態での独占利潤を取得しうるものであると規定しうるであろう。かかる個別的契約をとおした国家（資本）による財閥企業への助成，両者の結合は多面的に存在するであろう。それらを実態面とあわせて検討することは日本財閥論の研究を深めていくうえで必要であろう。

　なお，この契約は10年をへた1910（明治43）年9月更定され，三菱は「明治44年1月1日以後明治53年12月末日迄10ケ年間，毎年7万噸乃至12万噸ノ大冶鉱石ノ運搬ヲ為ス」とされ，「鉱石ノ運搬費ハ大冶，製鉄所間1屯ニ付キ金2円80銭」であった。この運賃の低減は八幡港（製鉄所の積み降ろし施設の完備を含む）の整備によるものと考えられる。この契約量は1904（明治37）年，1907（明治40）年の漢冶萍借款の鉄鉱石による元利償還分に相当する量である。1918（大正7）年三菱商事会社が設立され，契約はひきつがれた。その後，「近海郵船会社が日本郵船会社から分離独立するにおよび，同社は1923（大正12）年12月，三菱商事会社から大冶・八幡就航船大冶丸ほか8隻，約2万総トンの船舶および大冶蕪湖における碼頭・貯鉱場・曳船・鉄艀等いっさいを譲り受けた」。1939（昭和14）年9月，日本郵船が近海郵船を合併し，以後1942（昭和17）年3月船舶運営会の設立にいたるまで，日本郵船が鉄鉱石の輸送をおこなった，といわれている。大冶鉄鉱はこうして初発からかなりの部分が三菱財閥によって輸送されたのである。

(22)　産業資本確立過程，産業資本確立期の概念規定については，大石嘉一郎「日本資本主義確立期に関する若干の理論的諸問題」（『歴史学研究』第295号，1964年12月），および「日本における『産業資本確立期』について」（東京大学社会科学研究所『社会科学研究』第16巻第4・5合併号，1965年3月）を参照。

(23)　石井寛治「日本資本主義の確立」，歴史学研究会・日本史研究会編『講座日本史』第6巻，東京大学出版会，昭和45年，202ページ。政商から財閥にいつ転化するか，そのメルクマールは何か，等については周知のよう

に議論があるが，ここではこれらの問題にはふれない。
(24) 1902（明治35）年4月，三菱造船所で竣工した大冶丸（重量3375トン，積量4370トン）は鉱石運搬船である（造船協会編『日本近世造船史――明治時代――』〔原書房『明治百年史叢書』復刻版〕718ページ）。
(25) 石灰窰は大冶鉄山に近い揚子江岸の港である。日本側は大冶鉄鉱石の積載港として購入契約の交渉の当初から主張した。清国側は上海を主張した。石灰窰は上海から揚子江を約530哩上流であり，契約書の数値を比較すると上海―製鉄所直行往復11日，石灰窰―製鉄所往復19日であり，1トン平均運賃は前者が2円1銭，後者が3円85銭で1円74銭の差がある。にもかかわらず，日本側が石灰窰を強力に主張したのは何故か。おそらく，大冶鉄鉱石購入契約書で「若シ漢陽製鉄所カ自ラ運搬シ上海ニ於テ受渡ヲ為ストキハ日本製鉄所ハ礦石正価ノ外ニ石灰窰上海間ノ運賃トシテ2弗ヲ支払フヘシ」（第2款）となっていたこと，すなわち鉄鉱石価格に2円が加算され，三菱が石灰窰から運ぶ場合より26銭高くなることがひとつの理由と思われるが，それだけではあるまい。揚子江の中流に船舶を入れることの経済的意味と軍事的意図とが複合的に介在していたとみるのが妥当であろう。この後になるが，河川用浅吃水砲艦宇治（1902年9月竣工）を新たに建造開始することに注目しておかねばならない。
(26) 日清戦争時代から日露戦争前までの間，日本の石炭輸出高は産出高の約33％－47％をしめ，しかもそのうち中国・香港・シンガポールへの輸出が大きな比重をしめている（隅谷三喜男『日本石炭産業分析』岩波書店，昭和43年，345, 348ページ）。ただし三菱は「〔18〕93年7月21日『香港並ニ上海ニ於ケル石炭販売ノコトヲ日本郵船会社ニ委嘱』しているが，当然，その運送を郵船が取扱っていたと思われる」（柴垣和夫『日本金融資本分析』東京大学出版会，昭和40年，138ページ）。また三菱は三菱合資会社設立（1893年）と同時に，大阪・下之関・若松・長崎の4支店を設置して商事部門に進出したが，それはもっぱら石炭・銅の販売のためであった（同上，139ページ）といわれている。1893年の時点では柴垣氏の指摘している通りかもしれない。しかし本契約調印以降は異なるであろう。
(27) 隅谷，前掲書，356－357ページ。
(28) 前掲『日本近世造船史――明治時代――』531ページ。
(29) 製鉄所「明治34年度作業報告」，前掲『製鉄事業調査報告書参考材料』所収。この作業報告は製鉄所文書にも残されている。また1900・1901（明治33・34）年度に製鉄所が購入した三池粉炭の単価は5.518円である（1901年度「材料素品受払表」）。もちろん石炭の価格は品質によって異な

ることに注意しなければならないが，次の1901年度「二瀬炭ト市価トノ比較」に注目されたい。

1901年度「二瀬炭ノ生産費ハ……1噸4円12銭1厘弱ナルモ同年度売却炭ノ内35,989噸152瓩ハ山元渡ノ契約ナルヲ以テ之ニ対シテハ実際運賃ヲ支出シ居ラス又翌年度ヘ繰越炭5,449噸240瓩モ山元ノ価格ヲ以テ計算セシモノナルカ故ニ市価トノ比較上便宜ノ為メ右噸数ニ対スル若松迄ノ運賃1噸ニ付65銭此金26,934円95銭5厘ヲ実費総額ニ加ヘ此内ヨリ雑収入1,260円32銭及年度内ニ購入シタル備品ノ増価額14,258円72銭3厘ヲ控除スルトキハ〔明治〕34年度ニ於ケル二瀬総採炭ノ若松ニ於ケル生産費トナル而シテ其1噸当平均ハ4円23銭5厘弱ニシテ之ヲ世上ニ於テ二瀬炭ト略ホ同種類ナリト称スル忠隈炭ノ市価ト比較スレハ」忠隈炭は4円21銭5厘（1901年度中の「平均相場ニシテ若松石炭商同業組合事務所ノ報告ニ依ル」）であり，二瀬炭の「1噸ノ生産費ニ於テ2銭ノ超過ヲ見ル」。この「原因ハ同年度ニ於テハ炭山将来ノ拡張ヲ見込ミ巨多ノ器具機械ヲ補充シタルモノアリシニヨル」（「石炭収支調」，前掲『参考材料』146-147ページ）。

忠隈炭坑は1894（明治27）年麻生太賀吉より住友吉左衛門が買収した炭坑である（カロリー等については隅谷・前掲書，333ページを参照）が，若松での市場価格が4.215円程度であることは注目してよい。

(30) 三菱会社の漢陽鉄廠等への販売価格は不明であるが，大冶鉄鉱石購入契約書では「石炭ノ価格ハ近年高下一定セサルヲ以テ招商局ノ買入規程ニ照ラシ年2回ニ分ケ時価ニ照ラシテ各種ノ価格ヲ議定スヘシ『コークス』ノ購否ハ臨時取極ムヘシ」（第3款）と，鉄鉱石価格とは全く対照的に規定され，価格の弾力的処理がとりきめられている。ただし，日本石炭購入条項は1904（明治37）年1月15日調印の300万円借款契約書で廃止が明記された（『日本外交文書』第37巻第2冊，204ページ）。

(31) この契約者が三井ではなく三菱であったのはいかなる理由によるものであろうか？ 大冶鉄鉱購入契約以降は三井が漢陽鉄廠等への進出の意図を明らかにしている（加藤幸三郎「三井財閥の形成と日本帝国主義」，高橋幸八郎編『日本近代化の研究』下，東京大学出版会，昭和47年，285ページ）が，1911（明治44）年4月，三井物産が製鉄所と「漢陽銑運搬契約書」を結んでいる（製鉄所購買課『大正7年度漢冶萍公司関係書類』所収資料）。こうして製鉄所の自社船は別として，鉄鉱石―三菱，銑鉄―三井という関係が形成される（漢陽銑鉄は1911年3月31日契約の漢冶萍への600万円借款の元利分として年間8万-12万トンを製鉄所に販売することになったものである）。

(32) 三枝・飯田，前掲書，601ページ。
(33) 『日本製鉄株式会社史』445ページ。なお，同書によると，日露戦争後の製鉄所の第1期拡張とともに朝鮮・中国からの原料輸送の必要が激増した。海軍は日露戦争中に拿捕した汽船五十数隻中5隻（総トン数1万4462トン）を製鉄所の用に供するため農商務省に保管転換し，船籍港を八幡に定めた。うち2隻は朝鮮・中国／八幡の輸送を担当し，1911（明治44）年度のケースでみると，全体（日本郵船に裸傭船とされていた1隻を除き4隻）で「製品の約45％，輸入原料〔鉄鉱石・石炭〕の約50％を自社船で輸送しえたと思われる」。製鉄所のこの汽船保有は日本郵船会社は別として，いわゆる社外船主中最大の三井物産の総トン数2万7010トンにはおよばないが，三菱合資会社の20隻総トン数1万3135トンを凌駕する（同上，433−434ページ）。
(34) 『日本製鉄株式会社史』445ページ。
(35) 同上。

結　語

　以上，一定の連関をもつが内容的には異なる2つの問題＝赤谷鉄山開発問題と鉄鉱石輸送契約書の検討をおこなってきた。それぞれの節で結論をのべてきたので改めて論ずる必要はないが，若干要約的には整理しておきたい。
　赤谷鉄山をどのように開発するかは，明治30年代初頭における官営製鉄所の製鉄原料政策のひとつの重要な柱であった。もうひとつの重要な柱である大冶鉄鉱問題は推測的段階からまさしく科学的分析へと研究が深化発展しているのにたいして，赤谷問題は従来全く等閑視され，私もいわば「通説」的指摘に検討を加えていなかった。大冶鉄鉱問題のかげにおいたままであった。官営製鉄所の創立期における原料問題は日本の経済政策そのものの問題であり，また経済政策の方向と一体化した問題であった。赤谷鉄山開発には地理的自然的なさまざまな条件に規定された一定の困難が存したことは否定しえない。しかし，II節での検討によって明らかなように開発が技術的にも不可能だったのではなく，一定の条件の整備によって採掘・搬出・製鉄所への輸送が可能であった。にもかかわらずそれが放棄の方向をたどり，そして放棄

されるのは大冶鉄鉱を中心とする帝国主義的原料取得（いわゆる鉄鉱石の自由な売買関係ではない）政策の見透しの確立と「成功」であった。

　この赤谷鉄鉱石と大冶鉄鉱石を製鉄所に輸送するための製鉄所と三菱合資会社との鉱石運搬契約書は，鉄鉱石輸送の独占を三菱合資会社に附与するだけではなく，製鉄所と盛宣懐との大冶鉄鉱購入契約書にもりこまれた漢陽鉄廠等への石炭の輸送・販売（権）をも三菱合資会社に与え，中国市場への進出のための有利な条件を附与したものである。そして鉱石輸送に支障のないかぎり，三菱の他の航路へも船舶使用および他の積載物を認め，特殊な運賃算定方式によって，三菱会社は「規制された形態」をとりながらも独占的利潤が保障される。そのような特徴的な内容をもつものである。これが現実には三菱合資会社の資本蓄積にどの程度寄与したのか実態は不明であるが，このような個別契約をとおした国家（資本）と財閥資本の結合関係，利益供与は，日本の産業資本確立期における国家と財閥資本との関係の一断面を示すものといえるであろう。実態が析出されるならば，それにより鮮明に構造的意義が照射されるであろう。

資　料

凡　例

(1) 原文は縦書片仮名。それを横書平仮名にかえた。句読点なし。
(2) 漢字は当用漢字で現在略字となっているものは略字にかえた。
(3) 年号，数量は算用数字にかえた。例，明治三拾五年十二月十日→明治35年12月10日。壱千五百→1500，五万→5万。
(4) 原文は『製鉄事業調査報告書参考材料』(1902年12月) 所収のものを使用した。

契　約　書

　鉱石運搬請負の件に関し製鉄所（以下単に甲と称す）と三菱合資会社（以下単に乙と称す）との間に左の条々を約定す
　第1条　乙は明治35年1月1日以後10箇年間毎年左記の通り鉱石の運搬を為すへし
　　一　新潟港より製鉄所海岸荷揚場迄　　鉄鉱物10万噸
　　一　清国上海より同上　　　　　　　　鉄鉱物5万噸
　　　但1千キロを以て1噸とす以下同断
　第2条　甲の都合に依り前条中新潟よりの鉱石量を減して他の一方の鉱石量を増すことあるへし又前条に記載する各地搬出の鉱石量を減し其他の地方より之を運搬せしむることあるへし但し若し四時積入差支なき場所より冬期積入不便の場所に移されたる場合に於ては冬期間汽船使用方に付甲は乙に成るへき丈けの補助を与ふるの義務あるものとす
　第3条　本約定期限中第1条第2号に依る鉱石の数量を増加する必要あるときは本約定に準拠し甲は乙をして其全部を運搬せしむるものとす
　第4条　甲に於て明治35年1月1日以前に新潟又は上海より取寄すへき鉱石あるときは乙は本契約に準拠して之を運搬するものとす但運搬すへき鉱石の数量は少くとも2箇月前に甲より乙へ通告すへし
　第5条　鉱石の運搬賃は左の割合を以て計算するものとす但第2条に依る本契約書中に記載なき地方より鉱石を運搬するときは其運賃は別紙の計算明細書を基

とし海路の遠近積入の難易に依り双方協議の上決定するものとす

新潟門司間	鉱石一噸に付	金3円19銭
新潟製鉄所間	同	金2円81銭
上海門司間	同	金2円39銭
上海製鉄所間	同	金2円1銭
門司製鉄所間	同	金46銭4厘

第6条　前条の運賃は別紙計算明細書に基き算出したるものなるを以て受負期限中物価賃料等の変動に依り明細書中第5項乃至第9項各目中の費額を著しく増減するの必要あるときは甲乙協議の上運賃額の増減を為すへし

第7条　門司より製鉄所迄の艀荷揚若くは新潟に於ける本船積込等は製鉄所に於て処弁することあるへし此場合に於ては別紙明細書第5項乃至第9項中之に該当する費目の受負は其都度当然削除せられたるものと見做す且之が為め本船碇泊時間に増減あるときは同書第2項第3項及第4項の時間割に依り同書第5項乃至第9項中之に該当する各目の運賃を増減すへし

第8条　甲の手配不行届又は怠慢に依り別紙明細書中第2項第2目但書の鉱量を供給せす又第4項但書の鉱量を積込む能さるか為め予定碇泊時間の外第2項第3項及第4項の予備日数の半以上を経過したる場合には其超過したる日数に対し滞船料として第1項の船費日割を以て甲より乙へ仕払ふへし但仕事時間5時間以上の端数は一日と算定す

第9条　前条の手配不行届又は怠慢は天候其他不可抗の原因に係る単に一時の出来事を意味する者にして甲か保証に属する新潟及上海に於て1昼夜1000噸を積入れ製鉄所に於て1昼夜1500噸を荷揚すること実行難出来事実あるときは普通の天候に於て実行し得へき高に依り別紙明細書第2項第2目第3項第2目第4項第2目の日数を変更し為めに増加する日数に対し甲は第1項の船費を乙に仕払ふものとす

第10条　運賃及滞船料は各船便毎に鉱石の陸揚を了したる後遅滞なく甲より乙へ仕払ふものとす但運賃は陸揚を為したる現在鉱石の噸数を以て計算するものとす

第11条　鉱石運搬の用に供する為め乙は別紙鉄鉱運搬船新造必要事項に適合する約3000噸積の鉄鉱運搬汽船2艘を明治34年末迄に新造すへし但乙は新造船詳細設計を作り甲の認諾を得て造船すへし

第12条　積入地又は輸入地の状況に依り小屯数の船を以て運搬するを便利と認むるときは乙は甲の承諾を得て前条汽船の噸数及船数を変更することを得るものとす

第13条　明治34年末迄鉱石の運搬に付必要なる船舶は有合の乙の所有船又は内外

国雇船を以て弁用するものとす
第14条　明治35年以後に於て不慮の故障の為め第11条の新造船を使用し能はさる場合又は造船家の都合に依り明治34年末迄に造船悉皆落成せさる場合若くは新造船2艘にて第1条第2条の鉱石全量を運搬するに不足なる場合は他の船舶を代用することを得るものとす
第15条　第13条又は第14条に依り乙に於て新造鉄鉱運搬船以外の船舶を以て鉱石を運搬する場合に於て其本船に対する一切の増費は勿論之が為め鉱石積込及陸揚等に係る費用にして新造船に比し増費を要するときは其増費も亦乙に於て負担すへし又第7条に依り製鉄所に於て積込陸揚を為す場合に於ても本条の増費は乙の負担たるへし
第16条　汽船へ鉱石を積入たる時は甲に於て各艙口を封鎖すへし若し運搬中破封せしめ鉱石の減量したるときは其減量は乙に於て弁償すへし但代金を以て弁償する場合に於ては其鉱石1噸に付6円50銭の割合とす
第17条　航海の日時度数等は別紙予定に準拠すへきを以て天候其他不可抗の場合の外は甲は其都度積込等の手配を為すへく乙は廻船を怠るを得す
第18条　本約定に基き鉱石運搬に差支なき限りは船繰の都合に依り乙は返荷を運漕し又は他の荷物を搭載し同航路若くは他の航路に向ひ航海するとも乙の自由たるへし但之が為め鉱石の運賃を増減せす
第19条　汽船にて運搬中の鉱石に対し乙は甲に代り1噸に付金7円の割合を以て海上全損保険を付し又艀中は右金額の割合を以て海上分損保険を付すへし
第20条　乙は契約担保として金4万円に当る5朱以上利付無記名公債証書を納め置くへし但額面100円に付金90円の割合にて計算し該公債証書の利札は半季毎に甲より乙へ交付するものとす
第21条　他日若し製鉄所の事業を他へ譲渡することあるとも甲は譲受人をして此約定を継承せしむるの義務あるものとす
　右の条項を確守し本契約書2通を作り双方記名調印の上各其1通を保管するもの也
　　明治33年6月28日

　　　　　　　　　　　　　　　　契約担当官吏
　　　　　　　　　　　　　　　　　製鉄所長官　和田維四郎
　　　　　　　　　　　　　　　東京市麹町区八重洲町1丁目1番地
　　　　　　　　　　　　　　　　明治26年設立　三菱合資会社
　　　　　　　　　　　　　　　　　業務担当社員　岩崎久弥

補 論 赤谷鉄山問題

運賃計算明細書

第1項 鉱石3000噸積船舶に係る1個年の船費明細左の通り
 第1目 金 17325円 船舶原価45万円に対する年7朱の船体保険料10年平均毎年1割引
 第2目 金 45000円 原価45万円消却積立金毎年1割
 第3目 金 13000円 入渠及修繕料
 第4目 金 25000円 乗組員給料及食料
 第5目 金 6000円 消耗品代
 第6目 金 2000円 雑　費
 第7目 金 260円 船　税
 第8目 金 28950円 運搬収益金
 計 137535円
 1個年営業日数340日に割平均1日船費金404円51銭

第2項 鉱石3000噸積の船舶門司新潟間1航海に係る日数は左の通り
 第1目 門司新潟間往復986哩此航海日数 4日
 第2目 新潟港に於て鉱石3000噸の積込日数 3日
  但同港に限り製鉄所に於て鉱石1噸乃至1噸半を入るへき運送器を作り之を以て1昼夜に1000噸に下らさる鉱量を本船迄艀送りをなすものとす
 第3目 門司港に於て艀移し 4日
 第4目 予備 6日
 計 17日

第3項 鉱石3000噸積の船舶製鉄所海岸新潟間直航1航海に係る日数左の通り
 第1目 製鉄所海岸新潟間直航往復日数986哩 4日
 第2目 新潟港に於て鉱石3000噸の積込日数 3日
 第3目 製鉄所海岸荷揚場に於て陸上日数 2日
  但製鉄所に於ては1昼夜に1500噸に下らさる鉱石を荷揚すへき設備を為すこと
 第4目 予備 6日
 計 15日

第4項 上海門司間及上海製鉄所間に係る日数左の通り
  但上海にて本船積込は荷主に於て1昼夜に1000噸に下らさる鉱量の積込をなすこと
 第1目 門司又は製鉄所海岸上海間直航往復

		門司	製鉄所海岸
1040哩此航海日数		4日	4日
第2目　上海に於て鉱石3000噸積込日数		3日	3日
第3目　門司又は製鉄所海岸に於て陸上日数		4日	2日
第4目　予備		2日	2日
計		13日	11日

第5項　鉱石3000噸の船舶に係る門司新潟間の運賃明細左の通り
　第1目　金6,876円67銭　　門司新潟往復986哩此航海17日間1日船費404円51銭
　第2目　金1,470円　　　　1航海に係る石炭消費高245噸代噸6円
　第3目　金　420円　　　　新潟に於て鉱石3000噸艀より本船へ積込賃噸14銭
　第4目　金　750円　　　　門司港に於て鉱石3000噸積移賃噸25銭
　第5目　金　　63円　　　　鉱石3000噸此価格21,000円に対する金損保険料100円に付30銭
　　　計　金9,579円67銭
　　　　　但1噸に付平均　金　3円19銭

第6項　鉱石3000噸積の船舶に係る製鉄所新潟間直航の運賃明細左の通り
　第1目　金6,067円65銭　　製鉄所新潟間往復986哩此航海日数15日間1日船費404円51銭
　第2目　金1,470円　　　　1航海に係る石炭消費高245噸噸6円
　第3目　金　420円　　　　新潟港に於て鉱石3000噸艀より本船へ積込賃1噸14銭
　第4目　金　420円　　　　鉱石3000噸を本船より製鉄所海岸荷揚に備ふる貨車移載賃噸14銭
　第5目　金　　63円　　　　鉱石3000噸此価格21,000円に対する全損保険料100円に付30銭
　　　計　金8,440円65銭
　　　　　但1噸に付平均金2円81銭

第7項　鉱石3000噸積の船舶に係る門司上海間の運賃明細左の通り
　第1目　金5,258円63銭　　門司上海間往復1040哩此航海13日間1日船費404円51銭
　第2目　金　840円　　　　1航毎(ママ)に係る石炭消費高140噸噸6円
　第3目　金　750円　　　　門司港に於て鉱石3000噸積移し賃噸25銭
　第4目　金　31円50銭　　鉱石3000噸此価格21000円に対する全損保険料100円に付15銭
　第5目　金　121円67銭　　上海港税4個月間750両15日分76替にて

補　論　赤谷鉄山問題

　　第6目　金　　5円　　　　帝国領事館手数料
　　第7目　金　 10円36銭　　門司港噸税1個年252円15銭15日分
　　第8目　金　157円89銭　　上海出入港水先料120両76替にて
　　　計　　金7,175円5銭
　　　　但1噸に付平均金2円39銭
　第8項　鉱石3000噸積の船舶に係る製鉄所上海間直航の運賃明細左の通り
　　第1目　金4,449円61銭　　製鉄所上海間往復1040哩此航海11日間船費1日金
　　　　　　　　　　　　　　404円51銭
　　第2目　金　840円　　　　1航海に係る石炭消費量140噸噸6円
　　第3目　金　420円　　　　鉱石3000噸を本船より製鉄所海岸貨車移載賃噸14銭
　　第4目　金　 31円50銭　　鉱石3000噸此価格21,000円に対する全損保険料100
　　　　　　　　　　　　　　円に付15銭
　　第5目　金　105円44銭　　上海港税4個月間750両13日分76替にて
　　第6目　金　　5円　　　　帝国領事館手数料
　　第7目　金　　8円98銭　　門司港噸税1箇年252円15銭13日分
　　第8目　金　157円89銭　　上海入出港水先料120両76替にて
　　　計　　金6,018円42銭
　　　　但1噸に付平均金2円1銭
　第9項　門司より製鉄所までの運賃明細左の通り
　　第1目　金25銭　　門司港に於て本船より製鉄所海岸に至る艀賃
　　第2目　金20銭　　製鉄所海岸に於て艀より貨車に積移賃
　　第3目　金1銭4厘　鉱石1噸代金7円海上分損保険料100円に付20銭
　　　計　　金46銭4厘
　第10項　甲乙丙各3000噸積汽船1個年間航海船繰は左の通り予定す
　　新潟港　甲　自4月1日至10月31日　210日
　　　　　　　　14航海　42,000噸
　　　同　　乙　自4月1日至10月31日　210日
　　　　　　　　14航海　42,000噸
　　　同　　丙　自4月1日至10月31日の内　75日　5航海　15,000噸
　　上海　　丙　自4月1日至10月31日の内135日　7航海半　22,500噸
　　　〃　　　　自11月1日至3月31日の内135日　7航海半　22,500噸
　　　同　　甲　自11月1日至3月31日の内　36日　2航海　 6,000噸
　　　　　　以　上

鉄鉱運搬船新造に必要なる事項

- 一 造船奨励法に依り造船奨励金を受け得る資格を備ふる造船所に於て製造すること
- 一 船体機関及属具は総て造船規定に従ひ製造すること
- 一 本船は重甲板船の構造にして鉄或は鋼の甲板一層を有しディープ，フレーム式船骨とすること
- 一 外板及船骨とも鋼製とすること
- 一 搭載鉄鉱は3000噸内外にして其吃水18呎以下なること
- 一 鉱石を満載して1時間10海里以上の最強速力を有すること
- 一 船首支水隔壁より船尾支水隔壁まて全部を通して二重底を設くること
- 一 上甲板に鉄鉱を積込み及積上けに便利なる艙口を設け其位置，口数及大小等は協議の上定むること
- 一 本船には鉄鉱1000噸以上を1昼夜に艀船より積入れ又は艀船へ積出しに便利なる装置を設くること
- 一 汽罐は逆立直働にして汽筩3個を有する3連成汽機とすること
- 一 汽罐は筩形再回多管式にして1平方时に付180ポンドの最大汽圧に適当する鋼製のものとすること
- 一 推進器は単螺旋とすること
- 一 檣は鋼製のもの2本とし綱具装置はスクーナーとすること
- 一 本船の製造は製鉄所長官の検査を受くること

以　上

追加契約書

明治33年6月28日製鉄所長官和田維四郎と三菱合資会社業務担当社員岩崎久弥との間に締結したる鉱石運搬請負契約の追加として左の条々を約定す

第1条　清国石灰窰より製鉄所まで運搬すへき鉱石は1個年約5万噸として其運搬費は別紙明細書に基き左の割合を以て計算するものとす

　　　石灰窰門司間　　　鉱石1噸に付　　金4円24銭
　　　石灰窰製鉄所間　　同　　　　　　　金3円85銭

第2条　前条の外一切の事柄手続等は明治33年6月28日締結したる本契約書の条項に拠り双方とも之を取扱ふへきものとす

右の条項を確守し契約書2通を作り双方記名調印の上各其1通を保管するものなり

　　明治33年6月28日

補　論　赤谷鉄山問題

　　　　　　　　　　　　　　　　　　製鉄所長官　和田維四郎
　　　　　　　　　　　　　　　　明治26年設立　三菱合資会社
　　　　　　　　　　　　　　　　　　業務担当社員　岩崎久弥

　　運賃明細書
第1項　鉱石3000噸積の船舶石灰窰門司間及ひ石灰窰製鉄所間直航1航海に係る日数左の通り
　第1目　石灰窰門司・製鉄所間直航往復
　　　　　2,100哩此航海日数　　　　　　　　　　　門司　製鉄所
　　　　　　　　　　　　　　　　　　　　　　　　　9日　　9日
　第2目　石灰窰にて鉱石3000噸積込日数　　　　　　3日　　3日
　第3目　門司・製鉄所にて鉱石3000噸荷揚日数　　　4日　　2日
　第4目　予備　　　　　　　　　　　　　　　　　　5日　　5日
　　計　　　　　　　　　　　　　　　　　　　　　21日　 19日
第2項　鉱石3000噸積の船舶に係る石灰窰門司間運賃明細左の通り
　第1目　金　8,494円71銭　石灰窰門司間往復2,100哩此日数21日分船費1日に付金404日51銭の割
　第2目　金　2,415円　　　1航海に係る石炭消費高402噸5合1噸金6円の割
　第3目　金　　750円　　　門司にて鉱石3000噸積移賃1噸に付金25銭
　第4目　金　　73円50銭　鉱石3000噸此価格21,000円に対する全損保険料100円に付金35銭の割
　第5目　金　 227円45銭　清国入港税1航海分
　第6目　金　　　5円　　　領事館手数料
　第7目　金　　19円40銭　門司港1航海分1個年252円15銭
　第8目　金　 723円68銭　呉淞口より石灰窰間水先料550両76替
　　計　　金12,708円74銭
　　　　　但1噸に付金4円24銭
第3項　鉱石3000噸積の船舶石灰窰製鉄所間運賃明細左の通り
　第1目　金　7,685円69銭　石灰窰製鉄所間往復2100哩此航海日数19日船費1日金404円51銭の割
　第2目　金　2,415円　　　1航海に係る石炭消費高402噸5合1噸金6円の割
　第3目　金　　420円　　　製鉄所海岸貨車積移に要する本船人夫賃噸14銭
　第4目　金　　73円50銭　鉱石3000噸此価額金21,000円に対する全損保険料100円に付金35銭の割
　第5目　金　 211円20銭　清国入港税1航海分

第6目　金　　　5円　　　　領事館手数料
　　第7目　金　　　18円1銭　　門司港税1航海分1個年252円15銭
　　第8目　金　　723円68銭　　呉淞口より石灰窰間水先料550両76替
　　　計　　金1,1552円8銭
　　　　　但1噸に付金3円85銭
第4項　明治33年6月28日付本契約書に付属の運賃明細書第10項に記載せる甲乙丙3艘の外更に2000噸内外積，汽船1艘（丁）を備へ其内石灰窰鉱石運搬に係る船繰は左の通り予定す
　　石灰窰　丙　自4月1日至10月31日の内135日　　6航海　18,000噸
　　　　　　　　自11月1日至3月31日の内 60日　　3航海　 9,000噸
　　　　　　丁　自3月16日至12月15日の内275日　12航海　24,000噸
　　　　　　　以　上

第2章　創立期における製鉄所財政の構造

I　創立費

　前述したように，軍事目的なしには，この時期に国家による製鉄所の創出がありえなかったであろうと考えられるほど軍事目的を基軸として，その創立への運動が展開され，具体的には，日本資本主義の対外膨張の一大画期である日清戦争を助産婦として創立された官営製鉄所は，技術的低位性と建設・資金計画の不備の露呈とあいまって，当初の目的に一定の改定を加えることを余儀なくされた。かくして，生産機構の不備をおぎなうために，国家資本の投入が行なわれ，また日露戦争前夜に中国大冶の鉄鉱石確保の見通しを得，日露戦争時に，製鉄所は銑鋼一貫化生産体制のいちおうの確立をみるにいたる。

　まず，この国家資本の投入（＝設備投資－創立費の激増）の過程と特徴を検討していかなければならない。

　初年度以降，清国賠償金と事業公債による資金の調達を通じて，明治34（1901）年度までに完成の予定で建設がすすめられた製鉄所は，同年9月に製品の販売を開始し，同年11月には「盛ナル開業式」を挙行するにいたったが，その間に当初予算（410万円）の約4，5倍に創立費が膨張した。当初予算の不備を批判した現業側も，自ら予算案を決定し，それが承認されて現実に創立作業を推し進めるなかで，予算の不備と会計法規の「制約」を自ら痛感せざるをえなくなり，予算の追加を連発的にうちだしてくるのである。[1]
創立費の明治34（1901）年度までの内容を総括的に示せば表2－1の如くである。[2]　それをさらに，事業所別，目的別に詳しく区分してみると，表2－2のようになる。創立費の項目が中途で変更されているので，厳密な比較とは

表 2-1 製鉄所創立費
(明治29-34年度は決算、明治35-36年度は予算、単位：千円)

項目	明治29	明治30	明治31	明治32	明治33	明治34	計	明治35年へ繰越	明治35	明治36	総計
俸給及諸給	20	37	35				92				92
庁費	4	13	2				18				18
旅費	19	27	5				51				51
雑給及雑費	6	15	5				26				26
建築及土工費	109	412	182				703				703
器械及工場費		198	1,109	74			1,382				1,382
備外国人諸給		7	24	18			49				49
事務費			54	185	361	328	928	27			956
工場費			307	2,259	2,199	2,207	6,973	117			7,090
試製費			24	68	283	21	397				397
製鉄原料鉱山費				206	2,282	697	3,185	255			3,440
若松築港補助金				100	100	100	300		100	100	500
据置運転資本支出金				100	1,900	2,500	4,500				4,500
死傷手当[1)				(切捨)	(切捨)	(切捨)	0.7	0.3			1
災害費						17	17				17
創立補足費[2)						323	323	178	417		917
総計	158	709	1,748	3,011	7,126	6,193	18,945	577	517	100	20,138

備考：製鉄事業調査会『製鉄事業調査報告書』(明治35年12月) 附表による (31-32ページ)。
注：1) 製鉄所建物火災復旧費と澗野炭坑火災諸費。
　　2) 工場費補足。

78

第2章　創立期における製鉄所財政の構造

表2－2　製鉄所創立費内訳(1)

製鉄本所　　　　　　　　　　　　　　　　　　　　　　　　　　（単位：千円）

種別	金額	種別	金額	種別	金額
1. 熔鉱炉	1,656	21. 工場及官舎敷地	341	38. 各種煉瓦	110
2. 炉材工場	12			39. 鉄管及鉛管類	60
3. 混銑工場	40	22. ガス道	24	40. 電動牽引機及電動機並電気用鑢	36
4. 製鋼工場	818	23. 蒸汽管及排汽管	115		
5. 分塊軌条ロール工場及精整工場	1,174	24. 事務所及倉庫雑建物	208	41. 木材類	3
				42. 軌条類	3
6. 大型ロール工場	216	25. 官舎及職工長屋	258	43. 秤量機	2
				44. 活動弁	5
7. 中小型ロール工場	354	26. 諸機械手入及材料構内運搬	82	45. ガス試験器	2
				46. 分析用軽便高温計及附属標度紙	2
8. 薄板ロール工場	284	27. 雑器具機械	53		
		28. 船舶	6		
9. 洗炭及コークス工場	4	29. 船溜	164	47. 浄水器附属品	10
		30. 熔鉱炉用建築材料	303	48. 平炉装入函	6
10. 機械工場諸装置	811			49. 燃炭装置	5
		31. 同上　送風機	90	50. 鋳鉄柱	1
11. 運輸用装置	85	32. 混銑工場用建材料	81	51. 15呎遷車台	1
12. 電気工事	127			52. 雑鉄材及釘類	16
13. 給水及排水道	396	33. 大型軌条分塊ロール工場用建築材料	142	53. 油差器	1
14. 鑑査用装置	50			54. 防腐剤, 石膏, ペンキ, 他	87
15. 地均工事	207				
16. 鉄道	330	34. 汽罐	109	55. 亜鉛鍍板	3
17. 海岸荷揚装置	77	35. 耐火煉瓦工場用諸機械	114	56. 皮車	1
18. 繋船壁	223				
19. 航路浚渫	102	36. 洗炭工場用諸機械	144		
20. 汽罐煙道及煙突	418	37. 同上建築材料	128	小　計（A）	10,099

備考：前掲『製鉄事業調査報告書』33－36ページ。

表 2 − 2　製鉄所創立費内訳(2)

二瀬炭坑　　　　　　　　　　　　　　　　　　　　　　　　　（単位：千円）

種　別	金　額	種　別	金　額
1. 土　　　　　地	20	18. 秤 量 器 其 他	14
2. 事　務　所	16	19. 電 気 用 品	3
3. 機 械 工 場	9	20. ボーリング用ダイヤモンド	2
4. 汽 罐 場	93		
5. 捲　　　　　場	31	21. ランアウェー他	3
6. 喞 筒 場	2	22. 単 床 ケ ー ジ	1
7. 木 工 場	1	23. 凝汽機及凝汽壺	2
8. 給 水 溜	−	24. 軌　　　　　条	5
9. 機 械 試 運 転 場	1	25. 喞 筒 類	7
10. 鉄　　　　　道	16	26. 防腐油其他雑品	44
11. 坑　　　　　道	503	27. 安 全 燈	2
12. 電　　　　　話	3	28. 消 防 用 器 具	1
13. 官舎及坑夫長屋	58	29. 石 油 機 関	2
14. 鉱　　　　　区	1,316	30. 蒸 汽 機 械	1
15. 雑 工 事	28	31. 捻　　　　　型	1
16. 炭車及附属品	42		
17. 鋳鉄管及附属品	10	小　　　計（B）	2,238

備考：前掲『製鉄事業調査報告書』36−37ページ。

表2-2　製鉄所創立費内訳(3)

赤谷鉄山　　　　　　　　　　　　（単位：千円）

種別	金額	種別	金額
1. 鉄山及開鑿	388	16. 手押車，電話，土工，測量及鉄山用器具類	3
2. 鉄索装置	571		
3. 敷地	10		
4. 道路	39	17. 花崗切石	7
5. 鉄道	4	18. 軌条及付属品	13
6. 電話	1	19. 岡沢山用材一切	1
7. 発電所	103		
8. 庁舎及倉庫	14	20. 防腐油	6
9. 官舎及鉱夫長屋	24	21. 鉄丸棒	－
		22. セメント	1
10. 鉱石置場	1	23. 枕木	2
11. 運河浚渫	－	24. 種油，火薬他	－
12. 仮設工事	1		
13. 修繕修補	3		
14. 架橋	3	小計（C）	1,211
15. 修繕工事及同工場器具機械	16	合計（A＋B＋C）	13,548

備考：前掲『製鉄事業調査報告書』38-40ページ。

表2-2　製鉄所創立費内訳(4)

その他　　　　　　　　　　　　（単位：千円）

種別	金額	種別	金額
1. 災害費	17	5. 据置運転資本支出金	4,500
2. 事務費	1,193		
3. 試製費	397		
4. 若松築港補助費	500	小計	6,607

備考：前掲『製鉄事業調査報告書』32ページ。
　　　端数は四捨五入，したがって合計が一致しないものがある。－は500円未満。以下，各表とも同じ。

ならないが，前掲表1-1（第1章）に示した創立費当初予算と比べて次のような特徴をもっている。すなわち，(1)機械・工場費，製鉄原料鉱山費を軸として，創立費の規模が著しく増加していること，(2)坩堝鋼炉費が消滅していること，(3)創立作業の実施過程における新たな必要品が数多く計上されていること，などである。(1)と(2)は，創立計画の改定を基礎としたものであり，それによる大きな変化を表現しているといってよいだろう。

　このように巨額の財政資金を投じた製鉄所の建設も，財政面から建設過程を考察すると，予算のでたらめさと配分の不合理から惨憺たる有様であった。予算計上時とその使用時との物価の変動とか関税政正による輸入品価格の騰貴など，いわば不可抗力的経済条件は別としても，次のような事態はまさしく戯画的ですらある。中村製鉄所長官の証言を聞こう。

　「我邦ニ於キマシテノ始メテノ事業デ誰レモ経験ノナイ者ガ予算ヲ立ツタノ（ママ）デアリマスカラ実際之ヲ行ツテ見ルト中々……想ハザル器械ガ沢山要リマス……初メニ予算ヲ立テタトキヨリモ実際ニ器械モ不足シ土工……モ予定通リ運〔ばず〕……予算ニ……非常ニ不足ヲ生ジ……予算ナキ為メニ事業ヲ其半ハニ於テ止メタト云フ次第テアリマス」……熔鉱炉2本建設の予定が1本建設したら他が建設できず，しかも熔鉱炉ができてもそれに使用するコークス釜が完成していない。石炭洗器は到着したがそれをとりつける費用がない。それをとりつけたところでコークス釜がないからコークスが焼けない。平炉はできたが，「炉カラ出タ鋼ヲ持チ運ブ器械ノ部分ニ於テ非常ニ不足ヲ告ゲテ居ル」，レール工場は完成しているが，ロールが不足である……。(3)

　創業の際であるから，試行錯誤はやむをえない，などと政府当局に免罪符を与えることはできないであろう。租税収入（明治26-28年度の製鉄事業調査費），清国賠償金および公債発行によって，内外の製鉄業を調査し建設に着手したはずであったのだから。もっとも，会計法に規定された競争入札の(4)原則も作用していることにも注意する必要がある。製鉄所において，明治(5)29（1896）-33（1900）年度間に，延滞償金として請負代金より控除したも

第 2 章　創立期における製鉄所財政の構造

の713件（金額 2 万5309円， 1 件平均約35円），契約不履行件数104件（金額 1 万7883円， 1 件平均約172円）にのぼっているのである。これが現実には建設の進行を一時的にチェックしたことは否定できない。しかし，これらを専ら予算の不足や官庁会計の拘束性に帰着させることはできないであろう。何故なら，明治29（1896）－34（1901）年度の各年度をみれば，その間の創立費の予算は， 3 カ年度において多額の未支出額を残し，決算が予算を超過している年度が 3 カ年度存在するが，結局予算不足分は補填されているのであって，その限りでは予算不足なる弁明は充分説得力をもちえない。さらに製鉄所長官が指摘している諸例は，会計法上の「目」「節」にあたるものであるから，予算の流用が可能である。にもかかわらず，製鉄所の開所時点において，「機械装置ノ未完備セサル（ママ）」状態であったのであるから，製鉄所の建設計画とその作業過程に大きな欠陥があったというべきであろう。

　それに加えて，わが国の機械工業の未発達ならびに建設業の未発達があげられるだろう。製鉄所の設備の多くに，外国（とくにドイツ）からの輸入品である器具機械を購入したため，さらに新規必要品が生じた場合あるいは機械等一部損傷の場合，海外発注せざるをえない。それは，当然長期間の日数を要し，その間建設過程の中断を余儀なくされるのであり，中村製鉄所長官の言及するように，そのようなことがたびたびおこるのであるから，計画の不備さに輪をかけることは明らかである。後者については，渡辺渡（時の東京帝国大学工科大学教授・工学博士・製鉄事業調査委員）の発言を引用しておこう。「私ガ曾テ専門家ニ聞クニ，四十万円ニ上ル建築ヲ東京ノヤウナ便利ノ所ニ 1 年間ニ建テルト云フコトデスラ随分困難ヲ感ズル，況ンヤ数百万円ニ渉ル所ノ土工ナリ建築ナリヲ一時ニ辺鄙ナル八幡デ起シタト云フコトハ随分初メカラ無理ナ仕事デハナイカ，ソレデアルカラ仕事上ノ需用供給ノ順序ヲ誤ツテ来タ，ソレデ費用モ高ク，早ク出来ベキモノガ出来ナカツタリ，或ハ日数ヲ極メテアルノガ請負人ガ御免ヲ蒙ッテ出来ナカツタ……」と。要するに，かかる「巨大」な工事を一定の期間に集中的に遂行するほどの建設業が未発達であったことである。

　次に製鉄原料鉱山費にふれておかなければならない。その主要なものは，

二瀬炭鉱と赤谷鉄山の買収・開発・採掘費である。これらは既述したように明治29（1896）年の創立計画の時点では含まれていなかったものであり，石炭・鉄鉱石の安価かつ安定的確保を意図して，製鉄所が手中におさめたものである。

二瀬炭はコークス用炭と燃料用炭に使用されてきているが，周知のように，コークス原料用石炭は燐及び硫黄の含有物最も稀少でかつ粘結性に富み灰分の少ないものでなければならない。燐または硫黄の含有分が多いと銑鉄の性質を悪化させ，鋼の性質に悪変化を与え鋼としての使用が不可能になる。したがってコークス用石炭は燐・硫黄の含有物の比較的稀少なものでなければならず，「財閥による炭砿独占の筑豊への結集」後である明治32（1899）－34（1901）年にわたって，製鉄所は，その適性をそなえている二瀬炭鉱を買収したのである。これは，いちおう予定通りに——ただしコークスそのものは軟弱性をまぬがれなかったが——，採掘が進むが，赤谷鉄山の場合には，事情が異なっていた。釜石からの鉄鉱石購入とともに赤谷の開発は製鉄所の原料確保のために重要な地位をしめており，大冶鉄鉱石購入契約（明治32年4月）が結ばれたのちも，製鉄所当局は赤谷開発に期待をよせていた。別稿（『土地制度史学』論文）［本書第5章］でも言及したように，明治35（1902）年からは年10万トン産出の見込みであり，大冶鉄鉱石を従的に見做していたほどであった。しかしながら，現実には明治35（1902）年に製鉄事業調査会が赤谷鉄山開発延期を提言するほど開発が進まず，120万円の予算を投じたこの開発は，明治37（1904）年大冶鉄鉱石確保の見通しの成立とともに，中止された。すなわち，かくして製鉄所創立費中製鉄原料鉱山費の約35％は全く投棄されてしまったのである。

上述したように，明治34（1901）年度までに約1900万円の資金を投じたにもかかわらず，「機械装置ノ未完備セサル」（ママ）状態であり，それにもかかわらず同年9月から製品の販売を開始し，同年11月に「盛ナル開業式」を挙行したのである。生産と生産設備の補強とがかくして並行的に遂行されるが，「幾多ノ支障相踵テ生シ」，周知のように，翌明治35（1902）年2月には第1高炉不良におちいり，7月には同高炉吹止めにいたり，はやくも製鉄所は危機

的状況を呈した。その危機打開方法を究明すべく6月末に組織された製鉄事業調査会は，同年末に提出した『報告書』において，「今後製鉄所ノ設備ヲ一通リ完成スルカ為ニ新ニ相当ナル経費ノ支出ト数年ノ歳月トヲ要ス」とのべ，そのための経費として，明治36（1903）年度以降4－5カ年度間に7,458千円（製鉄本所6,392千円，二瀬炭山1,046千円他）が必要であり，かくしてはじめて「〔明治〕39年度末ニハ軍艦商船兵器鉄道建築等ノ用ニ応スヘキ鋼材ヲ1箇年9万噸ツツ供給シ得ルノ生産力ヲ備フルハ確実ニシテ漸次営業上ニ於テ相当ノ利益ヲ見ルニ至ルヘシ」と，明治31（1898）年設定の9万トン鋼材生産目標が，約750万円の資本を投下することによって明治39（1906）年にいたって可能になる，と指摘し，さらに明治36－39年度の損失累計500万円と推計したのである。銑鋼一貫化生産体制の造出のために，そして明治31（1898）年設定の生産目標の達成のために，さらなる国家資本の投入が続けられるのである。

　製鉄事業調査会の報告に依拠して，ただちに農商務省に製鉄所は第18帝国議会（明治36年5月）に5カ年度継続費総額4,855千円の創立費補足予算（明治36〔1903〕年度分1,827千円）を提出したが，衆議院予算委員会において，明治36年度分1,827千円中比較的急要のもののみ協賛することとされ，1,168千円を削減され，僅か659千円が協賛されたにすぎず，継続費としての要求は否決された。衆議院本会議で約30万円の復活修正がなされ，結局総額956千円が認められたにとどまった。明治35（1902）年12月の第17帝国議会は，周知のように軍備拡張と地租問題で紛糾し，ついに解散・予算不成立となったのであるが，その余波は，まだ続いていた。しかし，製鉄所は創立費補足の要求をとりさげることなく，翌年度再提出すべく，明治37（1904）年度以降5カ年計画で「最モ緊急差擱キ難キ金額」として，総額3,343千円（初年度1,369千円）の予算案を作成していたのである。明治36（1903）年12月開会の議会は翌日解散となり，それの議会提出は不可能となったが，これがいわゆる「臨時事件費」（日露戦争費）による創立費補足の原型となったものであり，その大要は表2－3の如くである。これは，明らかに，日露戦争を直前にひかえての製鉄所の「完成」策（初年度に40％支出）といえるも

表 2 - 3　製鉄所要求 5 カ年継続費予算案 (明治37−41年度)

(単位：円)

項　目	金　額	項　目	金　額
洗炭及骸炭工場	122,800	各工場床張	45,700
第 2 熔鉱炉	179,950	各工場外囲及雑工事	6,100
混銑工場	14,150	鉄道工事	177,600
製鋼工場	61,150	海岸荷揚装置	107,600
分塊及軌条ロール工場並精整工場	8,600	繋船壁	26,050
大型ロール工場	6,500	航路浚渫	213,500
中小型同上	2,500	倉庫並雑工事	66,700
薄板同上	21,000	職工長屋	122,700
ロール及誘導金物並ロール置場	709,200	機械及材料構内運搬等諸道具	30,000
製品部諸装置	8,300	炉材工場	900
機械科工場諸装置	129,100	計 (工場費)	2,256,066
機械運転用装置	13,700	二瀬炭山中央堅坑費	982,800
運輸用諸装置	71,600	事務費	104,306
電気及電話諸装置	58,304		
給水及排水道等	52,362	合　計	3,343,172

備考：製鉄所文書『明治36・37・38年度臨時事件費関係書』より作成。

のであるが，現実には戦争の緊急と勃発によって，わずか 1 カ年度で先の継続費予算案を上まわる国家投資が強行されるのである。(19)

　上述の如く，議会解散のために，継続費予算を計上できず，しかも帝国主義戦争遂行のために「陸海軍両省ヨリハ兵器材料ノ多数急需アリ民間当業者ノ需用亦随テ大ニ増多シ殊ニ京釜鉄道ノ速成ヲ要スルガ為メ急速ニ所要材料ヲ多数供給スル必要」が生じた製鉄所は明治36 (1903) 年度第 2 予備金98千円，翌37 (1904) 年度第 2 予備金500千円の支出を政府に要求 (明治37年 1 月12日，中村製鉄所長官→清浦農商務相→曾根蔵相，同月20日決裁) し，以後明治39 (1906) 年度まで 9 回にわたって創出費補足が臨時事件費として支出されるが，内容に即して，明治36・37年度分と同38・39年度分に分け，一括表示しておこう (表 2 - 4，2 - 5)。これらは全て軍事的促迫によるも

第2章　創立期における製鉄所財政の構造

表2-4　臨時事件費支出「製鉄所創立補足費」

(単位：円)

	① (明治37年度1月) 36年度	① (明治37年度1月) 37年度	② 37年度4月	③ 37年度6月	④ 37年度9月	⑤ 37年度10月
洗炭及骸炭工場		183,743	122,800			
第 2 熔 鉱 炉		54,700	64,450			
混 銑 工 場	15,000	1,500	14,150			
製 鋼 工 場		79,000	61,150	100,000		
分塊及軌条ロール工場並精整工場	11,000	16,400	8,600			
大型ロール工場			6,500			
中小型ロール工場			2,500			
薄板ロール工場		20,000	21,000			
厚板ロール工場				695,600	100,000	
ロール及誘導金物		30,000	215,000	100,000		
ロール工場諸装置			2,300			
機械科工場諸装置		15,450	129,100			
機械運転用装置	52,000	9,000	13,700			
運輸用諸装置			57,700			
電 気 装 置		8,896	25,580	64,000		
給水及排水道他		2,300	23,000			
各 工 場 床 張			9,900			
各工場外囲及雑工事			4,200			
鉄 道 工 事		7,200	46,500			
海岸荷揚装置		2,000	31,500			
繋 船 壁		70,000	4,050			
航 路 浚 渫			72,560			
倉庫及雑工事			20,450			
炉 材 工 場	20,000		900			
機械及材料運搬用諸道具			19,400			
坩堝鋼工場他[1]						971,596
工場費合計(A)	98,000	500,189	976,990	959,600	100,000	971,596
炉材原料地買収(B)				50,000		
事 務 費 (C)			7,795			
合 計 (A)+(B)+(C)	98,000	500,189	984,785	1,009,600	100,000	971,596

備考：製鉄所文書『明治36・37・38年度臨時事件費関係書』より作成。
　　　年月は決裁年月を示す。

注：1）　内訳は，坩堝鋼工場 100,000円，鉄道用外輪工場 384,850円，ボールト工場 203,246円，弾丸地金用平炉2基 168,500円，抽塊所 45,000円，蒸気本管増設 70,000円。

のであるが，具体的に指摘すれば，第2回目（表2－4の②）は第1回目の598千円（2度に分割）では軍需の一部を充たすに過ぎず，「今後愈其必要ハ増加スヘキモ現在ノ有様ニテハ第2熔鉱炉ヲモ開始スルコト能ハス加之艦船ニ最モ必要ナル長大鋼板及各種形鉄ヲモ之ヲ製造スルコト能ハス」という状態への対応経費であり，したがって，それらを意図したものである。第3回目の1,009千円（表2－4の③）は，第2回目の補足，すなわち，過去の支出により「今ヤ工事モ追々進行シ製造，品種モ亦随テ増加セシモ鋼板ノ如キハ尚漸ク2等巡洋艦以下製造上ノ需要ヲ充タスニ過キス然ルニ今回海軍省ニ於テ甲鉄戦艦並装甲(ママ)巡洋艦ヲモ製造スルノ計画之レアルニ就テハ……厚板工場ヲ新設スルニ非レハ到底其需用ヲ充タスコト能ハス」，それゆえに厚板工場新設費である。第4回目の100千円（表2－4の④）は，その厚板製造用機械の輸入のための運賃増（印度洋経由から太平洋経由への変更のため）と機械の追加であり，第5回目の971千円（表2－4の⑤）は「尚未タ軍用品ノ需用ヲ充タスニ足ラス然ルニ今日ノ状況ニ於テハ外国ヨリ購入スル兵器材料ノ輸入頗ル困難ニシテ急速ノ用ヲ弁スルコト能ハス」，それ故に自給度を高めなければならない。その自給対策として銃砲身素材・弾丸地金などを生産するための費用であった。

　さらに，明治38・39（1905・06）年度にわたる臨時事件費支出は，表2－5に明らかなごとく，ピッチ工場，コークス工場建設費を中心としたものである。これもまた海軍の必要にもとづいたものである。すなわち，海軍省が新設した軍艦用煉炭製造場へ煉炭製造原料としてピッチを供給する必要があり，製鉄所でコークス製造の傍ら，海軍の年間需要8000トン以上のピッチを供給するために，副産物捕集式炉であるソルベー炉を建設するための経費である。これは結果的にコークス製造上，技術的にも経済的にも非常に重要な意味をもったものといわれている。[20]

　このように，臨時事件費によって約470万円が創立費補足（正確には創立補足費）として，製鉄所に投じられ，それによって軍器生産体制が整備され，同時に鉄鋼生産機構のいちおうの構築をなしとげるのである。明治29（1896）年度以降明治38（1905）年度のあいだに，合計約2750万円の創立費がこの製

第2章　創立期における製鉄所財政の構造

表2－5　明治38, 39年度臨時事件費による創立補足費

(単位：円)

	⑥ 38年度6月	⑦ 38年度12月	⑧⑨ 39年度	計
ピッチ工場	13,000	146,000	25,000	184,000
コークス工場	269,150	560,292	19,900	849,342
事務費		2,458		2,458
ロール機			6,706	6,706
蒸汽管及水圧管敷設			800	800
給水及排水鉄道並電気装置			2,400	2,400
諸機械据付			6,250	6,250
計	282,150	708,750	61,056	1,051,956

備考：資料出所は表2－4に同じ。明治39年度分はピッチ，コークス各工場費とそれ以外と2回に分けて支出されている。

鉄所にそそぎこまれたことになる。かくして，日清戦争の子として生誕した製鉄所は，日露戦争を契機として「元服」をむかえたのであるが，多額の固定資本の蓄積に比して，その「結合細胞体」の活動と内実は，一致せず，自らの「作業費」すら全額支弁しえない状態が続くのである。ともあれ，上述した10年におよぶ国家資本の投下によって，製鉄所は製鉄原料の掌握とともに9万トンの鋼材生産を目的とした銑鋼一貫化生産体制と軍器生産体制がいちおう定着して，日本鉄鋼業の確立の画期となったのである。[21]

(1) やや具体的にのべれば，明治31（1898）年度継続費6,474千円（議会可決），同32（1899）年度継続費3,633千円（初年度500千円――議会可決）の追加となり，それに当初予算4,096千円を加えると，合計14,203千円となり，各年度支出予算も明治32年度2,645千円，同33年度5,312千円，同34年度2,735千円と改定された（『明治財政史』第3巻，926－1103ページ）。同34年度にも創立費追加として550千円の追加予算を議会提出している（議会否決）。

(2) この表2－1で注意すべき点は，明治32（1899）年度以降，俸給等が計上されていないことと，傭外国人諸給の高いことである。前者は，同年度から「製鉄所作業特別会計」が発足してそれに移されたからである。後者

は，明治31年度の場合，俸給及諸給が35千円であるのにたいして24千円となっている。明治30年12月，顧問技師として傭聘されたドイツ人グスタフ・トッペの年俸が1万9200円であった（一柳正樹『官営製鉄所物語』上巻，鉄鋼新聞社，昭和33年，133，247ページ）のにたいして，時の製鉄所長官の年俸6000円，比較対象としてはちょっと古いが，帝国議会開設前の総理大臣の年俸が約1万円であった（春畝公追頌会『伊藤博文伝』中巻，497ページ）ことを想起すれば，トッペの年俸が如何に高額であったかが判別できよう。これにたいして，明治34（1901）年の製鉄所の労働者の平均日給は50銭であり，年間313労働日とすれば，年給156円50銭にすぎない。

　明治29（1896）年8月大島道太郎技監らが製鉄所起業の諸般の準備に渡欧し，同30年5月，大島技監が山内製鉄所長官への書翰のなかで，適当な外国人（ドイツ人）技師雇入の困難なことをのべ，ただし「職工長ニ至テハ最モ得ルニ難カラズ。只給料ハ高ク，少クモ1ケ年3千円，即予算ノ3倍ニ有之候」と書いている（三枝・飯田，前掲書，420－421ページ。外国人技師問題については該書418－441ページおよび一柳，前掲書上巻に詳しい）。職工長にしても年俸3000円をださなければならないというのであるから顧問技師のさらなる高給はある意味では驚くにあたらないのかもしれない。

（3）「製鉄事業調査会第1回議事速記録」（明治35年7月1日），『製鉄事業調査報告書附録　1』5－7ページ。

　なお，製鉄所創立の際の種々の困難を予測して，外国の鉄鋼独占体に委託して，工場そのものをそっくり移植させることを大蔵当局が考えていたことを附言しておきたい。時の大蔵省総務長官阪谷芳郎は，それについて製鉄事業調査会第13回議事の席上で次のような興味ある発言をしている。「大蔵省ニ於キマシテ松方大蔵大臣ガ製鉄所ト云フモノハ是非トモ成サネバナラヌ，如何ナル困難ガアルト雖モ成サナケレバナラヌト云フコトヲ和田長官及ビ大島技監抔ト列席ノ場合，其他私一個ト対席シタ場合抔ニ段々ト話サレタ事ニ依テソレガ即チ政府ノ製鉄所ヲ開設セントセラルゝ所ノ方針デアルト今日マデ自分ガ信シテ居ルモノト今出来上ガツタ製鉄所トハ方針ガ違ツテ居ル，其私ガ製鉄所ヲ愈々創設シテ徃クト云フ方針ナリトシテ予算ニモ賛成シテ居ツタ所ノ順序ト云フモノハ，製鉄事業ト云フモノハ日本ニ経験ノナイ困難ナル仕事デアルカラ之ハドウシテモ色々ナル説ガ加ツテハ徃カナイ，一定ノ主義方針ニ拠テヤルガ必要デアル，其一定ノ主義方針ハ独逸ノ「クルツプ」トカ米国ノ「カーネギー」トカ云フヤウナ製鉄事業ニ極メテ経験ノアル会社ニ能ク設計ヲ頼ンデ，ソコノ熟練ナル技師職工ト云フモノヲ連レテ来テ，そっくりソコノ工場ト云フモノヽ全部若ク
（ママ）

ハ一部分……ヲ日本へ移スト云フヤウナ方法ニシナケレバ往カヌ，ソレニ就テハ会計法上ニ競争契約……ガアルガソレデハ到底此製鉄所ヲ造ルコトガ出来ヌカラ全部随意契約ニシナケレバナラヌト云フ……事デ，即チ此製鉄所ノコトニ関シテハ全部随意契約ト云フ勅令ヲ出シマシタ」(同上，403－404ページ)。

　文中随意契約といっているのは，外国から購入する場合のことである。阪谷は続いて，どうして以上のような変更がなされたのかわからない，といっている。彼が工場それ自体の移植を考えていたひとつの理由は，従来，政府の大事業の場合にかかるケースが多かったことにある。

(4)　周知のように，明治25 (1892) 年以降製鉄事業調査が継続的に行なわれているのであり，国内では小規模とはいえ，釜石の田中鉱山会社で製銑工場が本格的に稼動しており，明治27 (1894) 年にはコークス銑に成功しているし，他方陸海軍工廠では製鋼作業を行なっている。したがって，製鉄所の建設にさいして，たとえそれが我が国でははじめての銑鋼一貫化の製鉄所であるとしても，外国および国内のこれらの経験は充分に利用できたであろうことは疑いえない。

(5)　一般に政府購入物件については，競争入札が原則であるが——但し次第に形骸化してくることは周知の通り——，明治33 (1900) 年に，競争入札不利の場合には，指名競争入札によるべきことが規定された (勅令第280号) が，不利と認められる場合とは，以下の3点である (製鉄書文書『自明治29年至同37年・閣議稟請』所収文書)。

　　一　工事請負業者又ハ物品売込商連合団結シテ不当ノ価格ニ競落セントスルノ虞アルトキ
　　一　無資無産ノ徒競争ニ加ハリ為メニ正当ノ請負業者又ハ売込商ノ競争ニ妨害ヲ加フルノ虞アルトキ
　　一　内外国人ヲ問ハス請負業者又ハ売込商ニシテ不当ノ価格ヲ以テ競争ニ加入シ内国産業ヲ圧倒スルノ虞アルトキ

(6)　製鉄所文書『自明治29年至同37年・閣議稟請』所収文書。本文で明らかなように，製鉄所で契約により延滞償金をとったもの，および契約不履行違約金の1件当たり平均金額は極めて少額である。総額もさしたる金額ではない。この場合の契約内容が問題であるが，残念ながらその内容は不明である。しかし，このことが，製鉄所の建設過程において，「此事実〔前記の契約不履行および延滞のこと〕ニ依リテ想像スルトキハ将来作業会計ニ於ケル物品購買上実ニ不安ニシテ慄然トシテ寒心スルニ堪ヘタリ」とか「要スルニ製鉄所ノ如キ事業ニ在リテハ政府一般会計規則ノ制限外ニ置カ

レ対人的信用ニ依リテ其経済ヲ経営セシメラルルニアラサレハ其成効ヲ期シ難キモノアリ」（前掲『閣議稟請』所収文書）と製鉄所が強調するほどのものであったかどうかは，疑問であろう。これは随意契約の全面化を内閣に要請した文面であり，製鉄所官僚にとって，それがある意味で，有利であることは論をまたないが。

(7) 具体的には，明治29，30，33の各年度が予算残余を示し，同31，32，34の各年度が予算超過となっている。その予算残余の理由は，「近来土木事業勃興ノ為メ職工人夫材料ノ供給ニ不足」とか海外注文の未着などであること（『明治財政史』第3巻，926ページ以下）に注目されたい。

(8) 『製鉄事業調査報告書』7ページ。

(9) 全体として予算不足であったことは，製鉄事業調査会が今後生産設備の完成に数年を要し，約750万円の支出を必要とする，とのべているほどであるから，それは明らかであるが，当初の予算とあまりにも相違がありすぎる。これはたんなる予算不足などというものではない。鋼材9万トン生産のために，明治34年度まで14,203千円の予算を計上しながら（それも明治31・32年度に大幅な増額を連年にわたって行ない），なおかつ厖大な予算の不足というのは，物価騰貴とか関税改定の影響などだけでは説明できないものであろう。

(10) 「製鉄事業調査会第13回議事速記録」，前掲『製鉄事業調査報告書附録1』所収，397ページ。

(11) 中村製鉄所長官は明治35(1902)年に「原料ヲ製鉄所自ラ出サナケレバ経済上甚ダ不利益デアル又一方ニ於テハ原料ニ付テ製鉄所自ラガ原料ヲ持ツテ居レバ他カラ求メル場合ニ於テ種々ノ故障ガ起ツタ場合デモ十分作業ヲ易クシテ徃クコトガ出来ルト云フコトデ自ラ原料ヲ持ツト云フコトニナリマシタ」とのべている（『製鉄事業調査会第1回議事速記録』）。

(12) 山田盛太郎『日本資本主義分析』119ページ。

(13) この赤谷鉄山は，昭和13(1938)年にいたって開発に着手，同15(1940)年より出鉱を開始した（日本製鉄株式会社史編集委員会編『日本製鉄株式会社史』昭和34年，322ページ）。この間全く価値を生まない国有財産として，赤谷は約35年間休眠していたのである。

(14) 製鉄所総務部編『製鉄所起業25年記念誌』大正14年，6ページ。

(15) 『製鉄事業調査報告書』8－11ページ。

(16) 同上，13－14ページ。

(17) 同上，107ページ。この収支推計を年度別に掲げると表2－6の如くである。製品トン当たり生産費と同販売価格のギャップを明示しているのは

第2章　創立期における製鉄所財政の構造

表 2 - 6　収支推計表

(単位：円)

年　度 (明治)	製品生産高 (トン)	製品生産費	製品トン当 たり生産費	製品トン当 たり売価	製品売却代	損　失
36(1903)	30,000	3,210,000	107	67	2,010,000	1,200,000
37(1904)	45,000	4,315,000	96	67	3,015,000	1,300,000
38(1905)	60,000	5,140,000	86	69	4,140,000	1,000,000
39(1906)	70,000	5,330,000	76	69	4,830,000	500,000
40(1907)	80,000	5,520,000	69	69	5,520,000	0

興味をひくが，III節で検討するように，実際には生産費・販売価格ともこの推計よりは高くなっている。

(18)　製鉄所文書『明治36・37・38年度臨時事件費関係書』所収資料。
(19)　以下の叙述は，主として同上資料による。この資料は製鉄所文書の中でもめずらしく基本資料を落とさずに収録してある。なお，三枝・飯田，前掲書，522－530ページに，この製鉄所文書中重要なものが殆ど全文に近くおさめられており，わたくしとは視角を異にするが，詳しく説明されている。あわせて参照されたい。
(20)　詳しくは，三枝・飯田，前掲書，517－521ページ参照。
(21)　この創立期において，製鉄所の製銑・製鋼設備が，具体的にどのように整備されたのかについてのややくわしい説明は，『製鉄所起業25年記念誌』28－73ページを参照されたい。

II　作業費

明治34（1901）年3月第1熔鉱炉作業開始，同年5月，第1製鋼工場平炉作業開始と小規模ながら製鉄所は製鋼段階に到達するが，作業特別会計はそれより先，明治32（1899）年度より発足していた。しかし，作業費の分析は，販売のための生産を開始した明治34年度からはじめるのが至当であろう。

まず，われわれは創立期の作業費の動向を検討しておこう。作業費[22]は作業特別会計の経費として予算・決算に計上されるもので，既述の如く，資本勘定を含まない。総括的に作業費の構成を示したのが表2－7である。これは

表 2-7 創立期の作業費支出

(会計年度, 単位:千円)

	明治34 予定額	明治34 支出済額	明治35 予定額	明治35 支出済額	明治36 予定額	明治36 支出済額	明治37 予定額	明治37 支出済額	明治38 予定額	明治38 支出済額
俸 給 及 諸 給	32	24	129	93	129	92	129	98	118	108
雑 給 及 雑 費[1]	518	284	814	464	805	425	1,056	741	230	209
備 外 国 人 諸 給	51	38	105	63	105	51	105	5		
庁 費[2]	23	13	55	23	56	21	57	25	48	37
修 繕 費[2]	8	6	37	10	28	11	27	11		
旅 費	11	2	25	14	25	15	25	23	50	23
作 業 費[2]	1,496	989	1,228	711	1,175	637	2,306	1,369	6,361	4,663
材 料 品 購 買 費	2,443	1,448	1,335	598	1,462	1,241	2,671	2,113	4,024	2,734
坑 業 費[2]	724	606	935	700	867	729	859	668		
借入金及利子支払			2,093	50	2,093	2,024				
そ の 他	31	1	63	14	18	25	47	19	15	1
合 計	5,307	3,411	6,693	2,740	6,763	5,271	7,282	5,072	10,846	7,775

備考:各年度『製鉄所作業報告』より作成。予定額中には前年度繰越金を含む。
注:1)明治38年度より雑給及雑費に編入されている。
  2)この3費目は明治38年度より「事業費」として一括されている。

単純な現金支出のみの表示であり、この他にいわゆる「未済額」があるが、経費のうえでは翌年度に表示されるので、それは捨象する（既述のように、収益勘定では債権債務を含むことはいうまでもない）。

　全体として、作業費が増加傾向を示しているのは当然であるが、予定額（予算）にたいして、支出済額（決算）がはるかに下まわっており、その差額が200万－300万円に及んでいることに注目しなければならない。支出未済額を支出済額に加えれば、予算と決算の差額は若干縮まるが、その傾向を変えるものではない。「職員」の給料、庁費と旅費は生産計画とは無関係に支出されるので、問題外としても、作業費中の主要経費たる材料素品購買費と事業費（作場費・坑業費）の未支出額が多額にのぼることは、予算の決め方に問題を含むとはいえ、基本的には、生産量が生産目標に達しないことの表現に他ならない。たとえば、明治34（1901）年度の『製鉄所作業報告』は次のようにのべている。すなわち「此等ノ不用額〔未済額を含め約167万円――引用者〕ヲ生シタル理由ハ主トシテ本年度鋼材ノ製造予定高39,780噸ニ対シ実際ノ生産高僅ニ3,455噸……ニ止リシタメ職工人夫ノ使用及作業場用物品材料素品ノ使用予定ヨリ減少セシニ由レリ」と。翌35（1902）年度の場合にも事情は同じである。日露戦争の勃発にともない、明治37・38（1904・05）年度には若干の変化があらわれるが、生産目標と生産実績との差は依然として存在している。初年度に約3万トン、次年度たる明治35（1902）年度に約4、5万トンの鋼材生産を予定しているのは、結果的には無茶（製鉄事業調査会の生産プランでも明治36年度で3万トン生産を予定している〔前掲表2－6〕にすぎない）だが、そのような可能性を現実のものとなしえない限り、製鉄所の経費状態からも生産費を高めざるをえず、しかも原料・半製品在庫を増加させ、いわゆる運転資本の回転を阻害することになるのである。

　作業費は表2－7にも明らかなように、もっぱら原料費（材料素品購買費）と製造関係費（作業費・坑業費＝事業費）が主軸であり、それによって規定され、それらの増加・減少と比例的な現象・動向をみせている。支出済額についてみれば、熔鉱炉の操業中止の影響は明治35・36（1902・03）年度に明瞭に示され、同34（1901）年度に比して該2経費目が減少し、同36

表2-8 作業費中給料額

(支出済額, 単位：千円)

	明治34年(1901)		明治35年(1902)		明治36年(1903)		明治37年(1904)		明治38年(1905)	
		%		%		%		%		%
職　　　員[1]	79	13.0	163	18.2	150	15.7	113	10.0	188	12.6
労　働　者[2]	530 (237)	87.0	734 (305)	81.8	681 (308)	84.3	1,022 (613)	90.0	1,310 (1,080)	87.4
合　　　計	609	100.0	897	100.0	831	100.0	1,135	100.0	1,498	100.0
作業費合計との割合	17.8%		32.7%		15.9%		22.3%		19.2%	

備考：資料は表2-7と同じ。
注：1) 勅任，奏任，判任，休職俸給，賞与である「俸給及諸給」，傭外国人諸給，「雑給及雑費」中の給与。
　　2)「雑給及雑費」中の雇員給，傭人料，職工人夫給及「坑業費」中の傭人料（38年度は「事業費」中の職工人夫給），慰労金。( )の数字は，工務，製鉄，製鋼，製品の各部および監査課の職工人夫支払給与額。

表2-9 製鉄所従業員数(明治34-38年度)

年　度	職　員		工　員[1]		鉱　夫[2]		計
	人	%	人	%	人	%	人
明治34 (1901)	504	11.2	2,283	50.9	1,697	37.9	4,484
明治35 (1902)	438	12.0	1,763	48.4	1,440	39.6	3,641
明治36 (1903)	629	15.3	1,729	42.1	1,751	42.6	4,109
明治37 (1904)	704	11.2	3,610	57.4	1,973	31.4	6,287
明治38 (1905)	712	7.8	6,155	67.5	2,250	24.7	9,117

備考：『八幡製鉄所50年誌』附表より作成。
注：1) 傭員及船員を含む。
　　2) 作業職夫と現業職夫の合計で1日平均の使役数（原注）。

(1903)年度の借入金・同利子支払を除くと，総経費自体が減額しているほどである。われわれは労賃部分と原料費を中心として，作業費の内容をさらに検討していこう。

　作業費中労働者の労賃部分を正確に抽出することは資料の存在形態に規制されて不可能に近い。「製鉄所官制」によって規定されている職員，それ以外を生産的労働者とし，いちおうの試算を行ってみたのが表2-8である。もとより不充分であるが，いちおうの傾向をみるうえでは大過ないであろう。[26]

念のために,「従業員数」を示せば表2－9の如くなる。これらに明らかなように,従業員総数にたいして,職員の割合が,日露戦争時の急増産体制で「工員」の急増のため,若干低下するが,約8－15％をしめており,その給料額が約10－18％をしめている。すなわち,「管理」,「事務」担当者が絶対数の10％前後をしめているということであり,まだ製品販売にとくに積極的であったとは考えられず,製品販売部とか出張所とかができていない時期であるから,とくに,その割合はけっして低いとはいえないであろう。それは生産費における間接費のウエイトを増し,単位当たりのコストを高めざるをえない。しかも,前節でのべた創立費のなかにも俸給等が明治34（1901）年度以降においても含まれているのであって,それを加えるなら,人件費はさらに多額となる（「事務費」中に含まれているのだが,その算出は不可能である）。しかし,創立費に含まれるそれは,原価計算に含まれないことに注意しなければならない。われわれは,この時期における民間鉄鋼業とのこの点での比較ができないので断定的な結論は提示できないが,後年の製鉄所（大正末期）における総従業員中職員の割合よりも,この時期のそれは高いし,財政支出面でも着目しておかなければならない。これは創業時における制度・組織的整備の先行,したがってまた,製鉄所における生産工程・体制の未整備の段階にとどまっているのに,その「上部構造」である管理機構とスタッフが形式的に整備されたことによるものである,とみてまちがいない。

次に,材料素品購買費について検討する。これは,敢えて説明するまでもなく,製鉄所が外部から購入した製鉄原料であり,しかもそれは,基軸的なものを示すにとどまり,製鉄所で購入使用する諸材料の全額を示すものではない。たとえば熔鉱炉築造に要する諸材料とか製鋼用機械の運転に要する材料の購入費は含まれていない。それらは,明治38（1905）年度より事業費中「材料費」として一括され一目を構成し,材料素品とは区別されている。材料素品購買費とその内訳を総括すれば,表2－10の如くなる。ここにも,鋼材生産力に不相応の銑鉄生産力を一要因とする熔鉱炉操業中止の原料費的表現が明確に看取しうるであろう。明治35・36（1902・03）年度の如きは鉱石購入が激減し,地金も銑鉄ストックの増加にともない明治35（1902）年度に

表 2 - 10　材料素品購買費内訳

(会計年度，支出済額，単位：千円)

	明治34 (1901)	明治35 (1902)	明治36 (1903)	明治37 (1904)	明治38 (1905)
鉱　　　石	900	397	393	415	882
地　　　金	459	116	803	1,335	1,228
石　灰　石	19	15	4	21	21
消　石　灰		2	2	1	
石　　　炭	70	60	39	297	540
骸　　　炭		7		43	62
合　　　計	1,448	598	1,241	2,113	2,734
作業費合計との 割合　　(％)	42.4	21.8	25.4	41.6	35.1

備考：表 2 - 7 と同じ。

は激減し，先にも引用したように明治35（1902）年 7 月末現在で銑鉄 3 万トンの在庫は今後 2 年間の需要（鋼材生産）をみたしうる状況であったのが，鋼材生産の増加にともない，翌明治36（1903）年度以降，日露戦争との関連で外部銑鉄屑鉄等の購入増を不可避的にしたのである。明治35・36（1902・03）年度の如きは，主要原料費が作業費の約22－25％をしめるにすぎない状態を呈している。高炉が再開されるのは，日露戦争勃発後 5 カ月をへた明治37（1904）年 7 月であり，第 2 高炉の火入れは同年12月であったから，戦時中の軍需鋼材生産は外部銑等の依存を高め，それらが「地金」購入費を増加させ，銑鋼一貫生産を目的とした製鉄所の財政にある意味ではそぐわない財政支出＝原材料素品購入費の構成をとらしめるのである。

　鉱石，地金の購入内訳をより具体的に示したのが，表 2 - 11，2 - 12である。これは金額でなくて，重量表示であるが，上述の傾向をより明確に看取しうるであろう。

　鉄鉱石については，当初の国内鉄鉱石重視方針を反映して，釜石鉄鉱石の比重が高く（明治33〔1900〕年度），次いで国内鉄鉱石では柵原鉄鉱石が比較的多いが，全体として，中国の大冶鉄鉱石のウエイトの高さは圧倒的である。しかも，消費高をみれば明らかなように，大冶鉄鉱石，柵原鉄鉱石（お

第2章 創立期における製鉄所財政の構造

表2－11 製鉄所の鉄鉱石購入高・消費高

(単位：トン)

品名	明治34 (1901)				明治35 (1902)				明治36 (1903)			
	前年度繰越高	本年度受入高	小計	消費高	前年度繰越高	本年度受入高	小計	消費高	前年度繰越高	本年度受入高	小計	消費高
釜石	21,284	12,115	33,400	3,507	29,893	0	29,893	778	29,114	0	29,114	0
柳浦	0	420	420	0	420	586	1,006	0	1,006	0	1,006	0
大冶	14,600	69,935	84,535	27,023	57,512	48,628	106,141	11,759	94,381	0	94,381	52,197
楢原	4,934	14,023	18,958	13,549	5,409	2,604	8,013	1,574	6,438	0	6,438	0
朝鮮	93	3,396	3,489	375	3,113	945	4,059	1,640	2,419	0	2,419	0
合計	40,911	99,889	140,802	44,454	96,347	52,763	149,112	15,751	133,358	0	133,358	52,197

品名	明治36 (1903)			明治37 (1904)				明治38 (1905)			
	前年度繰越高	本年度受入高	小計	消費高	前年度繰越高	本年度受入高	小計	消費高	前年度繰越高	本年度受入高	小計	消費高
釜石	29,114	0	29,114	0	29,114	0	29,114	0	29,114	421	29,535	4,468
柳浦	1,006	0	1,006	0	1,006	0	1,006	0	1,006	0	1,006	0
大冶	146,579	880	145,699	59,741	205,440	45,093	160,346	74,297	234,644	120,903
楢原	6,438	0	6,438	}7,756[1]	16,614	11,062	5,551	18,631[2]	24,183	19,541
朝鮮	2,419	0	2,419									
合計	185,556	880	184,676	67,507	252,174	56,155	196,017	93,536[3]	289,368	144,912		

備考：各年、製鉄所「材料兼品受払表」より作成。
注：1) 朝鮮鉄鉱石なし。
　　2) うち朝鮮鉄鉱石1,439トン。
　　3) 赤鉄鉱187トンを含む。

よび朝鮮鉄鉱石)が主として,銑鉄生産原料として消費され,釜石鉄鉱石の明治33・34(1900・01)年度購入高の圧倒的部分が明治39(1906)年度まで殆ど消費されずにストックされているのである。それ以後,釜石鉄鉱石の購入はほとんどなく,ストックは漸減するが,明治42(1909)年度末にいたっても,それは14千トンにのぼっている。このような鉄鉱石消費・銑鉄生産用原料使用がアンバランスである理由は明らかではないが,少なくとも,このような消費方法は明らかに非合理的な原料使用方法であることを示すものである。さらに,製鉄所は高炉操業の中止時にも,依然として鉄鉱石を購入し続けて,明治35(1902)年度末以降は在庫高10万トンをこえ,同36(1903)年度末には約18万トンに達しているのであり,注目してよいだろう。

大冶鉄鉱石の購入単価は別稿(『土地制度史学』論文)[第5章]で説明したように,3円であるが,三菱への運賃支払い,その他で八幡着値(炉前価格)は明治35・36(1902・03)年度7円50銭,同38(1905)年度6円80銭であるのにたいして,釜石鉄鉱石の購入(着値)単価は,明治34・35(1901・02)年度7円となっている。大冶鉄鉱石の着値は,八幡の構内運搬施設の改良や港湾施設の改善にともない漸減傾向を示すのである。これは,生産設備の整備,コークス生産費の低減とともに,銑鉄生産費の低減化に大きな意味を有するようになるのである。

明治36・37(1903・04)年度の製鋼原料の中心をしめる「地金」購入費をみれば,釜石銑鉄と屑鉄のウエイトの高さは明白であり(表2-12参照),製鉄所はこれによって,日露戦争当初の軍需に対応しえたといってもよい程である。この点でも,日露戦争時の釜石製鉄所の役割は看過できない。

以上のように,創立期の作業費は,創立期の諸条件によって規定され,銑鋼一貫的生産過程の一時的中断を忠実に反映し,また戦争準備と遂行のための生産力的基礎の構築の要請に対応した動向を示している。

それでは,このような作業費を使って,どのような製品を製造し,それを販売し,作業収入を得,製鉄所経営が行なわれたのであろうか。販売―収入は次節で論ずることにして,製品について一瞥しておかなければならない。

製品の詳細については知りうべくもないが――その種類は大正末年ですら,

表 2-12　製鉄所の銑鉄等地金購入高・消費高

	明治36 (1903) 年			
	前年度繰越	本年受入	小　計	消費高
釜石第3号鉄	958	10,828	11,787	10,746
屑　鉄	1,745	14,682	16,570	12,441
	明治37 (1904) 年			
	前年度繰越	本年受入	小　計	消費高
釜石第3号鉄	{ 1,192 1,040	20,542	22,775	19,942
屑　鉄	4,113	16,757	20,870	10,586
	明治38 (1905) 年			
	前年度繰越	本年受入	小　計	消費高
購入銑鉄	2,832	18,466	21,299	10,553
屑　鉄	10,284	11,159	21,443	6,408

備考：表2-11と同じ。釜石鉄は明治37年度より購入銑鉄として一括されている。

一般市場向け種目が565種にのぼるといわれている——毎年同一分類方式をとっていないので煩雑だが，大別したものを，生産量とあわせて『製鉄所作業報告』からまとめてみると，表2-13の如くである。前節で論じたように，臨時事件費支出による設備投資によって，鋼材生産は急増し，ようやく4万トン台になり，日露戦争の開始にともない，弾丸弾体，坩堝鋼製品が登場するが，創立期を通じての中心的な製品は軌条・鋼板・棒鋼である。だが，それは，軍・官需を含むものである。製鉄所において，とくに明治37（1904）年度以降，「民間注文ハ前年度ニ引続キ新規製作ヲ要スルモノハ一切之ヲ謝絶シ僅カニ従来ノ貯蔵品若クハ諸官衙ノ注文残品ヲ売渡シタルニスギザ」る状態であったから，37・38年度の製品は戦争に関連したものであるといえる（次節でのべるように，日露戦争は製鉄所の在庫品の民間への販売増となり，それが作業収入の増加の一因となる）。軌条にしても，明治36（1903）年からの周知の朝鮮京釜鉄道建設用が大きいことは明白であり，鋼板の場合も，厚板工場の稼動とあわせて，軍需用が増加し，製鉄所はまさしく軍需との結合によって，鋼材生産の増加が達成されたのである。このことは逆に，製鉄所財政＝経営がまさしく，軍・官需によって大きく規制される傾向を必然的

表2-13 製鉄所鋼材品目別生産高（明治34-38年度）

(単位：トン)

	34年度	35年度	36年度	37年度	38年度
軌　条	1,086	19,213	15,858	28,978	24,572
同上継目板			229	2,334	1,393
鉱山用軌条	475	900	2,128		
同上継目板			131		
鋼　板	1,210	1,825	3,465	2,034	6,670
棒　鋼				7,399	10,206
形　鋼				721	2,987
丸　鋼	163	620	1,606		
角　鋼	186	164	1,726		
平　鋼	206	326	1,380		
山形鋼	117	729	1,316		
丁形鋼			0		
工形鋼			0		
溝形鋼			90		
半円鋼			0		
隅落角鋼	12				
鋼　片				374	62
大角鋼片		14	150		
小角鋼片		47	47		
扁平鋼片			54		
28珊弾丸弾体				828個	4,172個
12珊　同上				23,032個	30,038個
同上弾丸弾頭				22,632個	30,436個
7珊半弾体					26,101個
速射野砲弾体					12,514個
坩堝鋼製品					31
合　　計	3,455	23,909	28,598	41,329	45,931
				46,492個	103,261個

備考：各年度『製鉄所作業報告』より作成。
　　　合計が一致しないものがあるが原資料のままにしておいた。

第2章　創立期における製鉄所財政の構造

に惹起し，いわば製鉄所の収入と採算は，主として，軍・官需の価格と生産費との関係如何に係わってくることになる。これはまた，製鉄所の作業収入は，国家財政の側からみれば，財政資金の一方から他方への「流通」にすぎないことを意味することになる。

(22)　作業費は法的には次のような経費から構成されている。表2-7を補足する意味で列記しておこう。
　　　1．技術員の俸給諸給旅費，2．職工人夫給諸費，3．作業用器具機械の維持修理及補充費，4．材料素品購入費，5．動力費，6．作業場用備品消耗品費，7．建物築造道路船舶の維持修理及補充費，8．損失金（『明治大正財政史』第2巻，507ページ）。
　　　製鉄所の場合，技術員というのは，どの範囲まで含めているのか，かならずしも明確ではないが，「製鉄所官制」における「職員」（すなわち，長官・技監・事務官・書記・技手）までを含めていることは，俸給の支払い形態からみてほぼまちがいないと考えられる。ただし，勅任俸給（長官）が計上されているのは明治35年度からである。
(23)　明治35（1902）年度の場合には，8月以降，例の熔鉱炉の操業停止という条件が加わるが，その他は同じである。この熔鉱炉の操業中止について，同年度『製鉄所作業報告』は，「〔それは〕全ク本所作業経済ノ必要ニ出タルモノニシテ同年7月末日ニ於ケル銑鉄ノ現在高ハ積ツテ3万余噸ニ止リ当時製品部ノ生産力ヨリ推ス時ハ殆ト今後2ヶ年間ノ需要ヲ充タスニ足リ進ンテ之ヲ生産スルハ徒ニ資本ヲ固定セシムルニ過キシテ経済上頗ル不利益ナルヲ認メタルニ依リ茲ニ熔鉱炉及之ト関連スル転炉操業ヲ中止シテ資本停滞ノ弊ヲ防遏シ以テ資金ノ運用上遺憾ナカラシメンコトヲ期シタリ」とのべている。これは一面正しい。しかしここでは操業中止の技術的側面——高炉設計の不良と悪質コークスの使用とが「意識的」に排除されている。早くも，銑・鋼のアンバランスが露呈していることに注意。
(24)　たとえば，「設備ノ許ス範囲内ニ於テ其全力ヲ軍需品ノ製造ニ傾注シ以テ一意軍国ノ急ニ応スルノ途ヲ講」じた明治37（1904）年度の場合には131.8万円の未使用経費が生じたが，その理由は「本年度予算不成立ノ結果〔明治〕35年度ノ予算ヲ施行セシカ為メ各項ニ於ケル予算ノ配列著シク事業ノ状況ニ適応セザリシト弾丸ノ製造予定高9万6千個ニ対シ実際ノ生産高4万6千4百9拾2個ニ止マリシトノ為メ職工人夫ノ使役作場用消耗

品製品運賃及仕上費其他諸材料ノ使用高予定ヨリ減少セシト本年度ニ於テハ多数ノ傭外人ヲ解雇シ本邦人ニ依リ操業セシカ為メ大ニ傭外国人ニ係ル費用ヲ減少セシトニ由ル」ものである（明治37年度『製鉄所作業報告』）。

(25) 明治34（1901）年9月、はやくも製鉄所は据置運転資本の増額を要求しているほどである（製鉄所文書『重要書類但事業関係ノ部』所収資料）。

(26) この時期の工員・鉱夫数と平均日給*から逆算してみると、表2 - 8表示の労働者の賃金部分と大差がない。職員給料部分には、法外に高い外国人給与が含まれていることと「職員」の階層別給料の把握ができないので、より分析的な両者の対比的考察ができない。

　　＊この時期の職工の日給は、工務・製鉄・製鋼（鋼材）・製品等各部によってそれぞれ異なるが平均すれば、明治34年度49銭9厘、同35年度51銭、同36年度54銭3厘、同37年度52銭4厘、同38年度52銭1厘であり、さしたる変動はない（各年度『製鉄所作業報告』、詳しくは、同報告から作成された三枝・飯田、前掲書、571ページの表を参照されたい）。なお、明治39年の釜石の労働者の平均日給は約50銭程度であった（『釜石製鉄所70年史』73ページ）。

(27) 今泉嘉一郎は「製鉄所経済不振ノ原因」のひとつに「官業の結果として多数の職員を要すること」をあげ、次のようにのべている。「製鉄所に於て、直接製造に関する一切の費用（技師以下の俸給をも含む）を控除し、全く製造に直接の関係なき一般的の費用のみにても、年々120万円に達せり。其内俸給雑給の合計約30万円を占む、以て生産に直接関係の少き、人員の多数なるを察すべし」と（同「製鉄所処分案」、『鉄屑集』上巻、304ページ）。但し、指摘している数字は日露戦争後のそれであるが、日露戦争前の場合には、その傾向がより大であろう。

(28) 創立期における製鉄所の組織については、『八幡製鉄所50年誌』34－35ページ、および三枝・飯田、前掲書、282－283ページの図式を参照されたい。それによれば明治38（1905）年末には、日本製鉄株式会社成立までの製鉄所の経営組織の骨格がまぎれもなく形成されていたことが明白である。

(29) 釜石鉄鉱石購入を中止した理由は、熔鉱炉の故障による製鉄中断にあるが、中村製鉄所長官は、明治35年12月7日の製鉄事業調査会第13回会議において、製鉄所の国内鉄鉱石購入問題について次のようにのべている。

　　「製鉄所ニ於テハ内地ノ一般ノ鉱石……ヲ……軽視ハシテ居ラナイ、ソレハ即チ内地ノ鉱石ヲ買ウト云フ規程ヲ官報ニ出シテ持ツテ来ルモノハ買ツテヤラウト云フコトデ出来タノデアリマス。然ルニ応ズル者ガ甚ダ少ナカツタ、ソレデ初メ規程ヲ出シテ……ドウシテモ応ズル者ガナイト云フニ

第2章　創立期における製鉄所財政の構造

付テ2割5分モ規程カラ見ルト上ゲテ買ツテヤラウト云フコトモ官報ニ広告シテ奨メモシマシタ，釜石ノ如キモ買ウトシテ交渉ヲシマシタ，何分持ツテ来ナイ，或ハ釜石ヲ取ツテ呉レト云フコトモアツテ段々使ウ手続ヲシテ買ツテモアリマスガ，多ク持ツテ来ナイノデアリマス，ソレデ初メ釜石カラモ沢山ノ鉱石ヲ買ウト云フコトニシタ，所ガ何ンデモ2万噸ソコイラヨリハ出セヌ，非常ニ金デモ貸シテヤレバソレハ出セルカモ知レマセヌガ，5万噸出スニモ金ヲ貸サヌト出ヌト云フ訳デ釜石モ鉱石ハサウ沢山ハ出ヌソレデ外カラ鉱石ヲ持ツテ来ルノハ成ルベク買ウト云フ余程奨励ノ意味ヲ持ツタノデアリマスガ，多クハ持ツテ来マセヌ，此頃ニ至ツテハ熔鉱炉ヲ止メタ結果トシテ断リマシタガ，本年ニ至ルマデ持ツテ来ルモノハ成ルベク奨励シマシタガ，持ツテ来手ガナイノデアリマス」(「製鉄事業調査会第13回議事速記録」，前掲『製鉄事業調査報告書附録　1』465-466ページ)．
　　　明治36 (1903) 年度の大冶鉄鉱石購入を除いて，他の鉄鉱石購入を中断した理由は右に明らかであるが，国内鉄鉱石は柵原のそれを除くと明治37 (1904) 年度以降もゼロに近い．

(30)　一貫して大冶鉄鉱石を購入しているのは，ひとつには明治32 (1899) 年4月調印の「大冶鉄鉱石購入契約」のためであろうが，国内鉄鉱石の購入が，前注で引用した中村製鉄所長官の発言の如き状態であったから，高炉再開にそなえて，そして戦争気運の展開を考慮しての行為である，といえるのではあるまいか．

(31)　『釜石製鉄所70年史』は，釜石は「明治36 (1903) 年から60ｔ高炉の建設に着手し，明治37 (1904) 年に吹入し，これによって明治38 (1905) 年には年産能力20,000ｔから一躍37,552ｔにまで躍進した．したがって日露戦争の輝しい勝利に寄与することはまことに大なるものがあった」(70ページ) と書いている．いわば社史的修辞は問わないとして，釜石の銑鉄生産は明治36年20千トン，同37年27千トン，同38年38千トン (同上書附図) であり，官営製鉄所の釜石銑鉄購入高は，表2-12に明らかな如く，明治36年度1万828トン，同37年度2万542トン，同38年度1万8466トンであるから，釜石製鉄所は銑鉄生産高の約50％を官営製鉄所へ販売したことになる (ただし，明治37・38年度の製鉄所の銑鉄購入量は釜石銑鉄のみではないが，前年度の傾向からみても，釜石銑鉄がその大部分をしめていると推量して大過ないだろう) し，釜石銑鉄は軍工廠への販売が日清戦争以前から多いのであるから，戦時の軍事力の強化に果たした役割が大きかったであろう．

(32)　島村哲夫『鉄鋼経済論』東洋経済新報社，昭和33年，279ページ．なお，この数字は657種の誤りではないか，と考えられる (製鉄所総務課「最近

10年間の我が国の鉄鋼業」〔『日本経済の最近10年』325ページ参照)。
(33) 「明治37年度製品販売ノ状況」，製鉄所文書『明治37年度事業報告』所収。

III　作業収入と損益

1　作業収入

　作業収入の圧倒的部分をしめるのは，いうまでもなく，製品売払代である(表2-14参照)。既に言及したように(第1章のIII節)，製鉄所の製品販売の方針は，官庁へは協定価格，民間へは随意契約にもとづき輸入価格を基準・参照し，大量購入者へ割り引きすることであった。これが製鉄所の生産費をどこまで考慮したうえのものであったかは問題であるが，主観的には鋼材輸入価格を軸として官庁へは比較的高く，民間へは比較的安く販売し，そのプラス・マイナスを相殺，ないしはプラスを利潤として取得しようとする発想であった。しかしながら，この官庁・民間への販売方針は実行されたが，官庁へは「製鉄所ノ作業状況ヲ参酌」して価格を(協定はしているが若干割高に)協定する方策がとられたかどうかはすこぶる疑問である。しかも，民間への販売も，民間業者の「注文品ノ種類ヲ見ルニ特別寸法又ハ特別品質ニ属スルモノ鮮シトセズ。蓋シ外国輸入ニ係ル鉄材ノ市場ニ在ルモノ多クハ普通品ナルヲ以テ，偶々特殊ノ需用起ルニ方リテハ其急需ヲ充サンガ為メ，始テ本所〔製鉄所——引用者〕ニ向テ注文ヲ発スルモノゝ如シ」[34]という状況であったから，製鉄所の思惑通りにはいかないのである。したがって，製鉄所は明治36(1903)年，指定商制度を設定(東京の森岡平右衛門，大倉喜八郎，大阪の岸本吉左衛門，津田勝五郎を指定)[35]して，民間への販売ルートをつくるのである。製鉄所は販売開始(明治34〔1901〕年9月)時に「製鉄所ノ製品ハ尚未タ市場ニ信用ヲ博スルノ時日ナキ」[36]と自ら認めていたが，いわゆる戦後第2次反動恐慌(明治34年)の爆発が重なりあって，初年度鋼材生産がわずかに3455トンにすぎないにもかかわらず，何と販売高は953トンにすぎなかったのである。作業費支出における鋼材生産高の予定と実績との大幅な差

第2章 創立期における製鉄所財政の構造

表 2 - 14 作業収入の動向 (明治34-38年度)

(単位:千円)

	明治34		明治35		明治36		明治37		明治38	
	予定額(A)	収入済額(B)	(A)	(B)	(A)	(B)	(A)	(B)	(A)	(B)
製品売払代	3,182	67	2,291	1,121	2,316	1,616	3,336	4,052	6,262	3,079
不用品売払代	83	156	112	148	177	442	133	54	1	5
小　　計	3,265	223	2,403	1,269	2,493	2,058	3,469	4,106	6,263	3,084
雑　収　入	−	16	3	13	7	39	16	27	6	92
借　入　金			2,000	2,000	2,000					
合　　計	3,265	239	4,406	3,282	4,500	2,097	3,485	4,133	6,269	3,176

備考:各年度『製鉄所作業報告』より作成。収入未済額については後掲表2‐17,2‐18参照。

が作業費の大幅減を招いたのと同様に、作業収入面では鋼材生産高に見あった収入予定よりもはるかに下回ることになるのは必然であった。われわれは作業収入の動向を一瞥して、この製品売払代の問題に立ち返ることにしよう。

　作業収入には表2‐14の収入済額のほかに収入未済額があるが、これは損益のところでふれることにし、いま現金収入のみを問題にするならば、作業収入は次第に増加しているが、作業費支出 (前掲表2‐7) と対比してみると、問題なく著しい不足を示している。明治34 (1901) 年度の如きは僅かに約24万円、日露戦争勃発年度の同37 (1904) 年度ですら413万円にすぎない。約2500万円の巨費を投じて設立した製鉄所の製品販売額は、明治34年度を例外としても、100万−400万円程度にとどまっている。このことは、日本における鉄鋼需要の不足を何ら意味するものではない。明治34−36年度の鋼材輸入高が約16万−20万トンに達していることからも明らかであり、製鉄所の主要生産品目たるレールにおいても輸入は激増し (明治34年25千トン,同35年27千トン,同36年51千トン)、逆に製鉄所製レールは生産額の約半分が販売されたにすぎない状態を呈している (このレールの滞貨を大幅になくすのは日露戦争である)。

　製品売払代は大別して鋼材と石炭の販売である。石炭は二瀬炭山の買収によって製鉄所が自己の手中におさめ、生産がいわゆる自家消費を上回ってい

表 2 - 15 製鉄所の鋼

	明治34年度		明治35年度	
	販売高	価 額	販売高	価 額
軌　　　　条	59	3,516	10,481	762,346
同 上 継 目 板				
鉱 山 用 軌 条	408	31,177	647	48,250
同 上 継 目 板				
鋼　　　　板	250	20,137	1,969	168,992
棒　　　　鋼				
形　　　　鋼				
丸　　　　鋼	75	6,548	467	47,031
角　　　　鋼	46	4,002	95	10,030
平　　　　鋼	63	5,353	255	23,630
山　　形　　鋼	52	4,385	612	51,369
丁　　形　　鋼				
工　　形　　鋼				
溝　　形　　鋼				
半　　円　　鋼				
隅 落 角 鋼	0.5	45		
鋼　　　　片				
大 角 鋼 片			4	332
小 角 鋼 片			38	2,954
扁 平 鋼 片				
28 珊弾丸弾体				
12 珊　同上				
同上弾丸弾頭				
7 珊半弾体				
速射野砲弾体				
坩堝鋼製品				
合 計（トン）	952	75,165	14,568	1,114,968

備考：各年度『製鉄所作業報告』より作成。合計は原資料のまま。

第 2 章　創立期における製鉄所財政の構造

材販売高及び価額

(単位：トン及び円)

明治36年度		明治37年度		明治38年度	
販売高	価　額	販売高	価　額	販売高	価　額
9,328	714,125	32,464	2,159,233	23,692	1,534,019
76	6,246	2,371	188,384	1,035	74,987
1,493	310,788				
44	8,137				
3,134	241,865	2,137	227,028	4,207	177,083
		6,594	1,340,668	7,870	427,755
		553	41,352	2,001	110,703
1,349	105,789				
1,139	64,105				
909	32,517				
965	71,263				
0.4	23				
18	1,250				
88	4,247				
−	3				
1	57				
		327	19,100	95	24,298
157	5,856				
57	4,396				
				3,509個	?
		18,660個	10,516	70,180個	314,894
		17,296個	△ 8,648		
				8	22,650
18,814	1,578,389	44,446	3,986,552	38,908	2,688,599

るために軍工廠や政商＝財閥に販売されたものである。まず鋼材の販売高，価額を一覧すれば表2‐15のようになる。直接武器の販売高は重量換算ができないのでそれを除けば，生産高にたいする販売高の割合は，明治37（1904）年度には100％をオーヴァーしているのだが，明治34（1901）年度27.6％，明治35（1902）年度60.9％，同36（1903）年度65.8％と次第に上昇し，同38（1905）年度には終戦の影響もあってか，84.7％となっている。販売高は引渡済高であるから，約定高をみればトン数はより増加する。たとえば，明治36（1903）年度の場合には，3万7549トン⁽³⁷⁾となり，当該年度の生産高を凌駕するが，約定高＝販売高とはならないから，そのまま使えない。販売高・販売価額中首位をしめるのは軌条であり，次いで鋼板，棒鋼である。これは生産高に照応している。生産と販売においても，これらは製鉄所の主軸的製品であるが，われわれはそれを供給先別に明らかにすることができない。断片的な資料から，創立期の製鉄所は官需依存がきわめて大であったことを傾向的に看取しうるにすぎない。すでに前節でのべたことからも推察しうるように，明治37・38（1904・05）年度は軍・官需が圧倒的といえるが，明治36（1903）⁽³⁸⁾年度の場合にも官需が1万2865トン（総額の68％），民需が5949トン（32％）であり，価額では官需が1,092千円（69％），民需が486千円（31％）であり販売高・価⁽³⁹⁾額の約70％が官需であった。明治36（1903）年度下半期には戦争準備，開戦という事情が加わるが，それによって民間向け販売も増加しているのであるか⁽⁴⁰⁾ら，当該年度の場合には，官需のウエイトの高さをたんに戦争のみに帰せしめることはできないであろう。そうであるとすれば，この明治36（1903）年度は，日露戦争前の販売構成の典型的なものと理解しても大過ないであろう。

　製品販売構成＝鋼材販売収入構成は上述のように，軌条・鋼板・棒鋼を中心とし，しかも軍・官需の比重が高い，という特徴をもっている。いま鋼材のトン当たり平均販売価格と同生産費を対比してみると，前者は後者をはるかに下まわっていることは明らかである（表2‐16参照）。官民別の単位当たり平均販売価格は明治36（1903）年度しか明らかでないので，絶対的な正⁽⁴¹⁾確さは期しがたいが，軍・官需にたいする製鉄所の価格政策方針がくずれさっているのは明らかであり，この点でも製鉄所の赤字は不可避的である。鋼

第2章　創立期における製鉄所財政の構造

表2-16　鋼材トン当たり平均販売価格と平均生産費
(単位：円)

年　度	トン当たり平均 販売価格	トン当たり平均 生産費
明治34（1901）	78.9	244.96
35（1902）	74.3	117.57
36（1903）	83.8[1)]	104.61
37（1904）	89.4	103.53
38（1905）	60.9（102）[2)]	129.03

備考：各年度『製鉄所作業報告』より作成。ただし、平均販売
　　　価格算定に際して、弾丸、同弾体価額は加えていない。
注：1）　官需84.8円、民需81.7円。
　　2）　製品売払代収入済額で単位を算定した場合。

材トン当たり平均生産費は明治38（1905）年度を除いて、漸減し、同販売価格は漸増の傾向をみせているが[(42)]、両者の差は最低14円から最高166円に及んでいるのである[(43)]。これは、基本的には高生産費と一定の「輸入価格追随」[(44)]、値引政策によるものである、といえよう。生産費の大幅低下か、鋼材の輸入=市場価格の高騰かいずれかが生じなければ、このギャップはうずまらないのである。

(34)　「製品販売ノ状況」、製鉄所文書『明治35年度事業報告』所収。
(35)　全国鉄鋼問屋組合『日本鉄鋼販売史』同組合、昭和33年、25ページ。
(36)　「製鉄所作業据置運転資本繰入方購求ノ件」（明治34年9月28日、製鉄所長官→大臣）、製鉄所文書『重要書類但事業関係ノ部』所収）。
(37)　製鉄所文書『明治36年度事業報告』による。なお三枝・飯田、前掲書、416ページ参照。
(38)　三枝・飯田、前掲書、556ページ参照。
(39)　注37に同じ。
(40)　前掲『明治36年度事業報告』所収の「製品販売ノ状況」は「〔明治〕36年末ニ至リ時局問題ノ急ヲ告クルヤ陸海軍諸官衙及民間需用者ノ注文頻々増加ノ活況ヲ現シタルニ依リ、民間需用者ニシテ新規製作ヲ要スルモノハ一切之ヲ拒絶シ単ニ在来ノ貯蔵品ノミヲ売捌クコトヽセシニ大阪地方ノ鉄商ノ如キ二三百屯乃至数百屯ヲ買収シタル者アリ」と書いている。民間への販売は在庫品のみであるが、在庫品が多かったのであるから、明治36年

III

度の場合は，民間への販売高の増加を否定することにはならないであろう。
(41) 明治36年度の約定高についての官需，民需のトン当たり平均価格はそれぞれ70.5円，61.1円であったが「この官庁用鋼材が高価なのは，レールと軍用特別規格鋼材のためであった」(剣持通夫『日本鉄鋼業の発展』東洋経済新報社，昭和39年，418ページ）といえよう。しかし，鋼材引渡済額についてみると，表2－16に示したように，官需84.8円，民需81.7円と約定価格よりも高くなっているだけでなく，価格差が大きくせばまっている。その理由は「売渡価格モ市価ノ騰貴ニ伴ヒテ漸次値上ゲヲ為シ〔明治〕37年2，3月ノ交ニハ之ヲ年度初頭ニ於ケル低落ノ当時ニ比スレハ約2，3割方以上ノ高価ニテ売捌キタルモノアリ」(前掲「製品販売ノ状況」）という事情によるのであろう。
(42) 明治38(1905)年に鋼材トン当たり平均生産費が高くなっているのは，本章Ⅰ節で指摘した臨時事件費支出で建設した軍用坩堝鋼生産開始によると考えられる（坩堝鋼塊トン当たり平均生産費は明治38年度423.20円である）。それとは逆に同年度のトン当たり平均販売価格が低下しているのは販売価額が総額でないためであると考えられる。何故なら，『作業報告』が「主要ナル鋼材の価格」と書いているからである。製品売払代収入から算出した102円の方が事実に近いといってよいだろう。
(43) 同上。
(44) 鋼材等の生産費の分析は別の機会に行なう予定であるので詳論はしないが，生産費が高い理由として，生産設備の未整備，多品目少量生産＝鋼塊の歩留まりの悪化，コークス生産の技術的不備，熟練労働力不足などをあげることができる。

　石炭の販売高はさしたるものではないが，参考までに附記しておけば，明治34年度46千トン（156千円），同35年度44千トン（207千円），同36年度60千トン（394千円），同37年度3千トン，同38年度860トンである。販売先は，三菱合資会社，日本郵船の他は大部分鉄道局，軍工廠である（各年度『製鉄所作業報告』による）。

2　損　益

　販売価格と生産費とのマイナスギャップから赤字は不可避であるとのべたが，赤字を明示する独特の計算方式である「受払勘定」と「貸借対照表」を掲げておこう。表2－17,　2－18がそれである。これによれば，明治34(1901)年

第2章　創立期における製鉄所財政の構造

表2-17　創立期受払勘定表

(単位：千円)

		明治34年度	明治35年度	明治36年度	明治37年度	明治38年度
受入	歳入の収入済額	239	1,282	2,097	4,133	3,177
	収入未済額	27	89	224	570	1,575
	据置運転資本中現金持越高	3,609	437	1,620	1,442	1,494
	総生産品の価格	1,730	2,861	3,497	5,708	6,731
	総材料及製品の価格	3,540	5,587	5,757	10,072	16,172
	総機械運転用品の価格	382	384	418	546	763
	作業場用総備品の価格	66	114	143	158	183
	代償支出済未収物品価格			54	140	77
	借入金中現金持越高		2,000			
	大蔵省証券発行高受入高					4,000
	合計　(A)	9,592	12,755	13,809	22,770	34,172
払出	歳出の支出済額	3,411	2,740	3,264	5,071	7,774
	支出未済額	227	135	446	893	1,130
	据置運転資本額	4,500	4,500	4,500	4,500	4,500
	売払代価収入済物品の価格	224	1,269	1,973	4,211	3,967
	売払代価収入未済既出物品の価格	20	86	212	563	1,550
	消費したる材料及製品の価格	2,123	4,270	3,951	8,047	11,489
	消費したる機械運転用品の価格	351	344	409	472	710
	損失に帰したる物品の価格	27	51	44	3	14
	借入金		2,000			
	大蔵省証券発行高繰入金					4,000
	合計　(B)	10,883	15,396	14,798	23,760	35,135
	損益　(A)-(B)	-1,291[1)	-2,641[2)	-989	-990	-963

備考：各年度『製鉄所作業報告』(製鉄所文書) より作成。
注：1) 前年度損失金24千円を含む。2) 前年度損失金1,291千円を含む。

表 2-18 製鉄所貸借対照表（明治34-38年度末）

(単位：千円)

		34年度	35年度	36年度	37年度	38年度
借方	現　金（金　庫）	437	976	453	504	897
	生　　産　　品	1,476	1,504	1,572	2,176	2,169
	材 料 及 素 品	1,408	1,312	1,798	2,025	4,682
	機 械 運 転 用 品	23	37	9	74	52
	備　　　　　品	65	81	143	157	175
	収 入 未 済 額	27	89	224	570	1,575
	未 収 物 品 価 格			54	140	77
	損　益（損失金）	1,290[1]	2,641[2]	989	990	963
	合　　　　計	4,729	6,644	5,241	6,636	10,591
貸方	運　転　資　本	4,500	4,500	4,500	4,500	4,500
	物 品 未 渡 価 格	2	9	296	1,243	961
	支 出 未 済 額	227	135	445	893	1,130
	大 蔵 省 証 券 繰 入					4,000
	借　　入　　金		2,000			
	合　　　　計	4,729	6,644	5,241	6,636	10,591

備考：各年度『製鉄所作業報告』より作成。なお36年度までは資産負債表となっており，37年度以降貸借対照表と表現されている。

注： 1） 前年度損失金24千円を含む（原表のまま）。
　　 2） 前年度損失金 1,291千円を含む（同上）。

度129万円の損失をはじめとして一貫して赤字であり，それは明治33(1900)年度以降6カ年度間に約5,576千円に達している。「受払勘定」の項目や算定方式については相当詳しい解説を必要とするのであるが，いちいち説明するのは煩雑であるし，大正期には作成されていないようなので，貸借対照表との関連で若干の問題に言及するにとどめたい。貸借対照表は，見られる通り，流動資産と流動負債を表示したにすぎないきわめて単純な形態である。はたして，これらが，与えられた形式の枠の中でも損失を正しく表示しているのであろうか。わたくしはそれを断定する蓄積をもっていないが，いくつかの疑問を提示しておきたい。受払勘定は第1章II節注38でも引用したように，会計検査院の官庁会計の実務家すら「作成は複雑にして且つ観察には甚だ不便である」とのべているものであるから，あるいは誤解があるかもしれない。

　第1に，本来2つの表で同額であるべき項目が一致していない。年度末現

第2章　創立期における製鉄所財政の構造

金残高がそれである。

　第2に，貸借対照表借方の機械運転用品の年度末残高が受払勘定の当該項目の〈受入〉総価格－〈払出〉総消費価格と一致していない（明治34，35年度の場合）。

　第3に，受払勘定でも賃借対照表でも「生産品」と「材料素品」（前掲表2－7及び表2－10のそれと同じではない）との区分が明確でない。受払勘定表で「総生産品の価格」と「消費したる材料及素品の価格」とを対比して，後者が前者よりもはるかに多額であるのに，疑問を感じないわけにはいかないであろう。この算出の基礎となっている「生産品受払表」および「材料素品受払表」をみると，たとえば，同じ銑鉄でも自製のものは生産品であり，他から購入したものは「材料及素品」として処理され，ある年度（たとえば明治38年度）には双方とも「材料素品」として計上されているのである。これでは，この「受払勘定表」から一定の意味を抽出しようとしてもできないであろう。

　第4に，第3の場合の価格（製品，原材料）の決定がまちまちである。価格の算定は法的には次のようになっていた。すなわち，「材料素品機械ノ運転用品ハ購入価格ニ依ル」，「生産品ハ生産費ニ依ル但売買ノ契約済トナリタルモノハ其売渡代価ニ依ル」（作業及鉄道会計規則第31条），また「材料素品機械ノ運転用品ノ年度内未消費ニ属スルモノ市価ノ低落又ハ毀損変質等ニ由リ其価格ヲ減スルトキハ毎年度ノ終リ当時ノ市価ニ依リ其価格ヲ改定スヘシ」（同第36条），生産品については「生産品ノ年度内未販売ニ属スルモノ需用ノ変動生産法ノ改良又ハ毀損変質等ニ由リ其価格ヲ減シ実際ノ市価生産費以下トナルトキハ毎年度ノ終リ当時ノ市価又ハ当年度ノ生産費ニ依リ其価格ヲ改定スヘシ」（同第37条）と。この限りでは，種々の価格調整が可能であるが，製鉄所の場合にはどこまでこのような調整が行なわれているかすこぶる疑問である。[46]

　このような理由から，われわれが損失額そのものを与えられたものとしてうけとることは危険である。損失であることは疑う余地がないのであるが。

(45) 正確には，明治33年度24千円，同34年度1,267千円，同35年度1,349千円，以下は表2－17, 2－18に同じ。
(46) 価格の調整と決定についての疑問は「生産品受払表」，「材料素品受払表」と生産費とを比較検討してみると無数に近いほど疑問がでてくる。いちいちそれを検討することは省略するが，年度末残高の処理の仕方によって損益の幅が大きく変化することはいうまでもない。

結　語

　本源的蓄積過程において，莫大な資本を蓄積した大政商資本の利潤追求・取得対象として魅力あるものたりえず，強烈な軍事的目的（それ自体経済的目的を内包する）を軸点として，それゆえにこそ国家によって造出された日本鉄鋼業は，官営製鉄所＝純粋官庁企業という形態で確立の途にむかった。財政的要因と技術的要因に規定されて，当初比較的小規模な生産体制をとり，段階的に拡張することを意図したが，国家の観念的目的意識性は現実の生産技術水準から一時的に抑制され，すなわち，直接的な軍器生産の延期を余儀なくされ，さらに錯誤的な建設作業過程を具現し，製鉄所完成年限の延長とつぎはぎ的な創立費投下をくりかえした。それは拡張工事と生産とが並行し，錯誤的な建設作業のために後者の円滑化を阻害し，技術的不備とあいまって生産力の発展を制約した。技術的な失敗をくりかえしながらも，日露戦争の過程で，銑鋼一貫化生産機構がようやく有機的なものとして定着したのであるが，その間約10年，創立費約2500万円をかぞえたのである。この過程で，不生産的経費＝生産力に不相応な官僚＝管理機構が形式的に先行的に整備されたが，その管理機構のもとで，創立費・作業費が一貫的に効果的に投下・運用されなかったことは，関連産業の未発達，技術的不備とあいまって，製鉄所の有機的生産過程の定着の遅延を不可避的にもたらしたのである。
　そのことは，作業開始時点でとくに異常に高い生産費を現出せしめたひとつの要因を形成したのであるが，これに加えて，鋼材製品の総花的（多品目）需要充足を意図したためにいきおい少量生産となり，鋼塊の歩留まりを

悪化させ，さらにコークス生産技術の不備（コークスの高生産費），熟練労働力の未成熟，などの要因が重畳しあって，生産費は不可避的に一種の「高原」状態を示すのである（徐々に低下傾向をみせているが）。にもかかわらず，他方では，外国鉄鋼独占資本との対抗に直面せざるをえない。この矛盾に対応するためにとられた製品販売方針も現実には机上の方針化し，生産費を大きく下回る製品販売価格を余儀なくされ，企業としての採算が不可能となる。新規設備投資費は製鉄所の作業特別会計の埒外におかれ，製鉄所は固定資本の消耗部分の価値計算も行なわず（したがって原価計算の対象となりえず），資本の調達のための費用も原則的に負担しない経営的有利性（＝特徴）にもかかわらず，その有利性を発揮するには程遠く，据置運転資本補足なる名のもとに，創立期において約557万円の欠損を生み，年々450万円の運転資本を使用して，なおかつ，短期借入金の注入によりようやく「作業経済ヲ維持スルコトヲ得タリ」という状態を現出し続けるのである。このことは，財政上の要請と鉄鋼自給の向上との両立をはたしえない製鉄所の矛盾の表白であり，また天皇制国家の自己矛盾の企業財政的表現に他ならない。

　しかしながら，約3000万円の日本人民の負担によって，日本資本主義における「軍器素材＝労働手段素材」の生産と自己充足のための基礎が端緒的に形成され，帝国主義戦争を遂行し，かくして日本帝国主義の戦略的経済的基盤の造出・強化に一定の役割を演ずるのである。

第3章　製鉄所の拡張政策の展開と矛盾

序
──拡張政策の展開と矛盾──

　日露戦争──軍需の激増と国家の約470万円にのぼる設備投資──によってようやく息をふきかえした製鉄所は，まさに早熟的である帝国主義的政策の遂行のための工業的基礎のいっそうの強化のために，天皇制国家によって，矢つぎばやに拡張される。すなわち，日露戦争戦後経営の一環としての第1期拡張（明治39〔1906〕－同42〔1909〕年度の4カ年計画＝鋼材18万トン生産目標），続いて第2期拡張（明治44〔1911〕－大正4〔1915〕年度の5カ年計画＝鋼材30万トン生産目標），さらに鋼材65万トン生産目標（のち75万トンに変更）とし，海軍の8・8艦隊計画に照応した第3期拡張（大正5〔1916〕年度以降6カ年計画）がそれである。

　周知のように，この時期は，日露戦争の勝利──早熟的な帝国主義国家の形成といわゆる金融的外交的従属の形成のモメント──，戦後の企業熱，鉄道国有化，満鉄・東拓の両植民地特殊会社の設立，韓国併合の諸画期から第1次世界大戦，その後の反動恐慌，金融資本体制の確立，関東大震災，そしてまた，あまりにも短命すぎた「相対的安定」，金融恐慌と続く激動，そしてまた金融資本体制の確立が恐慌へ向かっていかざるをえなかった，特徴的な日本資本主義の構造と矛盾の展開の時代である。

　製鉄所の3回にわたる拡張過程は，まず第1に，製鉄所の経営規模の拡大・生産力水準の著しい上昇過程であり，第2に，経営管理組織の複雑化の過程であり，そして第3に，生産増加（計画）に照応した製鉄原料確保のための強力な帝国主義政策の遂行過程でもある。かくして，巨大化した官営製

鉄所は明治末期から第1次世界大戦時において発展した民間鉄鋼企業と大戦後にある意味では軋礫を惹起し，後者の財閥系への集中にともない，前者との協調（したがって後者への従属）を不可避的とし，そのことが，第1次世界大戦後の国家財政における「財政整理政策」とあいまって，製鉄所財政（会計）制度の改定（＝独立採算化）を不可避にし，いわゆる製鉄合同への布石を形成していくのである。

　製鉄所の拡張は国家の政策であり，それは軍事政策，工業政策，そしてまた財政政策である。換言すれば，日本帝国主義の再生産構造における脆弱性を克服しようとする政策・上部構造の土台への反作用である。民間鉄鋼企業の形成にもかかわらず徹底した鉄鋼保護関税政策をとりえない日本資本主義の特徴に規定され，その脆弱性を国家資本の投入によって改良し，日本帝国主義の経済的基礎を補強するための政策である。われわれは，軍事・工業政策的意図を明確にしながら，製鉄所の拡張財政——すなわち，一般会計からの設備投資支出と国家信用機関を通ずる製鉄所への貸付金，これらは製鉄所にとっては資本の調達と運用を意味する——の実態を明らかにし，それによる生産構造の帰結＝達成を確定することから，拡張期の製鉄所財政の解剖を試みたい。

（1）　第1次世界大戦後の財政政策の概観については，藤田武夫『日本資本主義と財政』実業之日本社，昭和24年（昭和31年再版本），第7章，楫西光速他『日本資本主義の没落　I』東大新書，昭和35年，第6節を参照。
（2）　やや具体的にいえば，この時期の官業における設備投資は，既述のように，一般会計に計上され予算として決定される。そのことは官業＝製鉄所の側からみれば，資本の調達と運用が同時的に決定されることを意味する。借入金による短期資本の調達と運用は，その調達方法が法的に規定されているが，いわゆる設備投資資金のように運用まで同時的に規定されておらず，運用は官業＝製鉄所の自主性にまかされている。したがって，いわば固定資本と流動資本の調達は，はじめからその方式が異なるといえる。

第3章　製鉄所の拡張政策の展開と矛盾

I　第１期拡張

『製鉄所起業25年記念誌』は製鉄所の第１期拡張の必要性を次のようにのべている。

> 「明治37・8年ノ戦役ニ際シ工場ノ緊張ハ技術ノ成績作業ノ能率ヲ一新シテ軍国ノ急需ニ当リ更ニ臨時事件費467万9,970円ノ経費ヲ以テ新ニ2，3ノ製品工場ヲ増設シ軍需品ノ製造増加ニ努力シタリ而シテ国内ノ工業ハ戦役以来各方面ニ勃興シ益鉄鋼ノ需要ヲ促進スルニ至リタルヲ以テ鋼材ノ生産年額ヲ18万屯ニ増大スルノ計画ヲ必要ト為シ第22議会（明治39年）ニ拡張工事費1,088万円（第１拡張費）ノ予算ヲ提出シ協賛ヲ得テ明治39年度ヨリ起工シ同42年度ニ至リ之ヲ竣功シタリ」[3]

ここでは，一般的に日露戦争後の国内工業の発展にともなう鉄鋼の需要増加にたいする対応策としての製鉄所の拡張がのべられているにすぎず，海軍を中心とした軍拡および鉄道の敷設による需要の問題はオミットされている。この時期に竣工した「純日本製戦艦伊吹，安芸ノ建造ニ貢献スル処アリタリ」[4]と同『25年記念誌』も別の箇所でのべているが，この点を看過してはならない。さらに，鋼材輸入高が23万トン（明治36〔1903〕年），25万トン（同37〔1904〕年），38万トン（同38〔1905〕年）に達し（需要高はそれぞれ26万トン，31万トン，44万トン），しかもそれが著増しているときに，僅か18万トンの生産目標が設定されていることに注目しておかなければならない。製鉄所の創立時には鉄鋼需要高の約半分をみたすことを意図したが，その場合には，我が国におけるはじめての本格的事業である故の技術上の不備が大きな理由とされていた。日清戦争による莫大な賠償金の取得を前提としていた時点と，賠償金なしで講和条約を結ばざるをえなかった日露戦争後とでは，国家財政の状態は異ならざるをえない。

軍器素材・生産手段素材生産の自立化をめざす明治政府が，「戦争の勝利

を商品化するために」行なった戦後経営のひとつとして遂行した製鉄所拡張が、かかる規模にとどまらざるをえなかったのは、まず第1に、拡張のための財源上の制約であり、第2に、製鉄原料の充分なる供給・確保の未確定によるものであった。

第1の財源上の制約については、製鉄所第1期拡張計画の策定基礎ともいうべき「製鉄所ノ設備拡張ニ関スル件」が、日露開戦前3カ年の平均鋼鉄輸入高は22万トン（価格2000万円）であるから、鋼材22万トン生産を目標とすればその設備費に約2094万円を必要とする、依って2期にわけてそれぞれ1000万円程度拡張費とする、とのべている。ここに国家財政の制約をみることができる。また、一般会計においても、当初の新規継続費として、明治39-43（1906-1910）年度に1,252千円が計上されていたにすぎず、その後戦後経営の策定過程で初年度（明治39年度）1,899千円としたにとどまっていた。これに250万円が加算されたのは、直接的には陸海軍の臨時事件費予備費から500万円を削減し生産的事業にあてるべきである、と衆議院予算委員会で議決し、その半額が初年度の製鉄所拡張費にあてられたからに他ならない。約17億1644万円の戦費をついやし、その82.4％を公債（とくに外債）・国庫債券募集金・一時借入金でまかない、約10％を増税によって支弁し、戦後に莫大な公債の累積と元利支払を残した日露戦争、さらに大規模な軍備拡張、鉄道国有、電信電話事業の拡張、治水事業、満韓の植民地経営などは日露戦後の国家財政を急速に膨張させ、反面その財源の調達方法をめぐって支配階級の内部対立すら生みだしたのであるから、一般的にみてもいわゆる財源難は大きかったとみなければならないだろう。

第2の製鉄原料の供給・確保の未確定性については、先の「件」が次のようにのべていることからも明白である。「第2期事業ノ目的トスル鋼鉄22万屯ノ原料トシテ要スル所ノ銑鉄ヲ生産スルガ為メニハ5基ノ鎔鉱炉ヲ必要トスルモ原料供給ノ安全ヲ期シ本計画ニ於テハ4基ノ鎔鉱炉ヲ……目的トセリ〔現在は2基——引用者〕／他日原料ノ供給充分ナル見込確定スルトキハ更ニ1基ノ鎔鉱炉増築ヲ要求センコトヲ期ス」と（傍点は引用者）。周知のように、明治37（1904）年1月、漢冶萍公司にたいする300万円借款契約によって、

第3章　製鉄所の拡張政策の展開と矛盾

その元利支払分として，年々大冶鉄鉱石約10万トン前後を「確保」したが，その後明治40（1907）年まで，日本政府は増購交渉に成功していない。国内からの購入は殆どネグリジブルである。日露戦争中のように，外部（とりわけ釜石製鉄所）から銑鉄を購入するにしても，釜石製鉄所自体すでに鋼材生産を開始しており，従来通り釜石銑は軍工廠へ販売しているのであるから，製鉄所が釜石銑に多くを期待できない。銑鉄・鋼材生産を激増させようとすれば，このような意味において，原料上の隘路につきあたらざるをえないのである。

かくして，資本，原料の両面から生産設備の漸次的拡張と原料のより強力な確保策が遂行されるのである。輸入の50％程度をみたそうとする計画が達成しかけた時には，鋼材輸入は更に増加し，鋼材の需要増加に対応するためには，製鉄所（＝政府）はさらなる拡張計画を遂行しなければならなくなる。創立期でもその傾向がみられたが，拡張期においても，専ら事後的建設＝設備拡張においまくられ，民間鉄鋼業の急速な展開をみるまで，この傾向は続くのである。これは鉄鋼需要の傾向を充分に看取できないことによるものとはいえない。要するに，官業＝製鉄所における資本の動員の隘路は国家財政の構造的特質（借金財政――ヨーロッパとくにイギリス金融資本への従属の代償としてえた二流の帝国主義国家の形成を基礎づける――）にもとづく規定性であり，そこに製鉄所がつぎはぎ的な拡張をかさねざるをえない財政的基礎がある，といえよう。と同時に，国内の鉄山開発を中止した現在，製鉄所の拡張に応じた原料基盤の確保のために，中国・朝鮮の鉄鉱石を対象とするにいたるのは，日本帝国主義にとって必然であった。

第1期拡張費予算を『稿本製鉄所沿革史』によって示せば，表3－1の如くである。拡張の分野は広範にわたっているが，その殆どが増設である（前掲表2－2と比較せよ）。増設とともに工場用地の買収も行なわれ，生産作業と拡張が並行して行なわれることになる。この第1期拡張予算は前述の如く4カ年継続費であったが，実際には，国内の機械工業の未発達，したがって外国発注――機械の未着等の理由もあり，事実上4カ年継続費と同一になる。

この継続費によって，建設された諸設備については，『八幡製鉄所50年誌』

表 3 – 1　製鉄所第 1 期拡張費予算

(単位：千円)

	明治39 (1906)	明治40 (1907)	明治41 (1908)	合　計
製　鋼　工　場	0	450	0	450
分塊及軌条ロール工場並精整工場	270	230	0	500
薄　板　ロ　ー　ル　工　場	50	50	0	100
ロ　ー　ル　及　誘　導　装　置	97	200	203	500
機　械　運　転　用　装　置	144	500	581	1,225
運　輸　用　装　置	54	108	0	162
給　水　及　排　水　道	100	830	100	1,030
鉄　　　　　　　　　　道	60	140	200	400
荷　揚　装　置	66	132	0	198
繋　　　船　　　壁	0	90	80	170
航　路　浚　渫	10	90	100	200
倉　庫　並　雑　工　事	40	60	60	160
職　工　長　屋　及　官　舎	66	142	200	408
付　　属　　病　　院	0	0	80	80
地　所　購　買	409	300	0	709
熔　鉱　炉　・　焼　鉱　炉	310	890	200	1,400
洗　炭　及　骸　炭　工　場	100	700	110	910
炉　材　工　場	200	60	0	260
中　小　・　ロ　ー　ル　工　場	50	200	400	650
工　作　工　場	0	100	150	250
電　気　諸　装　置	150	50	0	200
鍛　鋼　及　冷　鋼　牽　引　装　置	150	50	0	200
諸　　　機　　　械	150	250	250	650
計（工場費）	2,476	5,622	2,714	10,812
事務費	24	24	20	68
拡張費総計	2,500	5,646	2,734	10,880

備考：『稿本製鉄所沿革史』第 5 章第 3 節予算及決算による。

第3章　製鉄所の拡張政策の展開と矛盾

に示されている（51ページ）が，第1期拡張の目標である18万トン鋼材生産の目標はすぐには達成されず（明治42〔1909〕年度93千トン），明治43（1910）年度にいたってようやく鋼材生産高16万トンに達し，目標数字に接近するのである。

　かかる拡張政策は当然作業費の膨張を不可避にする。と同時にいわゆる運転資本の不足が日露戦争中から露呈し，第1期拡張開始時たる明治39（1906）年4月，据置運転資本補足金の制限額が550万円から1200万円にひきあげられ（法律27），経営の資金的基礎の強化がはかられた。これは資本の回転の円滑化を阻害する諸条件（未収金の増加，原料の在庫増）への対応策である。しかしながら，依然として赤字は解消しない。かくして，種々の複雑な諸問題が製鉄所経営をめぐって生じてくるのである。たとえば，一部の産業資本家・商業資本家からの官営製鉄所批判の登場であり，またいわゆる「桂財政」の「緊縮政策」──「非募債」主義と官業拡張費との相剋がそれである。明治43（1910）年度にいたって，ようやく官業会計制度の特徴的規定にささえられて，若干の「黒字」（5万2003円）をだし，周知の如く，製鉄所の経営的な基礎はいちおう安定化の方向にむかうのである。これ以後は民間の官営批判に一定の変化が生ずる。それはともあれ，この間4カ年（明治39－42年度）にわたって約1436万円の設備投資を行い，そのうえ欠損補塡に約562万円，合計約1998万円の国家資本が製鉄所に投入されたのである。こうして明治29（1896）年建設をはじめて以来，日露戦争時までの生産機構の拡張・整備と技術的達成を土台として，そのうえに第1期拡張を通じてすすめられた生産体制の有機的定着によって，銑鋼一貫生産による大量生産が現実のものになったのである。もとより，第1期拡張は，既述のように第2期拡張を予定したものであり，製鉄所の設立目的の達成がまだまだ遼遠であったから，さらなる拡張政策が遂行されなければならないのである。

（3）　製鉄所総務部編『製鉄所起業25年記念誌』（大正14年11月刊）──以下『25年記念誌』と略記する──，6ページ。
（4）　同上，58ページ。本文引用の「伊吹」は排水量1万4600トン，起工明治

40年5月22日,竣工同42年11月1日(呉海軍工廠),「安芸」は排水量1万9800トン,起工明治39年3月15日,竣工同44年3月11日(呉海軍工廠)である(海軍大臣官房『海軍軍備沿革』〔大正11年〕の巻末付表による)。
(5)　藤田,前掲書,327ページ。
(6)　製鉄所文書『検査官実施検査関係書類』所収。三枝・飯田,前掲書,581-582ページ。
(7)　『明治財政史』第3巻,273ページを参照。
(8)　原敬は明治39年2月11日の日記に「午後井上伯に面会し予算案其他に関し内話せり,衆議院に於て海陸軍復旧費中より500万円を減じたるは政友会の主張にて,要するに生産的事業に差向くる方針なり,此事に関し井上伯は製鉄所拡張費に充つべしとの主張なり,大部分は其積なるも幾分か他に分つの必要ある事を内話し置きたり」と書いている(原奎一郎編『原敬日記』〔新版〕第2巻,福村出版,昭和40年,167ページ)。
(9)　日露戦争後経営の概観については,藤田,前掲書第6章第3節,鈴木武雄編『財政史』東洋経済新報社,昭和37年,第3章第2節を参照。
(10)　注6と同じ。
(11)　拙稿「製鉄原料借款についての覚え書」,『土地制度史学』第32号〔本書第5章,237ページ〕。『日本外交文書』第40巻第2冊,655ページ参照。
(12)　拙稿〔Ⅱ〕〔本書第2章98-100ページ〕参照。
(13)　『釜石製鉄所70年史』71-72ページ参照。
(14)　製鉄所の鉄鉱石の輸入高については,第4章の表4-5および,第5章の表5-2を参照。明治39(1906)年度より朝鮮鉄鉱石輸入が急増しはじめていることに注意されたい。また,国内鉱開発中止と中国・朝鮮の鉄鉱石との関連の説明については,第5章でふれる。
(15)　これは文字通りの稿本で製鉄所用箋にペン書きしたものであるが,何年に書かれたものか不明である。数分冊になっているようであるが,どうしたわけか全部残されていないようである。
(16)　この製鉄所拡張費の総額を示せば次の通りである (単位:千円)。

	明治39	40	41	42	43	計
予　算	4,399	5,936	2,980	243	249	13,807
決　算	3,499	4,730	4,407	1,470	255	14,361

(『明治大正財政史』第4巻,第5巻より作成。予算決算とも当初予算よりは大幅に増加している)

第3章　製鉄所の拡張政策の展開と矛盾

(17)　この批判の代表的なものとして，横浜商業会議所の「関税改正意見書」（明治42〔1909〕年）と今泉嘉一郎の「製鉄所処分案」（明治末年執筆）をあげることができる。前者は表題の示す通り関税（鉄鋼）引き上げ反対論であるが，そのなかで次のようにのべている。

「世人の知る如く我国既に官営の製鉄事業あり，国帑を給すること幾千百万円，年を経ること十有余年に及ぶと雖も，製品の種類は小部に止まり到底内地需要に応ずる供給をなすこと能はず。然り而して我国製鉄所に於ける製品は外国品に比して驚くべき多額の生産費を要し，加之技術不熟の結果製品も亦不良なるを免かれざるなり。……要するに官営製鉄事業は一の試験的事業たらしむべし。他に多きを望むは無理なる注文なり。而して製鉄官営と輸入税引上とは需要者たる国民の二重負担にして殆んど其弊に堪へず。……」（『日本鉄鋼史』明治編，507ページ）。

わが国の鉄鋼関税引き上げ反対論は後年まで存在するが，ここでは製鉄所を「試験的事業」にとどめよと暗に製鉄所の拡張に反対している。理由は上に引用したところに明らかだが，その理由なるものが全て妥当性をもつものかどうかはきわめてあやしい。

種類が小部にとどまるというのは，創立期において製鉄所がとった経営方針とは逆の評価であり，少量多種生産のゆえに批判の対象とされているほどなのである。もちろん莫大な資本を投じながらも国内需要に応ずる供給を全的になしえなかったことはいうまでもない。また製鉄所の製品の驚くべき高生産費と技術不熟による製品の不良なる指摘は，創立期ならいざ知らず，当該拡張期においては額面通りにうけとれない。現に銑鉄・鋼材生産費は日露戦争前・中と比して大幅に低下している（『八幡製鉄所50年誌』50-51ページ参照）し，輸入価格と比して製鉄所の販売価格とが著しい懸隔を示しているということはできない。製鉄所の販売方針とたとえば主要製品たるレール価格をみれば（劔持道夫『日本鉄鋼業の発展』446ページ）明らかである。横浜商業会議所のメンバーが，製鉄所の経営経済に無知であったのかどうか穿さくの必要はないが，明治末期におけるブルジョアジーの製鉄所（国家による製鉄事業）にたいする態度はさらに検討を要する問題と思われる。

今泉嘉一郎の批判は体系的で10項目にわたって詳論し，「官業を改めて民業に移すこと」を「製鉄所を処理すべき最良策」としている。この批判について今泉は昭和初年に製鉄所のその後の展開をみて，「其間技術上及経営上の進歩改善は着々として行はれ，最近更に会計法の改正等に依って所謂『官業としての弊害』は最小限度に削除せられて，今日に於ては理想

としての民業にも余り多くの遜色なき感を起こさしむるに至った。事態斯の如く運ばるるものとすれば，本文の如きは一の杞憂であった。併し之れを以て製鉄所を民業に移すべき理由が全く消滅したのでは無い。此問題更に慎重に研究すべきことである」と自評している（今泉『鉄屑集』上巻，工政会出版部，昭和5年，294ページ）。詳しくは同書を参照。

(18) 従来，「桂財政」との関係についてはあまり論じられていない。一柳正樹氏は，一時桂が民営論に傾いたことを指摘している（『官営製鉄所物語』上巻，鉄鋼新聞社，昭和33－34年，501ページ）。日露戦争後の行財政整理の一環として払い下げ案を桂内閣（第2次）がとりあげた，というのである。財政問題との関係——財政政策と製鉄所との関係——についての分析はほりさげる必要がある（軍器素材・生産手段素材生産の自立化と財源＝財政政策）。この点に関して，国鉄の「独立採算化」（明治42年）の重要な要因を桂内閣の行財政政策から把握している島恭彦教授の説は興味深い。製鉄所の払い下げ論の沙汰止みの一要因はこれと関係をもつものと考えられる。製鉄所では民営化ではなく，そのかわりに大量首切り＝「合理化」が強力に遂行された（一柳，上掲書，502－504ページ参照）。

(19) 各審議会の答申にみられるように，力点は鉄鋼業における官・民協調におかれてくる。

II 第2期・第3期拡張

これは鋼材生産30万トンを目標とし，明治44（1911）年度から1238万9926円の4カ年継続費（ただし5カ年に変更）[20]で開始され，大正3（1914）年度に行政整理のために1年繰り延べになったが，第1次世界大戦の勃発にともない，大正4（1915）年度にベンゾール工場建設費および第2厚板工場増設費376万100円（2カ年度継続費）の議会協賛により，同5（1916）年度に完成した。鋼材需要高が50万トンを超えている（明治41年527千トン〔うち輸入440千トン〕，同42年368千トン〔輸入280千トン〕，同44年655千トン〔輸入489千トン〕）[21]ときに，5カ年に鋼材生産30万トンを目標とする，という設定は創立期，第1期拡張の場合と同一論理である。また，この拡張政策は海軍の明治「44年度以後49年度に至る9箇年継続費……軍備補充費（4億691万3170円）の設定」[22]を軸とした軍拡政策に照応しているのである。[23]

第3章　製鉄所の拡張政策の展開と矛盾

　この拡張計画はいうまでもなく，銑鉄・鋼材生産力の倍増にあるが，その特徴は，三枝・飯田両氏が正しく指摘しているように単種多産と設備の合理化によって達成しようとしたところにある[24]。

　製鉄所長官中村雄次郎は「拡張後ハ別ニ新シキ製作品ヲ起スコトナク，目下製作シ居ルモノハ製作力ヲ増シ一般ノ需要ニ満足ヲ与ヘントスルニアリ」[25]といい，また「30万屯ヲ製造シタリトテ，之ニテ官民ノ需要全部ニ応ズルコト充分ナリト云フ能ハザルモ，従来ニ比シ約1倍ノ増加トナルヲ以テ，先ハ供給大不足ノ批難丈ハ免ルルヲ得ベク，殊ニ製造事業ノ如キハ大量製造ヲ以テ本務トシ，其仕掛ノ大ナル丈ケ，夫丈ケ生産費ヲ逓減スルハ欧米ノ実例明ニ之ヲ証シ，殊ニ近来技術上ノ進歩ハ其工程ニ於テ自ラ出来上ル瓦斯並ニ排蒸気ヲ利用シテ電気ヲ起シ，其電気ヲ利用シテ又各種ノ用途ニ供スルノ経済法行ハルルガ故ニ，此拡張ニ対シテハ副産物効果ノ頗ル大ナルモノアリ」[26]とのべている。副産物の捕збу・利用・販売は銑・鋼生産費の低下に寄与し，かつその販売量の増加は収入増に寄与する。第2期拡張期にいたってとはいえ，この種の課題に本格的にとりくもうとするのはひとつの進歩である。

　労働生産性の著増（搾取の強化），単位あたりのコークス使用量の大幅減，などによって銑・鋼生産費は低下した（後述）し，大正5（1916）年度には鋼材生産高は292千トンに達し，第2期拡張の生産目標に接近した。しかしながら，その時には，第1次世界大戦の勃発とさらなる軍拡を契機として鉄鋼需要が激増し，鉄鋼需要の約3分の1をみたすにすぎず，さらに「製艦材料に要する形鋼の種類不充分にして，且つ大形のものは製作する能はず。造兵材料に要する或種類のものも亦，其製造の設備を欠き，其他のものは所要量に比して尚尠からざる不足あり」[27]という状況にあり，政府にとっては軍器の独立上すこぶる問題があった。これは，とくに海軍が8・8艦隊をめざして，8・4，8・6と軍拡をすすめ，8・8を現実化しようとしていたもののその生産力的基礎を確固たるものになしえないことをも意味していた。かくして，第1次世界大戦のまっただなかに，第3期拡張政策が登場する。

　『製鉄所起業25年記念誌』は第3期拡張について次のように書いている。長文だが引用しておこう。

「欧洲大戦ノ起リシヨリ鋼材ノ需要ハ急劇ニ増加ヲ来タシ国内ノ生産額ト相距ルコト益遠ク外品ノ輸入復タ頼ム能ハサルノ形勢ニ在ルヲ以テ製鉄所ノ鋼材生産額ヲ更ニ65万屯ニ増加スルノ緊要ナルヲ感シ第37議会（大正5年）ニ対シ第3期拡張工事費トシテ3451万5450円ヲ6箇年度ノ継続事業トシテ要求シ協賛ヲ得テ大正5年度ヨリ工事ニ着手シタリシカ時勢ノ要求ハ急劇ナルヲ以テ第39議会（大正6年）ニ之レカ期間ヲ短縮シ大正9年度ニ工事ヲ完了スルノ議案ヲ提出シ協賛ヲ得タリシモ尚国内ニ於ケル工業ノ発達ヲ翼ケ輸入ノ防遏ニ必要ナル鋼材ノ増産ヲ急務トナシ特ニ販売用トシテ鋼片10万屯ノ工場増設及硅素鋼板工場ノ新設ヲ計画シ之レカ予算並物価労銀等ノ騰貴ノ為メ工事費ノ不足補塡ニ要スル追加予算ノ要求ト工事上及財政上ノ都合ニ基ク事業ノ繰延等ハ大正6年ヨリ大正13年ニ至ル数次ノ議会ニ提出セラレ之レカ結果トシテ拡張工事ノ金額ハ総計7193万838円ニ達シ鋼材ノ生産力亦75万屯ニ増加スルニ至リタル一方其ノ完成年限ハ之レヲ延長シテ大正18年度ヲ終了期限トナスニ至リタリ」[28]

この簡単な説明では，例によって軍事的必要という観点・意図がすりおとされている。既述のように，この点は重要である。これを無視しては第3期拡張の当初の意図を客観的に把握できない。第3期拡張が，熔鉱炉2基（270トン炉）の新設やコークス炉の新設は当然としても，第2，第3大形工場の新設，坩堝鋼工場の拡張（3基増設），第2厚板工場（厚さ3/8インチないし2インチの艦体建造用鋼板その他造船鋼板の製造）の新設などに力点をおいていることは明白であるからに他ならない。これは海軍の軍拡と造船＝海運の展開に照応している。もちろん，第3期拡張は全く海軍の軍拡のためであったとか唯一の原因であった，などとは私は全く考えていない。需要構造をみてもそれは明らかである。この点はいま措くとして，第3期拡張（期）の特徴として，鋼片10万トンを民間に販売することと，従来とはちがった意味で製鉄所における資本の調達が財政政策によって大きな変動をみせていること，を指摘しうる。従来製鉄所は製鋼原材料を外部に販売することはあまりなかったが，第1次世界大戦中の「鉄飢饉」および民間の製鋼工場の

急増に対応して，鋼片を販売するにいたったのは，製鉄所の経営における新しい変化である。

また，第1次世界大戦時までは，殆ど景気変動の直接的作用をうけず，専ら生産（力）の増加をはかり，そして拡張費の増額が議会において否決されたり，既述したように拡張費の規模の決定が国家財政によって大幅に規定されたりしたが，決定された拡張費が政府によって一度繰り延べられたにすぎなかった製鉄所は，第1次世界大戦後には，「恐慌から恐慌へとよろめいた」（ヴァルガ）日本資本主義の深刻な変動に起因する，国家の財政・経済政策の変動とともにゆれ動き，製鉄所の資本の調達はそれに制約されて展開せざるをえなくなるのである。一方では拡張費の繰り延べ，他方では拡張費補足，かかる相反する政策が第1次世界大戦後にはくりかえされながら，製鉄所の生産機構は拡大されていく。[29] それは，製鉄所拡張の経済的・軍事的必要と国家財政（とくに財源）との矛盾とそれへの対応策の明白な表現である。かくして，第3期拡張計画は当初の予算規模の2倍強（約7340万円），期間もまた約2倍（大正5〔1916〕－昭和4〔1929〕年度）を要して，鋼材75万トン生産の目標を達成する。周知のように，第1次世界大戦前・中に急激な発展をみた民間鉄鋼業の生産力とあいまって，鋼材自給度は高まり，大正末年にようやく国内鋼材生産高が輸入品を凌駕するにいたるのである。

さて，以上のべてきたような製鉄所の拡張によって，達成された製鉄所の生産設備を拡張政策の諸画期年次をとって比較することにより概括しておこう。

各期の拡張政策には鉄鋼業の基礎である銑鉄生産の増加が必ず意図され，熔鉱炉の新設と旧熔鉱炉の熔鉱能力の拡大が継続的に実施された。操業開始時には日産160トンにすぎなかったものが，第1期拡張完了時には500トン，第2期拡張完了時には820トンにまで拡大され，第3期拡張が終了し1500－2000トンになり，昭和初年には500トン規模の熔鉱炉が建設され（表3－2参照），ドイツ，アメリカの1000トン熔鉱炉には及ばないが，世界水準への促迫の基礎を形成した。製鋼部門の拡大とともに製鋼設備も平炉の増設と大型化が大幅に進められ，特殊鋼生産設備も一貫して強化された（表3－3参

表 3 - 2　熔鉱炉設備（明治34－昭和5年）

（1日出銑能力，単位：トン）

高炉番号＼年次	明治34 (1901)	明治39 (1906)	明治44 (1911)	大正5 (1916)	大正10 (1921)	昭和1 (1926)	昭和5 (1930)
第1熔鉱炉	160	160	160	200	200	215	250
第2熔鉱炉		120	160	160	200	215	250
第3熔鉱炉			180	220	修理中	215	285
第4熔鉱炉				240	235	250	285
第5熔鉱炉					270	300	330
第6熔鉱炉					270	300	330
洞岡第1熔							500
計	160	280	500	820	1,390*	1,495	2,223
指　数	100	175	301	512	868	934	1,393

備考：八幡製鉄所総務部文書課「最近10年間におけるわが国の鉄鋼業」，全国経済調査機関連合会編『日本経済の最近10年』改造社，昭和6年，298ページ。
注：＊ 修理中の第3高炉出銑能力を215トンとみなして合算。

表 3 - 3　製鋼設備

（単位：基）

平炉番号＼年次		明治34 (1901)	明治39 (1906)	明治44 (1911)	大正5 (1916)	大正10 (1921)	昭和1 (1926)	昭和5 (1930)
平炉	25トン	4	8	11	12	12	12	12
	50トン				4	6	6	6
	60トン					4	11	11
	200トン						1	2
転炉	15トン	2	2	2	2	2	2	―
電気炉	2.5トン					1	1	1
	3.0トン				1	1	1	1
	6.0トン						1	1
坩堝炉	8個入		8	3				
	14個入		1	1				
	30個入			1				
	48個入				5	7	7	7

備考：表 3 - 2 に同じ。

第3章　製鉄所の拡張政策の展開と矛盾

表3-4　鋼材圧延設備能力

(単位：千トン)

高炉番号	年次		明治34 (1901)	明治39 (1906)	明治44 (1911)	大正5 (1916)	大正10 (1921)	昭和1 (1926)	昭和5 (1930)
条鋼	大	形	32	92	180	150	270	430	450
	中	形	36	36	36	96	96	108	125
	小	形	22	22	40	40	140	160	180
鋼板	厚	板	—	—	48	60	150	150	211
	薄	板	11	18	23	27	27	67	70
	波	板		2	3	3	3	34	45
平　鋼				17	26	37	37	37	37
線　材					36	36	50	60	60
雑				4	25	26	30	44	12
合　計			101	190	416	474	802	1,090	1,190
指　数			100	188	411	469	794	1,079	1,178

備考：表3-2に同じ。

表3-5　製鉄所の「固定資本」

(各年度末,単位：千円)

年　度	固定資本	指　数
明治34 (1901)	9,984	100
39 (1906)	17,618	176
44 (1911)	31,765	318
大正5 (1916)	43,122	432
10 (1921)	92,322	925
昭和1 (1926)	140,361	1,405

備考：大蔵省編『明治大正財政史』第2巻，巻末付表より。

照)。それは当然圧延設備の増強なしには銑鋼一貫の意義を無にするものであるから，圧延設備の増強が進められ，表3-4に明らかなように，操業開始時には10万トン程度であった圧延能力が，第3期拡張の完了期には100万トンを凌駕するほどの圧延能力を有するにいたった。この圧延設備の増強過程であざやかに示されているのは，大型条鋼（丸・角・平鋼）および厚板の圧延能力の著しい強化である。これのもつ意味はくりかえす必要がないだろう。かかる大型厚板生産機構の増強は小型・薄板生産の弱体とならざるをえ

なくなる。これらの拡張はいうまでもなく，基本的には国民の租税によって行なわれたのであり，それにともない製鉄所の「固定資本」は激増（表3-5参照）し，大正期を通じて特別会計によって経営されている官業のなかで，帝国鉄道に次いで第2位の資本額を示すほどの巨額な集積となるのである。

かかる固定資本は，人間労働によってのみ価値機能を果たす。国家資本は，人間労働を搾取して，剰余価値を取得し，それを支配階級の処分にゆだねる。製鉄所における拡大再生産が，植民地支配・「製鉄原料借款」の原資として勤労人民の零細所得の一部の集積＝郵便貯金・年金などを使用し，中国人労働者をも収奪して強行された製鉄原料の確保，なしには円滑に行なわれえなかったことを看過してはならない。この原料確保は製鉄所単独の政策ではありえない。外務省・大蔵省・農商務省の三位一体的連繋のもとに，それに特殊銀行（興銀・横浜正金）が大蔵省の従属機関として関与し，日本帝国主義の国策として遂行される。軍事的任務は製鉄所をつねに陸海軍の統制下におき，これらの関係者によって一種の経営管理委員会的政策スタッフが構成され，製鉄所の重要政策はそのスタッフの協議によって決定されるのである（原料問題についてのかかる協議・決定の具体的な説明は別稿〔土地制度史学〕［本書第5章］を参照）。

(20) 明治44（1911）年2月，衆議院の予算委員会において，総額・初年度分は据え置きで5カ年度継続費に変更を決定し，政府が承諾したことによる（『明治大正財政史』第3巻，529ページ）。
(21) 農商務省『製鉄業ニ関スル参考資料』（大正7年）による。
(22) 海軍省編『山本権兵衛と海軍』原書房，昭和41年，408ページ。
(23) 原敬は桂太郎首相が「海軍計画に付ては製鉄所の拡張は已むを得ずと云えり」と書いている（明治43年12月4日の日記，前掲第3巻，61ページ）。もちろん，第1期拡張について指摘した原料問題も看過しえない。桂太郎は上引の言の前に「朝鮮平壌付近に於ける鉄山は大分都合宜しきに付大に好都合なれども朝鮮の方は貯蓄同様なれば清国大冶鉄山に議会通過せばと云う条件付にて契約せしめたり」とのべている。大冶鉄鉱石についてはこんな条件付云々というような単純なものではないことは別稿［第5章］で詳しく論じたが，明治44（1911）年度開始の前日，すなわち明治44年3月

31日契約600万円の漢冶萍公司借款は漢冶萍の銑鉄掌握の画期であることに注目されたい。

(24) 三枝・飯田，前掲書，667ページ。
(25) 中村雄次郎「製鉄所ノ拡張計画」，『日本鉱業会誌』明治43年8月号。
(26) 中村「製鉄所拡張案」，同上誌，明治43年12月号。
(27) 押川則吉「製鉄事業の将来」，『福岡日日新聞』大正4年11月11日。また，ここでは「一朝有事」にそなえることと大正2年の大借款による大冶鉱石・銑鉄確保が強調されている。
(28) 前掲『25年記念誌』，7－8ページ。

これを若干補足すれば次のようになる。

①第39議会（大正6年）で鉄鋼需要激増対策として第3期拡張計画1年繰り上げ議決（大正9年度完成），年度割各1,385千円増額。②第40議会（大正7年3月）で拡張費追加11,805千円，鋼片10万トン生産増加のための工場増設費15,672千円支出協賛（大正7・8両年度の継続費）。③第41議会で既定継続費中大正7年度年割に70万円の追加協賛。④第43議会（大正9年7月）——戦後恐慌過程——で拡張完成年度を2年繰り延べ大正11年度とし，同時に官吏等増俸・増給のため108千円の追加決定。⑤第45議会（大正11年3月）で，拡張完成年度を大正12年度にさらに繰り延べ決定。⑥第46議会（大正12年3月）で拡張完成年限を大正13年度に1年度延期決定。同時に物価騰貴のための不足額補填のため大正12年度より4ヵ年度継続費790万円の追加決定，また珪素鋼板工場新設費1,229千円を3ヵ年度継続費（大正12－14年度）支出決定。⑦第50議会（大正14年3月）で拡張完成年度を昭和4年度まで延期決定。⑧第49議会（大正13年7月）で震災地復興用鋼材製造設備増設費99万円（大正13・14年度継続費）支出決定，ただし1年延期され昭和元年完成（以上は主として，製鉄所編『製鉄所事業概要』昭和2年版，3－4ページ，『明治大正財政史』第4・5巻による）。

(29) 前注28からもこの変動過程はいちおう読みとれるであろう。この過程における基礎過程と経済・財政・金融諸政策の連関，さらに後者と製鉄所政策との連関の分析は第1次大戦後の「金融資本体制の確立」との連繋で深めていかなければならないと思う。

III 官・民の「対抗」と協調

　上述したような官営製鉄所における厖大な設備投資——生産設備の巨大化——生産（力）の増加は，厚板・大形条鋼の生産手段の優位的発展それ自体がはらむ問題ととくに第1次世界大戦中の「特殊な諸条件」のもとに興起した民間鉄鋼（企）業との複雑な諸問題を生みださざるをえない。前者はとくに鉄鋼需要の構造の変化——たとえば軍縮——によって大きな打撃をうけざるをえないし，遊休設備の増加を不可避とする。後者すなわち民間鉄鋼業は，周知のように，第1次世界大戦時における鋼材需要の激増，輸入の一時的激減，銑鉄・鋼材の暴騰，したがって鉄鋼企業の利益率の飛躍的な増加のもとで鉄鋼業への資本の投入が著しく増加し，具体的には既設工場の拡張と新工場の設立を招来した。[30]第1次世界大戦中の我が国鋼材生産の激増の大きな担い手はこの民間鉄鋼企業であり，いわゆる官業と肩をならべて民業が日本鉄鋼業のなかで大きな地位をしめるにいたるのである。[31]この官・民業の発展も，第1次世界大戦中のような需要増，鉄鋼価格の暴騰期なら何らの問題をも生みださないが，戦時需要の収縮といわゆる反動恐慌期には，官・民間の軋轢を生みださざるをえない。とくに反動恐慌の過程で民間鉄鋼企業にたいする財閥・金融資本の支配が大きく進んだのであるから，事態は単純ではありえない。第1次世界大戦前のように，国内において圧倒的優位性をもつ製鉄所は民間鉄鋼業を殆ど顧慮することなしに，専ら外国資本に目を注げばよい，というわけにはいかない。製鉄所ははじめてこのような問題に直面するのであり，製鉄所の経営活動は一定の変化を余儀なくされるのである。

　官営製鉄所における経営活動の変化とは何であるか。それを明らかにするためには，その変化を不可避とした前提条件を明らかにしなければならない。その前提条件として，われわれは製鉄所にたいする鉄鋼資本家の態度と民間鉄鋼企業の状態を一瞥することにしよう。ただし，これらはあくまでも，製鉄所の経営行動を論ずるために必要な限り言及するにすぎないのであり，従来から論じられてきた民間鉄鋼企業の状態については，確認程度にとどめ，

第3章　製鉄所の拡張政策の展開と矛盾

鉄鋼資本家の態度については，断片的な指摘はともかく，充分に論じられていないので，ややたちいった考察を加えておかなければならないであろう。

鉄鋼資本家の代表的な所論として，今泉嘉一郎の「製鉄所第3期拡張案に対する意見書」(32)をあげることができる。今泉はすでにのべたように，官営製鉄所創立期に製鋼部長をつとめ，白石元治郎らと日本鋼管を設立し，第1次世界大戦後政界にも進出し鉄鋼技術（理論）家としても論陣をはった日本鉄鋼史の1ページをいろどる人物であり，官営製鉄所にたいしても興味あるクリティークを続けてきた人物である。三井・三菱・住友などのグループには所属しないが，平炉メーカーの代表的論客として，今泉を位置づけてよい。この意見書は「第37議会（大正4年暮）に提出せられんとする，製鉄所第3期拡張案に対し，政府又は議会に関係ある人々により，著者〔今泉のこと──引用者〕の意見を望まれるに対し，草案したるものであり」，今泉自身後年「著者の改正意見は行はれなかった」とのべているものである。

今泉の基本的立場は，製鉄所の拡張を「頗る快心の事」といいながらもその方法に問題があり，「製鉄所が民間製鉄事業と何等交渉なき独立的営業を拡大する事と相成候に於ては，扶掖誘導の必要あるべき一般民業に対して却って圧迫を加ふるに至るべきの懸念不尠候」という点にあり，日本の鉄鋼業を発展させるためには，民業の発展が不可欠であり，そのためには製鉄所を主として製鉄原料＝銑鉄・鋼塊製造工場として，民間企業にそれを供給することにすべきことを強調しているのである。彼は，日本の鋼材不足の理由は銑鉄生産の不足にあるとし，その理由を鉄鉱石の国内産出と中国・朝鮮の鉄鉱石の官営製鉄所の独占的掌握に求め，次のように指摘している。「支那及朝鮮に於ける鉱石産地の最も重要なるものは，八幡製鉄所の殆んど独占に均しき有様と相成り居り候，民間に於て新たに大規模の銑鉄製造事業を経営せんとする者は，茲に至大の困難を感ずることに御座候，加ふるに此種の事業は，運搬其他の事も亦大規模の経営を要するため，新規の計画に対しては不便少からず候」(33)と。また，彼は，鋼塊・鋼片の生産，そして鋼材の生産は比較的小規模に分割経営が可能であるが，銑鉄の供給不充分のために「企業の基礎に於て不安を感ずる結果」鋼塊・鋼片・鋼材生産が充分なる発展をみ

ていない。しかるに，官営製鉄所は銑鉄を外部には販売しないから，製鉄所の銑鉄拡張は「民間における是等企業に対しては全く没交渉」である。だから，製鉄所を拡張するのであれば，「民業と連絡を取り，各其特性を発揮し，最も有効に且つ最も迅速に目下の急を救ふ事，国家の利益一層大なるべき様被存候」として，次の3点を提案する。

①出来得る限り多量の銑鉄を製鉄所で製造し，その一部を民間に供給し，残部を鋼塊に製造すること。

②その鋼塊の一部を民間に供給し，残部を鋼片に製造すること。

③この鋼片を民間の製鋼事業に要する原料として汎く一般に供給し，「其余力ある場合に限り，製鉄所に於て自ら鋼材を製造すること」（傍点は引用者）。

「但し此場合に於ても民間製鋼事業と競争とならざる様其製造の範囲は民間に於て製造し難き厚板，軌条，大形材，軍用材其他困難なる仕様規格を有するもの，又は民間の営利事業として困難なる各種の鋼材製造に止むること」（傍点は引用者）。

これは官業を民間平炉メーカーの最大限の利潤追求の道具として利用・奉仕させようという徹底した「見事な」意見であるというほかはない。官営そのものの全面的否定というよりはむしろ，官営を資本家鉄鋼企業の利潤取得のための奉仕機関にしようとする主張が「官民協調」または「官民事業統一」の名のもとにしばしばくりかえされる。製鉄所の製品販売価格に関する諸要求もそのなかにいれることができよう。ただ，ここで注目しておかなければならないことは，第1次世界大戦の終結直後に早くも，大戦中に激増した鉄鋼小企業の合同・吸収合併や自然淘汰が鉄鋼大資本家やその代弁者によって主張されていたことである。大戦後の政府の鉄鋼政策にこれが不可欠であると主張することは，とりもなおさず，それによって民間大鉄鋼企業のさらなる大規模化をはかり，企業を維持・拡大し，「官民協調」の前提を強化し，「協調」による果実をわがものにしよう，とすることを意味する。だが，予想以上に深刻となった恐慌の過程で，周知のように民間大鉄鋼企業自体も経営危機においこまれ，日本銀行の信用供与を背景とした銀行の救済融資に

第3章　製鉄所の拡張政策の展開と矛盾

よって難局をきりぬける[38]とともに，財閥資本による鉄鋼企業の包摂が大幅に進展した。

　民間鉄鋼業の発達——平炉メーカーを中心とした，しかも財閥資本への傾斜を伴った——は，特定の製品分野の国内市場で製鉄所と競合関係を生みださざるをえない。とくに大正9（1920）年の経済恐慌，翌10（1921）年の部分的軍縮による軍艦製造用鋼材の需要の減少は，製鉄所の製品・原料在庫を増加させ，製鉄所が製品を暴落した市場価格に対応させて低価格で販売するならば，鉄鋼市場価格をさらに引き下げることになり，滞貨の著増している民間鉄鋼企業への著しい圧迫となることは明白である。そのために，国家の企業である製鉄所は，①銑鉄・鋼材一時的減産と「合理化」[39]，②製品販売価格における「高価格」主義の採用[40]，③滞貨を支えるための運転資本補足の借入金の枠の拡大[41]，④一時的な民間企業の銑鉄の買い上げ[42]，⑤恐慌で著しく経営が悪化した企業の救済[43]，などの政策をとるのである。これらは，従来の経営方針と比べて大きな変化を意味しているが，明らかに民間鉄鋼資本の力の増大の反映である。大蔵省預金部，日本銀行の公信用を支えとした特殊銀行および財閥銀行による企業救済融資の一環としての鉄鋼企業救済融資と並んで，製鉄所がかかる政策をとるのは，基本的には，金融資本体制の本格的確立を基礎としたものであり[44]，それがまた世界史的に全般的危機の時代への突入に照応していることによるものである[45]。ただしこれらの製鉄所の諸政策，とくに①のうちの減産と④は一時的にならざるをえないし，②の「高価格」主義の如きは継続徹底化が著しく困難となるのであるが（詳しくは後述），製鉄所自体が企業としての官僚経営行動と国家の政策との「調和」を意識しながらも煩悶を重ね，結局政策的に「官・民協調」化へ進まざるをえなくなるのである[46]。このことは，金融資本の体制のもとで，金融資本の掌握する産業部門に存在し並存する官業が形態変化しなければならない必然性を暗示するものである[47]。

　以上，われわれは，第1・第2・第3期の製鉄所拡張の政策的意図を明らかにしつつ，製鉄所の設備拡張の実態を検討し，この間に約1億1000万円の国家資本が製鉄所に直接投下され，さらに製鉄所は年々，年度末残高200万

円から5500万円にのぼる借入資本を運用して，ようやく75万トンの鋼材生産を達成したこと，その過程で国家財政との矛盾及び民間鉄鋼資本との軋礫を生みだし，製鉄所の経営政策に一定の変化をもたらさざるをえなかったこと，を明らかにしてきた。しかし，製鉄所に投じられた国家資本はこれにとどまるものではない。製鉄原料確保のために投じられた国家資本がそれである。これについては既に別稿［第2章II節］で論じたので，われわれは，拡張期における経営体としての製鉄所の内部にさらに入っていくことにしよう。

(30) このことは一般によく指摘されているが，やや具体的には，美濃部亮吉『カルテル・トラスト・コンツェルン』（下），改造社，昭和6年，90ページ以下を参照。

(31) 参考までにデータをあげておくと，次の如く，民間の生産高の増加が著しく，大戦開始年次と終戦翌年次とを比べると民間鉄鋼企業の鋼材生産高は約3倍となっている（植民地は除く）。民間の鋼材生産高にしめる比重も大正8（1919）年には約49％に達している。

年　　次	全国鋼材生産高	うち製鉄所	民　　間
大正3（1914）	283千トン	221（100）	91（100）
大正6（1917）	534	342（155）	192（210）
大正8（1919）	548	281（127）	267（293）

（　）は指数。

(32) 今泉『鉄屑集』上巻，350－356ページ。

(33) 原料問題は今泉の指摘するように，釜石以外の製鉄メーカーにとって重要であり，その確保に大きな力をそそぐのである。たとえば，輪西製鉄所は砂鉄・釜石鉱石の利用を意図して高炉建設，操業を行う（明治42年7月18日）が，資金難と釜石鉱石の供給杜絶などで操業中止（同年9月30日）し，同44年官営製鉄所の技師服部漸の調査により高炉再建，大冶鉄鉱石などの使用により高炉操業を行う（日本工学会編『明治工業史　第4　火兵・鉄鋼篇』昭和4年，203－204ページ）が，この大冶鉄鉱石の使用は官営製鉄所の許可によってはじめて可能となったのであり，しかも製鉄所は輪西の大冶鉱石使用に制限的な圧力を加えていることに注意しなければならない。北海道炭礦汽船株式会社専務取締役礒村豊太郎が製鉄所長官押川

第3章　製鉄所の拡張政策の展開と矛盾

則吉にあてた大正4年12月8日付の次の書翰はそのことを明らかにしている。

「弊社北海道輪西製鉄所ハ曩ニ御允可ヲ得テ大冶鉱石ヲ使用開業致候処爾来製品一定民間需要ニモ適応スルヲ得候事誠ニ御高庇ノ致ス処ト奉感佩候該鉱石ニ就テハ予テ御指示ノ次第モ有之候故漸次他種鉱石ヲ代用致度ト百方研究致候得共未タ適当ノモノ見当リ不申候間更ニ来年度3万5千噸購入方御認可相願度何卒特別ノ御詮議ヲ以テ此段御聴届被下度御願申上候」（傍点は引用者）。

これにたいして，製鉄所は大正3・4年輪西製鉄所に供給したのは2万トンであるといい，大正6年9月21日の製鉄所長官から大冶出張所長宛の指令では「北海道製鉄ニハ昨年度積残リトナリタル数量以外ニハ承認ヲナシタルモノナシ」と大正6年の大冶鉄鉱石の供給を事実上拒否している（製鉄所文書『明治44年-大正6年漢冶萍公司関係書類』）。そのために，北海道製鉄（輪西製鉄所が大正6年1月北炭から分離独立したもの）は大正6年12月，製鉄所長官宛に中国山東省の「金嶺鎮鉄鉱」払下方を要請しているほどである（金嶺鎮鉄山については『日本製鉄株式会社史』319ページを参照）。軍の要請で金嶺鎮鉄鉱は製鉄所に納入された（供給者は青島守備隊，大正12年に魯大鉱業公司がそれを引きつぐ）。しかし，この鉄鉱石は品質が悪く使用にたえず，会計検査院すらこの購入を批難しているほどである（大正9年度『会計検査院報告』）。この金嶺鎮鉄鉱石についての説明は省略するが，要するに国内の製銑メーカーの原料問題の深刻さと官営製鉄所の原料掌握の独占的力能の強さの一端をうかがいうるであろう。大正6年11月設立の東洋製鉄が官営製鉄所の漢冶萍公司支配と全く酷似した方式で中国の裕繁公司への借款によって桃冲鉄鉱石を確保せんとしたことは，別稿（『土地制度史学』第32号）〔第5章〕で説明したが，輪西製鉄所（三井系）にたいする原料に関する製鉄所の態度はたんに官僚主義ではかたづけられないものを示している。ここで詳論は省略せざるをえないが国家権力の形態との関連を無視できない。

(34) すでに指摘したように，大正5年の製鉄業調査会以来「官・民調和」がひき続き各種調査（委員）会で要望されているが，生産力上の優位性をもつ官業を劣力な民業と調和または協調させようとすることは，客観的には，官業を民業に従属化させようとすることを意味する。

(35) 製鉄所の製品販売価格にたいする鉄鋼資本家の諸要求は，第1次世界大戦直後に種々のかたちでだされるが，その中心点は，民間鉄鋼業を圧迫しないように十分なる配慮を加えよ，にある。大正7年12月の大阪製鉄株式

会社・岸本製鉄所・東京鋼材株式会社連合の陳情書,同8年1月15日付の大阪商業会議所の意見開申書,大正8年2月の北海道製鉄・三菱製鉄・東洋製鉄・日本鋼管・田中鉱山(釜石)・浅野製鉄所の連名による「製鉄事業保護ニ関シ鉄鋼輸入制限及管理ノ件」などを参照(いずれも,今泉嘉一郎編著『本邦製鉄業助成に関する参考資料』所収,今泉文庫,大正9年)。また大阪工業会の建議(大正7年12月10日付)は「現時ノ状況ニ於テハ官営製鉄所ノ営業本位主義ハ民間製鉄業ヲ圧迫スルヲ免レス故ニ官民製鉄所ノ分野ニ関スル根本方針ヲ確立スル……」(傍点は引用者)ことを訴えている(今泉編著,上掲書,135ページ)のは興味をひく。

(36) 農商務省鉱山局は大正7 (1918)年12月に早くも「戦後ニ於ケル製鉄業並製鉄政策ニ関スル有識者及主要当業者ノ意見」を求めているが,そのなかで今泉嘉一郎(当時日本鋼管技師長)は「製鉄所自身ノ対応策トシテハ工場設備及経営法ノ改善整理ヲ計ルト共ニ会社相互ノ合同ニアリテ資本原料及技術ノ点ニ於テ経済的ニ経営スルコト最モ肝要……」とのべ,また川崎造船所所長松方幸次郎は「戦時中続出シタル小製鉄所ハ之ヲ自然ニ放任シ自己ノ収獲ハ自ラ之レヲ行ハシムヘシ」とのべている(製鉄所文書『鉄及石炭ニ関スル調査資料』所収)。

(37) ただし,大鉄鋼資本家・いわゆる有識者が完全な意見の一致をみているわけではない。しかし,方向としては陶汰説であることは,前注36の鉱山局の次のまとめにも明らかである。すなわち,「製鉄業組織問題ニ付テハ目下著シク窮境ニ在リト想像セラルル製鉄業ハ自衛上合同ノ必要ヲ感ジ之ヲ高唱シツツアルモ基礎比較的鞏固ナルモノハ之ヲ唱フルモノナク寧ロ相当期間ヲ経過シテ一応淘汰ノ行ハレタル後徐々ニ之レカ実現ヲ帰スヘキモノト思惟シツツアルカ如シ」。

(38) いわゆる鉄鋼企業救済(大正9年)については,日本銀行『世界戦争終了後に於ける本邦財界動揺史』278-279ページ,『日本興業銀行50年史』196-198ページを参照されたい。ここで注目されるのは,主要銑鉄製造会社5社(東洋製鉄,田中鉱山,日本製鋼所,三菱製鉄,大倉鉱業)が銀行の要請によって「銑鉄同業会」を組織して生産制限をしていること,政府・日本銀行の支援,各会社が各銀行に毎月の生産高,販売高の報告を義務づけられたこと,である(東洋製鉄—興銀,田中鉱山—第一銀行,日本製鋼所—三井銀行,三菱製鉄—三菱銀行,大倉鉱業—朝鮮銀行)。

(39) 鋼材生産は大正7年約309千トンにたいして大正8・9年には約280千トンに減少し,大正10年にいたって約311千トンになり以後は継続的に増加している。創立以来,前年度より減産することは全くありえなかったのに

第3章　製鉄所の拡張政策の展開と矛盾

たいして大正7・8年は絶対的に減産（大正8・9年はほぼ同額）であることに注意されたい。これは大正8（1919）年に高炉2基の操業を中止していることに照応した政策によるものとみるのが妥当であろう（銑鉄生産高については表4-14参照）。しかし，鋼材需要は一般的には増加傾向にあり，しかも恐慌による打撃で民間企業の減産（釜石田中鉱山は大正10年に鋼材生産中止）が行なわれているのであるから，製鉄所は鉄鋼自給なる国家目的からみても減産を継続的に行うことはできないのは当然である。

「合理化」については，大争議を契機とする202名にのぼる解雇と労働運動の弾圧をはじめとし，いわゆる「生産性向上」が強力に遂行された（後者については，中井励作「製鉄鋼事業の合理的経営」〔『日本産業の合理化』所収〕および同「本邦製鉄業沿革史」〔実業之世界社編『明治大正史』産業編，所収［第4章注37参照］〕に詳しい）。

(40)　これについては白仁武製鉄所長官の証言を引用しておこう。

(a)第44議会「明治38年法律第17号改正法律案委員会」（大正10年3月2日）における答弁。

「経済界ノ不況ハ益々深入リヲ致シマシテ，製鉄所ニ於テ製作シタ品物ガ全ク市場ニ出マセヌ……殆ド製品ノ半数ヲ占メテ居ル，市場向ノ品ハ全ク売レマセヌノデアリマス，製鉄所ガ若シ商売的ニ其方針ヲ執リマシタナラバ，市場ノ相場ノ高下ニ依ッテ其時ニ応ズルヤウナ値段ノ建方ヲ致シマスレバ，多少ノコトハ売レルニ相違ナイデアリマセウケレドモ，其処ハ又官業ノ性質トシテ，余リ商売的ニ計リヤル訳ニモ行カナイ点ガアリマス，過日製鉄所ノ予算御審査ノ際モ，委員主査会ニ於テ此問題ニ触レテ，市場救済ノコトモ多少頭ニ持タナケレバナラヌ云フ御議論ガアリマシタガ，私共モ其精神ヲ以テ加減致シテ居リマス」（傍点は引用者，同委員会議事速記録）。

(b)衆議院予算委員第5分科会（大正10年2月2日）での発言。

「昨年〔大正9年〕ノ7月ニ定メマシタ所ノモノガ，8月9月……12月トナッテ来テ段々市場ノ鋼材ノ価格ガ落チテ来ルケレドモ，此処ガ製鉄所ノ官営タル所以デ，少シ我慢シテ鉄商，（ママ）及製鋼業者ノ不時ノ混乱ヲ多少デモ緩和スル時期デモアラウカト云フ考デ以テ，少シモ下ゲズニ維持シ来タノデアリマス，ソレ故デアルカ……大阪方面デ1，2ノ商店デハ，亜米利加ニ注文ヲ発シソウナ勢ガ見エルノデス，又南満鉄道会社ノ如キハ，現ニ亜米利加ノ軌条ヲ製鉄所ニモ何度モ当リガアリマシタガ，製鉄所ニ於テ値ヲ下ゲマセヌモンデスカラ，亜米利加ニ注文シタ，ソレニ続キマシテ，各官庁モ〔大正〕10年度ノソロソロ注文ヲ致スベキ時期ニナッテ来マスノ

ニ，昨年7月ノ通リデ押通スト云フコトハ到底出来マセヌ，ソレ故ニ製鉄所ガ尚ホ我慢シテ品物ヲ抱込ンデ，相場ノ緩和ヲ図ラウトシテモ，一方亜米利加ニ註文ヲシ，英吉利ニ註文シテ，ドンドン入レテ来レバ，全ク製鉄所ガ市価ノ調節ヲナス効能ハ無イ，ソレデ独リ製鉄所ガ馬鹿ヲ見ル……日本ニアル品物ヲ使ハズニ，外国ノ品物ヲ……使フト云フ話ニナレバ，ソレハ永ク国家ノ損ト見マシテ，多少鉄商ノ人方ニハ打撃トナルカモ知レヌケレドモ，兎モ角下ゲヤウト云フノデ，此ノ月ノ10日前後ニ下ゲマシタ，而シテ其下ゲル程度ハ，実際比較ナサッテ下スッタナラバ分ルト思ヒマスガ，概シテ亜米利加ノ輸入品，神戸，大阪，横浜ノ陸揚ノ価格ト同一ノ程度ニテ下ゲルト云フコトヲ目的トシテ下ケマシタ，ソレ故ニ市中ノ売買相場ニ較ベマスト，マダ矢張製鉄所ノ方ガ高ク着イテ居ル，物ニ依ルト今日ノ如キハ20円モ違フヤウナモノガアリマス……価格ノ問題ニ致シマシテモ，製品ノ問題ニ致シマシテモ，先ヅ働ケルダケハ働イテ造ッテ置イテ，サウシテ時期ノ来ルノヲ待ツ，又鉄商ノ連中或ハ製鋼業者ノ多大ナ打撃トナラヌ限リハ，矢張此方針ヲ墨守シテ行キタイ……」(同上委員会議事速記録)。

　敢えて長文の引用をしたのは，官営製鉄所の経営活動の一端がうかがいうるからである。これによってほぼ明らかなことは，官民製鉄合同に反対の立場をとるこの長官が，①市場価格の下落にもかかわらず製鉄所の販売価格をさげなかったとか，「市場救済ノ精神ヲ以テ加減シテ」いるとか，のべていること，②しかし，鉄鋼市場価格が下落しているのに，長期的にかかる方針をとることは，逆に輸入の増加をまねいて滞貨を増大させること，したがって鉄商・製鋼業者の「多大ノ打撃トナラヌ限リハ」市場価格に対応的な販売価格を設定せざるをえないこと，の2点である。白仁長官のいう大正10年1月の製鉄所の販売価格については後掲表4-39で示すが，そこで見られるように丸鋼と平鋼は東京市価より高値であり角鋼と鋼板は安い。かかる意味での「高価格」主義である。

(41)　大正9年8月，借入金の枠が6000万円に拡大されたが，10年のそれの拡大については，前注(a)の白仁答弁で，引き続き「ソレ故ニ一層製品ノ滞貨ガ甚シクナリ……堆積スルダケノ品物ニ対スル借入金ヲ為サナケレバ会計ガ立行キマセヌノデ……借入金権能ノ範囲ヲ拡ゲテ戴キタイト云フ訳デアリマス」とのべている。借入金は明治43(1910)年4月より，大蔵省証券に加えて大蔵省預金部からの借入が可能になっていたが，大正10(1921)年4月以降，製鉄所は当該年度限り無利子の国庫余裕金を繰り替え使用しうることになり，前二者からの借入は廃止されることになった(『明治大正財政史』第13巻，1016ページ，預金部からの借入金一覧について同上，

1017-18ページ参照)。

　この理由について，太田政府委員は次のようにのべている。

　現在の規定によると一般会計から製鉄所に融通はできない。従って一般会計に余裕金があっても，据置運転資本補足のため「高イ利子ヲ出シマシテ民間ナリ若クハ日本銀行ノ方カラ金ヲ借リマシテ，ソレヲ融通スル」ことになっている。かかる方法は複雑であるから「国庫ノ余裕金ガゴザイマスレバ，此余裕金カラ融通スルノ途ヲ開キタイト云フ訳デゴザイマス」(大正10年3月1日，明治38年度法律第17号中改正法律案委員会議事速記録)と。

　しかし，たんにこれだけではないであろう。基本的には，莫大な「製鉄原料借款」の未償還額，西原借款のこげつきなどを含む預金部資金の流動性の低下といわゆる資本救済政策の遂行のために資金的障害をひきおこしたこと，それ故に，年度内償還が可能である運転資本補足金を国庫余裕金貸付に肩代わりした，という点を看過してはならない。

(42)　大正10年2月2日衆議院予算委員第5分科会で白仁長官は「御承知ノ通リ……民間ノ銑鉄ヲ買上ゲテ，一時ノ急ヲ多少救ウタヤウナ事情モアリマス」(同会議事速記録)とのべている。また日銀『本邦財界動揺史』は，大正9 (1919) 年3月，政府は市場の銑鉄を買い上げることとし，京阪地方銑鉄在荷のうち釜石，本渓湖，兼二浦，輪西の製品1万6500トンをトン当たり平均130円で買いあげることにしたとのべている。

(43)　救済の例としては，東洋製鉄株式会社（大正6年，郷誠之助・渋沢栄一，中島久万吉らによって払込資本金3400万円で設立）を第1にあげなければならない。周知のように，この会社は大正10年に無償で製鉄所の委託経営になったといわれている。政府もまた無償であることを議会などで強調していた。当初は買収の予定であったことは，原敬の大正9年12月24日の日記からも明白（前掲『原敬日記』第5巻，331ページ参照）であるが，既に別稿（『土地制度史学』第32号）[第5章] でも言及したように決して無償ではない。製鉄所の桃冲鉱石の買い入れ（借款による）代金の一部に東洋製鉄への支払い分が含まれていたことは別稿で指摘した通りである。さらに，大正11年度にいたっても製鉄所は東洋製鉄の銑鉄の買い上げを行なっていることに注目しなければならない（後述）。昭和3年7月，製鉄所が経営難の九州製鋼株式会社工場を借り入れた場合には，借入料が年間20万円であった（製鉄所文書『大正14年以降数年ニ亘ル重要書類綴』所収資料による）ことに注意されたい。

　さらに救済の例として，大正12年の硅素鋼板製造工場用の機械を日東製

鋼会社から購入していることと，大正8年に開始した鹿町炭鉱買収（300万円）とをあげることができよう。前者の場合には，日東製鋼がアメリカから輸入し既に2年余使用していた中古品が3分の2をしめている。衆議院本会議（大正12年2月12日）でそれは「敗残会社の救済である」とか「或る会社を買上げんとせられる費用」である，と批判されている（『大日本帝国議会誌』第14巻，645, 647ページを参照）。これについて政府はノーコメントであるが，大正12年3月13日，2月10日に永井柳太郎他30名によって提出された18項目にわたる「製鉄所の整理及経営方針に関する質問主意書」に荒井賢太郎農商務相名で書面で回答した。そのなかで，上記の機械の3分の2は同社が2カ年余使用したものであるが「不良のものにあらす他の3分の1は新に購入したものにして未た荷解を為ささるものなり而して右機械は製鉄所新設工場設備の一部を成すへきものにして之に他よりの新規購入品等を補足して完成するものなるか故に全部を新に購入したる場合と実際操業上の便否に於て差異なく……」と弁明している（同上，1006ページ）。しかし，救済であることは否定できない。後者の場合には，骸炭配合炭の取得を意図して買収した（約661万坪）といわれているが，これも埋蔵量調査が不十分でありそのうえ価格が高すぎることから，救済策だとしてとくに議会で大きな問題となった。会計検査院もまた買収金額に関して「本件ノ買収価格ハ著シク高価ニシテ其当ヲ失スルモノナルコト明ナリ」と指摘（『大正9年会計検査報告』）している。議会での主要な論議については『大日本帝国議会誌』第14巻，1256ページ以下を参照。

(44) 井上晴丸・宇佐美誠次郎『危機における日本資本主義の構造』岩波書店，昭和26年，32－33ページ。

(45) 同上。

(46) 国家資本と財閥資本との条鋼生産分野協定（大正15年6月），カルテル結成（昭和2年以降）などは，その典型である。

(47) これは日鉄の設立のひとつの，しかも重要な分析視点である。

第4章　拡張期における製鉄所財政の構造

I　作業費の膨張

1　概　観

　第1期・第2期・第3期拡張と矢つぎばやにうちだされた製鉄所の設備拡張——明治29年度以降昭和元年まで1年度たりとも一般会計から財政資金が資本として機能するために投じられなかった年はなかった——は，固定資本の激増，生産の著増，官僚と労働者の集積，そして作業費の激増を必然的に招来した。

　産業資本としての国家資本である製鉄所は，資本家企業と同じく，生産手段の集積は労働者の集積よりもはるかに凌駕しており（第3章表3－2から表3－4と後掲表4－2を参照），この集積過程はまたいわゆる「労働装備率」の上昇，技術の改良と労働の強度の増大による労働生産性の著増過程であることはいうをまたない。

　創立期には最高777万円にすぎなかった作業費が第1期拡張開始年度たる明治39（1906）年度には1000万円を突破し，大正5（1916）年度には，2000万円をこえ，以後急増して昭和元（1926）年度7535万円と約20年間に7.5倍と，膨張した。また高級官僚の俸給総額はこの間約6.4倍に，事業費は約8倍に材料素品費は約7.5倍に，そして鋼材生産高は約10倍に増加した。作業費の動向をみれば明らかである（表4－1参照）。明治期は作業費自体に大幅な変化がないが，大正期，とくに第1次世界大戦中に急激な増加を示している。これは生産それ自体の増加と原料費を中心とするはげしい物価騰貴によるところが大きい。作業費は主として事業費と材料素品購入費から成り，

表 4 - 1　作業費の動向（会計年度・支出済額）

(単位：千円)

	明治39(1906)	明治41(1908)	明治43(1910)	大正 1(1912)	大正 3(1914)	大正 5(1916)	大正 7(1918)	大正 9(1920)	大正11(1922)	大正13(1924)	昭和 1(1926)
俸　　　　　　　給	116	126	159	166	160	174	204	464	724	762	748
事　務　　　　費	48	48	417	482							
庁　　　　　　費	34	43									
旅　　　　　　費	244	329									
雑　給・雑　　費	6,181	5,259	5,581	7,416	8,963	13,718	27,322	56,572[1)	38,341	45,796	50,276
事　業　　　　費	3,501	2,596	3,307	5,346	6,479	8,844	28,838	30,975	19,512	22,892	24,191
材　料　品　　費	2	4	22	15	22	22	42	70	78	112	131
諸　支　出　　金											
合　　　　　　計	10,125	8,405	9,487	13,425	15,623	22,758	56,407	88,081	58,654	69,562	75,346

備考：各年度『製鉄所作業歳入歳出決定計算書』より作成。
注：1) 鹿町炭坑買収費300万円を含む。

第4章　拡張期における製鉄所財政の構造

表4－2　製鉄所従業員数の推移（会計年度）

	職員	工員	鉱夫	計	職夫
明治39（1906）	829(7.7)	7,263	2,725	10,817	3,058
41（1908）	879(7.4)	7,602	3,323	11,804	2,612
43（1910）	810(7.7)	6,380	3,390	10,580	920
大正1（1912）	914(7.8)	6,949	3,854	11,717	1,830
3（1914）	991(6.2)	9,884	5,122	15,997	2,444
5（1916）	1,214(6.3)	13,073	5,132	19,419	3,934
7（1918）	1,573(6.2)	15,822	7,935	25,330	4,892
9（1920）	2,278(7.6)	17,190	10,421	29,889	6,185
11（1922）	2,261(7.5)	16,044	11,643	29,948	4,807
13（1924）	2,238(7.0)	17,211	12,642	32,091	6,338
昭和1（1926）	1,805(6.0)	17,661	10,837	30,303	5,133

備考：『八幡製鉄所50年誌』付表による。職夫は臨時工。［（　）は％］

この両費の動向によって規定されている。

　製鉄所における従業員は明治末期に約1万1000人（臨時工たる職夫を除いて）であったが，第1次世界大戦時に急増し，大正7年には2万5000人をこえ，大正末期には3万人をこえる大経営体になっている。ただし，大戦後には鹿町炭坑の国有化による鉱夫の増加がみられたが，その反面，東洋製鉄の委託＝戸畑作業所の設置にもかかわらず，工員数は大きな変動をみせていないことに注意しなければならない（表4－2参照）。従業員中「職員」の割合は，創立期には11－15％であったが次第に低下傾向を示し，7％台から6％台になってきている。これにたいして，拡張期における「職員」給与額の作業費中の総給与額にしめる割合は，従業員中「職員」構成比の傾向とは逆に上昇傾向を示している（表4－3参照）。作業費中給与額のしめる割合は20－30％であるが，「職員」給与は予算措置により大正7（1818）年度の大幅のベースアップによって急増し，同年度の総給与額の28.8％をしめるにいたっていること，「労働者」賃金は大正9（1920）年2月の大争議を契機にして急増していること，が注目される。「職員」と「労働者」とのかかる差別的取り扱い（前者は大正7年度から，後者はストライキ闘争を経てはじめ

表 4 - 3 作業費中給与額

(単位:千円、かっこ内は%)

		明治39(1906)	明治41(1908)	明治43(1910)	大正1(1912)	大正3(1914)	大正5(1916)	大正7(1918)	大正9(1920)	大正11(1922)	大正13(1924)	昭和1(1926)
職	員	210(10.3)	238(10.0)	304(11.7)	341(11.3)	345(10.3)	421(9.4)	2,437(28.8)	3,518(21.7)	2,132(12.8)	2,623(13.6)	2,688(12.7)
労 働 者		1,819(89.7)	2,129(90.0)	2,279(88.3)	2,666(88.7)	2,980(89.7)	4,059(90.6)	6,027(71.2)	12,630(78.3)	14,464(87.2)	16,461(86.4)	18,366(87.3)
合 計		2,029	2,367	2,583	3,007	3,325	4,480	8,464	16,148	16,596	19,084	21,054
作業費との割合(%)		20.0	28.1	27.2	23.9	21.2	19.6	14.8	19.6	28.2	27.8	29.2

備考:表4-1に同じ。

表 4 - 4 材料薬品購買費

(単位:千円)

	明治39(1906)	明治41(1908)	明治43(1910)	大正1(1912)	大正3(1914)	大正5(1916)	大正7(1918)	大正9(1920)	大正11(1922)	大正13(1924)	昭和1(1926)
鉱 石	1,319	1,404	1,572	2,045	2,776	4,107	10,215	13,294	7,204	9,761	9,469
地 金	1,405	405	634	2,033	2,548	3,111	11,441	7,660	7,164	7,070	5,622
石 灰 石	52	34	127	109	166	225	418	746	744	810	901
石 炭	617	326	854	1,077	988	1,401	6,764	9,276	4,401	5,251	8,199
骸 炭	108	427	122	81							
合 計	3,501	2,596	3,307	5,346	6,479	8,844	28,838	30,975	19,512	22,892	24,191
作業費合計との割合(%)	34.8	30.8	34.8	39.8	41.4	38.8	51.1	37.7	33.2	32.9	32.1

備考:表4-1に同じ。

第4章　拡張期における製鉄所財政の構造

て大正9年度から）に注意しておかなければならない。

　材料素品購買費（購入原料費）の場合には，表4－4に明らかな如く，平均的にみて，作業費中30－40％をしめている（第1次世界大戦時には50％をこえている）が，この中で主要なものは，鉱石・地金・石炭である。

　鉱石はマンガン鉱石，亜鉛鉱石なども含んでいるが，鉄鉱石が中心である。(3)とりわけ大冶鉄鉱石のしめる地位は高い。鉱石購入額は大正5（1916）－同(4) 9（1920）年の年度間に約3倍に増加しているが，鉄鉱石は同期間に464千トンから760千トンと約1.6倍＝296千トンの増購となっている（この購入量殆ど全部が中国〔大冶鉄鉱石〕と朝鮮で，両者の割合は中国が59.4％－75.9％，朝鮮が27.5％－39.4％）。この程度の金額の増加にとどまったのは，漢冶萍公司にたいする借款によるMachtの作用と朝鮮の植民地支配――殷栗・載寧両鉄山の直接支配によるところが大である。にもかかわらず，数量増をはるかにうわまわる購入額の激増の主要因は，三菱商事の独占的鉱石運搬料金の値上げによるものといわなければならない。地金の場合には，その内訳は銑鉄，屑鉄，庖丁鉄，マンガン鉄，硅素鉄，チタニューム鉄，燐鉄，タングステン鉄，ヴァナジューム鉄，ニッケル，アルミニューム，亜鉛，錫(5)などであるが，銑鉄が圧倒的割合をしめている。この購入銑鉄は第1次世界大戦中および直後は専ら漢冶萍公司の漢陽銑鉄が殆ど全部をしめている（製鉄所の漢陽銑購入高は大正5〔1916〕年度42千トン＝1,064千円，同7〔1918〕年度51千トン，6,000千円，同9〔1920〕年度77千トン＝5,282千円）(6)のであるから，銑鉄価格の暴騰期については，とくに鉄鉱石の場合と同様のことがいえる。したがって，大冶鉄鉱石，漢陽銑鉄にしろ，一般市場価格に近い価格で購入していたら，上述の如き購買費を大幅に凌駕し，製鉄所の銑・鋼生産費を著しく高めることになったであろうことは明白である。

　次に石炭についてみると，石炭購買費は大正7（1918）年度以降激増している。創立期当初には，官庁・軍事工廠，財閥に石炭を安価に提供していた製鉄所が，創立期の石炭購入額とはけたちがいの購入額を示している。二瀬炭坑および大正9（1920）年度以降鹿町炭坑の所有によって石炭自給率はかなり高いと推定される（大正末年には自給率が50－60％をしめる）が，財閥

の「鉱山独占」を基礎とした石炭カルテルによる高価な購入をわれわれは察知できるであろう。とくに第１次世界大戦時の炭価の騰貴と反動恐慌後（大正10年）の全国的な石炭カルテルの結成による影響を看過できないと考えられる。

　以上われわれは，作業費の動向を概観してきたが，以下において，一見無味乾燥な費目と費用のなかにひそむ内実を白日のもとにさらすために，作業費の中核である製鉄原料の購入費とそれと密接に結びついている生産費の動向分析を行い，製鉄所における生産過程分析・把握への接近を試み，企業の内在的分析を深めていくことにしたい。ただし，序章でものべたように，本稿は財政分析を意図したものであり，生産関係，とりわけ賃労働の分析は背後においやられている，とともに，生産費の分析も財政との関係の視角からなされているにすぎない。そのために生ずる欠陥は別の機会に補足しなければならないだろう。

（１）　第２章でも指摘したように，拡張費のなかにも，官僚俸給が含まれているので，作業費に含まれるものは官僚の俸給を全て含むものではない。参考までに指摘すれば，拡張費（一般会計）に含まれる官僚給与費は大正５年度88千円（拡張費4,339千円），７年度160千円（同10,493千円），９年度160千円（同10,493千円）となっている（いずれも決算）。

（２）　事業費の内訳は，備品費，図書及印刷費，草紙墨文費，消耗費，逓信運搬費，坑営諸費，運送費，材料費，建造物補修，器具機械補修，内国旅費，外国旅費，給与，製鉄手給，雇員給，傭人料，職工人夫給，被服費，治療請負，委託作業費，鉱業税，共済組合給与金，雑費などの雑多な費目からなっている。このうち材料費，給与，職工人夫給が最も多額をしめる費目である。

（３）　大正12（1923）年３月13日政府が議会で行なった答弁によると，大正12年度予算における鉱石（8,500千円）は鉄鉱石（90万トン＝7,560千円〔単価8.4円〕）とマンガン鉱石（45千トン＝990千円〔単価22円〕）となっている（『大日本帝国議会誌』第14巻，1007ページ）。ただし，公表された予算では鉱石，8,948千円となっている。

（４）　拙稿『土地制度史学』第32号（以下別稿と略称）［本書第５章，224ページ］，後掲表４-５参照。

（5）『大日本帝国議会誌』第14巻，1007ページ。これらの内記は予算・決算項目のいわゆる「節」にあたり，この「節」まで明確に示すことは，資料の存在形態からみて困難である。製鉄所の「材料素品受払表」は予算・決算上の「材料素品」と同一の内容（＝品目）構成を示していないので，比較が困難であり，予算・決算の「材料素品」と合致させるために同「受払表」を再構成することもむずかしい。

[（6）第5章，表5-8参照。]

2 原料費

前項で購入原料費について簡単な指摘を行なったが，鉄鉱石，石炭，銑鉄について，さらにほりさげていきたい。鉄鋼石の中心である大冶鉄鉱石の確保にいたる過程と購入価格については既に別稿［第5章］で一瞥したので，その補足も含めて，ここでは行論に必要な限りの言及にとどめることにしたい。

⑴　鉄鉱石

すでにくりかえしのべてきたように，拡張期における製鉄所の鉄鉱石の購入高の圧倒的部分は興銀・横浜正金・大蔵省預金部そして外務省・農商務省（製鉄所）を一体として遂行した借款によって支配下においた中国漢冶萍公司（大正10〔1921〕年度以降は裕繁公司をも含む）と植民地支配下の朝鮮であった。石原産業によって開発されたマレーのジョホール鉄鉱石が入ってくる（大正9〔1920〕年4月，製鉄所が石原産業と購入契約締結）まで，その傾向は変わらない。表4-5はそのことを明示している（明治33-昭和3〔1900-1928〕年度の全貌については第5章表5-2参照）。製鉄所の拡張とともに，購入高は激増しているが，辛亥革命（1911年）前夜に漢冶萍からの購入高が一時減少し，それと対照的にサーベルと鉄砲のもとに朝鮮全土の支配を完了した1910年以降朝鮮鉄鉱石の購入が激増している。周知のように，中国の「民族的気運の醞醸」への対応として，朝鮮鉄鉱石の帝国主義的確保のために，いわゆる「日韓併合」の前年明治42（1909）年秋，日本政府は韓国政府代表農商工大臣趙重応らをよびつけ，韓国政府から殷栗，載寧両鉄山

表4-5 製鉄所における鉄鉱石購入高

(単位:千トン)

	国内	中国			朝鮮	海峡植民地	合計
		計	漢冶萍	裕繁			
明治39(1906)	32	106	106		13		151
41(1908)	13	127	127		57		197
43(1910)	5	96	96		143		244
大正 1(1912)	13	292	262		127		432
3(1914)	5	250	250		167		422
5(1916)		276	276		183		459
7(1918)		360	360		170		531
9(1920)	1	515	362	3	235	10	760
11(1922)		575	273	264	91	169	835
13(1924)	3	682	338	336	99	256	1,040
昭和 1(1926)	2	310	127	182	132	293	737

表4-6 大冶鉄鉱石購入価格

(トン当たり円)

年 度	契約価格(A)	製鉄所着価(B)	(B)−(A)
大正5 (1916) まで	3.00	6.30−7.20	3.30−4.20
6 (1917)	$\begin{cases}3.00\\3.40\end{cases}$	8.90	5.50−5.90
7 (1918)	3.80	12.15	8.35
8 (1919)	6.00	15.13	9.13
9 (1920)	4.50	14.90	10.40
10 (1921)	3.45	7.95−8.42	4.50−4.97
11 (1922)	$\begin{cases}3.80\\3.00\end{cases}$	7.17	3.37−4.17
12 (1923)	3.52	7.26[1]	3.74
13 (1924)	$\begin{cases}3.52\\3.80\end{cases}$	7.44	3.64−3.92
14 (1925)	4.50		
昭和1 (1926)	5.50	9.80	4.30

備考:契約価格は表5-12より,製鉄所着価は製鉄所「材料素品受払表」より(帳簿価格),但し,大正6-10年度については白仁武「本邦製鉄業ニ関スル意見」より作成。(B)−(A)はその大部分が運賃とみてよい。

注:蕪湖経由の場合は着価7.87円(運賃4円,構内運賃0.35円)とされている。

第4章　拡張期における製鉄所財政の構造

を接収し，その他諸鉱山の採掘管理権をとりあげ，それまで韓国農商工部の所管であったのを製鉄所へ移管させることを強要し，明治43（1910）年1月1日製鉄所の鎮南浦出張所が設立された。中国・朝鮮の鉄鉱石の購入は専ら帝国主義政策によるものであり，中国漢冶萍公司の場合には，日本の帝国主義的強圧の結果，別稿［第5章］で言及したように，製鉄所へ納入するために他の鉱山（象鼻山）から鉄鉱石を購入するような事態の現出を余儀なくされ，なおかつ公司自体象鼻山への代金支払いに困窮する状況となり，製鉄所への納入契約高（借款の際のとりきめ）をみたしえず，第1次世界大戦後は鉄鉱石の減産状態が続くのである。かかる「危機」的状態——鉄鉱石購入の不安定性はまさしく製鉄所の危機である（後述注25をみよ）——への対応が裕繁公司借款による桃冲鉄鉱石の確保であり，ジョホール鉄鉱石の購入であるが，この両者の購入増とともに朝鮮鉄鉱石の購入減が一時的にみられる（大正11〔1922〕年度以降）のは，殷栗・載寧鉄鉱石は鉱量が比較的少ないため製鉄所にとってまさしく貯鉱であるという認識——有事にそなえる——によるものと考えられる。

　かかる独占的支配のもとで，製鉄所は良質の鉄鉱石を安価に長期的に取得するのであるが，製鉄所における鉄鉱石の購入価格を示せばそれは明白である。資料上の制約から，拡張期を通ずる鉄鉱石のすべてについて，契約価格および購入価格（製鉄所着荷価格）を明確にすることはできないが，漢冶萍公司の大冶鉄鉱石の場合と大正末期におけるその他の鉄鉱石の場合とを示せば表4－6，4－7の如くなる。この表には若干の難点が含まれているが，この両表を通じて大冶鉄鉱石の安価さが明確であり（品質を考慮すればとくにそうである〔品質については表4－8参照〕），供給者が日本企業である場合と興味ある対照をなしている。しかも，第1次世界大戦時の鉄鉱石，銑・鋼の価格暴騰期にも値上げを強力に阻止されており，大正8（1919）年度にわずか1トン当たり6円になっただけで，以後また購入価格を低落させ，昭和元（1926）年に5円50銭としたにすぎなかった。着価がとくに第1次世界大戦中に大幅な値上がりを示しているのは，別稿［第5章］でも言及したように，主として三菱商事による大冶鉄鉱石の独占的運輸料の値上がりによる

155

表4-7 製鉄所における鉄山別鉄鉱石買入高及び契約単価

(単位:トンおよび円)

	大正11 (1922) 数量	大正11 (1922) 金額	大正12 (1923) 数量	大正12 (1923) 金額	大正13 (1924) 数量	大正13 (1924) 金額	大正14 (1925) 数量	大正14 (1925) 金額
大冶鉱石	273,900	967,485 (3.00) (3.80)	293,550	1,032,592 (3.52)	338,471	1,251,863 (3.52) (3.80)	355,777	1,600,998 (4.50)
桃 冲	264,060	1,268,382 (4.48) (銀3ドル) (金1.85円)	298,282	1,567,422 (銀3ドル) (金1.85円)	336,247	2,221,273 (銀3.00-3.50ドル) (金1.85円)	286,284	1,892,601 (銀3.5ドル) (金1.85円)
○ジョホール	169,232	1,828,081 (10.50) (11.50)	155,871	1,610,819 (7.10) (10.80) (10.80)	255,880	2,754,452 (10.80) (11.05) (11.19)	267,471	2,937,096 (11.05)
○安 岳	25,762	216,799 (8.50)	25,367	201,712 (7.90)	42,091	331,098 (7.90)	26,005	188,663 (7.45)
○利 源	18,279	148,877 (7.50) (8.50)	15,612	120,446 (7.90)	29	205 (7.00)	22,943	170,071 (7.45)
○金 嶺 鎮	36,784	201,117 (6.00)	13,092	83,222 (5.50)				
○延 平 島	1,697	16,462 (9.70)						
載 寧	26,060	116,985 (5.65) (6.00)	26,889	156,434 (5.10) (5.40)	25,025	125,851 (4.70)	25,325	125,182 (4.70)
殷 栗	21,199	126,934 (5.65)	25,981	123,407 (2.50) (5.10)	31,670	154,431 (2.40) (4.85)	41,287	209,799 (2.35) (4.80)
○チ ン			1,498	9,738 (6.50)	4,932	32,066 (6.50)	5,295	43,424 (8.20)
○象 鼻 山					7,765	56,301 (7.25)	3,518	19,352 (5.55)
於 福					3,206	17,315 (5.40)		
合 計	836,978	5,060,397	856,143	4,905,792	1,045,039	6,944,855	1,040,148	7,208,902

備考:合計が一致しないものがあるが原資料のまま。ジョホール7.10、殷栗2.35-2.50は粉鉱。○印は運賃を含む。

第4章　拡張期における製鉄所財政の構造

表4-8　鉄鉱石の品質

(単位：％)

		鉱種	成　　　　分						特　　質
			鉄	燐	硅酸	マンガン	硫黄	銅	
中国	大冶	磁	66.85	0.03	2.12	0.11	なし		とけ易く燐分少なし
	象鼻山	磁	60.61	0.05	7.58	0.20	0.026		同　上
	桃冲	赤	66.39	0.02	32.20	0.037	0.015		同　上
	太平	赤	58.15	0.083	16.77	0.13	0.158		同上，但し燐多きものあり
マレイ	ジョホール	赤	55.73	0.10	5.38	0.04	0.08		とけ易いが脆弱なることと燐多いのが欠点
朝鮮	載寧	褐・赤	53.61	0.03	8.85	0.22	0.08		
	殷栗	褐・赤	54.78	0.007	6.66	1.84			とけ易く媒鉱として使用
	安岳	赤	46.66	0.04	24.27	0.24	1.98		とけ易いが硫黄分多し
日本	釜石	磁	65.40	0.045	4.00		0.05	0.02	硫黄多きものあり質緻密にして熔け難し
	倶知安	褐	54.90	0.15	3.26	0.10	0.30	なし	軟弱にして水分多し

備考：製鉄所文書『鉄及石炭ニ関スル調査資料』より。

ところが大であり，その限りでは何ら漢冶萍公司の利益になるものではない。この点では裕繁公司の桃冲鉱石の場合にも類以のことがいえる。これは大正10（1921）年度より本格化するが，購入価格，銀3ドルと金1円85銭に分けているのは，前者が裕繁公司の手取り分であり，後者は新旧裕繁公司借款元利分と東洋製鉄の受け取り分であった（第5章，表5-10, 5-11参照）からに他ならないし，大正13（1924）年度にいたって裕繁公司手取り分を50セント増額したにすぎない。しかし，製鉄所の着荷価格（購入帳簿価格）は大正11（1922）年度7円77銭，同12（1923）年度8円32銭，同13（1924）年度9円84銭，昭和元（1926）年度8円45銭となっており，その差額の大部分は運賃となるとみてよい。鉄分46.60％で硫黄分の多い（1.98％）朝鮮の安岳赤鉄鉱（麻生太賀吉らの朝鮮鉄山株式会社経営）の八幡着価が8円50銭（大正11〔1922〕年度）であるのにたいして，鉄分66.85％で硫黄分なしの大冶鉄鉱石が7円17銭であることとを想起すれば，大冶鉄鉱石の価格の意味はより鮮明となる。また，製鉄所所有であるが，富田儀作が上掘及運搬代理人である朝鮮殷栗鉄山，同じく西崎鶴太郎が同上代理人である載寧鉄山の場合に

は，それぞれ契約単価6円＋運賃2円35銭＝8円35銭，5円65銭＋運賃2円35銭＝8円である（大正11〔1922〕年度）こと（品質は大冶鉄鉱石より劣る）も，あわせて注目しておかなければならない。

(7) 大正11年8月8日の「第2回預金部資金融通に関する大蔵省・農商務省・外務省三省決議」において「大冶鉄鉱ハ予定ノ半額モ期待シ難キ情況ト相成候」につき，桃冲鉄鉱石をおさえる必要が決議されている。
(8) 南洋鉱業公司＝石原産業へ横浜正金銀行，台湾銀行（大蔵省預金部の出資）から50万円を貸し付けその引当として，同公司は製鉄所に毎年鉄鉱石20万トン，マンガン3万トンを標準として納入する，ただし，毎年の実際購入数量はその都度協定する，という趣旨のとりきめによって，ジョホール鉄鉱石が，大正9（1920）年4月以降製鉄所に入ってくるのである（製鉄所文書『製鉄調査会調査資料及報告文類（大正14年2月）』による）。
(9) たとえば大正8（1919）年ごろ，殷栗鉄山30万トン，載寧鉄山150万トンの鉱量と見積もられていた（製鉄所文書『鉄及石炭ニ関スル調査資料』）。しかし，後年より多量の鉱量があることが採掘によって明らかになった。
(10) 表4-6については，大正4-10年度の事業報告書，したがってまた「材料素品受払表」がみいだせないために，他の資料によって補足せざるをえなかったこと，表4-7については，注記したように，契約価格＝八幡着価のものとそうでないものとがあり，大冶・桃冲両鉄鉱石以外は「契約書」そのものをみいだしえないために，「材料素品受払表」から帳簿価格を算出し，それと契約価格を比較し，ほぼ一致していることをたしかめたうえで着価とみなしたこと，が「若干の難点」である。しかし，論証のためにそれに依拠しても誤りはないと考える。ただし，「製鉄原料買入調」記載の購入数量と「材料素品受払表」中の本年度受入数量とが一致しないものがあったが，その場合には前掲『起業25年記念誌』および『八幡製鉄所50年誌』と照合のうえ，「製鉄原料買入調」の数量をとった。
(11) 別稿［第5章］ではアメリカの鉄鉱石価格および日本の民間製鉄所における購入価格と比較したが，本稿の指摘によって，とくに第1次世界大戦中・後の大冶鉄鉱石の安価さはより明瞭になったと思う。
(12) 漢冶萍公司側の要求は鉄鉱石1トン当たり最低6円50銭に値上げすることであったが，日本側はそれを拒否して5円50銭で公司側に妥協させたものである。
(13) 第1次世界大戦勃発後，三菱商事は殆ど毎年，運賃値上げを製鉄所に要

求していることは,『漢冶萍公司関係書類（大正7年度）』や『大冶鉱石・漢陽銑鉄ニ関スル書類（大正8年度）』（製鉄所文書）にも散見される。
(14) 中日実業専務取締役春田茂躬および裕繁公司総経理崔守華代理森恪の連名で製鉄所白仁長官への鉄鉱石単価値上げの要請について，大正13年11月5日付で白仁長官は「桃冲鉄山事業ハ蘇浙兵乱以後非常ノ影響ヲ受ケ銀40余万弗ノ負債ヲ生ジ予定ノ生産費ヲ以テ経理シ難ク事業困難ニ陥リタルヲ以テ鉱石ニ対シ増値方御申出ノ趣」はやむをえないものと思うので13年7月－14年3月の分に限り毎トン50仙の増値とする，旨の意向を伝え，翌大正14年7月25日付で中井製鉄所長官もまた，本年度も鉄鉱石トン当たり3弗50仙プラス1円85銭で購入する旨を春田茂躬に伝えている（大蔵省預金部『支那裕繁公司借款ニ関スル沿革』189－190ページ）。また，中日実業春田および公司代理森恪の製鉄所中井長官，横浜正金児玉謙次頭取への要請（大正14年11月11日付）によると，製鉄所への桃冲鉄鉱石1トン当たり銀3.50ドルでは鉄鉱トン当たり経費3.616ドルを下まわり，正金・東洋製鉄などへの負債の償却費を加えるとトン当たり2.266ドルの赤字になる，とのべていることに注意しておく必要がある（前掲書，192－193ページ）。さらに昭和1年の桃冲鉄鉱石の生産費（但し10－12月の平均）は次のように示されている（同上，207ページ）。

	ドル
採鉱より山元卸費まで	1.167
山元より船積費まで	0.276
鉱　山　経　費	0.533
特　　別　　費	0.502
鉄　　　　　捐	0.480
輸　　出　　税	0.330
計	3.946

これにたいして，裕繁公司手取り分は3.50ドルであるから，公司は生産費の補塡すらできないことを意味する。別稿［第5章］でのべた大冶鉄鉱石の場合と類似の傾向をわれわれはここにみることができる。

大冶鉄鉱石との関連で桃冲鉄鉱石について，若干補足しておこう。

桃冲鉄鉱石購入の契機は，大正3（1914）年6月裕繁公司総理崔守華が森恪に桃冲鉄鉱の売却方を申し込んだことにあり，同年10月7日，森恪個

人が公司と鉄鉱石売買契約を締結した。これより先，大正2 (1913) 年11月中日実業が設立され，中日実業は，国鉄からの払い下げ資材を利用して運鉱鉄道の敷設工事を引き受けるとともに，敷設費30万元および，公司の維持費1カ月銀1万元を同公司に貸与し，公司は中日実業の支配下におかれ，大正7年10月鉱石運搬を開始した。この鉱石使用について大正6年7月7日，東洋製鉄と中日実業との特約がなり，東洋製鉄はその後大正8年1月10日まで数回にわたり，鉱石前渡金20万円および中日実業から公司へ融通すべき資金として224万円を中日実業へ貸与した。東洋製鉄の苦境→公司の苦境→中日実業の苦境という連鎖反応のために，中日実業は製鉄所に鉱石を基礎として資金貸与を申し込んだ。直接的には，製鉄所の桃冲鉱石保握の嚆矢はこれである。これをうけた製鉄所は，農商務省大蔵省とはかり，閣議決定をへて，第1回目の150万円貸付を行ない，大正9 (1920) 年12月20日，中日実業・製鉄所の契約が結ばれた。契約価格は3元50仙（＝4円80銭，銀100ドル＝日本金128円で換算），でこの時の大冶鉄鉱石単価より高い。これは森恪らの中日実業の存在と東洋製鉄救済のためであろう。

　第2回目の借款による新協定は別稿［第5章］でのべたのでくりかえさないが，漢冶萍公司借款との相違は，中日実業が正金銀行・製鉄所と裕繁公司との間に介在していることであり，事実上は裕繁公司ではなく中日実業が交渉相手である，ことである。しかも裕繁公司は中日実業の収奪源でもある。大正12年の借款の場合には，中日実業・製鉄所・横浜正金銀行の三者間契約書にも明らかな如く，借款金から公司の中日実業にたいする債務がまず弁済されているほどである。ここに大冶鉄鉱石の場合と桃冲鉄鉱石の場合の相違があらわれる根拠がある。桃冲鉄鉱石価格の二元制と為替相場の変動によって伸縮しうる銀ドル価格制の採用は，日本の資本の公司への参入（大正9〔1920〕年11月現在公司購入金472万円中，東洋製鉄224万円，内外の銀行248万円であった。先にあげた大正12〔1923〕年の借款〔325万円〕のうち主要な債務の弁済先は，中日実業97万円，住友銀行38万円〔為替手形〕，上海における小口借入金40万円であった）と支配と密接に結合したものであり，さらに製鉄所は，桃冲鉱石代価中裕繁公司受け取り分の増値をできるだけ抑えようとしながらも，漢冶萍公司にたいする態度と若干の相違を示す理由が，ここにある。

　なお，桃冲鉄鉱についても製鉄所はその独占的掌握の意図を強くもっていたことを指摘しておきたい。たとえば，大正9年12月20日の製鉄所・中日実業の「鉄鉱石供給契約」では，中日実業は製鉄所の同意なしに本鉱石を他に譲与または販売し，その他本契約の履行に影響をおよぼす契約を第

第4章　拡張期における製鉄所財政の構造

三者と締結できないこと，中日実業は裕繁公司との契約を変更または解約できないことが，明記されている（第11条）。鉄鉱石納入契約高は，大正10年度10万トン，大正11－12年度20万トン，13年度以降29万トンである。
　輪西製鉄所は東洋製鉄所とともに桃冲鉄鉱石購入契約を結んでいたが，上記のような契約によって，輪西が桃冲鉱石を購入する場合には，製鉄所の同意を必要とすることになったわけである。
(15)　大正8年度の安岳赤鉄鉱の契約単価は八幡船内渡18円であったことに注意されたい。なお同年度の安岳赤鉄鉱の生産費を朝鮮鉄山会社は9円90銭と製鉄所に報告している（製鉄所文書『大正9年度漢冶萍公司関係書類』所収資料）。ここにも，製鉄所の大冶や桃冲にたいする態度とのきわだった対照を，われわれは容易に読みとることができる。

(2)　石　　炭

　製鉄所における銑・鋼生産の増加とともに石炭（コークスをも含む）の受入高も増加の一途をたどっていることはいうをまたないが，明治39（1906）年度約458千トンであった受入高が大正5（1916）年度には100万トンをこえ，大正14（1925）年度には200万トンをこえるにいたっている。明治43（1910）年2月開平炭の購入契約以来，輸入炭は増加しているが，受入高の圧倒的部分は国内炭であり，しかも，そのうちの過半は自所生産（二瀬，鹿町）である。しかし，総受入高中自所生産高の割合は徐々に低下傾向を示しており，とくに第3期拡張期には自所生産の頭うちと石炭需要の増加から，それが明白となってくる（表4－9参照）。このことはいうまでもなく，炭坑独占＝財閥からの石炭購入の増加を意味する。たとえば，大正末年の石炭購入額のうち47－67％が三井・三菱・古河・住友の各財閥からの購入であり，とりわけ三井・三菱が大きな比重をしめている（表4－10参照）。大正14（1925）年度の如きはこの両者で製鉄所の石炭購入額の52％もしめているのである。周知のように，製鉄所の八幡立地のひとつの原因が筑豊地方の石炭にあったのであり，その優良炭坑が財閥所有に帰しているのであるから，かかる帰結は必然的といえるだろう。
　かかる意味において，明治末期以降の製鉄所における国産外部炭の購入額

表 4 – 9　製鉄所における石炭受入高

(単位：トン)

年　度	輸　入　炭	国　内　炭	計 (A)	内地炭中二瀬出張所分(B)	(B)/(A)%
明治39 (1906)	78	485,079	485,157	344,505[1]	71.0
41 (1908)		468,626	468,626		
43 (1910)	25,992	531,484	557,476	464,793[2]	83.4
大正 1 (1912)	99,214	573,194	672,408		
3 (1914)	104,010	745,823	849,833		
5 (1916)	87,311	1,030,081	1,117,392	687,770[1]	61.4
7 (1918)	132,261	1,049,580	1,181,841		
9 (1920)	101,799	1,191,847	1,293,646		
10 (1921)	139,819	1,308,537	1,448,256	1,000,261[1]	69.1
11 (1922)	180,030	1,469,710	1,649,740	982,525	59.6
12 (1923)	262,395	1,572,395	1,834,790	1,020,188	55.6
13 (1924)	196,886	1,654,320	1,851,206	1,022,094	55.2
14 (1925)			2,068,292	1,077,312	52.1
昭和 1 (1926)			2,149,831	1,067,859	49.7

備考：『製鉄所起業25年記念誌』、『八幡製鉄所50年誌』、『製鉄所事業成蹟書（原議ノ分）』（大正11年度以降各年度）より作成。
注：1) 年次生産高。
　　2) 明治44年分。この年の受入高との比をみると70.3%となる。

第4章　拡張期における製鉄所財政の構造

表4 - 10　製鉄所の石炭購入額

(会計年度，単位：千円)

会社名	大正11 (1922)	大正12 (1923)	大正13 (1924)	大正14 (1925)
三井物産	1,386	1,739	1,846	1,748
三菱鉱業	1,534	1,606	1,558	2,024
古河鉱業	124	202	176	171
住友合資	187	346	744	896
計	3,231 (49%)	3,893 (47%)	4,324 (55%)	4,839 (67%)
その他	3,359 (51%)	4,262 (53%)	3,466 (45%)	2,370 (33%)
合計	6,590	8,155	7,790	7,209

備考：各年度『製鉄所事業成績書（原議ノ分）』（製鉄所文書）より作成。
　　　購入額合計は表4 - 4の石炭購買費と一致しない。

の過半前後は財閥炭坑独占資本によってしめられていたとみても大過ないであろう。ここに，「植民地鉄鉱に立脚する製鉄機構と日本の採炭機構との結合」，「財閥独占の筑豊での……日本の製鉄機構の基幹部分と採炭機構の基幹部分との結合の，具象化」がより明白となる。

次に石炭購入単価はどうであろうか。拡張期を通じた全般的検討は資料欠如のためにできないので，大正末期について若干の検討を加える。周知のように，製鉄用石炭は，コークス原料，ガス発生用，鋼材加熱用及び普通燃料に使用されるが，種類・品質とも多種にわたり，それぞれの炭種購入単価を算出し，それといわゆる市価を比較することはきわめて困難であるばかりでなく，あまり意味をもたないだろう。質的同一性が確定されてはじめて量的比較が可能になるのであるから。しかし，ここで可能な限り追求し，財閥炭坑資本による独占価格＝独占利潤の取得の実態把握へ接近してみよう。

一般に石炭市況は，第1次世界大戦以来炭価が昂騰し，大正8（1919）年から大正9（1920）年上半期にかけて急騰，恐慌によって同年下半期から下落，と変動を示した。それへの対抗として大正10（1921）年炭坑資本の連合体＝石炭鉱業連合会が組織され，過去3カ年の平均送出炭の15％内外の送炭制限を申しあわせ，炭価の恢復と企業利潤の確保を意図し，炭価の「安定

表4-11 大正9年度製鉄所購入(予定)石炭平均単価

(単位:円)

炭　種	平均単価	備考(主要炭種・価格)
(1)原料炭	17.39	
二瀬炭	15.30	運賃80銭を含む
購入炭	21.58	三菱鯰田粉炭21.20－21.80, 三井満ノ浦粉切込炭21.55－21.74, 古河針金切込炭20.40－20.50
(2)配合炭	20.75	
鹿町炭	24.10	運賃2.89円含む
購入炭	19.29	開平粉炭23.40, 三井三池粉炭22.50－23.40
(3)小塊炭	18.83	
二瀬炭	15.30	運賃80銭含む
購入炭	24.29	三菱鯰田小塊炭23.90, 三井田川洗中塊炭27.30, 三井田川三尺炭23.40
(4)塊　炭	21.22	
二瀬炭	15.30	運賃80銭含む
購入炭	22.77	三菱鯰田22.54－23.90, 三菱新入21.90－23.40, 古河新手19.35－20.70, 三井大辻19.75－21.20
(5)切込炭	17.71	
二瀬炭	15.30	運賃80銭含む
購入炭	18.90	三井大峰20.65－20.94, 三井本添田16.45, 三井芳雄16.45－16.65, 三菱新入16.50－16.80, 三井高江15.00

注:鹿町炭の供給者は大倉組となっている。

化」が強力におしすすめられた。その後周知のように, かかる連合会による石炭カルテルにより, 大正11 (1922) 年末に石炭資本にとって一時市況の好転がみられ, 次いで大正12 (1923) 年9月の関東大震災による炭価の上昇, 同13 (1924) 年5月以降の炭価の下落傾向と小幅ながらも変動をみせて炭価は展開している。[17]このような市況の変動に即応した製鉄所における購入炭価の状況を時系列的に全的には明らかにしえないが, ここでは, 大正9 (1920) 年と大正12 (1923) 年の自所生産価格と購入価格を示しておこう (表4-11〔大正9年9月7日, 製鉄所「大正9年度石炭調」による〕, 表4-12参照)。まず, 二瀬炭と購入炭との価格差に注目しておかなければならない。この2つの表は比較のためには難点をもつことを否定しえないが[18], 傾向を看取するのには大過ない。鹿町炭は高単価であるが[19], それ以外の二瀬炭購入炭との差

表4-12 大正12年度製鉄所購入石炭主要炭種契約単価

(単位：円)

二瀬炭	8.443		
鹿町炭	11.979		
原料炭		塊　炭	
三菱鯰田粉炭	10.20	三菱鯰田	(11.00 / 11.20
三菱新入粉炭	9.20	三菱新入	8.90
配合炭		切込炭	
開平炭	10.95	三井大峰	9.83
三井三池粉炭	12.00	三井芳雄	8.60
小塊炭		三菱新入	10.80
三菱鯰田小塊炭	10.58	三井本添田	8.30
三井田川洗中塊炭	(10.50 / 10.60 / 12.90		
三井山野洗中塊炭	10.60		

備考：製鉄所「大正12年度製鉄原料買入高調（石炭ノ部）」。

表4-13 石炭の門司船積価格

(トン当たり円)

	大正11年12月-12年3月	大正12年6月	大正12年12月
豊前1等塊炭	15.50	14.50	13.50
豊前　粉炭	12.50	12.00	11.00
筑前1等塊炭	13.50	13.00	12.00
筑前　粉炭	11.50	11.00	10.00
筑豊2等塊炭	12.00	12.00	11.75

備考：三井鉱山調，『日本鉱業会誌』大正12年4月以降各号による。

は，大正9（1920）年度の場合切込炭3.60円を最低に，小塊炭の8.99円まで達している。しかも，製鉄所の場合には船積関係費用はかからないから，いわゆる門司船積価格の市価からその分を差し引けば両者の差はさらに縮まる。大正12（1923）年度の場合には，石炭価格の傾向的低落から，二瀬炭の平均生産費と購入炭単価の開きはちぢまるが，切込炭を除くと，購入炭はそれでも二瀬炭価プラス20％-50％程度の価格となっており，前述の如く門司での船積費用をマイナスすれば，いわゆる市価と接近するといえよう（表4-13の門司船積価格参照）。しかしながら，基本的には，独占的石炭資本が，そ

の独占利潤の追求・取得を自ら放棄することはありえない。更に，製鉄所の契約購入は年間協定であり，独占的石炭資本の販売対象として有利な安定市場である。かかる意味において，製鉄所もまたけっして，石炭独占の独占利潤追求の枠外にはありえないのである。

(16) 山田盛太郎『日本資本主義分析』120-121ページ。
(17) 三菱合資会社「最近10年間に於けるわが国の石炭鉱業」，全国経済調査機関連合会編『日本経済の最近10年』改造社，昭和6年，245-246ページ。
(18) 二瀬炭は総平均単価であり，炭種別の単価が示されていないことである。
(19) 鹿町炭と二瀬炭の生産費を比較した場合，表4-12の如くトン当たり約3.5円の差が生じているが，それは工費の差である。すなわち，二瀬各鉱トン当たり工費5.307円にたいして，鹿町鉱は9.42円となっている（大正12年「石炭生産費調」より算出）。
(20) 大正9年平均トン当たり門司1種炭28.56円，2種炭25.58円，3種炭19.80円となっている（前掲『日本経済の最近10年』245ページ）。

(3) 銑 鉄

銑鋼一貫生産を原則とする官営製鉄所においては，銑鉄の購入高は，創立期における熔鉱炉の故障による外部銑（とくに釜石銑）の購入・依存とは異なり拡張期には少ない。ただし，既にみたように，材料素品購買費のなかではかなりの金額を示しているから看過できない。明治44（1911）年3月，製鉄所の第2期拡張に照応して，600万円漢冶萍公司借款（銑鉄代価前貸借款）によって，漢陽銑鉄確保の政策を具体化して以来，漢陽銑鉄は，大正13（1924）年度まで製鉄所の購入銑鉄の大宗または全部をしめてきた（表4-14）。したがって，製鉄所の購入銑問題はただちに漢陽銑鉄問題であるといえよう。それ故にわれわれは漢陽銑鉄を検討する。日本帝国主義の強圧のもとで破産的危機にたちいたった漢冶萍公司が製銑を中止せざるをえなくなって，製鉄所への納入高が大幅減少またはゼロになってからは，満鉄の鞍山銑鉄および三菱製鉄の兼二浦銑鉄が製鉄所に販売されるようになるが，その数量は漢陽銑鉄よりもはるかに少ない。借款による漢陽銑鉄の製鉄所への納入

第4章　拡張期における製鉄所財政の構造

表4-14　製鉄所における銑鉄生産高と購入高

(会計年度)

	生産高(A)	購入高(B)	うち漢陽銑鉄	(A)+(B)
	トン	トン	千トン	
明治39 (1906)	100,570	20,741		121,311
40 (1907)	96,758	6,539		103,297
41 (1908)	103,070	285		103,355
42 (1909)	116,059	5,343		121,402
43 (1910)	129,121	5,359		134,480
44 (1911)	147,667	24,224	19	171,891
大正1 (1912)	177,880	27,385	16	205,265
2 (1913)	178,714	51,307	35	230,021
3 (1914)	221,676	45,822	46	267,498
4 (1915)	246,724	52,668	52	299,392
5 (1916)	302,058	43,095	42	354,153
6 (1917)	298,836	51,422	50	350,258
7 (1918)	269,265	65,868	51	335,133
8 (1919)	267,265	74,432	61	341,697
9 (1920)	243,571	80,305	77	323,876
10 (1921)	407,206	75,509	75	482,715
11 (1922)	465,577	139,256	138	604,833
12 (1923)	485,238	68,223	68	553,461
13 (1924)	489,259	89,836	90	579,095
14 (1925)	585,768	40,742	27	626,510
昭和1 (1926)	654,079	50,446	0	704,525

備考：生産高，購入高は大正13年度までは『製鉄所起業25年記念誌』104-105ページ，大正14年と昭和1年の生産高は『八幡製鉄所50年誌』巻末附表，大正14年と昭和1年の購入高は各年度『製鉄所事業成績書（原議ノ分）』，漢陽銑鉄は大蔵省『昭和財政史資料』第1，144冊16号資料による。

契約高は明治44 (1911)-大正3 (1914) 年度，各年15千トン，大正4 (1915) 年度8万トン，大正5 (1916)-8 (1919) 年度各10万トン，大正9 (1920) 年度16万トン，大正10 (1921) 年度以降各25万トンとなっていたが，大正4 (1915) 年度以降納入高は契約高を大幅に下まわっている[21]。

購入価格をみれば，製鉄所納入の漢陽銑鉄は運賃他を加えても，大正7

表4-15　外国銑鉄沖着価格（1911-13年）

（1トン当たり平均円）

		神戸沖着	横浜沖着
ド イ ツ	スウェーデン銑	60.00	—
イ ギ リ ス	クリーヴランド銑	34.130	37.540
イ ギ リ ス	レッドカー銑	34.230	35.750
ア メ リ カ	アラバマ銑	—	33.000
イ ン ド	タタ銑	—	37.950
中 国	漢陽1号	—	34.600
	漢陽2号	37.930	34.050

備考：製鉄所文書『鉄及石炭ニ関スル調査資料』所収。

（1918）年度, 大正14（1925）, 昭和1（1926）年度を除き, いかなる輸入銑よりも安価である。第1次世界大戦前3カ年間（1911-1913年）の外国銑沖着価格は表4-15の如くであるが, 漢陽銑の製鉄所着価は約30円（表4-15中の漢陽1・2号は三井物産による輸入価格と考えられる）であるから, その安価さは明白であり, 第1次世界大戦の勃発とともに銑価が高騰し, インド銑輸入価格, 釜石コークス銑市価の急騰時にも, 製鉄所は大正5（1916）年度まで単価26円でおしきり, 大正7（1918）年度には大幅増値を認め, インド銑輸入価格とほぼ同値としたが, また大正8（1919）年度以降, 漢冶萍公司からの価格すえおき要請に応ぜず, 大幅な値下げを強行した（表4-16参照）。もちろん大正9（1920）年度以降, 銑鉄市価の下落傾向は明白であるが, 製鉄所は, インド銑の輸入価格を下まわる価格で, とくに大正13（1924）年度まで, 購入し続けるのである。

　第1次世界大戦後の製鉄所の漢陽銑購入契約価格は, 釜石銑の生産費を大きく下まわっている（大正9-13〔1920-24〕年度）ことに注目してよい。いかに, 日本帝国主義といえども, この時期には, さらに漢陽銑の納入価を切りさげることは困難であった。なぜなら, 漢冶萍公司の経営危機と中国の反日民族運動の展開など——それは日本鉄鋼業＝製鉄所の危機へ連なる——を日本帝国主義は全く無視できなかったからに他ならない。鉄鉱石の場合と同様である。

　次にその他の購入銑鉄について若干言及しておかなければならない。時期

第4章　拡張期における製鉄所財政の構造

表4－16　製鉄所の購入銑鉄契約価格とインド銑・釜石銑価格

（単位：円）

年　度	漢陽銑	鞍山銑	兼二浦銑	大暮銑	インド銑輸入価格	釜石銑市価
明治44 (1911)	26.00					40[4)]
大正 5 (1916)					33.56[3)]	89
6 (1917)	42.50				56	215
7 (1918)	120.00[1)]				87	406
8 (1919)	92.00				129	164
9 (1920)	70.00				164	133
10 (1921)	46.45				113	78
11 (1922)	41.55[2)]				79	69
12 (1923)	{40.50 41.35				55	
13 (1924)	40.00	42.00			47	67
14 (1925)	41.00	42.00 44.00		134.0	52	64
昭和 1 (1926)		{42.00 44.00	{42.00 43.50	134.0	42	59
					42	58

備考：漢陽銑は第5章表5－12，鞍山・兼二浦・大暮銑は後掲表4－17，インド銑・釜石銑は『製鉄業参考資料』（昭和2年版）より作成。

注：1）八幡着価129.57円。
　　2）同じく，46.25円。
　　3）大正1（1912）年の平均価格。
　　4）『釜石製鉄所70年史』73ページによれば40.50円。

169

は限られているが，植民地人民の労働生産物の低価格の国内産と高価格とのきわだった対照がそこには示されている。

　表4-17を参照されたい。鞍山銑鉄・兼二浦銑鉄と東洋製鉄の銑鉄・中国・大暮銑がそれである。ただし，前者のグループといえども，漢陽銑とは異なることに注意しなければならない。鞍山銑は国策会社（いわゆる「混合企業」したがって公企業）である南満洲鉄道株式会社所有の鞍山製鉄所の生産物であり，兼二浦銑は三菱製鉄株式会社（朝鮮）の生産物であって，同社は「製鉄業奨励法」（大正6年）の対象会社であり，土地収用法の適用，営業税・所得税・地方税の免税，製銑・製鋼設備に必要なる器具機械その他材料の輸入税免税の特権を有し，昭和1（1926）年度からは奨励金の交付をうけている（製鉄所への銑鉄販売の場合には1トン当たり5円）のであるから，三菱製鉄の一定の利潤保障が国家によってなされており，漢陽銑と同一に論ずることはできない。昭和1（1926）年度以降には漢陽銑の製鉄所への納入はゼロであるから，それと兼二浦銑との契約価格の比較はできないが，もし漢陽銑が昭和1（1926）年度に製鉄所に納入していたとしても，契約単価の値上げは全く考えられない（鉄鉱石の場合をみよ）から，両者は1-2.5円の単価差があると考えることができるし，実際には奨励金を考慮すれば，事実上，製鉄所の兼二浦銑の契約価格は漢陽銑を6-7.5円うわまわると考えることができよう。植民地の低賃金労働による搾取と国家権力の保護（すなわち人民の租税の企業への移転）によって，三菱製鉄は製鉄所へ「高価格」で銑鉄を販売したのである。

　国内生産銑鉄の場合には，特殊銑であるが，既述の如く大正10（1921）年4月，官営製鉄所に経営を委託した東洋製鉄から，製鉄所は大正11（1922）年度に，「低燐銑鉄」を単価61円で1619トン購入していること，砂鉄を原料として製銑を行っている中国製鉄所や米子製鋼所からきわだった価格で白銑・鼠銑を購入していること，が明らかである。前者の場合，経営を委託された先からしかも委託翌年度にも購入しているのは，如何なる事情にもとづくものであるか断定はできないが，東洋製鉄救済の一環であろう。[26] また，後者の白銑等の場合に，製鉄所が毎年購入しているわけでもないからそれが製鉄所に

第4章　拡張期における製鉄所財政の構造

表4-17　製鉄所における外部銑購入量及び金額

(単位：トン及び円，かっこ内は契約単価)

		大正11 (1922)		大正12 (1923)		大正14 (1925)		昭和1 (1926)	
		数量	金額	数量	金額	数量	金額	数量	金額
漢陽銑鉄	(漢冶萍公司)	137,772	5,634,540 (41.55)	67,109	2,730,627 (40.50) (41.35)	27,032	1,090,798 (41.00)	0	0
低燐銑鉄	(東洋製鉄)	1,619	98,773 (61.00)						
中国白銑鉄	(雲伯鉄山組合) (米子製鋼所)	36	3,099 (86.00)	218	27,946 (122.0) (135.0)			205	25,030 (122.0)
鼠銑鉄	(米子製鋼所)			77	9,877 (128.0)				
除燐銑鉄	(米子製鋼所)			20	3,630 (180.0)				
大暮鼠銑鉄	(中国製鉄)			137	17,589 (130.0)	90	12,107 (134.0)		
大暮白銑鉄	(中国製鉄)			51	12,018 (122.0)				
スウェーデン木炭銑	(三菱商事)					1,101	105,890 (91.98) (101.23)		
鞍山銑鉄	(満鉄)					12,519	519,407 (42.00)	22,987	983,927 (42.00) (44.00)
兼二浦銑鉄	(三菱製鉄)							24,800	1,059,300 (42.00) (43.50)
合　計		139,427	5,736,414	67,613	2,795,561	40,742	1,728,202	50,446	2,216,231

備考：製鉄所「製鉄原料購入高調(銑鉄ノ部)」(各年度「製鉄所事業成績書(原議ノ分)」所収)。

とって必需のものかどうか疑問が残るし，購入契約価格については，砂鉄からのしかも小規模生産であるから高生産費は充分に考えられるが，大正10(1921)年度製鉄所購入の「天津白銑鉄」が52.4円（大正11年度への繰越帳簿価格）であることを考慮すれば，高価にすぎるといわざるをえないであろう。

製鉄原料の中核たる鉄鉱石と石炭及び銑鉄の購入費の検討を通じて，われわれはその内実を析出しようとしてきたが，ほぼ次のことが明らかになった。

①鉄鉱石の確保はたんなる商品売買ではなく，国家権力とその経済的力能によって可能となったのである。それは，植民地と半植民地における人民の労働生産物の確保であり，また国家の経済的力能（国家信用）は日本の勤労大衆の零細貯金を基礎としたものであり，かかる人民の負担によって鉄鉱石の確保策がとられ，まさしく，「生かさぬよう殺さぬよう」的な他民族支配のもとでそれが達成された。かくして，低価格による安定的「購入」が実現され，その場合でも日本の民間資本が直接的に介在している場合とそうでない場合とでは一定の相違があり，前者の場合には日本の資本救済のために製鉄所は奉仕しているのである。

②石炭の場合には，製鉄所における自所生産の割合の低下とともに，財閥企業依存がより強化され，製鉄所は石炭独占資本の支配からけっして自由ではなくなったのである。

③銑鉄に関しては，その圧倒的部分を，鉄鉱石の場合と同じように国家権力とその経済的力能によって掌握し，低価格を mächtiglich に維持し，植民地・半植民地の人民の労働の生産物と国内のそれとを区別した差別購入価格制をとっていることである。

これらは，一方では製鉄所の原料費支出を増加させる要因と，他方では原料費の支出削減要因との並存，したがってまた，製鉄所における銑・鋼の費用価格の上昇の一要因と抑制の一要因との同時的内包を意味する。鉄鉱石・銑鉄についてのみいえば，原料費の軽減，したがって費用価格の低下・抑制要因であることは贅言の要がない。他の条件が同一であるならば，鉄鉱石1トン当たり1円安は銑鉄生産費において1.7－2.0円低下となる。敢えて指摘するまでもなく，銑鉄（鋼材）生産費は鉄鉱（銑鉄）価格によってのみ決定

第4章　拡張期における製鉄所財政の構造

されるのではない。

(21)　第5章表5‒8参照。
(22)　三井物産の漢陽銑鉄取り扱いの理由については，別稿［第5章，注45］で簡単に指摘しておいた。
(23)　第1次世界大戦前の大冶鉄鉱石の安価の意味については，別稿［第5章，256ページ以下］参照。
(24)　釜石銑鉄の生産費については『釜石製鉄所70年史』77ページ参照。
(25)　小田切万寿之助・川久保修吉は大正15年10月28日商工大臣藤沢幾之輔にあてた「漢冶萍公司代表トノ交渉概要並其ノ対案」なる文書のなかで次のようにのべている。大正末年の公司の一端を知りうるので長文だが引用しておこう。「按スルニ公司ハ数年来ノ困憊ニ依リ信用地ヲ掃ヒタル今日空手ニシテ高利債ノ急迫ヲ緩和シ此上無利子無償還ニテ歳月ヲ支フルコト事実困難ト察セサルヲ得ス若シ新規ノ貸付ヲ絶対ニ斥ケ譲ル処ナクハ彼レ〔盛宣懐のこと――引用者〕遂ニ決然トシテ去リ自暴自棄ノ態度ニ出テ或ハ事業ノ廃止ヲ図リ或ハ総経理ヲ辞任シ反対派ノ跳梁ニ委スルニ至ルモ未タ知ルヘカラス其ノ結果トシテ萍郷炭山ハ維持恢復愈困難トナリ或ハ工人倶楽部ノ蹂躙スル処トナリ或ハ官憲ノ管理問題ヲ再燃シ或ハ鉱業権ノ取消処分ヲ促シテ他ノ争奪ニ委スルカ如キコトナキヲ保シ難キノミナラス支那内地ノ債権者ニ於テ或ハ破産ノ訴ヲ起シテ財産ノ処分ヲ官憲ニ強要シ又ハ軍閥其ノ他ノ一派ニ債権ヲ譲渡シ若ハ債権ノ執行ヲ委任スル等ノ事アランカ事態ハ益困難ニ陥ル虞アリ従テ大冶鉱石採掘モ亦遂ニ維持シ難キニ至ルヘシ」（傍点は引用者）。
(26)　これは東洋製鉄のストック分の買い入れであるが，大正11（1922）年度の戸畑作業所（＝旧東洋製鉄）の銑鉄生産費が45.987円（同年「生産費調」による）であることに注意されたい。

　東洋製鉄株式会社の『営業報告書』（神戸大学所蔵。大正10年上半期以降）では在庫品の売り捌きに努力したことがのべられている。だが，製鉄所への委託契約については，1年単位で毎年更新していることが記されているだけで，既述の如く，契約内容は明らかにされていない。『第20期営業報告書』（昭和2年）にいたって，製鉄所の東洋製鉄使用料年間30万円が確認しうるにとどまる。これはおそらく昭和2年度からの新規契約によるものと考えられる。
(27)　三菱商事によるスウェーデン木炭銑についても同様である。

3　生産費と生産品

(1) 一般的傾向

　創立期における鋼材生産費は明治34（1901）年度を例外としても，193.53円－129.03円と振り幅のある動きをみせ，銑鉄は47.9円（明治37年度）から翌年度には30.6円と大幅にコストダウンし，鋼塊もまた明治38(1905)年度には49.5円までダウンしていた。拡張期における銑鉄・鋼塊・鋼材の純生産費は，第1・第2拡張期にはそれぞれ低減傾向を示していたが，第3期拡張の開始，すなわち，第1次世界大戦中に大幅に上昇し，大正9（1920）年度をピークとして，また低減化傾向を示し，銑鉄・鋼塊・鋼材の平均生産費はそれぞれ比例的な変動を示している（図4－1，表4－18参照）。それは銑鋼一貫生産の連続生産行程であるから，当然であるが，銑鉄と鋼塊の生産費は正比例的変化であるのにたいして，鋼材生産費の変化はとくに大正4（1915）年度以降極端であり，鋼塊生産費と鋼材生産費の差額がきわめて大きいのは注目しなければならない。いまそれは措くとして，銑鉄生産は鉄鋼生産の基礎であ

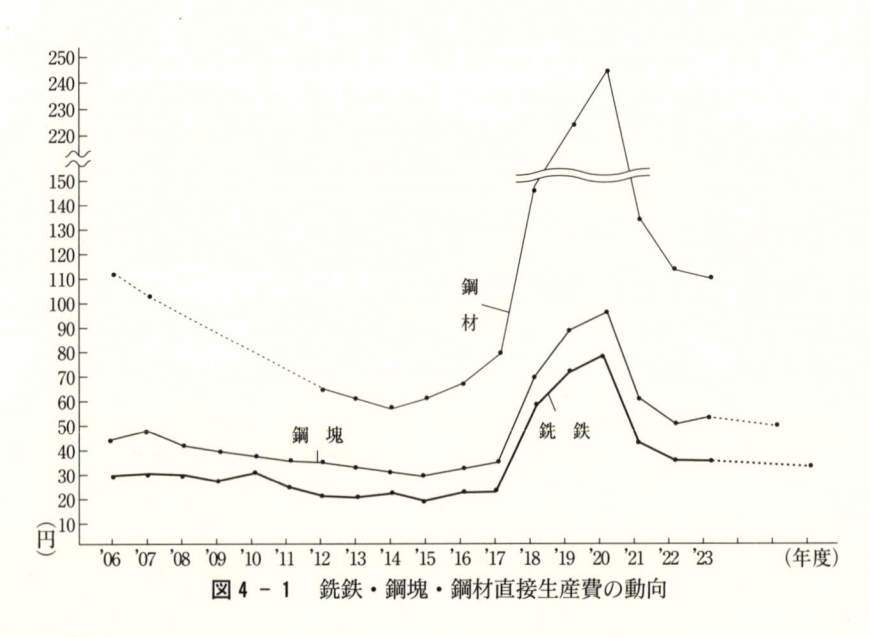

図4－1　銑鉄・鋼塊・鋼材直接生産費の動向

第4章　拡張期における製鉄所財政の構造

表4－18　平均生産費の変化と内容

(単位：円，かっこ内は%)

年　度	銑			鋼塊				鋼材			
	生産費	原料費	労力費	雑費	生産費	原料費	労力費	雑費	生産費	原料費	労力費	雑費
明治39 (1906)	28.9				44.6				113.0			
41 (1908)	28.9				41.5							
43 (1910)	29.4				39.8							
大正1 (1912)	20.14	17.91 (88.9)	1.08 (5.03)	1.15 (6.03)	34.12	31.41	0.98	1.73	65.35	50.98 (78.0)	2.66 (4.1)	11.71 (18.0)
3 (1914)	21.18	17.95 (84.3)	1.04 (4.5)	2.19 (10.3)	29.86	27.33	0.81	1.72	58.06	45.56 (78.4)	2.55 (4.3)	9.95 (17.3)
5 (1916)	20.10	17.73 (88.2)	0.92 (4.5)	1.45 (7.2)	31.31	28.42	0.81	2.08	68.13	49.33 (72.4)	2.69 (3.8)	16.11 (23.8)
7 (1918)	58.11	52.55 (90.4)	2.44 (4.2)	3.12 (5.3)	70.12	64.74	1.75	3.63	150.53	110.51 (73.4)	4.30 (2.8)	35.72 (23.7)
9 (1920)	79.29	68.02 (85.8)	4.39 (5.6)	6.88 (8.6)	97.80	90.35	3.51	4.94	247.99	161.50 (63.5)	7.73 (3.1)	78.76 (33.4)
11 (1922)	36.72	30.76 (83.7)	2.62 (7.1)	3.34 (9.1)	51.43	46.89	2.08	2.06	115.47	77.76 (67.3)	5.86 (5.1)	31.85 (27.5)
13 (1924)	36.69	30.73 (84.0)	2.43 (6.5)	3.53 (9.5)	53.91	48.39	2.56	2.96	112.16	77.27 (68.9)	5.50 (4.9)	29.39 (26.3)
昭和1 (1926)	33.55				50.32	45.72	2.21	2.39				

備考：昭和1年の鋼塊生産費は大正14年のそれ。

るから，まずその費用価格（生産費）の検討を加えるのが順当であろう。

(2) 銑鉄生産費

銑鉄生産費（直接費で間接雑費を加えていない）は第1期拡張期には横ばい状態であるが第2期拡張期に低減し，完了時の前年（大正4〔1915〕年度）19円台に低下するが，その翌年から上昇傾向に転じ，大正7（1918）年度には58円，8（1919）年度には72円，同9（1920）年度には79円にまで上昇するが，その基本的な要因は原料費の高騰である。原料費が一般的に高騰していることは事実であるが，それを平均的に指摘または考察するだけでは問題の本質に接近することはできない。原料費の内容にたちいっていかなければならない。前項での叙述からも察知しうるように，原料費騰貴の主役は鉄鉱石ではない。コークスである。銑鉄1トン生産に要するコークス価格は大正2（1913）年と比して，大正9（1920）年には約5.5倍となっているのにたいして，鉄鉱石の場合には，運賃高騰にもかかわらず約2.5倍にとどまっており，生産費にしめる鉄鉱石価額の割合はかえって低下しているのである（表4－19，4－20参照）。鉄鉱石価格の上昇の最大要因は三菱商事による運賃の上昇である。従って鉄鉱石価格の上昇の主因は運賃に求めるべきであり，価格それ自体（購入価格）は問題とするにたらないのである。輪西製鉄所の鉄鉱石価額と比較すれば，製鉄所における鉄鉱石価額のもつ意味はより明瞭である。

コークス価額にしても上昇は著しいが，釜石・輪西のそれと比べると，当該時期では製鉄所における石炭の自所生産高が全石炭量の60％台をしめ，コークスの外部購入を「制限」したことが，コークス価額をその程度にとどめえた理由であるといえよう。いわゆる「労力費」については，絶対額は上昇しているが，直接生産費の中にしめる割合は大正8（1919）年度以降若干上昇するだけで，間接雑費も含めた総生産費との割合をみれば，大正2（1913）・同9（1920）両年度は殆どかわらない（4.8％，4.7％）。もともと労賃は労働力の再生産費を基礎に労働力の需給関係，資本と賃労働の階級的力関係などによって規制されるが，製鉄所においても大戦中の物価騰貴による労働者の窮乏化の促進にたいして大正5（1916）年6月友愛会支部が結成され，また同

第4章　拡張期における製鉄所財政の構造

表 4-19　生産費内訳（Ⅰ）

(単位：円、かっこ内は指数)

(1) 官営製鉄所

	銑鉱石	コークス	石灰石	マンガン	小計	労力費	直接雑費	間接雑費	合計	副産物控除
大正 2	9.50 (100.0)	7.22 (100.0)	0.53 (100.0)	1.21 (100.0)	18.11 (100.0)	1.06 (100)	1.02 (100)	1.50 (100)	21.67 (100)	0.5
7	23.81 (250.6)	23.81 (329.9)	0.99 (186.7)	3.89 (321.4)	52.51 (289.9)	2.44 (230.1)	3.81 (373.5)	2.50 (166.6)	60.61 (279.6)	1.9
8	25.82 (271.6)	34.87 (482.9)	1.29 (243.3)	3.10 (256.2)	65.08 (359.3)	3.42 (322.6)	4.70 (460.7)	7.50 (500.0)	80.41 (371.1)	3.5
9	23.78 (250.3)	39.85 (551.9)	1.59 (300.0)	2.71 (223.9)	67.93 (375.0)	4.39 (414.1)	7.39 (724.5)	13.00 (866.6)	92.29 (425.8)	5.1
10	15.88 (167.1)	17.42 (255.1)	1.32 (249.0)	1.32 (109.8)	35.94 (198.4)	3.28 (309.4)	3.77 (369.6)	6.50 (433.3)	49.18 (226.9)	3.4
11	15.35 (160.5)	17.18 (251.8)	1.25 (235.8)	1.03 (85.1)	34.71 (191.6)	2.88 (271.6)	3.51 (344.1)	6.50 (433.3)	47.40 (218.7)	3.5

(2) 釜石田中鉱山

	銑鉱石	コークス	石灰石	マンガン	小計	労力費	直接雑費	間接雑費	合計	副産物控除
大正10	10.93	33.95	1.24	4.41	47.53	5.93	1.72	6.49	64.67	1.12
11	9.03	29.52	1.17	3.00	42.72	4.99	1.38	7.02	56.11	0.31

(3) 輪西製鉄所

	銑鉱石	コークス	石灰石	マンガン	小計	労力費	直接雑費	間接雑費	合計	副産物控除
大正 9	33.20	50.22	4.15	0.54	88.11		18.62		106.73	
10	25.95	38.00	4.26	1.85	70.06		13.96		84.02	
11	18.27	20.32	1.17	0.21	40.60		8.50		49.10	

備考：『日本鉄鋼史』第2巻第7分冊、53-54ページ、『釜石製鉄所50年史』77ページ、『室蘭製鉄所50年史』120ページより作成。(但し、小計、合計の一致しないものがあるが、原資料のままにしておいた。大正11年は2月または3月の1カ月平均。輪西は副産物控除なし。

表 4 - 20　生産費内訳（II）

(単位：%)

		鉄鉱石	コークス	石灰石	マンガン	小計	労力費	直接雑費	間接雑費	合計
官営製鉄所	大正 2	43.8	33.3	2.4	5.5	83.7	4.8	4.7	6.9	100
	7	39.2	39.3	1.6	6.4	86.6	4.0	6.2	4.1	100
	8	32.1	43.3	1.6	3.8	80.9	4.2	5.8	9.3	100
	9	25.7	43.1	1.7	2.9	73.6	4.7	6.9	14.1	100
	10	32.2	35.4	2.6	2.6	73.0	6.6	7.6	13.2	100
	11	32.3	36.2	2.6	2.1	73.2	6.1	7.4	13.7	100
釜石	大正10	16.9	52.4	1.9	6.8	73.4	9.2	2.6	10.0	100
	11	16.1	52.7	2.1	5.3	76.1	8.9	2.4	12.5	100
輪西	大正 9	31.1	47.0	3.8	0.5	82.5	17.4			100
	10	30.8	45.2	5.1	2.2	83.3	16.6			100
	11	37.2	41.3	2.3	0.4	82.9	17.3			100

注：前表備考の理由で合計が100にならないものがある。

表 4 - 21　製鉄所職工（男工）月額賃金と物価指数

	平均賃金	同指数	物価指数
大正 3 (1914)	22.34円	100	100
4 (1915)	22.30	99	102
5 (1916)	22.07	98	143
6 (1917)	25.32	113	155
7 (1918)	37.59	168	203
8 (1919)	47.28	211	248
9 (1920)	59.96	268	273
10 (1921)	63.33	282	211

備考：平均賃金は『日本鉄鋼史』第2巻第8分冊，6－7ページ。物価指数は同，第3巻第1分冊，23ページより。

　8（1919）年10月，製鉄所労働者を中核とする日本労友会，次いで製鉄所同志会が発足し[33]，労働者の不満が高まりつつあった。大正9（1920）年の大争議はそのピークであるが，かかる賃上げを中心とする闘争が「それにさきだつ諸変化の跡を追ってのみおこる」[34]ものであったことは，表4－21からも明らかである。それよりも雑費の方こそ問題にすべきであろう。すなわち直接雑費だけでも「労力費」を凌駕し，間接雑費を加えればさらに多額にのぼるのである。

第1次世界大戦中および直後の著しい上昇の・基・本・的・要・因は，コークス（＝石炭）の高騰，鉄鉱石輸送費の高騰，雑費の急増にあることが以上によって明らかになった。大戦後の経済恐慌以降の銑鉄生産費の低下は，これらの価格低下と技術の改良・資本の有機的構成の高度化を基礎とした労働の強化によるものである。[35]

(28) かかる銑鉄生産費低下の理由として，「合理化」，洗炭技術の向上，コークス生産費の低下などをあげることができる（後者については，三枝・飯田，前掲書，610－614ページを参照）。第1次世界大戦直前には銑鉄生産費については世界的水準に達したことは注目してよいだろう。

(29) 劒持通夫教授は，「生産費は原料費の値上りと若干の労務費の増加により上昇していった」とのべている（劒持『日本鉄鋼業の発展』東洋経済新報社，昭和39年，467ページ）。

(30) 日本鉄鋼史編纂会編『日本鉄鋼史』によれば，製鉄所総務部報告による，として，別表（表4－22）の如き製鉄所原料単価を表示している（第2巻第2分冊，75－76ページ〔孔版本〕）。そこに示されている鉄鉱石単価は，わたくしが大冶鉄鉱石について「材料素品受払表」から算出した単価とことなっているのは，朝鮮鉄鉱石を含むからであろうと思われる。

(31) この統計では小計または合計が各項目数値の加算と一致しないところがあるが，他資料も参照のうえ注記のように原表のままにしておいた。

(32) 当該期の製鉄所の鉄鉱石購入高の約60－68％をしめる大冶鉄鉱石の購入（契約）価格は，表4－6に示した如くであり，最高単価が大正8（1919）年度に6円になっただけであり，翌年度には4円50銭に低下しているのである。前者の場合，大正2（1913）年度より3円高にすぎず，それは銑鉄生産費を約5円高めるにすぎないのである。

(33) 『八幡製鉄所50年誌』255ページ。

(34) Karl Marx, *Lohn, Preis und Profit,* Dietz Verlag, Berlin, S.69. 邦訳『マルクス・エンゲルス選集』（大月書店）第11巻，95ページ。

(35) 技術面については三枝・飯田，前掲書，666ページ，劒持，前掲書，489－491ページ参照。

(3) 鋼材生産費

銑鉄生産費の変化とともに，鋼塊生産費もそれと正比例的に変化している

表 4 – 22 製鉄所における原料購入単価

(単価：円)

	鉄鉱石	コークス	マンガン	石灰石
大正 3 (1914)	5.5	6.8	18.5	1.2
4 (1915)	5.7	6.4	14.8	1.2
5 (1916)	5.6	6.1	18.9	1.3
6 (1917)	6.1	6.6	25.9	1.5
7 (1918)	14.0	20.2	49.2	2.3
8 (1919)	15.5	29.8	44.1	3.1
9 (1920)	14.4	35.7	37.4	3.7
10 (1921)	10.0	17.3	27.2	2.8

備考：『日本鉄鋼史』第 2 巻第 2 分冊，75－76ページ。

が，鋼塊生産費と鋼材生産費との異常ともいうべき生産費の差額はどうみるべきであろうか。これは製鉄所における銑鉄生産費が世界的水準に到達しているにもかかわらず，鋼材生産費の面ではかなりの高さを現出せしめているのは何故か，という問題でもある。この問題はこの小論では全面的に考察しえないし，課題でもない。しかし，製鉄所の分析を通じて，製鉄所の経営の特徴把握に接近するという本稿の視角からすれば，そして，販売政策を明確にするためには，一定の検討を加えておかなければならない。

鋼材生産費の騰貴の理由は原料費，すなわち鋼塊生産費・石炭の騰貴，雑費の著増，労力費の増加であることは明白であるが，生産費中労力費のウエイトは生産費が最高にたっした大正 9 (1920) 年度まではむしろ低下しており，費用額自体がきわめて少ないから，銑鉄生産の場合と同じことがいえる。鋼塊生産費の騰貴を不可避としたものは，自明のことではあるが，原料費すなわち銑鉄生産費・石炭・石灰（石），鉄鉱石（酸化剤として使用する赤鉄鉱）——但しこれは既述したように運賃が最大要因——，マンガン鉱などの騰貴が主要因であり，それが鋼材生産費にはねかえってきたものである。これらの値下がりとともに，鋼材生産費も低下するが，原料費の低下は鋼材 1 トン生産当たり石炭消費高の減少によって促進された。さらに，鋼材トン生産当たり労働者の延べ人員の減少はトン当たりの労力費の減少となり，これらの諸要因とあいまって，鋼材生産費を全体として低下させていった。

第4章 拡張期における製鉄所財政の構造

表 4 - 23　製品歩留まり（会計年度）

明治39 (1906)	52.0%	大正 7 (1918)	67.0
42 (1909)	65.4	9 (1920)	66.2
43 (1910)	74.6	10 (1921)	68.0
44 (1911)	75.6	11 (1922)	69.5
大正 1 (1912)	74.3	13 (1924)	73.3
2 (1913)	71.9	14 (1925)	74.8
3 (1914)	69.0	昭和 3 (1928)	80.8
5 (1916)	61.9		

備考：『八幡製鉄所50年誌』附表より算出作成。

　恐慌以後におけるかかる鋼材生産費の低下にもかかわらず，鋼材生産費と銑鉄・鋼塊生産費との差額倍率は大正期を通じて殆どかわらない基本的理由は，多品目少量生産――多品目生産主義にある。既述の如く第2期拡張にさいして品目増加ではなく同一品目の量産化を意図したが，大正13（1924）年度においてすら一般市場品種目は657種におよび，これ以外に軍・鉄道・逓信省などの規格品があり，創立期の特徴が根本的には持続されてきた，と考えられる。それは，第1に，鋼塊にたいする鋼材の歩留まり率＝製品歩留まりを悪化させる。第2に，設備の一部遊休化を恒常化する。第3に，圧延費・動力費の増加を不可避にする。これらは鋼材生産費をとくに高める要因として作用する。具体的に論じよう。

　製品歩留まりの趨勢は，第1期拡張を通じて上昇し，第2期拡張開始期には75.6％に達するが，以後漸減し，第1次世界大戦時には61.9％にまで低下し，以後漸増するが70％台にとどまり，条鋼生産分野協定以後増率し，一般市場品種目が122種と大幅に減少した昭和3（1928）年にいたって80％に達する（表4-23）。この製品歩留まりの悪さは，専ら棒鋼中心の生産をしていた釜石製鉄所と比較すれば明瞭である。釜石の場合，大正14（1925）年上半期88.98％，同下半期88.29％，昭和1（1926）年，89.28％，88.29％，昭和3（1928）年，91.82％，91.36％となっている。少量生産の典型的なものは高張力鋼材（棒・形・板），特製堅質形鋼，工具用普通鋼，坩堝鋼類であって，1トン未満から2－3トン，10トン台というものもあるほどである。

生産設備の一部遊休化については，時期が限定されるが，工場別にそれを示せば，表4-24の通りである。大正11（1922）年度に対して大正14（1925）年度を比べると操業度の上昇しているのが多いが，軌条工場，第1中形，第1・第2小形，線材，第1厚板，薄板，波板，外輪，硅素鋼板の各工場が比較的操業度がよい程度にとどまっている。第3厚板工場の如きは，昭和1（1926）年度に入っても遊休状態であり，かかる操業度は生産費の低減の対抗要因を形成する。
　圧延費・動力費（雑費）については，技術家の所論を引用しておきたい。吉田豊彦（陸軍中将・日鉄初代取締役）は次のようにのべている。

　　「圧延品種多くして而かも同一品種の数量少なきときは度々『ロール』の掛替其他手数を要し能力を消減すること頗る大なるものがある又雑費中動力及『ロール』の費用は重要なるものであるが屡々『ロール』を掛替に依る圧延機の休止は動力の不規使用となり結局動力費を嵩むるは明かである特に蒸汽力に依り圧延機を運転する如き設備に在りては甚しく不経済となる加之『ロール』は型鋼の大小形状を異にするに従がひ各々之に応ずる準備を要するから品種分業に依る『ロール』費の節約は著しきものがあらう……[41]」。

　鋼材生産費における雑費の高さの主要因もまたここに示されている。
　以上，銑鉄・鋼塊生産費と鋼材生産費との異常ともいうべき大差の要因を検討してきたが，鉄鉱石の低価格——運賃・石炭の高価にもかかわらず——と低賃金を基礎に，銑鉄生産費の世界的水準へ到達（植民地インドのタタ銑は別として）しながら，鋼材生産費が「割高」となったことに注目しておかなければならないだろう。

　　(36)　異常というのは，次の理由による。製鉄所の鋼材生産費は大正期を通じて，銑鉄生産費の約3倍，鋼塊生産費の約2倍である。これにたいして，釜石製鉄所の場合には，大正11（1922）年鋼材生産費は銑鉄のそれの約2倍，同12-14（1923-25）年で約2.1-2.4倍程度である（『釜石製鉄所70

第 4 章　拡張期における製鉄所財政の構造

表 4 − 24　製鉄所における工場別鋼材生産能力と実生産高

（会計年度，単位：トン）

	大正10または13年度生産能力(A)	実生産高 大正11(B)	実生産高 大正14(C)	B／A(%)	C／A(%)
軌条工場	90,000	67,750	92,959	75.3	103.3
第1大形工場	60,000	30,090	29,408	50.2	49.0
第2大形工場	120,000	23,495	62,930	19.6	52.4
第3大形工場[2]	150,000[1]		—[4]		
第1中形工場	36,000	30,000	26,799	83.3	74.4
第2中形工場	60,000	36,250	40,928	60.4	68.2
第1小形工場	21,600	⎱ 25,345	31,479	64.0	79.5
第2小形工場	18,000	⎰			
第3小形工場	100,000	38,027	51,497	38.0	51.5
線材工場	50,000	18,465	45,654	36.9	91.3
第1厚板工場	60,000	36,535	52,382	60.9	87.3
第2厚板工場	90,000	24,540	29,426	27.3	32.7
中板工場	40,000[1]		23,208		58.0
薄板工場	26,800	18,129	19,841	67.6	74.0
波板工場	2,700	2,151		79.7	
	10,000		7,314		73.1
平鋼工場	37,000	15,456	4,835	41.8	13.1
ボールト工場	7,210	3,313	2,415	46.0	33.5
〈特殊鋼〉					
鉄合金工場	1,314	325		24.7	
	2,160[1]		573		26.5
電気炉工場	9,100	—	1,952		21.5
坩堝鋼工場		698	384		
鍛鋼工場	17,240	5,326	9,899	30.9	57.4
発条工場	560	—	—		
外輪工場	5,000	5,318	4,122	106.4	82.4
賦力板工場[3]	18,000[1]		9,497		52.0
硅素鋼板工場	7,500[1]		6,004		80.1

備考：生産能力は『製鉄所起業25年記念誌』32−39ページ，実生産高は各年度『製鉄所事業成績書（原議ノ分）』より算出作成。−は記載なし。

注：1)　大正13年度の生産能力。
　　2)　大正13年4月作業開始。
　　3)　大正11年10月作業開始した第2薄板工場を同13年11月改称。
　　4)　昭和1年の生産高は第2・第3大形工場合計で75,229トン。

年史』77, 103-105ページ参照)。外国の場合，どこまで正確か問題があるにしても，1921（大正10）年，イギリスでは，鋼材市価（98.62円）で銑鉄生産費（52円）の約1.9倍，アメリカのヴァレーで鋼材生産費（81.03円）は銑鉄のそれ（47円）の約1.7倍と見積もられている（白仁武「本邦製鉄業ニ関スル意見」大正11年11月，製鉄所文書『大正14年2月製鉄調査会資料及び報告文類』所収。この意見書の一部は「『本邦製鉄事業の合同経営』に関する八幡製鉄所長官白仁武の意見書」として，菅谷重平『日本鉄鋼業論』同文舘，昭和32年，44-45ページに抄録されている。但し統計類ははぶかれている。また前掲『日本鉄鋼史』第3巻第6分冊には，付録として全文収録されている）。生産費の算定方式の異同性が不明なので，金額そのものの比較は検討を要するが，銑・鋼の生産費の倍率の相違をみるのには大過ないと考えられる。

(37) たとえば，大正9年4.455トンにたいし，同12年3.645トン同14年2.867トンと鋼材トン当たりの石炭消費高は減少した（中井励作「製鉄鋼事業の合理的経営」，『日本産業の合理化』所収，306-307ページ，なおこれは『鉄と私』にも収録されている）。但し，小島精一『日本重工業読本』（千倉書房，昭和12年）によると，大正12年，3.645トンは大正11年の数値で，12年3.583トン，同14年2.570トンである（48-49ページ）。つまり中井氏の数値が1年ずつずれていることになる。

(38) 鋼材トン当たり労働者延べ人員は大正9年17人にたいして，大正12年11人，14年9人と低下（中井・前掲），したがって労働者1人当たりの鋼材生産高の上昇はいちじるしく，大正9年60トンから，同12年94トン，同14年116トンとなり（小島・前掲書），鋼材トン当たりの労力費を個別的に大正11年度と同14年度を比較し試算してみると，次のようになっている。すなわち，鋼塊2.29円→2.21円，60ポンド軌条3.21円→2.74円，大型棒（第1大形工場）5.157円→4.48円，厚板6.41→4.34円（製鉄所「生産費調」から算出）。総合生産費とその内訳が不明だが，この主要製品における労力費の低下から全体的な労力費の低下を推測してよいだろう。

なお，ささいなことであるが，菅谷重平氏が官営製鉄所の経営の官僚主義の悪弊として，採算無視——鉄鋼価格に無関心——なる指摘をしていることは先にふれたが，さらに氏の指摘にふれておきたい。氏によれば，損失が国庫負担であったために「それだけ実質的に製品価格を生産費以下に押しさげていることとなった」と同時に「企業の能率向上や合理化を妨げてきた」，さらに「合理的な経済採算を無視した経営が行われた」ことのひとつの理由を工場単位の原価計算が全く不明である点に求められている

第4章　拡張期における製鉄所財政の構造

表4-25　主要製品生産費

(トン当たり円)

製　品	大正11 (1922)	大正14 (1925)
75ポンド軌条	104.298	87.247 － 89.847
65ポンド軌条	108.429 － 117.043	87.337 － 90.668
大形普通棒鋼	115.728 － 116.728	99.183 － 98.775
大形普通形鋼	111.944 － 112.934	91.084 － 97.809
大形高張力棒鋼	128.745	113.017 － 153.729
大形高張力形鋼	120.074 － 128.745	101.959 － 110.580
中形普通棒鋼	110.086 － 112.323	92.428 － 98.428
中形普通棒形鋼	108.034 － 114.916	92.175 － 99.137
小形普通棒鋼	113.121 － 113.470	97.121 － 97.480
小形普通棒形鋼	115.003 － 117.170	98.295 － 99.583
普通厚板	110.694 － 116.005	90.085 － 93.540
高張力厚板	132.571 － 149.570	122.212 － 155.190
普通薄板	131.659	119.189
高張力薄板	160.427	140.282
普通平鋼	117.988	92.670
特殊坩堝鋼板	974.333－1,396.662	1,319.964－1,634.200

備考：製鉄所「生産費調」(各年度)より作成。特殊坩堝鋼板は品目名が同一でないことが多く，厳密な意味での比較になりにくい。

(前掲書，93-95ページ)。よくみられる批判であるが，工場単位の原価計算が不明であることは，もちろんその計算が行なわれていないことを意味するのではない。十分かどうかは別としても，上述の軌条等の生産費は，私が工場別の生産費調＝原価計算から算出したものである。議会での質問にたいしてすら「銑鉄及び各種鋼材のトン当り平均原価は公示し難し」とか「製鉄所に於ける生産品，材料素品等の受入及繰越に関する内容の数量，金額等は畢竟生産及購入の原価に属し之等を示すことは同所売買事務の運用上支障となる所尠からさるのみならす延ては本邦一般製鉄鋼業の対外商策上不利を招くの虞なきを保し難しと認めらるるに依て本件は之を公示し難し」(第51帝国議会での片岡商相の答弁，『大日本帝国議会誌』第16巻，1109, 1294ページ)とか，一貫して機密事項としている，まさに天皇制国家機構の極端な秘密主義そのものが問題であり，そこを批判しなければならないであろう。

(39)　大正13 (1924) 年度以後の鋼材総合生産費は不明であるが，主要製品の個別生産費を示しておこう (表4-25参照)。それによって，生産費の低

(40) 『釜石製鉄所70年史』104-105ページ。
(41) 吉田豊彦『本邦製鉄鋼業に対する素人観』偕行社, 昭和3年, 197-198ページ。

(4) 生産品

創立期においては, 軌条, 鋼板, 棒・形鋼が主軸であったが, 拡張期においてもその傾向は基本的にはかわらない。生産高は明治39 (1906) 年度65千トンから着実に増加し, 大正13 (1924) 年度には493トンに達し, 昭和1 (1926) 年度には, 739千トンに到達した。大正13 (1924) 年度までの傾向をみれば, 表4-26の如くであり, 上記の4種目が中心である。このなかでとくに注目してよいのは, 製鉄所が国内でほぼ完全独占生産である軌条 (重・軽) の生産高が明治44 (1911) 年度以降減少すらみられることである。したがって輸入は増加し, 第1次世界大戦中・後には68千トン (大正7年) -172千トン (大正11年) にも及んでいる。

これは国内自給 (=輸入防遏) が可能な商品であるだけに, そしてそれが製鉄所の生産にかかっているだけに, 問題である。製鉄所が重・軽軌条の大幅増産にとりくむのは大正14 (1925) 年度からであり, 軌条工場 (ただし軌条のみを生産しているのではない) はいうにおよばず第1・第2大形, 中形工場を使用して増産し, 昭和1 (1926) 年に軌条生産高が157千トンに達するが, 輸入高は94千トンにも及んでいるのである。新設の第3大形工場を既述の如く遊休化状態におきながら, かかる状態を現出させているのである。薄鋼板の場合にも同じことがいえよう。薄板 (とくに0.7mm以下) の場合には, 大正期には製鉄所の独占的商品であったが, 薄板の需要増加に対応できず, その輸入高は, 143千トン (大正12年), 351千トン (同13年), 131千トン (大正14年) と鋼板輸入高の中核となっていっているのである。[43]

かかる状態を生みだした要因は, 製鉄所における設備拡張の方法, とりわけ (第3章II節でのべた) 大型棒・形鋼・厚板生産優位——しかも軍拡=造艦, 造船需要と結合した——の拡張によるものであり, 薄板の如きは昭和に

表4-26 製鉄所の鋼材生産高

(単位：トン)

	明治39 (1906)	明治44 (1911)	大正5 (1916)	大正10 (1921)	大正13 (1924)
鋼　　　　板	18,076	30,786	68,686	88,177	106,264
亜鉛引板	41	2,134	3,223	1,864	1,978
棒　　　鋼	6,382	37,577	51,377	77,058	110,498
形　　　鋼	6,860	21,517	44,359	78,188	76,846
重 軌 条	27,466	61,139	46,655	44,097	65,856
軽 軌 条	2,382	4,855	4,234	4,734	8,395
軌条付属品ボールトナット及びリベット	1,544	6,565	7,976	6,965	8,736
線材・製釘材		8,186	27,325	12,412	21,797
外　　　輪		1,140	4,560	3,235	3,408
鍛 成 品		530	1,537	1,428	2,560
電気炉鋼				125	591
甘 堝 鋼	26	108	2,143	306	164
鋼片・鋼塊	99	496	922	19,546	78,479
端物・その他	2,642 91,669個	6,461	13,949	7,755	7,112
計	65,518	181,494	276,946	345,890	492,684

備考：『製鉄所起業25年記念誌』99ページ。

入ってようやく増産設備の拡充がなされたにすぎないのである。民間鉄鋼業においてもまた，第1次世界大戦中における設備拡張は，周知の如く軍拡・造船に依拠するところが大であったから，全体として，日本鉄鋼業は，特定製品（大形鋼・厚板）の生産能力の需要にたいする過剰，薄・極薄板，線材などの生産能力不足を惹起せしめることになるのである。これが，鋼材販売面で官・民間の関係をさらに複雑なものとするのである。

(42) 軌条工場で普通棒・形鋼が生産され，大形工場では軌条，棒・形鋼他が，中形工場では鉱山用軌条，棒・形鋼などの製品が生産されている。かかる生産方式が設備の合理的な使用とはいえないだろう。先に指摘した雑費の高さは，かかる方式と密接に結びついているといえよう。
(43) 『製鉄業参考資料』による。なお，製鉄所における生産高は，大正14年18千トン，昭和1年27千トンである。
(44) たとえば吉田豊彦，前掲書，146－149ページ参照。

II　作業収入と損益

生産設備の拡充・整備，副産物処理の技術的向上，コークス生産費の低下，日露戦争後の「合理化」政策は，生産費の低下としてあらわれ，他方先物契約の採用＝三井・大倉等を中心とする鉄商社との結びつきにより，製鉄所の製品は次第に販路を広げ，販売額が増加した。周知のように，明治39（1906）－41（1908）年ごろには「鉄の輸入で失敗するものが多かったが，八幡製鉄所製品は，出荷に於いて国際相場と時間的ズレもあり，価格も決定して相場によって動かされなかったので，問屋はこの購入を希望するものが増加して来た」。第1次世界大戦中の鉄鋼暴騰期をのぞいて，製鉄所の民間への販売は，主として大鉄商社によってなされた。明治末期には漢冶萍公司借款以来製鉄所と「深いむつまじい仲」の三井・大倉を中心とした「製鉄所製品引受のための販売機関」（＝販売カルテル）が設立され，製鉄所製品の大部分が三井組・大倉組に渡され，大正8（1919）年には指定商＝三井・三菱・鈴木・岸本・森岡・岩井の6社の「鉄鋼流通独占」が形成され，この6社に

第4章　拡張期における製鉄所財政の構造

表4－27　製鉄所の鋼材生産高及び販売高

(単位：トン)

年　度	生産高(A)	販売高(B)	B/A(%)
明治39 (1906)	65,518 (91,669個，5本)	53,898 (119,631個，5本)	82.3
40 (1907)	85,062 (79,122個　　　)	64,206 (78,628個,254組)	75.5
41 (1908)	96,658 (42,710個　　　)	94,808 (29,763個，1組)	98.1
42 (1909)	99,893 (77,437個，6組)	105,785 (77,797個，6組)	105.9
43 (1910)	160,816	159,152	99.0
44 (1911)	181,974	178,944	98.3
大正1 (1912)	208,797	207,919	99.6
2 (1913)	216,565	201,157	92.9
3 (1914)	231,547	222,463	96.1
4 (1915)	268,102	276,159	103.0
5 (1916)	276,963	266,850	96.3
6 (1917)	352,103	297,577	84.5
7 (1918)	313,661	310,477	99.0
8 (1919)	287,256	268,239	93.4
9 (1920)	297,453	293,977	98.8
10 (1921)	345,980	331,548	95.8
11 (1922)	420,643	385,295	91.6
12 (1923)	469,463	421,478	89.8
13 (1924)	495,425	513,833	103.7
14 (1925)	653,135	643,376	98.5
昭和1 (1926)	739,296	770,191	104.2

備考：明治39－大正13年度は『製鉄所起業25年記念誌』97－98ページ，大正14－昭和1年度は各年度『製鉄所事業成績書（原議ノ分）』による。販売用鋼片・鋼塊を含む。明治39－42年度の（　）内の個，組，本は武器を示す。但し，それらは生産高，販売高数量に含まれていない。

「製鉄所の販売分は全量契約された」といわれている（のち森岡・岸本が離脱）。

　かかる流通機構を基礎に，明治末から昭和初年にかけて，2，3の年度を除き，生産費の増加にほぼ照応して，販売量は次第に増加し，生産高と販売高の大量の差，すなわち大量の製品在庫を生ぜしめることが殆どなく，製鉄所の鋼材販売は継続していくのである（表4－27参照）。これは，官需の場合には前年度末に次年度の鋼材量の契約をなし民需も先物契約が支配的であった，すなわち，需要高をある程度掌握しての「計画的生産」であったからに

表4-28 作業収入の動向（収支済額）

(単位：千円)

	明治39 (1906)	明治41 (1908)	明治43 (1910)	大正1 (1912)	大正3 (1914)	大正5 (1916)
生産物売払代	4,898	8,697	12,617	17,409	19,122	52,307
雑収入	76	337	152	273	360	1,922
合計	4,974	9,034	12,768	17,682	19,482	54,229
	大正7 (1918)	大正9 (1920)	大正11 (1922)	大正13 (1924)	昭和1 (1926)	
生産物売払代	106,595	55,585	61,150	63,891	87,756	
雑収入	1,187	1,115	1,837	805	612	
合計	107,782	56,700	62,987	64,696	88,368	

備考：生産物は，製品と副産物。雑収入は，手数料，物品売払代，弁償金，違約金，加工料，小切手支払未済金収入，雑入の各項目からなっている。四捨五入のため合計が一致しない場合がある。以下各表とも同じ。

他ならない。

　かくして，作業収入（生産物販売代）は激増していく。明治43（1910）年度にようやく「黒字」に転じ，第1次世界大戦時に巨額の収益をあげるが，終戦とともに製鉄所の販売額と収益は一進一退的傾向をみせる。作業収入の動向を示せば表4-28の如くである（表示の金額以外に，創立期の分析に際してふれたように，いわゆる収入未済額があるが，これは翌年度の収入になるので，ここでも原則的には捨象して論を進める）。この表にも明らかなように，鉄鋼価格の暴騰から，大正7（1918）年度には，製品販売代金が1億円を突破しているほどである。われわれは作業収入の根幹である製品売払代，とりわけ鋼材販売代から検討する。そのために，まず販売状態を明らかにしておかなければならないであろう。

　(45)　日本鉄鋼問屋組合『日本鉄鋼販売史』同組合，昭和33年，27ページ。
　(46)　同上，32ページ。すでに明治36年，製鉄所は森岡・大倉（東京），岸本・津田（大阪）を指定商としたが，明治末年に，三井物産を中心とした

東京鉄問屋で三井組を組成（三菱もその翼下にあった）し，また大倉商事，鈴木・岩井・安宅・藤岡の各商社で大倉組を結成した（同上，31ページ）。大正6年に両組とも解体。
(47) 同上，41ページ。ただし，全量契約されたというのは正しくないであろう（後掲表4－30参照）。

1　製品販売の動向

　製鉄所における需要先別製品販売構成を拡張期全般にわたって明らかにすることはできないが，第1次世界大戦直後までは，鉄道と陸海軍の需要といった官需が大きなウエイトをしめていたことは明らかである[48]。ある程度判明しうる大正4（1915）年度以降の製鉄所の鋼材販売市場を表示しておこう。次ページの2つの表（表4－29，4－30）がそれである。ここで明らかなことは，まず販売数量についていえば，①第1次世界大戦時に官需優位，しかも陸海軍省需要と鉄道省需要の拮抗的状態，②官需の横ばい的状態（大正9〔1920〕年度の176千トンを最高に大正12〔1923〕年度の101千トンを最低に），③陸軍省需要の漸減と軍縮条約締結後の海軍省需要の著減であり，④民需にかんしては，丁度そのうらがえしになっており，大正11（1922）年度以降著増していること，しかも鉄商社への販売の増加傾向である。販売額についてみると，大正6・7（1917・18）年度の如きは陸海軍需品のコストが高いにもかかわらず，官需が数量では56.2％，50.9％をしめながら，金額では49.3％，37.1％をしめているのにすぎないのが注目される。

　既にのべたように（第1章Ⅲ節，38ページ），製鉄所の製品販売順位の第1位は官庁であり，官庁からの注文をみたし，そのうちに民間からの注文に応ずるのが原則となっており，生産水準によっては，官庁注文が激増した場合には，民間からの注文に応じられないこともありうるのである。したがって，戦時中需要の大幅な増加にもかかわらず[49]，製鉄所の生産高・販売高に大きな増加がみられず，しかも需要自体に大きな変化はないにしても，軍拡の進行とともに海・陸軍省需要が増加傾向をみせているのであるから，民間需要の著増にもかかわらず製鉄所の民間への販売は制約をうけ，販売量が停滞

表4－29 製鉄

	大正4 (1915)				大正5 (1916)				大正6 (1917)			
	数量	%	金額	%	数量	%	金額	%	数量	%	金額	%
鉄道院(省)	65	23.6	5,286	19.4	53	19.9	6,794	14.3	73	24.5	12,439	18.5
陸　　軍	17	}13.1	3,913	14.4	31	}22.2	10,284	21.6	26	}22.8	8,092	12.0
海　　軍	19		1,871	6.9	28		4,789	10.1	42		8,249	12.4
その他官庁	}26	9.4	2,376	8.7	31	11.7	4,600	9.6	}26	8.7	4,356	6.4
本　　所												
官　庁　計	128	46.5	13,446	49.4	143	53.8	26,467	55.6	167	56.2	33,136	49.3
民　　間	148	53.8	13,799	50.6	123	46.2	21,160	44.4	130	43.8	34,010	50.8
合　　計	275	100	27,234	100	266	100	47,627	100	297	100	67,147	100

備考：大正4，5年は『鉄と鋼』第3年第11号（大正6年11月），78－79ページ。その他
［注：大正4，5年は原典に基づき修正したが，大正6年以降は原典所在不明のため，著

表4－30 製鉄

	大正11 (1922)				大正12 (1923)			
	数量	%	金額	%	数量	%	金額	%
鉄道院(省)	87	23.1	11,183	23.4	53	13.2	7,137	14.9
陸　　　軍	5	}8.0	1,016	2.1	1	}2.7	197	0.4
海　　　軍	25		4,670	9.8	10		1,689	3.5
その他官庁	28	7.4	3,719	7.8	22	5.5	3,096	6.5
本　　　所	10	2.6	1,408	2.9	14	3.5	2,064	4.3
官　庁　計	154	41.0	21,995	46.1	101	24.8	14,173	29.6
鉄　　　商	128	34.0	14,436	30.2	186	46.2	20,559	42.9
造　船　業	25	6.6	3,933	8.2	15	3.7	2,197	4.6
鉄　工　業	54	14.1	5,465	11.5	78	19.4	7,962	16.6
鉄　道　業	12	3.1	1,622	3.4	22	5.5	2,719	5.7
鉱　山　業	－		42	0.1	－		57	0.1
そ　の　他	2	0.5	253	0.5	2	0.5	116	0.2
民　間　計	222	59.0	25,752	53.9	302	74.9	33,710	70.4
合　　　計	376	100	47,747	100	403	100	47,883	100

備考：各年度『製鉄所事業成績書（原議ノ分）』（製鉄所文書）より作成。
［注：大正11年，昭和1年は原典所在不明のため，原稿のままとしてある。他は原典から

第4章　拡張期における製鉄所財政の構造

所の官民別鋼材販売高(1)

(単位：千トンおよび千円)

大正7 (1918)				大正8 (1919)				大正9 (1920)				大正10 (1921)			
数量	%	金額	%	数量	%	金額	%	数量	%	金額	%	数量	%	金額	%
47	15.1	12,560	11.8	70	26.1	19,135	28.7								
19	}23.8	7,699	7.2	10	}21.6	3,814	5.7	}161	54.7	38,117	56.4	}151	45.4	30,509	55.2
55		12,533	11.8	48		10,999	16.8								
12	3.8	3,897	3.6	10	3.7	3,330	5.0								
25	8.1	2,809	2.6	18	6.7	2,642	3.9	15	5.1	3,214	4.7	13	4.3	2,265	4.0
158	50.9	39,499	37.1	156	58.2	39,919	60.6	176	59.8	41,332	61.2	164	49.7	32,774	59.2
153	49.1	66,697	62.9	112	41.8	26,467	39.4	118	40.2	26,207	38.8	167	50.3	22,495	40.8
310	100	106,197	100	268	100	66,387	100	294	100	67,538	100	332	100	55,270	100

は製鉄所総務課『製鉄所事業概要』(各年) より作成。
者原稿のままとしてある]

所の官民別鋼材販売高(2)

(単位：千トンおよび千円)

大正13 (1924)				大正14 (1925)				昭和1 (1926)			
数量	%	金 額	%	数量	%	金 額	%	数量	%	金 額	%
92	18.3	11,383	19.6	111	17.2	13,087	18.3	114	14.8	13,079	16.4
3	}3.8	473	0.8	1	}1.7	179	0.2	1	}1.0	189	0.2
16		2,700	4.6	10		1,651	2.3	7		1,218	1.5
16	3.2	2,038	3.5	22	3.4	2,806	3.9	39	5.1	4,587	5.8
13	2.6	1,671	2.9	11	1.7	1,444	2.0	12	1.5	1,438	1.8
141	28.1	18,265	31.4	155	24.1	19,167	26.7	174	22.6	20,512	25.8
233	46.4	26,568	45.7	374	58.1	40,531	56.6	442	57.4	44,298	55.7
30	6.0	4,191	7.2	41	6.4	4,008	5.6	44	5.7	4,379	5.5
92	18.3	8,364	14.4	53	8.2	5,507	7.7	88	11.4	7,800	9.8
3	0.6	402	0.7	11	1.7	1,185	1.7	16	2.1	1,699	2.1
2	0.4	234	0.4	6	0.9	429	0.6	3	0.4	216	0.3
1	0.2	179	0.3	5	0.8	824	1.2	3	0.4	538	0.7
361	71.9	39,940	68.6	490	76.1	52,485	73.2	597	77.4	58,930	74.2
502	100	58,205	100	644	100	71,652	100	770	100	79,442	100

の著者の写本に照合のうえ修正した]

的になるのは，製鉄所の経営方針から必然的になるのである(50)。だが，製鉄所における第3次拡張の展開とともに，生産力の上昇と官需の停滞的展開は不可避的に民間需要への対応へと進まざるをえない。いわゆる軍縮による製鉄所製品の海軍省需要の減少はそれに拍車をかけるのである。こうして製鉄所は比喩的にいえば，国家機関の鉄鋼充足工場から民間産業用の鉄鋼供給工場へとその比重を推転させていくのである。これがまた，新しい問題を惹起せしめることは既にのべた通りである。

　軍縮がとくに日本鉄鋼業・造船業に与えた影響の大きさは指摘されているが，製鉄所の場合には，軍拡に照応して設備を拡大させてきたのであるから，軍縮は，設備の稼動率を低下させたのであるが，製鉄所総務課の調査によれば，大正11（1922）年度以降，各年度海軍発注予定高が117千トン－181千トンも減少した（表4－31）と見積もられている。陸海軍省向け販売高が第1次世界大戦開始の翌年に36千トン（13.0％——販売高にしめる割合，以下同じ）から大正7（1918）年度74千トン（23.8％），同6（1917）年度68千トン（22.8％）をピーク（大正9・10年度は内訳不明につき措くが官需の趨勢からみて前年度とほぼ同量と推定される）として，軍縮条約調印の翌年度たる大正11（1922）年には30千トン（8.0％）となり，以後8千トン（1.04％）にまで減少し続けるのは象徴的な現象である。もちろん，陸海軍省への販売高だけが製鉄所にとって軍需を意味しないが，全般的な軍需の減少の製鉄所への反映であろう(51)。かかる陸・海軍省への販売高の減少にたいして，民間造船業への販売高は大正12（1923）年度に減少するのを除いて，上昇傾向を示しているのは注目してよい。第1次世界大戦中の民間造船所への製鉄所の鋼材販売高は30千トン－38千トン程度（大正4－7〔1915－18〕年度——後掲表4－34参照）であったから，第1次大戦後においても，海軍省への販売高ほど大きな変動をみせていないのである(52)。

　次に注目しなければならないのは，製鉄所製品の民間への販売高中にしめる鉄商社の地位と役割である。表4－30にあきらかな如く，第1次世界大戦後の製鉄所の鋼材販売高中の34％から58％をしめ，しかも民間への販売高の57.6％（大正11年），61.5％（大正12年），64.5％（大正13年），76.3％（大

第4章　拡張期における製鉄所財政の構造

表4-31　海軍の製鉄所への発注予定及び発注額

(単位：千トン)

年　度	当所発注予定量	実際の発注量	減少量
1922（大正11）	127	10	117
1923（大正12）	139	13	126
1924（大正13）	152	14	138
1925（大正14）	165	14	151
1926（昭和1）	180	10	170
1927（昭和2）	185	4	181
合　計	948	65	883

備考：製鉄所調査課報告による（ただし，前掲『日本鉄鋼史』第3巻第1分冊，44ページから引用）。

正14年），74.0％（昭和1年）をしめている。この鉄商社は既述の如く，三井・三菱・鈴木・岸本・森岡・岩井の6社であり，製鉄所の鋼材販売の消長はまさしくこれらの商社如何にかかってくることになるのである。第1次世界大戦前においては，指定商制度，三井・大倉組の結成があり，第1次世界大戦中の一時期（大正6・7年）を除いて，製鉄所の民間への製品販売は大鉄商社によるところが大であったとみるべきであろう。製鉄所においては大口取引には値引き制度を創業時から実施し継続しているから，その点では大商社に有利であったといえよう。これらの諸条件から，われわれは，製鉄所と鉄商社との密接な利害関係の存在を容易に想定しうるし，製鉄所の製鉄販売価格の決定の問題を考察する場合に鉄鋼商社の存在を看過してはならないであろう。[53]
[54]

　この鉄商社を通じて，どのような産業部門に鋼材が販売されているのか，現在のところ把握できない。大正末から昭和にかけての日本の鉄鋼市場構造についての唯一の資料と思われる商工省の調査（表4-32参照）と比べてみても，鉄商社による販売のなかで，土木建築関係がかなりのウエイトをもっていたのではないか，と推定しうるにとどまる。各産業部門への比較的小口の販売と輸移出も当然考えられるがそれらの構造的な把握はできない。[55]

　以上，検討してきたように，官営製鉄所は専ら官庁（鉄道と陸海軍を中心とした）と鉄鋼商社への販売によって，企業・経営体としてなりたってきた

表 4 − 32 普通鋼・圧

年　次	鉄道（含電鉄）		土木建築鉄骨構造		造　船		機械鉄工業	
	数量	%	数量	%	数量	%	数量	%
大正13(1924)	216	24.0	215	23.8	90	10.0	199	22.1
14(1925)	228	24.0	259	27.3	94	9.9	212	23.4
昭和 2(1927)	275	23.8	239	20.7	107	9.3	262	22.7
5(1930)	251	15.6	619	38.4	117	7.2	313	19.4

備考：商工省鉱山局編『製鉄業参考資料』（昭和7年6月調査）88−91ページ。

表 4 − 33 主要

	明治39(1906)		明治44(1911)	
	トン	%	トン	%
鋼　　　　　板	11,989	22.2	29,433	16.8
亜　鉛　引　板	33		2,327	1.3
棒　　　　　鋼	8,918	16.5	39,779	22.2
形　　　　　鋼	4,703	8.7	18,990	10.6
重　軌　　　条	22,264	41.3	59,902	33.5
軽　軌　　　条	2,501	4.6	3,368	1.9
軌　条　付　属　品　ボ　ル　ト　ナ　ッ　ト　リ　ベ　ッ　ト	1,215	2.3	6,236	3.5
線材・製釘材			7,378	4.1
外　　　　　輪			1,237	0.7
鋼　片・鋼　塊	87	0.2	454	0.2
鍛　　成　　品			458	0.2
電　気　炉　鋼				
坩　　堝　　鋼	24		90	
端物・その他	2,164	4.0	9,143	5.1
合　　計	53,898	100	178,795	100

備考：前掲『製鉄所起業25年記念誌』99ページ。

第4章　拡張期における製鉄所財政の構造

延鋼材用途別消費高

(単位：トン)

石油ガス水道		鉱　山		その他		合計(A)	総需要(B)	(A)/(B)
数量	%	数量	%	数量	%	数量	数量	%
13	1.3	23	2.6	144	16.0	901	1,835	49.1
10	1.0	21	2.2	114	12.1	949	1,383	69.0
17	1.7	29	2.5	226	19.5	1,157	1,979	58.5
52	5.2	36	2.2	225	14.0	1,613	2,048	78.7

製品販売高

大正5 (1916)		大正10 (1921)		大正13 (1924)	
トン	%	トン	%	トン	%
70,440	26.4	81,955	24.7	127,434	25.4
2,966	1.1	2,001	0.6	2,491	0.5
49,867	18.7	79,417	24.0	97,957	19.5
38,743	14.5	55,915	16.9	67,390	13.4
41,944	15.7	46,968	14.2	64,484	12.8
4,276	1.6	4,374	1.3	7,719	1.5
8,734	3.3	6,578	2.0	7,476	1.5
25,862	9.7	17,644	5.3	21,615	4.3
4,455	1.7	3,216	1.0	3,835	0.8
915	0.3	20,902	6.3	89,839	17.9
1,521	0.6	1,354	0.4	2,917	0.6
		49		565	0.1
2,027	0.8	304	1.0	183	
14,743	5.5	10,831	3.3	7,944	1.6
266,493	100	331,548	100	501,849	100

ことが明白である。

　拡張期における主要製品の販売傾向をみれば，創立期において軌条・鋼板・棒鋼・形鋼がその主軸であったのと同様に，この4種が70－90％近くをしめているが，重軌条の比重が次第に低下していることと線材・製釘材および鋼片・鋼塊の販売高が増加しているのが特徴的である[56]（表4－33参照）。鋼片はごく少量ではあるが創立期から販売されているが，既述のように第3期拡張によって鋼片の外部販売を著しく増加させることを意図し（基本的には民間鉄鋼業の要請），大正8（1919），9（1920）年ごろより増加したが，それ特定業者への集中的販売はとくに議会での批判の的となったものである[57]。坩堝鋼は，「小銃銃身用地金」の自給のために明治38（1905）年工場を設立したことによって生産を開始した軍需用特殊鋼であり，第1次世界大戦中に生産設備を拡張し生産も増加したが，大戦後には操業短縮を行なっている。

　製品別の販売先区分は不明であるが，重・軽軌条および軌条附属品と外輪は国鉄・民鉄の鉄道業であり，限られた年度ではあるが，大正5（1916）年度の場合，少なめにみても鋼板の約50％，棒・形鋼の約25％は造艦・造船用であり，販売高の21.8％が造艦・造船用である。また，大正7（1918）年の場合には，鋼板生産高（7万7047トン）の61％（うち海軍工廠41％），棒・形鋼の30％（うち海軍工廠15％）が造艦・造船用である。製鉄所の製品販売高との割合をみれば，この造艦・造船用の鋼材だけでも，大正3（1914）年度18.6％，同4（1915）年度18.9％，同5・6（1916・17）年度21.8％，同7（1918）年度30％に達している（製鉄所の海軍工廠・民間造船所への造艦・造船用鋼材販売高は表4－34を参照）。製鉄所における造艦・造船用材のしめる地位をこれからもある程度把握しうるであろう。

　　（48）　明治末期から大正初年の製鉄所の需要先別製品販売構成は明らかではないが，明治末年については『事業報告』所収の「製品販売ノ状況」からその傾向をある程度察知しうる。その全文および三枝・飯田氏の叙述を参照されたい（前掲書，620－627ページ）。なお，そこにも引用されてあるが，今泉嘉一郎は明治41（1908）年4月から同42年2月までの11カ月間につい

第4章 拡張期における製鉄所財政の構造

表 4-34 製鉄所の海軍工廠及び民間造船所への造艦・造船用鋼材販売高

(会計年度、単位：トン)

	大正3 (1914)				大正4 (1915)			
	鋼板	条鋼	その他	計	鋼板	条鋼	その他	計
海軍工廠	13,626	7,241	434	21,301	9,886	6,743	650	17,280
民間造船所	13,750	6,294	550	20,595	22,348	10,794	1,488	34,630
計	27,276	13,535	984	41,896	32,234	17,538	2,138	51,910
	大正5 (1916)				大正6 (1917)			
	鋼板	条鋼	その他	計	鋼板	条鋼	その他	計
海軍工廠	12,988	6,806	513	20,308	20,309	12,903	467	33,679
民間造船所	21,705	15,234	1,099	38,038	14,195	13,692	2,565	30,423
計	34,693	22,040	1,613	58,346	34,474	26,595	3,033	64,102
	大正7 (1918)							
	鋼板	条鋼	その他	計				
海軍工廠	32,476	17,584[1)]	481	50,541				
民間造船所	14,567	17,396[2)]	169	32,032				
計	46,942	34,980	650	82,573				

備考：「海軍省所用鋼鉄額取調」(製鉄所文書『鉄及石炭ニ関スル調査資料其ノ一』所収) より作成。
注：1) 形鋼10,757トン、棒鋼6,827トン。
　　2) 形鋼12,289トン、棒鋼5,107トン。

て，製鉄所製品の民間への販売高33千トン，官庁への販売高56千トン（内陸海軍17千トン），と指摘している（今泉「製鉄所処分案」，『鉄屑集』上巻，295ページ）。陸海軍以外の官需はその殆ど全部が鉄道院であるとみてよいだろう。

(49) 鋼材需要額は大正3（1914）年649千トン，同4（1915）年550千トン，同5（1916）年797千トン，同6（1917）年1,155千トン，同7（1918）年1,122千トン，同8（1919）年1,165千トン，となっている。この間の鋼材国内自給率は，44％，62％，48％，46％，47％である（『製鉄業参考資料』昭和10年版，4ページより）。

(50) たとえば，民間造船所への鋼材販売高に関して，大正7（1918）年度32千トンであるのにたいして，製鉄所は大正8（1919）年度に販売しうる鋼材予定高を12千トンと予定している（ただし在庫品は予定がたちがたいので含まないとしているが）にすぎないのである（「海軍省所用鋼鉄額取調」，製鉄所文書『鉄及石炭ニ関スル調査資料』所収）。これは海軍工廠の需要増見込みに対応しての推計であると考えてよい。

(51) 1920年代，とくに1923（大正12）年度－29（昭和4）年度は，日清戦争から第2次世界大戦時までの間で，直接軍事費（陸海軍省費，臨時軍事費，徴兵費）の国家財政支出（一般会計と臨軍費との純計）にしめる割合が低下した時期であり，絶対額も大正12（1923）年度，5億2753万円（34.1％――国家財政支出との割合）同13（1924）年度，4億9706万円（30.0％）同14（1925）年度，4億4800万円（29.3％），昭和1（1926）年度，4億3711万円（27.7％）と漸減的である（大蔵省『昭和財政史』第4巻『臨時軍事費』〔宇佐美誠次郎教授執筆〕，5ページ）。

(52) 第1次世界大戦中の民間造船所への鋼材販売高と大戦後のそれとが同一の規準によって計量されているかどうか疑問が残るが本文のように考えて大過ないだろう。たとえば前者については「実際ニ供給シタル（契約高ニ依ル）鋼材全部ヲ統計シタルモノ」と明記してあるが，後者の場合には鉄商社を通じて民間造船所に販売されたものが加えられていない。もしこれが加えられれば民間への販売高はより多量となるであろうという点である。しかし，大戦後の造船業の生産の集積が著しいし，製鉄所の販売方針にてらしてみても，大造船所は製鉄所と直接契約を結んでいるはずであるから，鉄商社による販売についてはここでは重視しなくてもよいだろう。

(53) 大口注文にたいする割引の方針は既述の通り，明治34（1901）年に決定されていたが，1口1000トン以上の注文にたいする割引が行なわれている（『日本鉱業会誌』第459号〔大正12年5月22日〕，397ページ）。また，第46

議会衆議院（大正12年2月）における野党の質問にたいする政府の文書解答によれば，大正10（1921）年度の割引数量8万6394トン，価額91万2516円であり，大正11（1922）年度（但し，同年12月1日まで）では，それぞれ，1万6080トン，15万1289円となっているし，また「右期間の大口注文にして割引せざるものなし」であり，大口注文の値引きをする理由は「一般市場の取引に卸売値と小売値とあるが如し」とのべている（『大日本帝国議会誌』第14巻，1005，1007ページ）。割引数量が少ないようにみえるのは，それが「契約数量」であり，実際の大口販売高ではないからである。実際にはもっと多量になると考えられる。しかし，大正年度の割引数量が正確であったとしても，それは当該年度における民間への鋼材販売高の約51.5％にのぼるし，1トン当たりの割引金額は10.6円（大正11年度は9.4円）になるのであるから，大口注文者にとってその意味は大きい。たとえば，同年度の民間向け鋼材平均単価は133.7円であるから割引率は約8％になるのである。

(54)　従来，第1次世界大戦後の製鉄所の販売価格について，もっぱら民間鉄鋼企業との関連でのみ論じられてきた。製鉄所製品の安価な販売は民業を圧迫する云々と。これはたしかであるが，製鉄所の民間向け販売の中心である鉄商社は民間製鉄所の商品取り扱い資本でもあり，外国鋼材の輸入商社でもあった。すなわち，日本製鋼所は三井物産の資本参加，したがって製品は三井物産が販売し，釜石は三井の支配下にくみこまれるし，神戸製鋼所は鈴木商店の出資会社であり，住友伸銅所の製品は住友合資会社，日本鋼管製品は設立に参加した代表的鉄鋼商社，岸本・森岡両商店によって販売される，というように。満州の本渓湖煤鉄公司はいうまでもなく大倉組，朝鮮の兼二浦製鉄所は三菱製鉄，したがって三菱。とすれば，国産・輸入品とも，流通過程はこれらの大鉄鋼商社によって基本的に掌握されたことを意味するのであり，製鉄所はこの大鉄鋼商社の意向を無視しえないであろう。この点は留意すべきである。

(55)　この調査は，表4-32にも明らかなように，鉄鋼需要構造の総体をしめすものではないから，その傾向をみるための参考にとどまるが，土木建築，機械鉄工業のウエイトが高くなっていることと造船業のウエイトが低いことが注目される。大正7（1918）年の職工30名以上の民間機械工場の鉄鋼材需要量調査（農商務省臨時産業調査局）によると，総量496千トン中造船業が260千トン（吉田豊彦『本邦製鉄鋼業に対する素人観』59-60ページ），すなわち52.4％をしめ，当年の日本の鋼材需要量1,122千トンの約23.1％をしめていたのと対照的である。

表 4-35 製鉄所

	棒鋼販売価格	形鋼販売価格
明治43 (1910)	64.00	80.00-82.00
44 (1911)	64.00-72.00	73.00-77.00
大正 1 (1912)	75.00-77.00	78.00-83.00
2 (1913)	70.00-72.00	76.00-80.00

備考：製鉄所文書『鉄及石炭ニ関スル調査資料』所収資料による。経済研究所，昭和7年，287ページ，軌条販売価格および輸治44年まで2円50銭，大正1年以降13円33銭）。

(56) 小野義彦教授は1920年代における「諸外国に例をみないほど巨大な国家資本の役割」について，「日本資本主義におけるこれらの国家企業〔国鉄・八幡製鉄所・逓信事業――引用者〕の意義は，なかんずく，日本の独占体が先進諸国の技術水準・生産力水準においつくために必要な膨大な固定資本設備の支出を省略させ，国家が供給する廉価な銑鉄や運輸サービスに依拠して独占体の急速な競争基盤強化を可能ならしめたその『資本節約』的奉仕機能のなかにあった。巨大な国家資本は，政党政治をつうじて，つねに独占企業の発達に最大限の便益をあたえていた」とのべている（小野「金融寡頭制の確立」，岩波講座『日本歴史』現代3，昭和38年，95ページ，傍点は引用者）。ここでのべられている国家企業の一般的な意義については異論をのべる必要はないが，官営製鉄所が「廉価に供給する銑鉄」なる把握は全く事実に反していて驚異的ですらある。国有企業にかんする一般論をここでも公式的にあてはめようとしたにすぎない感がするのは私1人だけではないであろう。かかる事実を無視した「公式論」の誤った適用からは，官・民生産分野協定，ひいては日鉄の成立の必然性などは全く把握できないだろう。

(57) その論議については『大日本帝国議会誌』，『原敬日記』（第4巻，360-361ページ）などを参照。

2 販売価格の動向

創立期においては，既述の如く製鉄所の鋼材販売価格は鋼材平均生産費を大幅に下まわり，費用価格以下での販売を余儀なくされてきた。拡張期においては，生産費の漸減とともに，事態の変化が生ずる。

第4章　拡張期における製鉄所財政の構造

主要製品販売価格及び輸入価格

（トン当たり円）

丸鋼販売価格	条鋼輸入価格	鋼板販売価格	同輸入価格	軌条販売価格	同輸入価格
71	70.1	71.00	83.2	66	62
71	71.1	74.00－78.00	76.3	66	71
79	69.9	81.00－84.00	84.9	70	75
85	74.7	81.00	91.4	71	80

但し，丸鋼販売価格は富永祐治『本邦鉄鋼業と関税』大阪商科大学
入価格は劔持，前掲書446ページ，軌条輸入価格は関税加算（明

　販売価格の動向は，大別して3つの時期に分けられる。第1の時期は，日露戦争後から第1次世界大戦開始時までであり，第2は大戦中であり，第3は，大戦終結から条鋼生産分野協定までである。第1の時期は，既述のように，生産費の低下とともに，製鉄所の対外競争力が次第に強められた時期であり，第2の時期は，製鉄所が鉄鋼価格の暴騰から「笑いがとまらぬ」程の利益をあげた時期であり，第3の時期は終戦とともに鉄鋼市場価格が暴落し，先進諸国のダンピングのもとで，そして民間鉄鋼企業の苦境のなかで，製鉄所が価格政策に苦悩しながら，自らの存立の意義を追求せんとする時期である。とりわけ，問題なのはこの第3の時期であるが，われわれは，それぞれの時期における特徴的な販売価格（政策）を明らかにしていくことにしたい。

　第1の時期は，財閥系の鉄鋼企業の生成期でもあったが，これらは特定需要と結合しており，製鉄所との直接的な競争関係は稀薄か皆無であったから，製鉄所は設立の意図と経営方針に忠実に経営活動をなし，鉄鋼自給度の上昇のために外国鉄鋼独占資本との対抗，具体的にはそれとの価格競争による国内市場の可及的掌握を遂行することが重要な課題であった。日露戦争時における戦争遂行のために生産機構の整備ならびに，第1期拡張を通じて生産規模の拡大などを基礎とした搾取の強化によって生産費の低減化を推し進めた製鉄所では，主要製品販売価格において別表（表4－35）の如く，質をとわないとすれば，鋼板は輸入価格より安く，軌条は関税に支えられて明治44（1911）年以来輸入価格よりも安くなっている。[58] 棒鋼・形鋼の販売価格は輸

203

表 4 - 36 大正 7 年 5 月製鉄所在庫品(丸鋼・角鋼・平鋼約300トン)主要入札者及び価格

入 札 者	価 額	1トン当たり価格
岩 井 商 店	93,670円	312円
岡 谷 商 店	93,900	313
三 井 物 産	100,157	333
大 阪 鉄 材 組 合	93,050	310
阿 部 幸 商 店	90,347	301
奥 村 商 店	90,190	300
鈴 木 商 店	90,047	300
茂 木 合 名	91,900	306
大 阪 製 鎖 所	96,665	322
水 橋 商 店	97,010	323

備考:岩野晃次郎「わが国の鋼材市場と価格」,『経済研究』第3巻第4号, 岩波書店, 1925年10月, 147ページ。

表 4 - 37 製鉄所の棒鋼・軌条平均販売価格と生産費

(トン当たり円)

	棒 鋼		軌 条	
	販売価格	生産費	販売価格	生産費
大正 6 (1917)	335.9	70.5	133.2	59.2
7 (1918)	362.3	138.6	200.2	118.0

備考:製鉄所調べ。『日本鉄鋼史』第2巻第2分冊, 103ページ。

入価格が条鋼(丸・棒・形鋼)として一括されているために厳密な比較は困難だが,条鋼輸入価格に関税を加算すれば両者の差は接近する。しかし,一般的には製鉄所製品販売価格の割高は否定できないであろう。

　第1次世界大戦の勃発は製鉄所にとって決定的に有利な条件となり,大正6 (1917) 年に民間販売分に関して先物契約を廃止し,競争入札制を採用し市価の暴騰とともに販売価格をつりあげていった。その典型的な例として,大正 7 (1918) 年5月の製鉄所入札価格をあげておこう(表 4 - 36参照)。この場合には,三井物産が1トン当たり333円で条鋼約300トンを落札しているのであるが,製鉄所の棒鋼および軌条の販売価格は急騰し,大戦前の大正2 (1913) 年と比べると棒鋼は4-5倍,軌条は1.9-2.8倍となっている[59] (表 4 - 35と表 4 - 37を参照)。軌条の倍率の低いのは,軌条はその多くが鉄

第4章　拡張期における製鉄所財政の構造

道院需要であり，しかも輸入価格が他の種類ほど上昇していないことによる(60)と考えられる。大戦中の官・民別鋼材単位当たり販売価格をみると，本来官需品は規格品や特殊鋼材を含むから生産費は高いのであるが，大正6・7(1917・18)年度の如きは民間向け平均販売価格の方がはるかに高価になっているのである。したがって，既述したように，販売数量の56.2％（大正6年度），50.9％（大正7年度）をしめる官需が販売価額ではそれぞれ49.3％，37.1％をしめるにすぎないような状況を現出させるのである。こうした鉄鋼価格の暴騰期に，製鉄所は官僚と特定業者および資本家との結託による，汚職と腐敗を露呈し，伏魔殿の異名をほしいままにし，鋭い世論の批判をあびるにいたるのである。しかし，周知のように製鉄所の蜜月時代は，砲声の中(61)絶と運命をともにせざるをえなくなるのである。

　大正7（1918）年11月，連合国は対独休戦条約を調印し，第1次世界大戦は終了したが，国内の鉄鋼市価は，それより先，7，8月をピークに次第に低下傾向をみせはじめていた。翌8年戦後景気の出現にもかかわらず鉄鋼市価は，低下の一途をたどった。生産費が上昇傾向にある時に鉄鋼の異常な高価格の低落が始まったのであるが，製鉄所は民間向け販売価格を市場価格の下落に対応させて低下させ（大正8〔1919〕年度）たが，大正9（1920）年度には可及的に販売価格を維持しようと努力する（鋼材平均販売価格については表4-38参照）。しかし，すでにのべたように，それは滞貨を増加させ，製鉄所の資本の回転を悪化させただけでなく輸入の増加を促すことになり，製鉄所は大正10（1921）年にいたって販売価格の20-30％値下げを行なうが，その場合にも民間での生産量が多い（そして在庫の多いと考えられる）丸鋼の建値は市価よりも高くし，製鉄所の生産が国内生産の殆どすべてをしめる角鋼は市価より安価とし，鋼板も若干安（この時期の鋼板生産は製鉄所以外では浅野造船所と川崎造船所が最も多い——造船用の自所消費の比重が高いと考えられる）という特徴をもつ販売価格であった（表4-39参照）ことは注目してよい。しかし，かかる考慮も何ら効果なく市場価格は傾向的に低落していくのであるが，製鉄所は大正12（1923）年には市場価格の調整策をとり1月に値上げを行ないさらに，同年3月輸入価格および市価の上昇傾向の

205

表4-38 官民別鋼材平均販売価格

(トン当たり円)

	大正6 (1917)	7 (1918)	8 (1919)	9 (1920)	10 (1921)	11 (1922)	12 (1923)	13 (1924)	14 (1925)	昭和1 (1926)
鉄 道 省	170.3	267.2	273.3	236.7	202.0	128.5	134.6	123.7	117.9	114.7
陸 軍 省	311.2	405.2	381.4			203.2	197.0	157.6	179.0	189.0
海 軍 省	196.4	227.8	229.1			186.8	168.9	168.7	165.1	174.0
そ の 他	167.5	324.7	333.0	214.2	174.2	132.8	140.7	127.3	127.5	117.6
本 所		112.3	146.7			140.8	147.4	128.5	131.2	119.8
官・平 均	198.4	249.9	255.8	234.8	199.8	142.8	140.3	140.3	123.6	117.8
鉄 商						112.7	110.5	114.0	108.3	100.2
造 船 業						157.3	146.4	139.7	97.7	99.5
工 業						101.2	102.0	90.9	103.9	88.6
造 鉄 業						135.1	123.5	134.0	107.7	106.1
鉱 山 業						?	?	117.0	71.5	72.0
そ の 他						126.5	58.0	179.0	164.8	179.3
民・平 均	261.6	435.9	236.3	222.0	134.7	116.0	111.6	110.6	107.1	98.7
総 平 均	226.0	342.5	247.7	229.7	166.4	126.9	118.5	115.9	111.2	103.1
平均生産費	79.31	150.53	226.27	247.99	137.13	115.47	112.16	―	―	―

備考:表4-29, 4-30から算出。

第4章　拡張期における製鉄所財政の構造

表4-39　大正10年1月の製鉄所の販売価格と東京市価

(トン当たり円)

	製鉄所	東京市価
丸　　鋼	150	135
角　　鋼	160	203
平　　鋼	170	165
鋼　　板	150	155

備考：『日本鉄鋼史』第2巻第2分冊，99ページ。

表4-40　大正12年3月10日発表の製鉄所製品販売価格

(普通寸法1トン当たり)

	製鉄所	輸入価格
丸　　鋼	140円	140円
角　　鋼	140	140
平　　鋼	140	140
鋼　　板	135	140
山　形　鋼	135	145
18ポンド軌条	125	115
ワイヤロッド	177	180

備考：『鉄と鋼』大正12年4月，74ページ。『日本鉱業会誌』大正12年5月22日，第459号，396ページ。

もとで再び値上げを行ない輸入価格追随的姿勢をとり，他方特殊製品の大幅値上げ政策を遂行するのである。前者については表4-40を参照されたい。この販売価格について日本鉄鋼協会の雑誌『鉄と鋼』（大正12年4月号）は「八幡製鉄所鉄材価格の調節」と題して次のように書いている。

「八幡製鉄所にては今春2回に亙り，約40円方の値上を断行した結果，其売出価格は外国品の輸入値段に接近して欧洲品の新規輸入値と略同様になったが，尚幾分割安である上に受渡が確実なる故に，一般需要者に喜ばる。……
製鉄所では一口千噸以上の註文に対し，一定価格を割引するから，それだけ外国品より安く売り居る訳だが，是は輸入防止の手段として一種の犠牲を払っているので，之に由って生ずる損失を特別寸法の者で補わんとし，目下内地で売行の好き細鐸の如き者に対して輸入品以上の高値で売出して居る」（74ページ）。

前項でも指摘したように，大口注文には値引きが行なわれているのであるから，鉄鋼商社にとっては，製鉄所の販売（＝払下）価格なるものは標準価格的意味しかもたないであろうが，輸入価格の低落にともない，早くも同年5月末には製鉄所は販売価格の値下げが不可避となったが，たとえば丸鋼の場合値下げをしても輸入価格の方が安価である状態が続くのである。しかし製鉄所自体，生産費を無視した価格政策を強行することは二重の意味で不可能なのである。
　民間への販売価格の推移にたいして，鉄道陸海軍省をはじめ官庁への販売価格は民間企業との「競争」を直接的には含んでいないのでその点では大きな問題とはならなかったが，製鉄所と官庁との価格決定にさいしては，予算の問題として「力関係」が介在してこざるをえないし製鉄所にとっては企業成績と政策に大きくひびくので重要であったことはすでにのべた通りである。

(58)　製鉄所における鋼板生産費が，大正1・3年度においては厚板64.44円，56.29円，薄板75.54円，70.98円であり，60ポンド軌条がそれぞれ54.11円，48.38円であった（『八幡製鉄所50年誌』52ページ）ことをみれば，輸入価格にたいする対抗力の基礎が強化されたことは明らかだといえよう。
　　販売価格について，当初の経営方針との関連において若干付言しておきたい。わたくしは，経営方針についてのべたさいに，官庁へは相対的に高い価格で販売しようとする製鉄所の価格政策がはらむ矛盾を指摘したが，その例証として鉄道院の軌条購入問題をあげておこう。原敬は明治44（1911）年9月29日の閣議での発言を次のように書いている。すなわち「余より鉄道軌条は可成製鉄所の製品を使用したきも同所の製造力十分ならず，又期限を誤る事多く加ふるに値段も高く（従来保護の意味には1トン69円にて外国品よりは3円高く買入れ居れり，今回製鉄所は73円にて供給せんと云ふも外国品は関税高くなれる今日にても70円にて供給せんと云ふ事故鉄道院は製鉄所より70円にて買入る見込なり），已むを得ず明年も5千噸外国に注文せざるを得ざる事情を閣員に告げ置きたり」と（前掲『原敬日記』第3巻，171ページ）。
　　また同年12月19日の5項には「此閣議に於て余より閣僚に鉄道用軌条千トン外国に注文せしことは既に閣僚の知る所なるが，製鉄所は責任を以て注文に応ずべき程度を減じたるに因り更に1万トン外国に注文すること

第4章　拡張期における製鉄所財政の構造

なれりと報告したり，可成内国品を使用すること必要なるも我製鉄所の力之に伴はざるに因り往々此くの如き処置を取らざるを得ざるなり」（同上，198ページ）と書いている。

製鉄所の軌条生産はこの時期には国内完全独占（明治43年62千トン，同44年66千トン生産）であったが需要を全的にみたしえず，輸入高が約4万トンに及んでいたのであるが，原敬の叙述からもうかがいうるように，従来は輸入品より3円高く買っていたといいながら，輸入品の価格をたてにとって製鉄所の官庁への「高価格販売」にプレッシャーをかけようとしているのである。この点は留意さるべきである。

この種の問題はひき続きおこるのであるが，官需充足工場発の性格が濃厚である時期には，製鉄所にとって官需価格の決定はきわめて重要であり，それなりに製鉄所の方針をおし通そうとする。そして，民間への鋼材の可及的な廉売なる方針の実現もまさにその点に係わってくるのである。

(59) かかる販売価格のつりあげにもかかわらず，販売価格が東京市中価格（卸売）を上まわっていることはないのが興味をひく。それは官業としての抑制的行為であろうか。

(60) たとえば，レールのトン当たり平均輸入価格（関税を含まず）は大正5年100.6円，6年150.09円，7年219.7円である（『製鉄業参考資料』昭和2年版，20－21ページの「鋼材輸入種類別表」より算出）。

(61) 詳しくは，一柳正樹『官営製鉄所物語』下巻，参照。

(62) 丸鋼価格については，富永祐治『本邦鉄鋼業と関税』大阪商科大学経済研究所，昭和7年，287ページを参照されたい。

大正12年5月24日に製鉄所は製品値下げを行なったが，「今日の値下げによるも尚多少市価よりも上値にあるため市況には左程影響はない模様で」（『鉄と銅』第9巻6号，大正12年6月，62ページ）あることに注意されたい。くわしくは同誌参照。

(63) その理由は，製鉄所における棒鋼生産費が大正14（1925）年度90－98円，翌年度で90－96円であり，丸鋼輸入価格（関税等含む）は92－100円，83－92円であり，さらに市価との関係である。いわゆる徹底した輸入価格追随は条鋼生産分野協定後であることに注意。また，この間製鉄所の「合理化」政策の強行にも注目する必要があるだろう。

(64) たとえば，海軍（工廠）の発注は，普通鋼材は官営製鉄所に，その他の大型鋳鍛造品，蒸気機械，内燃機などは民間製鋼所・造船所に発注されていた，といわれている（金子栄一編『造船』〔現代日本産業発達史　第9巻〕現代日本産業発達史研究会，昭和39年，214ページ）。

(65) 補足として，海軍側の発言を紹介しておこう。大正10年2月5日，衆議員予算委員会第4分科会で当時の海軍大臣加藤友三郎は次のようにのべている。

「枝光製鉄所ト海軍ト製艦材料ニ就キマシテ価格ヲ協定致シマスニハ，大分前カラ約束ガアル……其約束ハ1箇年分ヲ其前年ノ12月ニ協定シ来ッタノデアリマス……此戦争ガ始リマシテカラ，製艦材料ト云フモノノ価格ハ常ニ上下シテ枝光ト海軍ト此問題ヲ解決シマスニハ，非常ナ苦心ヲ致シマシテ，前年度ニ協定ガ出来ナイノミナラズ其年度ニ至ツテモ中々話ガ纏ラナイト云フ事情デアル……之ヲ枝光製鉄所ノ方カラ見マシタナラバ，或ハ市価ト言ヒマスカ，兎ニ角高ク協定シタ方ガ得策ダラウト思ヒマス，若シ枝光製鉄所ト海軍トノ協定価格ガ高クナリマスレバ，海軍ハ予算額ヲ多ク大蔵省ニ要求スルト云フ結果ニ陥ルノデアリマス，此協定価格ガ廉ケレバ大蔵省ヘノ要求ハ廉ク済ムト云フコトニナル……ソコデ海軍省ト農商務省トノ相談ガ動々モスルト大蔵省ト農商務省トノ相談ニナル……理屈ハ別トシテサウ云フ訳デアリマスカラ，民間ノ市価ナルモノヲ度外ニハ措イテ居リマスマイ，併シナガラ全然之ニ拠ルト云フ訳ニモ行カナイ事情ガアラウト思フ，而シテ一度協定ヲ決メマシタナラバ，其年度内ニ於テ多少ノ増減ガアツテモ，……価格ハ変ヘナイ，斯ウ云フ約束デ今日進ンデ居リマス，併シナガラ非常ナ変動ガアレバ別問題デアリマスガ，今日実際問題トシテサウ云フ事ハアリマセヌ」(「議事速記録」による)。

他の官庁との場合も事情は同様であろう。

3 損 益

日露戦争後の第1期拡張による生産機構の定着,「合理化」，技術の改良などによって製鉄所の経営基盤が強化され，明治43 (1910) 年度赤字から黒字に転じ，以後収益は増加し，第1次世界大戦時には4年度間（大正4－7年度）で約147百万円にのぼる莫大な収益をあげ，経済官僚をして，製鉄所の拡張費は全額国庫に償還されたと豪語せしめたが，これらの諸要因については，前項までに分析してきたことによって明白であろう。大戦後には生産費の変動と製品販売価格の変化によって収益が殆どゼロに近くなり，大正12 (1923) 年度より増加傾向をまた示してくる（表4－41，4－42）のであるが，大戦後の収益なるものは全く官業財政の制度的特徴に支えられて，そ

第4章　拡張期における製鉄所財政の構造

表4－41　製鉄所の損益

(単位：千円)

	収　入	支　出	損（－）益	借入金残高
明治39（1906）	4,974	10,125	－1,698	8,500
40（1907）	5,597	10,109	－1,694	10,700
41（1908）	9,024	8,405	－1,281	9,000
42（1909）	8,641	8,026	－881	7,300
43（1910）	12,768	9,487	52	4,000
44（1911）	13,196	11,718	1,546	4,000
大正1（1912）	17,682	13,425	4,839	2,000
2（1913）	17,761	15,409	4,404	5,700
3（1914）	19,482	15,623	6,255	8,000
4（1915）	27,954	18,156	13,508	10,800
5（1916）	54,229	22,758	30,576	10,000
6（1917）	68,035	30,290	45,645	12,000
7（1918）	107,782	56,407	57,727	12,000
8（1919）	85,734	76,534	5,095	10,000
9（1920）	56,700	82,081	15	55,500
10（1921）	63,391	58,746	9	50,000

備考：製鉄所「製鉄所の事業」，調査資料協会『内外調査資料』第2年第3輯（昭和5年3月）所収による。但し借入金残高は『製鉄所起業25年記念誌』。収支は現金のみ。

上表の収支は現金収支のみであるが，損益計算の方法は次の通りである。

総　収　益	総　損　失
作　業　収　入	俸　　　　　給
雑　　収　　入	事　　業　　費
収　入　未　済　額	材　料　素　品　費
翌年度へ繰越物品価格	諸　　支　　出　　金
前年度より繰越支出未済額	支　出　未　済　額
	前年度より繰越物品価格
	前年度より繰越収入未済額
合　　　　　計	合　　　　　計

211

表 4-42 大正末年貸借対照表

(単位：千円)

		大正11 (1922)	大正12 (1923)	大正13 (1924)	大正14 (1925)	昭和1 (1926)
借方	生産品	17,250	23,352	22,979	20,302	14,671
	材料及素品	26,208	26,516	30,961	26,732	22,889
	機械運転用品	86	170	83	108	180
	備品	1,346	1,450	1,523	1,574	1,542
	国庫	13,738	5,997	5,693	10,442	22,107
	収入未済	3,522	5,238	6,791	10,018	7,479
	合計	62,150	62,723	68,031	69,177	68,868
貸方	運転資本	4,500	4,500	4,500	4,500	4,500
	同上補足金	50,000	50,000	55,000	55,000	55,000
	前金受	2,538	1,590	1,559	2,041	1,452
	支出未済	5,099	6,195	6,105	6,279	5,907
	利益	13	438	867	1,358	2,009
	合計	62,150	62,723	68,031	69,177	68,868

備考：各年度『製鉄所事業成績書（原議ノ分）』より作成。

の制度のもとでのみ実現されえたものである。たとえば，借入金のみをとってみても，大正9（1920）年度以降は5000万－5500万円の年度末残高を示しているが，その年利率が6％であったとしたら，各年度300万－330万円の利子負担となり，収益なるものは全く消散してしまうからである。現代の公企業が莫大な利子負担に苦しみそれが料金値上げの圧力因子となっているのと対照的である。創立期の損益を論じた際に，若干の疑問を提起したが，拡張期の場合にも「生産品」および「材料及素品」の勘定項目の数値に，したがって収益額それ自体にも疑問をもつが，ここではこれ以上たちいっても生産的でないから，省略し，傾向を提示しておくにとどめる。しかし，この収益の状態からも「純粋官庁企業」形態をとったひとつの要因を看取しうるであろう。

第4章　拡張期における製鉄所財政の構造

結　語

　莫大な拡張費を一般会計に依拠し，運転資本補足金＝借入金もまた大蔵省預金部および国庫に依存し，創立と拡張の政策を遂行してきた製鉄所の財政の実態を，われわれは創立期と拡張期にわけて分析してきたが，創立期については小括を行なったので，それをふまえながら，拡張期の製鉄所財政を中心として，しめくくりをしておこう。

　松方財政期における軍拡政策の展開，そこで露呈した軍拡とその基礎である軍器生産の矛盾――その素材生産の微少性――の克服のために，そして，労働手段生産素材の需要の増加に対応して，すなわち軍器素材・労働手段素材の生産力的基礎を確立すべく意図された製鉄所の建設は，その実現が日清戦争後にもちこまれた。製鉄所はあたかもその後の経営を予示するかの如く，初年度の建設費財源を清国からの賠償金に求め，清国人民の労働の結晶を基礎に建設を開始し，日本の多くの勤労人民の汗の結晶の収奪を財源として設立・展開の条件を造出したが，技術的不備，錯誤的な建設作業過程とあいまって，経営方針も現実には机上のプラン化を余儀なくされ，製鉄所は危機的状況においこまれた。帝国主義戦争の勃発，緊急かつ顕著な軍事的要請によって，製鉄所は「回生」し，銑・鋼一貫化生産機構がようやく有機的なものとして定着した。

　「極東の憲兵」たる地位を強化し，帝国主義体制の経済的基礎を強化すべくその一環として，製鉄所は，天皇制政府によって拡張される。鉄鋼需要の著増に対応すべく製鉄所の生産機構の拡大・生産の増加をはかろうとする政府の意図も，基本的には国家財政＝財源の制約と原料（とりわけ鉄鉱石）の制約から一挙に行ないえず，拡張の規模が制限され，全3期，22－24年間にわたって，段階的つぎはぎ的拡張が行なわれたのである。その過程で総額1億円にのぼる拡張費が投じられ，日本資本主義における軍器素材・労働手段素材の生産機構の拡充強化が遂行された。これらの拡張政策はいずれも，軍拡の決定・遂行と照応しており，と同時に原料確保のための帝国主義政策の

遂行を随伴していた。いや拡張のための不可欠の条件として遂行されたのである。

　この拡張期および創立期を通じて製鉄所に特徴的なことは，①製鉄所の生産手段の外国依存，すなわち国内の生産手段生産の未成熟とあいまって，創立期，第1・第2拡張期においてはドイツ依存，第3期拡張期（とくに大正中期以後）にはアメリカ依存への傾斜，②原料（とくに鉄鉱石）の植民地・半植民地依存——直接支配または金融的支配による掌握，③製鉄所製品市場の殆どが国内市場であり，かつ第1次世界大戦直後までは国家市場のウエイトが大きいこと，である。これらをより具体的・明確に指摘すれば，次のようにいえる。①拡張政策，とりわけ生産手段の拡充はドイツやアメリカの独占企業に市場を提供し，それに制約され，技術水準はまたそれらに制約されざるをえない弱さ＝技術的従属性を不可避的に内包することになる。②植民地・半植民地における政治的経済的支配，そしてまた民族独立運動を暴力によって強圧する体制を，製鉄所の拡大再生産の安定的遂行のために，不可欠のものとし，製鉄所の生産体制の・構・造・的・一・環として保有されなければならないことを示す。③官需優先・依存の生産は，そのための生産手段増置の優先とその再生産過程への定着となり，特定種類優位の生産構造を形成せしめることになるのである。

　拡張政策——その財政的表現としての拡張費——は主として公債を財源としかかる特徴を示しているが，②の原料の確保はまた製鉄所財政に独特のきわだった特徴を与える。原料の確保は，レーニンの秀れた規定である，日本帝国主義の β 型国家類型の本質を明示するかのように，国家信用（機関）を通じてなされ，製鉄所は借款元利の支払い分として鉄鉱石をうけとる。すなわち，借款の原資は製鉄所にとって特殊な借入金を意味し，製鉄所の原料購入代金は，借款供与者たる興銀・横浜正金銀行→大蔵省預金部への支払いという特殊な形態をとる（興銀・正金〔大蔵省預金部〕→中国漢冶萍・裕繁両公司への貸付，南公司から製鉄所へ借款元利代として鉄鉱石または銑鉄で支払い，製鉄所はその代金を興銀・正金→大蔵省へ支払い）。これは，「作業特別会計」には，たんに材料素品購入費として計上されず，借入金としては

全く計上されない特徴的形態を形成する。漢冶萍借款の場合，製鉄所の利子負担はないが，裕繁公司借款の場合には，新旧借款元利分として，鉄鉱石代価のなかに含まれている。これは漢冶萍公司借款の経験にもとづくものであって，大蔵省預金部資金の回転を早めるための措置というべきものであり，かかる意味での利子の支払いを製鉄所は行なうのである。

また，官需優先の生産構造は，大型鋼・厚板優位の構造を形成せしめるのであるが，それはとくに需要構造の変化によって一定の打撃をうけるが，第1次世界大戦後のいわば「官需充足」工場から「民需充足工場」への推転過程において，民間鉄鋼業の設備投資の諸傾向とあいまって，とくに大形条鋼，厚板の生産設備の遊休化傾向を明確に示すにいたり，生産手段の集積にたいして，すなわち多額の拡張費の支出にたいして，少量生産的傾向を露呈するのである。

かかる特徴は作業費そのものの構造と密接な連関をもつものであることはいうまでもない。

一般に製鉄所の経営に関して，官僚主義経営，官僚機構の維持費――生産的労働者にたいする不生産的官僚のウエイトの高さ，官僚機構を末端で支えるための労務政策としての役付職工の増加政策を含む――を基礎とする不生産的性格などはよく指摘されている。本稿ではこれらをいわば前提として，それ自体の分析は行なわなかったし，むしろ官僚主義経営なる把握のもとで，製鉄所の経営を内在的に分析せず固定的・停滞的に把握する傾向から一歩脱脚し，日本資本主義の展開および国家権力との関連を重視して，財政の内在的分析を意図してきたが，製鉄所における官僚機構の維持費は別としても，一般的な官業財政の制度的特徴に加えて，製鉄所の「作業経済」の特徴を次のように要約しうる。

①国家の固定資本投資の増加による生産手段の集積とともに生産の増加＝作業費の増加は必然であるが，かかる一般的な状態にとどまらず，特殊的な状態を必然化する条件，そのなかでも，作業費の増加を抑制する要因と逆に著増させる要因の存在。われわれは原料費の分析を通じて，前者は国家権力とその経済的力能によって支配した鉄鉱石であること（しかも日本の民間資

本の参与の仕方によって一定の相違がみられる), 後者は財閥資本の「炭坑独占」にもとづくコークス・石炭の高価格――大正7 (1918) 年に早くも神戸正雄博士によって炭坑の国有化が鉄鋼政策に関連して提起されたほどの――, および海運独占による高運賃 (財閥資本への奉仕) であること, を解明した。それらは生産費において, 一方は費用価格の上昇を抑制する要因であり, 他方は逆の要因となるが Gewalt による良質廉価なる鉄鉱石の確保が銑鉄生産費においてもつ意義は大きく, それは原料費の節約目的を果たすのである。しかし, 低賃金にもかかわらず, 基本的には「原料安 (一部だが) 製品高」的状態を生みだす製鉄所の生産構造に規定され, 鋼材生産費の高価を生みだし, 作業費の増加となって, 製鉄所の財政に現象せざるをえない。かかる再生産構造に起因する製鉄所財政の構造的特徴の形成と継続。

② ①と密接に関連するが, 私企業救済のために (東洋製鉄, 鹿町炭坑の買収, 一時的だが民間銑の買い上げなど), そして大蔵省預金部資金による借款の回収の確保のために, 製鉄所は資金を投入し, 原料の低価格購入にもかかわらずプラス α を追加することによって「高価格」とならざるをえないという, 製鉄所の経営活動を指摘しなければならない。かかる特徴的な経営活動の財政面における現象は, それ自体としては原料購入費の増加としてあらわれ, 製鉄所財政の特徴の一要因を形成する。

③官需優先政策, 官需依存の比重の高さは製鉄所財政がそれによって大きく左右されることを意味し, 国家財政からみれば, 財政資金の一方から他方への流通にすぎない状態を現出するが, 民間への販売の増加とともに, 製鉄所の当初の経営方針がようやく具体化したかの如くなり, 第1次世界大戦期を除いて, 明治末年から第1次世界大戦まで, 第1次世界大戦以後において, 可及的廉価の販売の方針を実現しようとした (平均生産費と平均販売価格を対照) が, それは事実上, 財閥商社への可及的廉価販売としてあらわれることになった。これは民間鉄鋼企業との軋轢を生むが, 製鉄所は一面では民間企業の「合理化」を要求 (白仁長官) しながら――このことが民間鉄鋼企業の集積集中を促進し, 民間鉄鋼業における財閥資本の制覇を助成する――, 他面では協調への方向-経営政策をとるにいたるのである。要するに, 製鉄

所の経営は，官省と鉄鋼商社（財閥）に全体的に依存することによって存立しえたのである。換言すれば作業収入は主に官省と財閥鉄鋼商社依存である。かくして，製鉄所は現実に，拡張期を通じて，年々国内鋼材需要の最低16.2％から最高48％（第1期拡張期16.2％－31.2％，第2期拡張期24％－48％，第3期拡張期19％－36％）をみたしうることになるのである。

④財閥資本との結合。前述の民間への販売は財閥商社に大きく依存し，製鉄原料の輸送も財閥，購入石炭の多くも財閥，かくして製鉄所の作業費のかなりの部分は財閥に支払われ（財閥は製鉄所の設立の際に委員としてその代表を送りこんでいたが），財閥と製鉄所との結びつきは明瞭だが，そのうえ，民間鉄鋼企業そのものの財閥資本への集中の進展が加わるのであるから，製鉄所と財閥資本との結びつきがより強められるであろうことは独占資本主義の本質から必然であり，協調からさらに前進して，より強力的に「独占体の力と国家を単一の機構に結合する」（レーニン）具体的な諸条件が基礎過程において次第に醸成されるのである。

　これらの諸特徴が，「独立会計」のもとでどのように展開または変化するかについては稿をあらためて論じよう。

第5章 「製鉄原料借款」覚書

はじめに

　戦前日本鉄鋼業における原料としての中国・朝鮮の鉄鉱石のもつ意義は——とくに1920年代前半まで——決定的である。それは量的にそうであるにとどまらず，敢えて単純化していえば，日本資本主義における「軍器素材＝労働手段素材」の生産と自己充足，従って日本鉄鋼業の確立がそれなしには不可能であり，日本資本主義の戦略的軍事的基礎の確立がありえなかった，という意味で質的にも決定的重要性をもっていた。このことはかなり周知のことであるが，朝鮮鉄鉱石の場合には，日本人の独占的採掘権の取得→（官営製鉄所での購入）→併合による「国有財産」への転化を通じて直接的暴力的支配を強行したが，中国鉄鉱石の場合には，鉄鉱石の優先的購入権の取得→借款→金融的支配→直接的支配の「段階」を通じてその一貫した確保政策が強行された。しかも，後者の場合には，一企業を主たる対象としていたことが特徴的である。通例大冶鉄山といわれているのがそれである。
　この大冶鉄山＝漢冶萍煤鉄廠有限公司の鉄鉱石確保のための借款について，従来よく指摘されているが，発端の言及が主であり，現象の把握それ自体もかならずしも正確といえないし，全貌的把握は行なわれていない。この問題の解明は，戦前日本資本主義の侵略性と国際金融資本への従属・依存性の解剖の重要な一素材＝視点をなすものである。
　しかしながら，本稿はそれを体系的本格的に分析することを意図していない。本稿は漢冶萍公司にたいする国家資本の輸出である借款の発端とその展開の実態を明確にし，国家資本の金融的支配にもとづく鉄鉱石・銑鉄の「購入価格」の検討を通じて，それが官営製鉄所財政において有する意味を把握

しようとするものである(6)。したがって，文字通りの覚え書であり，多くの限界をもっていることをおことわりしておかなければならない。

(1) 日本の鉄鉱石輸入高については表5-1を参照されたい。みられる通り，海峡植民地（主としてマレー半島のジョホール）からの輸入が激増する昭和期までは，中国・朝鮮が70-100％をしめている。日本の鉄鉱石輸入高の80-100％が官営製鉄所のそれであるから，この傾向は官営製鉄所にもあてはまる。

(2) 官営製鉄所における鉄鉱石の受入高をみると，表5-2に明らかな如く，大正期までは，33，42-43年度をのぞき，中国鉄鉱石が50％以上をしめ，しかも1918（大正7）年度までは全部漢冶萍からの受入である。

(3) 1908（明治41）年，漢陽鉄廠・大冶鉄山・萍郷炭鉱の三者が合併し資本金2000万元で設立された。漢陽鉄廠は1891（明治24）年官営で設立され，1897（明治30）年「官督商弁」の形態をとり，盛宣懐が経営を引き受け，公司の設立によって純然たる民営に移行した（くわしくは，さしあたり手塚正夫『支那重工業発達史』大雅堂，昭和19年，204ページ以下参照）。本稿では，同公司成立以前でも盛宣懐が経営している点では同じであるから，便宜的に大冶鉄山などをも漢冶萍公司と表現する。なお，漢陽鉄廠の官営から「官督商弁」形態移行の基本的理由を「日清戦争の敗北による巨額の賠償支払のための財政の窮乏化」と「鉄需要の減少」に求めている小野一一郎・難波平太郎両氏の指摘（とくに前者の理由）は注目してよい（「日本鉄鋼業の成立と対外投資——日本鉄鋼業の成立と原料問題 II」，『経済論叢』第74巻第3号，53ページ）。

(4) はじめての借款の存在については日本資本主義史の概説書をはじめとして必ず指摘している。ややたちいった考察は，三枝博音・飯田賢一編『日本近代製鉄技術発達史』254ページ以下，および安藤実「日露戦争の政治的帰結II」（満鉄史研究グループ『日中問題』第7号，1961年）で行なわれているが，いずれも1904（明治37）年の借款に関するものである。なお，安藤実氏は最近漢冶萍借款の詳細な研究をまとめられたと聞いている。これが発表されれば，この分野の研究について礎石的な意味をもつであろうと期待している［第6章，注98参照］。前掲の小野・難波両氏の論文も，借款問題をとりあげているが，資料的制約が大きい。

(5) これについては，井上晴丸・宇佐美誠次郎『危機における日本資本主義の構造』（岩波書店，昭和26年）を参照。周知のように本書では，国際資

第5章 「製鉄原料借款」覚書

表5-1　国別鉄鉱石輸入高

(単位：千トン)

年次	中国	%	朝鮮	%	海峡植民地	%	その他	%	合計
M.35(1902)	48	98.0	1	2.0					49
36(1903)	52	100.0	—						52
37(1904)	39	97.5	—						40
38(1905)	96	98.9	1	1.1					97
39(1906)	107	90.0	12	10.0					120
40(1907)	104	84.5	18	15.5					123
41(1908)	133	70.0	57	30.0					190
42(1909)	89	47.3	98	52.7					188
43(1910)	108	44.3	135	55.7					244
44(1911)	123	53.0	107	47.0					232
T.1(1912)	196	60.8	123	38.2			3	1.0	322
2(1913)	278	65.8	142	33.7			2	0.5	422
3(1914)	297	64.4	162	35.1			2	0.5	461
4(1915)	308	60.3	202	39.5			1	0.2	511
5(1916)	279	59.4	190	40.4			1	0.2	470
6(1917)	296	70.8	121	28.9			1	0.2	418
7(1918)	360	60.2	237	39.6			1		598
8(1919)	595	62.3	334	34.9			26	2.8	955
9(1920)	650	65.3	333	33.4			12	1.2	995
10(1921)	440	57.2	190	24.7	不明のためその他に算入		138	17.9	769
11(1922)	645	71.0	90	9.9			174	19.1	908
12(1923)	662	66.9	95	9.6	163	16.4	68	6.8	989
13(1924)	800	66.5	137	11.3	265	22.0	—		1,202
14(1925)	813	67.0	107	8.8	290	23.9	—		1,212
S.1(1926)	503	56.3	99	11.0	291	32.7	—		892
2(1927)	503	45.4	169	15.2	435	39.3	—		1,106
3(1928)	879	47.7	225	12.2	739	40.1	1		1,842

備考：明治期は農商務省鉱山局『製鉄業ニ関スル参考資料』大正7年版，大正，昭和期は商工省鉱山局『製鉄業参考資料』昭和10年版（『鉄と鋼』第21年附録）より作成。M.は明治，T.は大正，S.は昭和を示す。以下同じ。

表 5 - 2　製鉄所における鉄鉱石受入高

(単位：千トン)

年　度	国　内		中　国			朝　鮮		海峡植民地		合計
			計	うち漢冶萍	裕繁					
		%		%			%		%	
M.33(1900)	26	63.4	15	36.6	15		0.2			41
34(1901)	26	26.0	70	70.0	70	3	3.0			100
35(1902)	3	5.6	50	92.6	50	1	1.8			54
36(1903)			50	100.0	50					50
37(1904)	8	11.8	60	88.2	60					68
38(1905)	18	19.8	72	79.1	72	1	1.1			91
39(1906)	32	21.2	106	70.2	106	13	8.6			151
40(1907)	23	15.2	110	72.9	110	18	11.9			152
41(1908)	13	6.6	127	64.5	127	57	28.9			197
42(1909)	10	4.9	96	46.8	96	99	48.3			205
43(1910)	5	2.1	96	39.3	96	143	58.6			244
44(1911)	7	2.9	121	50.2	121	113	46.9			241
T. 1(1912)	13	3.0	292	67.6	262		127	29.4			432
2(1913)	6	1.7	195	55.4	195		151	42.9			352
3(1914)	5	1.2	250	59.2	250		167	39.6			422
4(1915)	6	1.2	269	55.1	269		213	43.7			487
5(1916)	5	1.1	267	57.5	267		183	39.4			464
6(1917)	1	0.3	300	75.9	300		94	23.8			395
7(1918)			360	67.8	360		170	32.0			531
8(1919)	1	0.2	446	68.0	350		191	29.1			656
9(1920)	1	0.1	515	67.8	362	3[1]	235	30.9	10	13.1	760
10(1921)			481	59.8	250	158	187	23.2	137	17.0	805
11(1922)			575	68.9	273	264	91	10.9	169	20.2	835
12(1923)			607	70.8	293	298	94	11.0	156	18.2	856
13(1924)	3	0.3	682	65.6	338[2]	336	99	9.5	256	24.6	1,040
14(1925)			646	62.8	356	286	116	11.3	267	25.9	1,029
S. 1(1926)	2	0.3	310	42.1	127	182	132	17.9	293	39.7	737
2(1927)	1	0.1	537	42.7	367	138	234	18.6	485	38.6	1,257
3(1928)			674	41.0	401	?[3]	215	13.1	755	45.9	1,643

備考：『八幡製鉄所50年誌』(昭和25年)，附表。漢冶萍と裕繁については大蔵省預金部『支那漢冶萍公司借款ニ関スル沿革』及び同『支那漢冶萍公司借款ニ関スル沿革参照書類』(ともに昭和4年) より作成。

注：1)　大正10 (1921) 年3月，1ヵ月分。
　　2)　大正13 (1924) 年から昭和2 (1927) 年度は象鼻山鉄鋼石を含む。
　　3)　契約高は33万トン。

本への従属の観点が日本資本主義研究に重要であることを提起し分析している（とくに27ページ以下）。最近の日本資本主義の動向は，新しい条件のもとでの侵略性の解明をもわれわれに要請しているかの如くである。
（6）　本稿は，もともと1965年12月に執筆した「戦前日本における官業財政の展開と構造——官営製鉄所を中心として——」（この要旨は1965年10月の土地制度史学会で報告）の1節であり，構成上のバランスを考慮して，独立させたものである。したがってもともと借款と官業財政との連関が重点であり，その解明のための不可欠の前提として，借款の発端と展開をとりあげたものである。本稿を独立させるにさいして，相当の削除と一部の加筆を行なったが，本稿の最初の意図から自由ではなく，基本的にはその制約から脱していない。その点でもきわめて不充分であり，資本の輸入との関係などは全く問題外にある。官営製鉄所の財政については，近く『経営志林』に発表予定（第3巻第3号）の拙稿［本書序章，第1章］を参照していただきたい。なお，製鉄原料借款といわれているものは，漢冶萍公司，裕繁公司，石原産業への貸付をさしている（『昭和財政史』第12巻，95－100ページ参照）が，石原産業への貸付はマレー半島のジョホール鉄山採掘のためであるが，契約内容その他殆ど不明である。これらの簡単な説明は，同上文献を参照されたい。

I　漢冶萍借款の発端

　大冶鉄鉱石購入の発端のいわば偶発的契機については，従来しばしば指摘されている。借款問題の濫觴もかなり偶然的性格をもっていた。時の在上海総領事代理（明治35年に総領事）小田切万寿之助の言を借用すれば，鉄鉱石売買は盛宣懐の申し入れで借款は小田切の申し出という形態をとり，しかも「両様ニ分レテ其間些少ノ関係ヲ有セス」というものであった。しかしながら，鉄鉱石の購入と借款問題はまもなく結合するのである。漢冶萍公司の管理権を掌握し，それを目下の「提携者」たらしめるために借款が必要であり，それが実行できれば，「本邦ノ勢力ヲ当国ニ扶植スル」ことができ，かつ「東洋ニ於ケル製鉄事業ヲ本邦一手ニテ把握スルノ利」があると同時に「大冶鉄山鉄鉱買入方交渉ノ成否ニ影響スル」ものである，という認識における結合である。これは小田切総領事の認識・政策提案であるが，盛宣懐の鉄鉱石売

買の意を聞いてから約半年ののちに，かかる野望を明確にのべているのは注目に値するものである。

この小田切提案をふまえて，政府も借款推進を決定し，1899（明治32）年3月14日，外相及び農商務相の訓令として，和田製鉄所長官・小田切総領事代理に次の借款条件を提示した。すなわち，金額200万両，5朱利，期間20年，営業益金の1/4（または大冶鉄鉱の製鉄所への売込益金の全部）の提供，担保は漢陽鉄政局敷地，機械建物等全部，大冶鉄山全部，資金は日本側資本家が数名で組合を組織し横浜正金銀行が調達する，管理権は日本資本家の組合代表が保有(10)，と。ここで日本側資本家の組合組織と正金銀行を表面にだしているのは，仮装にすぎないのであり，盛および清国政府の日本政府不信にたいする欺瞞的対応策に他ならない(11)。

このように，たかだか200万両で漢冶萍公司の殆ど全固定資産を担保にとり，そのうえ管理権を要求した日本の主張は，財閥資本に代わって国家資本を投入し，漢冶萍公司への外国資本の参入を阻止し，同公司を日本の支配下にくみいれようとする帝国主義的野望の表明であった。しかしながら，この1899（明治32）年の借款交渉は妥結にいたらず，中止されるのである。この中止の理由は，盛が借款目的としていた萍郷炭山の開掘によるコークス製造の適否調査中という名目で，日本からの借款を婉曲にことわり(12)，ドイツ礼和洋行より400万マルクを借り入れたことによると考えるべきである(13)。さらに，日本政府が強引に本借款を推進しないで盛の交渉中止の申し入れに応じたのは，借款契約交渉と同時期に「大冶鉄鉱石買入契約」が調印（1899〔明治32〕年4月7日）され，日本政府の当面の課題となった「本邦製鉄所ノ為メ良質ニシテ廉価ナル鉄鉱ヲ得ルコト」と「外国人ガ此ノ鉄鉱ヲ利用シテ支那ニ製鉄所ヲ起サセサルコト」（傍点は引用者）の2点が意図的にはほぼ達成され(14)，大冶鉄鉱石の優先的購入が契約上で規定されたからであると考えられる。

借款交渉は失敗したが，大冶鉱石買入契約の調印によって，日本側の意図はほぼ達成されたかのようにみえる。だが，それがまた借款政策の「必然性」のひとつの要因を形成するのである。この契約調印によって，鉄鉱石の「長期確保に成功することができた」(15)とか「はじめて原料問題を解決しえた」(16)と

第 5 章　「製鉄原料借款」覚書

よくいわれているが，そんな単純なものではない。それは何故であろうか。われわれは契約それ自体にひそむ問題点を明らかにしなければならない。

　この契約の骨子は次のようなものである。ａ）日本製鉄所は大冶鉄鉱石を毎年５万トン購入，ｂ）漢陽鉄政局，招商局，織布局，紡績局は日本より製鉄所経由で毎年３万－４万トンの石炭購入，ｃ）鉄鉱石は石灰窰渡し，但し上海受け渡しの場合には鉱石単価に石灰窰―上海間運賃２ドルを加算，ｄ）大冶の日本製鉄所への優先的かつ中国における独占的供給と中国内での外国資本製鉄所への販売禁止，ｅ）製鉄所の駐在員規定，ｆ）期間は15カ年，鉱石単価・品質は別規定による。別規定によれば，標準鉄量65％(17)（標準量より多いときは１％増す毎に毎トン10セントを加算，少ないときは同じ割合で減額し価格を増減）の鉄鉱石トン当たり２ドル40セント（銀）＝２円40銭，但し契約日より1901（明治34）年12月までであった。(18)

　たしかに，年間５万トン，15年間確保の約定はできたが，鉱石単価２ドル40セントの価格協定はわずか２カ年弱にすぎず，２年後に再交渉することになっていたのであり，しかも価格の点で合意に達しない時には契約自体が無効となる可能性をもっていたし，さらに細部の点にわたった契約でなかったから，交渉は1899（明治32）年５月から1900（明治33）年８月まで続くのである。船荷港，関税，鉱石代金等をめぐって，双方の利害の対立がはげしかったことは明らかである(19)（この間にいわゆる北清事変がおきていることに注意）。この交渉過程の叙述は省くが，1900（明治33）年８月29日，前年の契約を改定したいわゆる第２次改正契約書を締結し，日本側は強引に，石灰窰積込（１日1000トン），鉱石価格５カ年間継続，上等鉱石５万トン以外に下等鉱石２万トンの成約を得た。ただし，鉱石単価は上等鉱石（鉄分含有量62％以上）３元（３円），下等鉱石（同59－62％未満）２元20仙（２円20銭）に改訂された。(20)この第２次改正契約によって，鉱石価格継続期間が２年から５年に延期され，さらに下等鉱石２万トンの増購の可能性を取得したことと鉱石の上海渡しでなく石灰窰渡しになったことは，製鉄所の要求がほぼ通り，公司の要求をかなり抑えたことを意味し，製鉄所＝日本政府の大冶鉄鉱石の安定的確保に一歩前進したことを意味している。

この改訂価格は第1次契約の2ドル40セント（鉱石運送船船渡済）よりも高くなっているが、これでも「製鉄所ノ経済ニ於テハ毫モ損スルコトナク」(21)と和田製鉄所長官がのべていることに注意しなければならない。三枝・飯田氏は、大冶鉄鉱石が日本鉱石よりも高価になるという不利益があっても、大冶鉱石を使用してイギリス・ドイツなどが中国で製鉄業をおこそうとした場合にそれを妨げる方法がなく、日本に著しく不利になるから、わが国の権利の擁護上、価格の不利益があっても、契約するのが得策である、と和田長官が考えた、とのべている。(22)これは一面的であり、和田長官の論理の一半が捨象されている。上海在勤小田切総領事が第2次改訂契約調印の翌8月30日、青木外相宛に、交渉過程で「現今ノ大局ヲ利用シ……盛一己人ニ責任ヲ為負本件ヲ取極メサセ候右契約ハ……縦令ヒ購入価格ヲ高メタルモ製鉄所ニ於テハ不勘勝利ヲ博シタル義ニ有之候」(23)と誇らしげに書いているのである。ここで「現今ノ大局ヲ利用シ」というのは具体的には何を意味するのか明確ではないが、北清事変を利用してとみるのが妥当であろう。もしそうであるとしても、北清事変＝義和団の叛乱の弾圧と第2次契約における製鉄所にとっての契約条項の有利性との直接的関係は明らかとはいえないが、日本が列強による中国の分割の危機を巧みに利用したことは疑いえないであろう。(24)

　より具体的には、詳細な検討を必要とするが、一般的にいえば、要するに、第1次契約の実施をめぐって、価格、関税、船荷港などをめぐって対立が生じたが、日本は中国における帝国主義諸国の動向に一面では規定され、他面ではそれを利用し、盛宣懐からの鉄鉱石価格の値上げ要求を若干認めながらも、鉄鉱石の一般的価格上昇傾向を看取し、しかもこの点では譲歩したかの如くみせながら「毫モ損スルコトナ〔き〕」5カ年間の安定価格を盛らに承認させ、製鉄所は公司が製鉄所への優占的、かつ中国での独占的供給と中国内での外国資本製鉄所への販売禁止条項を確保した、といえるであろう。かくして、5年間安定価格によって5万－7万トンの大冶鉄鉱石をいちおう確保しうる見通しをえた日本政府＝製鉄所はより安定的な確保、そのためのヨーロッパの帝国主義に対する「安全弁」の構築と盛宣懐らの買弁化を、志向するのである。

第5章 「製鉄原料借款」覚書

ところで，製鉄所＝日本政府が大冶鉄鉱石のより安定的な確保を志向する国内的条件に注目しなければならない。八幡への製鉄所の立地が当初から中国，朝鮮の鉄鉱石を目的としたものであったという主張は今では完全に崩壊した。また1899（明治32）年の大冶鉄鉱購入契約が国内鉱山開発の失敗・中止の帰結であるという説明も誤謬であることは明白である。日清戦争戦後経営のひとつとして政府が「陸海軍拡張及製鉄所創立」といわば軍拡の一環として設立を意図した官営製鉄所は，周知のように，国内鉄鉱石利用を第一義的に考えていた。しかもそれは製鉄所自身が国内鉄鉱石を購入するだけでなく鉄山を所有するということであった。1902（明治35）年7月1日第1回製鉄事業調査会会議の席上で，中村製鉄所長官は「原料ニ付テ製鉄所自ラガ原料ヲ持ッテ居レバ他カラ求メル場合ニ於テ種々ノ故障ガ起ッタ場合デモ十分作業ヲ易クシテ徃クコトガ出来ルト云フコトデ自ラ原料ヲ持ツト云フコトニナリマシタニ付テハ越後ノ赤谷ト加茂ト2箇所ヲ買入レサウシテ赤谷ノ鉄鉱ハ〔明治〕34〔1901〕年度中ニ掘リ得ラルルヤウニ計画ヲ立テ35〔1902〕年度カラハ年々10万噸宛ノ鉄鉱ヲ出スト云フ計画デアリマシタ」とのべていることでも明らかである。それ故に大冶鉄鉱石はその赤谷鉄鉱石を補足するものと考えられていた。(25)

しかし，赤谷開発は予定通り進行しない。また製鉄所は作業設備の整備の遅延と1902（明治35）年7月28日熔鉱炉の故障のため1904（明治37）年7月まで銑鉄生産の中止を余儀なくされたために，鉄鉱石需要が激増せず，現実には大冶鉄鉱石のみで充分であるかまたはそれだけでも過剰である状況が現出した（1902，1904両年度）のである。したがって，赤谷開発が進行しない限り，たかだか5万－7万トン程度の大冶鉄鉱石購入（契約）では原料問題はけっして解決しない。製鉄事業調査委員会は赤谷の採掘中止と大冶鉄鉱石使用を勧告するのである。かくして，国内鉄鉱使用の見通しは困難となり，国内鉄山の保有による低廉かつ安定的な鉄鉱石確保の方針は変更され，日本政府＝製鉄所は別途の形態により，同一の内実をもつ方法を急速にとろうとするのである。それは周知の「日本の製鉄機構」の「型像」の形成への道であり，それはまた「日本の製鉄に対する特殊的規定」を形成する要因の端緒

的方向へのステップである。

　製鉄事業調査委員会が赤谷採掘中止を答申したその日，1902（明治35）年12月27日，小村外相は小田切総領事宛に漢冶萍への借款政策の「指令」を発している。そのなかで小村外相は鉄鉱石購入契約における5年毎の価格協定の不安定性と外国資本の参入の危険性を製鉄所＝政府の製鉄事業の経営にたいする危惧要因ととらえ，それを防止し，日本の利権確定方策として借款政策を提示しているのである。(30) 1900年8月の第2次改訂契約規定によって，第1回目の価格協定期1905（明治38）年が近くなりつつある時，もし「満期ノ暁価格ニ付双方ノ合意成立タサルトキハ本契約自体モ亦無効ニ帰スベキ次第ニ有之候」と小村がいう時，1900年の価格協定交渉の複雑な，かつはげしい双方の利害の対抗を想起していたことは充分考えうることである。また外国資本の参入については，小村が，そして関係当局が認知していたかどうか明らかではないが（小村の指令では指摘していない），前述した1899（明治32）年のドイツ礼和洋行の公司（萍郷炭坑）への400万マルクの貸付，さらにまた1902（明治35）年同じくドイツ礼和洋行が公司へ400万マルクの貸付を行なっているのであって，その意味では，日本の帝国主義者が危惧感をもつ直接的根拠が存在していた。

　かくして，天皇制政府の意志として，大冶鉄鉱の確保・支配のための具体的方策がねられ，小田切総領事は虎視眈眈とその機をうかがうのである。小田切は公司の盛督辨に働きかけ，たまたま大冶に製鉄分工場設立資金として200万－300万円（年利5－6分）借入の意あることをのべた(31)（1903〔明治36〕年2月）のに対応して，天皇制政府は借款商議の条件を提示(32)（1903年3月）し，本格的に借款交渉がはじめられ，1903年10月にようやく商議がまとまり，11月9日300万円借款の仮調印にこぎつけ翌1904（明治37）年1月正式調印のはこびとなった。(33) この約8カ月におよぶ交渉過程は，主として萍郷炭坑への貸付や技師の派遣などを通して盛宣懐らに一定の影響力を有していたドイツとの角逐と清朝内部の高官の勢力争いなどに彩られた興味ある，しかも日本と中国との関係の分析のために重要な歴史過程である。(34)

　日本側の商議条件と300万円借款の内容をまとめると表5－3のごとくで

表 5 − 3 ［1904（明治37）年漢冶萍借款契約内容］

日 本 の 商 議 条 件	借 款 契 約
1 鉱石購買契約の改定 　a）期限，1903年8月まで現行協定通り 　b）価格 　　(イ) 上等単価は2元40仙最高3元の間で協定 　　(ロ) 以後5年毎に最低2元40仙最高3元の間で協定 　c）年間購買量5万トン以上，8万トン超過の場合は相当の割引とすること 2 借款金額，200万円（やむをえない場合は300万円） 3 利子　年6分 4 期限　30カ年 5 償還方法 6 担保，大冶鉱山，同附属鉄道，建物，機械全部，期限内はこれを他国政府又は人民に売買譲与，担当としないこと 7 大冶鉄山に本邦技師を雇用すること	1 　a) 1904年から30カ年延長 　b)(イ) 同じ 　　(ロ) 以後10年間は1等3円，2等2円20銭，次の10年間は採掘工事の難易及英国鉄価の最低を考慮して協定 　c) 1等鉱石7万−10万トン＊ 　　2等鉱石2万トン（但3カ月前に商議） 2 300万円 3 同じ 4 同じ 5 元金償還は年10万円を標準，製鉄所購入鉱石代はまず利子に充当し，残金を元金償還にあてる。満期の際残額あるときは大冶鉱局が弁償 6 大冶得道碕鉱山，大冶鉱局現有及将来延長の鉱石運搬鉄道及鉱山用インクライン，車輛，家屋，機械修理廠，期限内はこれを他国の官商に譲渡，売却または貸与しないこと。第2次借款の担保とするときは日本に優先商議のこと 7 雇用するが，日本人技師は督弁の監督に服し，技師長（何国人たるを問わず）がおる場合はその指揮をうけること

注：＊将来大冶鉱山で自用以外に余裕あるときは10万トンに2万トンを追加買却する（附属文書）。

ある。これに明らかなように，30カ年にわたって鉱石価格を3元－2元40仙に固定し，大冶鉄山全部を担保として掌握しようとした日本の帝国主義的意図は制限をうけ，そしていわば日本政府＝製鉄所の必要に応じて5万トン以上購入しうることと8万トン以上購入の場合の値引きの主張はいちおう否定されたが，7万－10（12）万トンの1等鉱石を10カ年間単価3円で取得しうること，2等鉱石を加えれば，合計7万－10万トンから14万トンを取得しうる見通しを得，かつ中国内に立地した外国製鉄所への鉱石販売禁止規定も継続することになったのである。こうして日本の大冶にたいする金融的支配の第一歩が画されたのである。(35)そして，製鉄所は国家信用機関と結合し，その信用供与を通じて原料の安定的確保が現実化し，大蔵省・外務省・農商務省の三位一体的体制のもとで，拡大再生産のための一条件が強力的に設定される。製鉄所財政にとっては，まさしく特徴的な――鉄鉱石は漢冶萍から元利償還分として「購入」し代価は興銀へ（のちに正金銀行へも）支払う――形態が形成されるのである。

(7) たとえば，三枝・飯田，前掲書，254－255ページ。
(8) 1899（明治32）年3月1日，小田切総領事代理から都筑外務次官宛具申，『日本外交文書』第32巻，516ページ。なお，小田切の和田製鉄所長官宛の私信（大冶鉄鉱石売買の件を盛の依頼として和田に伝えたもの）は1898年11月30日付（同上，第31巻，650ページ）である。
(9) 同上，および，『日本外交文書』第31巻第1冊，654ページ。
(10) 『日本外交文書』第32巻，521－522ページ。
(11) 青木外相は小田切への訓示のなかで次のようにのべている。借款について岩崎・三井・渋沢らに交渉したがすぐにまとまる模様がない，したがって民間資本家よりの漢冶萍への資金投入は経済の現状から到底行なわれがたい，しかし外国資本家よりの借款がなされ，漢冶萍の管理が外国人の手で行なわれることになるのは「日清両国ノ関係上頗ル遺憾ニ有之候」につき，政府が正金銀行に貸し付け，漢冶萍へは「民間ノ資本ヲ貸渡スルモノトシテ御幹旋相成度」。もし列国が清国の分割をなす場合には日本は黙するを得ず，と（同上，519－520ページ）。これは日本の政策的意図を明示したものといえよう。

(12) この借款中止の理由について，小田切総領事代理は萍郷炭がコークス製造原料として適当かどうかを調査中であり，その結果がまだ不明であるため盛が借款に気のりうす，とのべ（1899〔明治32〕年4月17日青木外相への報告，『日本外交文書』第32巻，527ページ），大蔵省預金部の調査は，これに盛の用務多忙のためと追加している（大蔵省預金部『支那漢冶萍公司借款ニ関スル沿革』1929〔昭和4〕年——以下『漢冶萍借款沿革』と略称——），いずれも名目的なものにすぎない。何故なら，小田切は「盛督弁ハ小官ノ提出セシ契約案ニ関シテ本案ハ英白両商ノ草案ニ比較スレハ頗ル穏当ナルヲ以テ右資金賃借ニ関スル件ハ必ス先ツ正金銀行ト協議スヘキ旨申居候」（同上）と盛の意向を伝えているが，現実にはドイツからの借入によって萍郷炭坑の開掘を行なっているからである。なお，1899年3月1日の小田切報告は，盛が日本政府の資金貸与を極度に警戒していること，それ故にもし政府資金であることが判明した場合には，この借款の成立が困難になる，にもかかわらず，「当地〔上海——引用者〕英字新聞ハ神戸『クロニックル』ヨリ漢陽鉄政局ハ日本政府ノ監督ニ帰スヘシトノ電文ヲ掲載シ又近着ノ東京日々新聞雑報欄内ニモ本件ニ関スル記事アリ……」と伝えていることに注意されたい。

(13) 手塚正夫『支那重工業発達史』206ページ。

(14) 当初，日本側の提出した買入条件は，『日本外交文書』に依拠して，安藤実氏が注意しているように，「鉄鉱石の買入」ではなく「鉄鉱の買入」（一定の区画を限ってその区画内の鉄鉱全部をそっくり買いとること）であった（安藤，前掲論文，3ページ）ことと，それを日本人の手で採掘することであった。しかし，後者は中国側の同意をえられず，「清国鉄政局ハ日本ノ鉱山技師及助手若千名ヲ聘シテ右採掘事業ヲ管理セシムベシ」と変更し，和田製鉄所長官が渡清のうえ商議することとした。ところが，1899年春和田長官が渡清し，実地調査の結果，大冶で開坑中の鉄山は4カ所で漢陽鉄廠の年間必要鉱石量が3万トンにすぎず日本に供給する余地充分であること，各坑共鉱質不一定であり選鉱しなければ良否を区分できないこと，の2点が判明し，「鉄鉱ノ買入」を放棄した。邦人技師採用の件も，漢冶萍公司が外国人技師を聘用している点からみて，これに固執せず放棄し，専ら本文引用の2点に重点をしぼって商議を進めた，といわれている（前掲『漢冶萍借款沿革』29－30ページ，『日本外交文書』第31巻第1冊，652－653ページ，三枝・飯田，前掲書，258ページ所収の和田長官の復命書）。このように日本への鉄鉱石供給量が豊富であることが判明したので，それを安価に取得しかつ，中国内の外国資本へ鉄鉱石を販売しな

いことを確約させようとするのである。
(15) 揖西・加藤・大島・大内『日本資本主義の発展 Ⅰ』東大新書，45ページ。この引用文は，次の文の後にある。官営「製鉄所は原料としては最初釜石の銑鉄を予定していたが，その後高炉能力が拡大されたため，新潟県赤谷・粟ヶ嶽西鉄山を買収してその開発を急いだ。しかし，鉄質・採掘方法・運搬設備等で誤算を生じ，ついに開発計画は中止されるにいたった。そこで鉄鉱石を大陸に求める方針をとり，大冶鉱石の購入運動をすすめ，〔18〕99年その長期確保に……」，この叙述は誤っている。製鉄所が最初釜石の銑鉄を原料として予定していたかどうかは別として，ここでは製鉄所が赤谷鉄山を買収したのが1899（明治32）年8月であり，粟ヶ嶽鉄山のそれは翌年の7月であり，大冶鉄鉱石購入契約が調印されたのは，本文で指摘したように1899年4月であったことだけを指摘しておこう。
(16) 小野一一郎・難波平太郎，前掲論文，54ページ。
(17) 『日本外交文書』第32巻，524－526ページ。どうしたわけか，別規定は収録されていない。
(18) 大蔵省預金部『支那漢冶萍公司借款ニ関スル沿革参照書類』1929〔昭和4〕年（以下『参照書類』と略称）4－6ページ。
(19) この間の諸事情は『日本外交文書』第32巻，528－536ページ，同第33巻，289－308ページ所収の諸文書を参照。
(20) 『日本外交文書』第33巻，306－307ページに第2次改訂契約書（中国文）が収録されている。
(21) 『日本外交文書』第33巻，294ページ。
(22) 三枝・飯田，前掲書，263ページ。この著者たちは，農商務省製鉄所編『製鉄所対漢冶萍公司関係提要』（大正6年）に依拠しているのだが，この『提要』——筆者未見——編集にさいして，前注の和田長官の上申を基礎にしていることは疑いえない。しかし，三枝氏らが引用している部分は，和田長官の上申の前半の論旨にすぎない。三枝氏らのきわめて実証的手法からみておそらく問題はこの『提要』にあると推定して大過ないであろう。念のため大蔵省預金部の『漢冶萍借款沿革』をみれば，三枝氏ら所引の論旨とほぼ同一である。両者にみられる一面性は軌を一にしている。
　なお，日本側が高値高値というのは，専ら国内鉄鉱石買入価格と比べた大冶鉱石の八幡着値のことである。製鉄所鉄鉱購買手続（1899年6月制定）によれば，鉄鉱石トン当たり標準鉄分含有物65％のものが6円50銭（製鉄所海岸渡し）であった。ただし，実際この価格で購入しているかどうかは疑問の余地がある。

第5章 「製鉄原料借款」覚書

(23) 『日本外交文書』第33巻，304ページ。
(24) 1899（明治32）年の大冶鉄鉱石購入の協商が「日清戦争の戦勝によるわが国の政治的優位に立って行われた」（小野・難波，前掲論文，53ページ）とよくいわれているが，その「政治的優位」によって安価な鉱石を購入した，というのであれば，当然その論証を必要とするであろう。日清戦争の勝利による日本の清にたいする政治的優位性はいちおう肯首しうるが，それがただちに個別企業＝公司にたいしてもどこまで貫徹していたかどうか，さらに検討を要する問題であろう。
(25) 「製鉄事業調査会第1回議事速記録」，『製鉄事業調査報告書附録』所収，4－5ページ。
(26) 中村長官は，前注の文に続いて「赤谷カラ〔の〕……10万噸デハ足リマセヌソレデ支那ノ大冶カラ年々少クモ5万噸宛取寄セテ居リマス」とのべている（同上）。
(27) 製鉄事業調査委員会の1902（明治35）年12月27日政府への答申書（『製鉄事業調査報告書』10，13ページ参照）。後述する1904（明治37）年1月の借款成功後に赤谷鉄山開発中止が正式に決定されることに注意されたい。
(28) 山田盛太郎『日本資本主義分析』117－118ページ。
(29) 同上。
(30) 『日本外交文書』第36巻第2冊，199－200ページ参照。
(31) 同上，199ページ所収，1903（明治36）年2月6日の小田切から小村外相宛電文。
(32) 1903年3月5日，小村外相の指令。同上，200ページ所収。
(33) この借款の成立について『日本資本主義の発展　Ⅲ』（東大新書）の著者たちは「〔19〕04年には八幡製鉄所が大冶鉄山の鉄鉱石の優先的買入について清国と契約した（1899年）のにもとづいて，大冶借款が成立した。これは政府が隠密裡に興銀にたいして漢冶萍公司への融資命令を内命したことから具体化し……」（571－572ページ）とのべている。これでは何も説明していないのと同じである。理解に苦しむ叙述というほかはない。また別の箇所では「大冶借款のごときは漢冶萍公司が〔19〕02年にドイツから資金を導入し，そのために日本の鉄鉱石の優先買入の実施が困難になったことに端を発して成立したものである」（傍点は引用者，同上，578ページ）とのべている。傍点部分は何ら論証がないが「困難になった」とはいえない。著者たちの説明はおそらく，八幡製鉄所の設立→国内鉄山開発→失敗→大冶に着目→長期購入契約→ドイツ資本の介入→契約実施の困難→政府の興銀への融資命令→借款の成立，というのであろう。事実認識のあ

233

やまりについては本節注15でも指摘したし，本文の説明でも明白であろう。
　また，最近柴田固弘氏は「1899年八幡製鉄所は清国と契約を結んで，大冶鉄鉱石の優先的買入をはかった。しかしこの契約は実行されず，かえってドイツが1902年に漢冶萍公司に対して400万マルクの借款を行った。そこで政府は興銀に対して同公司への融資を内命した」とのべている（松井清編『近代日本貿易史』第2巻，有斐閣，昭和36年，119ページ）。これは『日本興業銀行50年史』の叙述と同じであるところからみて，契約は実行されず，という『興銀50年史』（110ページ）の誤謬まで踏襲されてしまったようである。
　これらの説明でほぼ共通しているのは，ドイツが公司へ貸し付けたために，日本の鉄鉱石の優先買入が阻害され，借款政策を日本が行なった，とする日本をもっぱら受け身の位置におく発想である。詳論は省略するが，基本的には日本資本主義の把握の方法とかかわるのでありこれらにみられる借款理解は明白に一面的であるといわざるをえない。

(34)　ドイツとの関係については，『世外井上公伝』第5巻，296ページ以下を参照。
(35)　あくまでも第一歩にすぎない。したがって，次節でのべるように全面的支配のために次々と方策がとられるのである。この借款契約によって，当面必要と考えられた鉄鉱石はいちおう取得の見通しを得，前述したように赤谷開発が中止される（1904〔明治37〕年3月）のである。かくして，製鉄所の生産拡張は大冶鉄鉱石と朝鮮鉄鉱石の取得量の増加を不可避なものとし，それらは表裏一体の関係を形成する。

II　漢冶萍借款の展開

　日露戦争の終了，ポーツマス講和談判開始まもなく，すなわち1905（明治38）年8月22日，天皇制政府は漢口方面の日本の帝国主義的利権の確保を意図して，次のような方針を閣議決定する。借款の政策意図を明示していて重要なので，全文を引用しておこう。[36]

　　漢口方面ニ於ケル帝国ノ利権ヲ確実ニ扶殖シ併セテ清国将来ノ形勢ニ対シ備フルカ為メ左ノ手段ヲ取ルコト

1　大冶鉄山及萍郷炭山ノ採掘権ハ将来時期ヲ見テ全然之ヲ本邦ノ手ニ帰セシムルコト
　2　右両山ノ経営漢口鉄政局及兵器局ノ経営ニ付テハ本邦ヨリ技師ヲ傭聘シ業務ヲ担当セシムルノ条件ヲ以テ資金ヲ供給シ其管理ハ之ヲ本邦ノ手ニ帰セシムルコト
　3　右手段ノ実行ハ表面商業関係ニ依ルヲ便トスルヲ以テ製鉄所長官ヲ通シテ之ニ着手シ漸次ニ其利権ヲ拡充スルコト
　4　本件ニ付従来関係ヲ有スル日本興業銀行三井物産会社及大倉組ハ将来モ亦相当ニ之ヲ使用スルコト
　5　此目的ノ為メ貸付其他使用スベキ資金ハ約5百万円以内トス
　6　英国トノ衝突ハ之ヲ避ケ又独国トノ衝突モ可成之ヲ避ケルコト而シテ之カ為メ資本ノ共通等ニ付テハ第1ノ目的ヲ失ハサル限リニ於テ多少斟酌ヲ要スルコトアルヘキコト

　　漢陽鉄政局及萍郷炭山借款ノ件ハ借款金額ヲ大ニシ利子ヲ引下ケ而シテ大冶鉄山採掘権ノ年限ヲ延長シメ鉄政局及萍郷炭山ヲ抵当ニ差入レシメ其技師ニハ日本人ヲ採用シテ業務ヲ担当セシムルコトハ相叶ハサル右ノ方針ヲ以テ進行スルノ手段ヲ按シ更ニ稟申スヘシ（傍点は引用者）

　この閣議決定は4つの点で注目すべきものである。第1は，朝鮮の植民地化を実質的に完了した日本帝国主義が中国を「満州」のみならず「中支」からも侵略（方法は同じではないが）する姿勢を明確にしていること――その拠点として漢陽（漢口）・大冶・萍郷の奪取。第2は，興銀はともかくとして，三井物産，大倉組の参画を明確にしていること。第3は，目的達成のための資金がたかだか500万円以内にすぎないこと。第4は，イギリス帝国主義とはもちろん，なるべくドイツ帝国主義とも衝突を避け，場合によっては，共同借款すらも考慮していること。これらはいずれも当該期の日本資本主義の特徴を明示しているといってよいだろう。これを詳論することは省略するが，右のような目的・方針にもとづいて借款政策が遂行されるのである。しかし，早急にその目的が達成されないことはいうまでもない。

表5-4　30万円借款元利返済明細表

	元 金		利 子		合 計
	金 額	鉱 石	金 額	鉱 石	鉱 石
	千円	千トン	千円	千トン	千トン
初年(1908)	60	20	21	7.0	27
2年	60	20	16.8	5.6	25.6
3年	60	20	12.6	4.2	24.2
4年	60	20	8.4	2.8	22.8
5年	60	20	4.2	1.4[1)	21.4
合 計	300	100	63	21	121

備考：『日本外交文書』第40巻第2冊，662ページより作成。
注：1）　原資料では1,004トンとなっているが，明らかに誤植と思われるので訂正。

　さて日露戦争戦後経営の一環として，製鉄所の第1期拡張の開始にともない，製鉄所はしばしば大冶鉄鉱石購入増加を漢冶萍公司（大冶鉱局）と交渉するが果たせず，その方策が必要となっていた矢先，たまたま盛宣懐が1907（明治40）年11月，正金銀行に借款申し入れを行ない，渡りに舟とばかり政府はのりだし，12月に30万円借款が成立し，その元金は5年間に大冶鉱石年間2万トンで償還ときめ，翌1908（明治41）年3月にはその利子も鉱石で支払うことを盛に同意させ，これによって5年間，毎年21千トン－27千トンの鉄鉱石を保握する（表5-4参照）のである。
　このような借款は続々と行なわれるが，1904（明治37）年1月以降，1927（昭和2）年1月までの借款一覧を『勝田家文書』（大蔵省所蔵）などに依拠して作成すれば表5-5のごとくである。これには1907（明治40）年5月の大倉組による萍郷借款200万円（大蔵省預金部資金）と1923（大正12）年2月から1924（大正13）年4月まで3回にわたって約507万円にのぼる短期借款を含めていないので，そのかぎりでは不完全ではあるが，全貌はほぼ明らかであろう。すなわち件数16件，借款金額合計約4000万円と262万両に達し，しかも1929（昭和4）年3月現在，元金残高が約3870万円と250万両にも及び，借款の大部分が未償還・こげつきになっている。原料確保のために，漢冶萍公司のみで，約23年間にこれだけ多額の国家資本が投じられてい

236

るのである。既述のように，1904（明治37）年1月の借款の目的は，鉄鉱石の安定的確保と漢冶萍公司の独占的支配・ヨーロッパ金融資本の公司への参入の排除にあったが，これにただちに成功したのではない。明治末年まで，次々と借款を行なうのであるが，日本の漢冶萍公司支配はけっして，日本の帝国主義者にとって満足すべきものではなかった。1911（明治44）年5月3日，在北京横浜正金銀行小田切取締役（前上海総領事）は高橋是清正金銀行頭取への報告のなかで「日本ノ公司ニ対スル立脚点ハ未タ確立スルニ至ラ」ない点を5項にわけて説明している。この時点における日本と公司との関係の状況についての帝国主義者からみた問題点を示すものとして重要であるから，長文になるが，その要旨を列記しておこう。[42]

1　盛宣懐は中村製鉄所長官に口頭で，事業拡張資金は清国内で調達し，外国から借り入れないが，止むをえず外国から借り入れる場合はまず日本と相談する，とのべたと伝えられるが，会談の席に参列した人の話によると，盛宣懐の意は，資金の調達は債券発行によって行なうが時節柄日本からのみの借入は絶対不可能であり，債券発行の際になるべく多く日本に引き受けさせる，というにすぎない。全部又は過半数を日本に引き受けさせるということではない。従って，この談話を証拠に「借款又ハ債券発行ノ際日本ヲ優先ノ地位ニ置クヘシトノ主張ヲ貫徹スルニハ其根拠稍薄弱ナルモノノ如シ」。

2　1904（明治37）年の300万円借款の担保は「大冶鉄山ノ一部ナル得道湾ニ止マリ鉄山全部ヲ指定シアラス去レハ此契約ニ拠リ日本カ保留スル利権ハ不完全ナルモノニシテ其以外ノ場所ニ対シテハ他外国ヨリ侵入セラルヘキ余地有之」，その他の借款，150万円，50万円の各借款は公司財産全部を担保としたが，2カ月前，通知で借款全部を償還しうるし，100万円借款は盛私有の江西大乗門鉄山を担保としたがその期間は本年1911（明治44）年1年にすぎず，明年以降継続するか否かはまだ不明である。故に「何時之ヲ手離サヽルヲ得サルヤモ難計誠ニ寒心ニ不堪次第ニ有之候」。

3　公司とアメリカのSeattle Steel Corporationとの間に1昨年来鉄

表5－5　漢冶萍公司借款一覧

(単位：千円)

番号	契約年月日	貸付金額	大正6年6月末現在残高	昭和4年3月末現在残高	貸付順序	年利[1]	期限及償還方法	備考
1	明治37. 1.15	3,000	2,173	2,051.5	政府→興銀→公司、興銀→公司	分 5.0 6.0	30カ年、製鉄所への売却鉱石代(年7万～12万トン)で元利償還	明治37.1.27　1,000　4.14　1,000　7.15　1,000　預金部より出資済
2	40.12.13	300	0	0	正金→公司	7.5	5カ年、鉱石年額2万トンで元金償還。明治41.3.利子も鉱石代で	
3	41. 6.13	1,500	1,500	1,500	正金→公司、預金部→正金	7.5 6.0	3年据置、7カ年賦	大正8.9.27預金部より出資済
4	41.11.14	500	500	500	正金→公司、預金部→正金	7.5 6.0	同上	同上
5	43. 9.10	1,000	830	527	正金→公司	7.0	大正1年までに米国積出銑鉄代手形で償還	
6	43.11.17	万両100千円(=1,227)	1,227	1,227	正金→公司、預金部→正金	7.0 5.5	1カ年	大正8.9.27預金部より出資済
7	44. 3.31	6,000	6,000	6,000	正金→公司、預金部→正金	6.0 5.0	4年据置、11カ年年賦、万円ずつ年2回、6年目より27.5万円ずつ年2回償還、5年目25鉄所への売却銑鉄代(1トン26円、年8万～12万トン)で元利償還、ただし、製	大正4.6.25　4,000　大正8.9.27　2,000　預金部より出資済
8	大正1. 2.10	3,000	2,976	2,976	正金→公司、預金部→正金	7.0 6.0	30カ年、製鉄所購入鉱石代(年10万トン以内)で元利償還	大正4.6.22預金部より出資済
9	1. 2. 8	万両6	万両6	0	正金→公司	8.0	大正2、3年は鉱石で支払(大正1年は利子を正金に支払)	
10	1.10. 1	万両3		0	正金→公司	8.0		

238

第5章 「製鉄原料借款」覚書

								備考
11	1. 6.14	500	500	500	正　金→公司 預金部→正金	7.0 5.5	5ヵ月以内	大正14.7.11 より出資済
12	1.12. 7	万両 250 千円 (=3,500)	万両 250	万両 250 3)	国　庫→正金 正　金→公司	5.0 8.0	大正2年6月まで据置、7月より3年年賦 (川粤漢鉄道レール代金で借款返済の引当)	大正1.12.18 国庫より出資済
13	2.12. 2	9,000	9,000	9,000	正　金→公司 預金部→正金	7.0 6.0	40ヵ年（6年元金据置）に鉱石1,500万トン、銑鉄800万トン（但既契約分を除く）で償還	預金部より出資済 大正 5.11.21 2,000 大正 8. 9.15 2,000 大正11.10.30 2,000 大正12.12.12 3,000
14	2.12. 2	6,000	6,000	6,000	同　　上			大正3.6. 1 各 大正3.6.16 2,000 大正3.6.29
15	14. 1.21	8,500 2) (6,398)	6,398	6,398	正　金→公司 預金部→正金	6.0 5.5	3ヵ年据置、以後32年間に製鉄所納入銑・鉱で元利償還	大正14.2.24 4,200 14.9.26 1,050 14.9.29 1,200
16	昭和2. 1.27	2,000	2,000	2,000	正　金→公司 預金部→正金	6.0 5.5	32年間に元利均等償還	預金部より出資済 昭和2.1.31 2,000 預金部より出資済
	計	42,527 (40,425) 262万両	30,706 256万両	38,679.5 250万両				

備考：『勝田家文書』第111冊の24、『昭和財政史資料』第1の第144冊、『日本外交文書』第37巻の②、40巻の②、41巻の①、42巻の①、43巻の②、44巻の②、大正2年の②、大蔵省預金部『黄冶峯借款沿革』、同『参照書類』より作成。

注：1) 年利は改定契約により5厘から1分の変更（軽減）がある。
　　2) 交付額、差額2,102千円は昭和4年3月未現在未交付額。
　　3) 『参照書類』では2,925千円と換算されている。

鉄・鉱石売買の協議が行なわれ，昨年3月契約が成立した。これは，一方では「世界ニ於ケル1等鉄礦ノ漸時欠乏スルニ従ヒ米国人ノ大冶等ニ注目スル事益其度ヲ加フヘク」，他方では，公司が米国という「大新得意ヲ得……〔て〕前途有望ノ状ニ対シテ喜悦斜ナラス」，アメリカへも「利益上秋波ヲ送ルハ自然ノ理」であり，そうなればアメリカが如何なる方法で公司を「籠絡スルヤモ難計懸念ノ至リニ有之候」。

4　清国陸軍部内の主要人物は近時ドイツに大いに好意をよせている。第1回目の借款の際に日本に「機先ヲ制セラレ」たドイツが失地回復をねらっていることは明らかであり，清国内のドイツ派を利用して，日本と公司との離間策をとり，公司がそれに乗る危険性がある。そうなれば，公司における「日本ノ立脚点ハ漸次崩壊スルヲ免レサルコトト存候」。

5　盛宣懐は健康がすぐれず，北里博士の診断では「今後5ヶ年ノ生命ヲ保ツニ過キサルヘシ」，しかも不慮の事故がないとはいえないし，「万一他人之ニ代ル場合ニハ日本ト公司トノ間ニハ有誼的色彩ヲ失ヒ全ク利害的関係トナルカ故其時ニ際シ我主眼トスル漢陽大冶ニ対シ優先権ヲ獲得セントスルハ今日ニ比シ難事ナルヘシト被思候」。

要するに，小田切正金銀行取締役は，外国資本の介入の可能性がまだ存在していることを最も問題視しているのである。したがって，彼は「今回ノ借款問題〔1911（明治44）年5月1日仮契約の1200万円簡易借款——引用者〕ヲ機会トシテ同公司ノ上ニ日本ノ資力ト利益トヲ注入シテ永遠ニ経済的連絡ヲ作リ兼テ外国ノ公司財産ト事業トニ対スル覬覦ノ念ヲ杜絶スルヲ以テ目的トシテ交渉ノ劈頭ニ於テ公司ノ全財産ヲ担保トシテ我ヨリ借款スヘキコトヲ提議シ」(43)（傍点は引用者），そのために，帝国主義者としての努力を傾けるのである。これとあわせて公司の合弁化政策をもすすめている。これらの日本の要求は，不発に終わる(44)のであるが，日本帝国主義の野望はとどまることを知らない。われわれは，個々の借款についていちいち説明する必要はないから，省略する(45)ことにして，決定的な意味をもつと考えられる1913（大正2）年の12月の1500万円借款について論及しておこう。

辛亥革命によって漢冶萍公司の日清合弁計画が流産し，同時に売国奴とし

て盛を批難する声が中国内で高まり、盛宣懐一派の勢力は一時失墜したが、政情の変化とともに再び勢力をとりもどし、漢冶萍公司の実権を握り、1913（大正2）年5月20日、上海で同公司の株主総会を開き、公司事業拡張のため、現在漢陽における熔鉱炉（旧100トン炉2基、新200トン炉1基）の他に漢陽及び大冶に熔鉱炉建設のため大借款を起こすこと、資本金を3000万元に増加することなどを決議し、そのための事業拡張資金900万円、短期旧債償還資金750万円の借款を、盛宣懐は、三井物産出身で漢冶萍公司日本駐劄代表者高木陸郎を通じて、同年7月横浜正金銀行に申し出た。これが1500万円借款の契機である。以後、8月、正金銀行の態度表明（井上準之助）、製鉄所（中村長官）、正金銀行（井上）、大蔵省（田書記官）、農商務省（鈴木書記官）の協議、10月、閣議決定、12月、契約調印となるのであるが、まず盛の借款契約の要項は次のようなものであった。

1　借款総額1650万円（900万円は設備費〔3年間に交付〕、750万円は短期重利借款償還費〔善後借款〕で別々に契約を作成）。但し、公司が必要な場合、350万円の増借を認めること。
2　利子は年6分、期限は20年（元金5年据置）。
3　償還方法、900万円借款は銑鉄代金、善後借款は軌条及び銑鉄代金で優先的に償還。
4　担保、公司の財産全部。
5　技師と会計顧問員を聘して、公司の顧問とする。
6　製鉄所はなるべく多くの鉱石を購入すること。契約外に鉱石を購入する場合はそれと同量の銑鉄も購入すること（ただし10万トンまで）。

従来の借款の場合と比べて、盛のこれらの諸条件は大きな変化をみせている。とくに4と5は注目に値する。盛の買弁化は大きく前進する。これにたいして、日本側の態度は盛の要項をふまえて、公司を徹底的におさえこもうとする野望を明確に示すのである。日露戦争後の外債の累積・国際収支の赤字――外債政策の行き詰まり、などから日本資本主義は早くも「国家的に破産寸前の危機に直面」していたにも拘らず、日本は厖大な借入金をもち年間利子支払高約184万上海両（日本円換算約242万円、表5-6参照）にもおよ

表5－6　漢冶萍公司借入金（1913〔大正2〕年はじめ）

借　入	借　　入	上海両に換算	%	1年間支払利子高
横 浜 正 金 銀 行	円 13,557,284 両 3,006,000	} 13,313,247	52.6	上海両 924,024
日 本 興 業 銀 行	円 2,249,791	1,709,841	6.6	102,590
三井洋行其他日本側		561,093	2.2	44,263
外 国 銀 行 及 洋 行		1,171,728	4.6	102,640
東 方 公 司（六合公司改称）		2,055,496	8.0	181,880
支 那 銀 行		3,069,900	12.0	230,243
儲蓄及萍鉱官銭号		381,585	1.5	28,619
レ ー ル 代 金 前 借		3,202,097	12.5	222,534
合　計		25,464,987	100.0	1,836,792
換 算 日 本 貨 幣		円 33,506,562		円 2,416,832

備考：前掲，大蔵省預金部『漢冶萍借款沿革』122－123ページ。

び「作業収益ハ僅ニ借入金ノ利息ヲ払フニ止マ」る公司を放擲しておいたな(52)らば，公司の事業が如何に有望だとしても公司の財政が破産し経営不能となれば「日本側ノ不利益ハ莫大ノモノニシテ只貸付金ノ返還ヲ得サルノミナラス又単ニ製鉄所ノ作業ニ困難ヲ来スノミナラス惹テハ広ク我国将来ノ工業ニ非常ノ打撃ヲ与フヘシ」(53)，として借款の必要性を認識し，その条件を内部で協議し，次のような諸点を提議する。

1　借款総額，1500万円（設備費借款900万円，善後借款600万円）(54)。
2　担保，公司の全財産。
3　期間，40カ年。
4　償還方法，元利は鉱石・銑鉄代金で償還。
5　公司の事業及び会計監督のため，最高顧問と会計顧問を各1名，公司で日本の推薦により日本人を傭聘すること。
6　横浜正金銀行（大蔵省預金部）から貸付(55)。

第5章　「製鉄原料借款」覚書

　この各項は全部契約にもりこまれるが，この契約(56)によって，漢冶萍公司は日本の管理下におかれることになり(57)，製鉄所のいわば「分工場」(58)に転落すると同時に，40ヵ年間に1等鉱石1500万トン，銑鉄800万トンを製鉄所に供給することを義務づけられ，従来の諸契約分とあわせて，1920（大正9）年度から鉄鉱石60万トン，銑鉄12万トン（1921年度からは25万トン）を年々製鉄所へ送りこまねばならなくなったのである（表5-7参照）。換言すれば，製鉄所は，契約のうえでは，このように大量の銑鉄および鉄鉱石を確保するにいたるのである。しかも，借款の元利償還分だけで。しかし後述のように予定通りに，事態は進行しないのである。

　さて，この借款による元利償還方法と形態は従来のものと基本的には同一だが，注意すべき点は，製鉄所で公司から購入した鉱石及び銑鉄の代金の全部（興銀分を除いて）が，製鉄所から正金銀行に支払われ，その中から，正金銀行は，(1)新旧借款の利子，(2)元金（年賦分），(3)年内に受け取るべき元利金，の順序でそれらに該当する金額を差し引き，その上残金がある場合には，公司の預金とし，その預金分を公司が随時引き出しうる，となっていることである（9百万，6百万借款契約書各第7条）。従来は，元利分を差し引き，残金がある場合には公司に直接支払うことになっていたがこの借款によって，正金銀行の公司の管理は大きく前進する。いずれにしろ，かかる方法は公司の経営を著しく圧迫することは明白である。何故なら，公司にとっては，$G-W <^{A}_{Pm} \cdots P \cdots W'-G'$の過程において，$W'-G'$がそれ自体として実現しないことを意味するからである。抽象的にいえば，$W'-G'$は行なわれながら，実質的には$W'-G'$が中断され，商品が在庫として滞留してしまうのと同じような効果を惹起する。具体的にいえば，公司が日本の製鉄所へ鉱石・銑鉄を販売しても，その代価が公司へ収入として全的に入ってこないから，公司の運転資本不足は一般的傾向とならざるをえず，借入金依存を自動的なものにし，それはまたいわゆる「金融費用」を増加させ，公司財政の悪化を不可避にするのである。漢冶萍公司の鉄鉱石・銑鉄生産高と製鉄所への納入高との関係を明らかにすることによって，そのことはある程度論証が可能である。

表5－7　漢冶萍借款による鉄鉱石及び銑鉄の契約数量
(単位：千トン、但し、鉄鉱石は仏トン、銑鉄は英トン)

年度	鉄鉱石				銑鉄		
	明治37年契約によるぶん	明治44年契約によるぶん	明治45年契約によるぶん	大正2年契約によるぶん	合計	明治44年契約によるぶん	大正2年契約によるぶん	合計
大正9 (1920)	120	120	100	260	600	120		120
10(1921)	120	120	100	260	600	120	130	250
11(1922)	120	120	100	260	600	120	130	250
12(1923)	120	120	100	260	600	120	130	250
13(1924)	120	120	100	260	600	120	130	250
14(1925)	120	120	100	260	600		250	250
昭和1 (1926)	120	120	100	260	600		250	250
2 (1927)	120	120	100	260	600		250	250
3 (1928)	120	120	100	260	600		250	250
4 (1929)	120	120	100	260	600		250	250
5 (1930)	120[1]	120[2]	100[3]	260[4]	600		250[5]	250

備考：大蔵省預金部『参照書類』510ページより作成。
注：1) 昭和8年度まで。
　　2) 昭和20年まで。
　　3) 昭和16年まで。
　　4) 昭和8年まで、昭和9－16年度は280千トン、昭和17－20年度は480千トン、昭和21－28年度は600千トン、昭和29年度は350千トン、昭和30－34年度は250千トン。
　　5) 昭和17年度まで、昭和18年度は210千トン、昭和19－35年度は170千トン。

第5章 「製鉄原料借款」覚書

　それを示したのが，表5-8である。漢冶萍公司の鉱・銑生産高は暦年次で製鉄所への納入高が会計年度であるために，厳密さを欠くきらいはあるが，1900（明治33）年度以降1928（昭和3）年度まで漢冶萍公司から製鉄所へ598.1万トンの鉄鉱石が納入され，それは1896－1928年の公司の生産高の58.6％をしめている。しかも，公司は銑鉄生産を行なっており，同期間中に247万トンの銑鉄を生産しているが，銑鉄1トン生産に鉄鉱石1.6－1.7トンが必要であるから，247万トンの銑鉄生産に約395－420万トンの鉄鉱石が必要であり，製鉄所への納入と銑鉄生産用のみで，公司の鉄鉱石生産高の殆ど全部を占め，他に鉱石を販売する余地は殆どない。さらに銑鉄生産高中約3分の1は製鉄所納入であるから，公司が自由に販売しえた銑鉄量は約165万トンにすぎなかったのである。時系列的にみれば，明治期1904年度以降・大正期当初の鉄鉱石納入高の多くの部分が借款元利償還に充当され，鉄鉱石生産高の25－50％の代価は公司に直接回流しないのである。鉄山の新開掘・高炉の建設のための資本の調達を借款によった公司は，それらが剰余価値生産の「機構」として充分稼動しないうちに，借款元利として，現物で支払わなければならないわけである。しかもそれは少額ではないから，資本の循環の「円滑化」を阻害する。

　1914（大正3）年以後は，既述のように，銑・鉱代金全部が借款元利金支払いに充当されることになったが，このような「償還形態」を前提とする限り，公司が経営困難になることはむしろ当然であり，第1次世界大戦後の世界恐慌による鉄鋼価格の下落はそれに拍車をかけ，公司の内債，借入金の増加となり，日本の公司へのさらなる資本の投入と元金償還の延期策をとらざるをえなくなるのである。ひいては元利償還方法も変えざるをえなくなる。

　借款償還期限の延期を一括すれば表5-9に示したごとくであり，とくに元金償還は逐次延期され，昭和期までもちこまれるのである。『昭和財政史』によれば，1930（昭和5）年5月，預金部から製鉄所特別会計がひきついだ漢冶萍公司への債権額は正金銀行分34,101千円，興銀分2,051千円，合計36,152千円であり，日銀分2,924千円を加えれば，漢冶萍借款残高は39,076千円となるのである。

表 5 − 8　漢冶萍公司の鉄鉱石・銑鉄生産高及び製鉄所への納入高
(単位：千トン, 但し鉄鉱石は仏トン, 銑鉄は英トン)

年度[1]	鉄鉱石 契約高(A)	鉄鉱石 生産高(B)	鉄鉱石 納入高(C)	鉄鉱石 価額(D) 千円	(C)/(B) %	銑鉄 契約高(E)	銑鉄 生産高(F)	銑鉄 納入高(G)	銑鉄 価額(H) 千円	(G)/(F) %	(D)+(H) 千円
明治29(1896)－40(1907)	620	1,070	533	} 2,555[2]	49.7		374				} 2,555
41(1908)	120	266	127		47.7		66				
42(1909)	120	316	96		30.3		74				
43(1910)	120	386	96		24.8		119				
44(1911)	120	442	121	363	27.3	15	93	19	498	20.4	861
大正1(1912)	220	241	262	706	108.5	15	8	16	416	20.0	1,122
2(1913)	220	486	195	585	40.1	15	98	30	916	30.6	1,501
3(1914)	220	488	250	750	51.2	15	129	46	1,309	35.6	2,059
4(1915)	220	545	269	806	49.3	80	136	52	1,324	39.4	2,130
5(1916)	320	558	276	828	49.4	100	148	42	1,064	28.3	1,892
6(1917)	320	542	300	1,085	55.3	100	148	50	2,112	33.7	3,197
7(1918)	320	629	360	1,368	57.2	100	137	51	6,000	37.2	7,368
8(1919)	340	687	350	2,600	50.9	100	155	61	5,520	39.3	8,120
9(1920)	600	824	362	1,632	43.9	160	124	77	5,282	62.1	6,914
10(1921)	600	384	250	863	65.1	250	124	75	3,424	60.4	4,287

第5章 「製鉄原料借款」覚書

11(1922)	600	346	274	967	79.1	250	148	138	5,634	93.2	6,601
12(1923)	600	487	293	1,033	60.1	250	159	68	2,731	42.7	3,764
13(1924)	600	449	338[3]	1,252	75.2	250	176	90	3,537	51.1	4,789
14(1925)	600	316	356	1,601		250	53	27	1,091	50.9	2,692
昭和1(1926)	600	85	128	704		250	—	0	0		704
2(1927)	600	244	367	2,020		250	—	0	0		2,020
3(1928)	600	420	378	2,207		250	—	0	0		2,207

備考：契約高と納入高は大蔵省所蔵『昭和財政史資料』第1の144冊16号資料，その他は大蔵省預金部『参照書類』附表より作成。

注1）会計年度，ただし生産高は暦年次。
　2）明治33－43年度合計額。
　3）大正13－昭和2年は象鼻山鉄鉱石を含む。

表 5 − 9 漢冶萍借款の期限・償還方法の改定及び担保

番号	期限及び償還方法の改定内容	担 保
①	1) 大正3−6年まで元金償還停止 (大正3.7.15協定) 2) 大正7−11年、5ヵ年元金償還停止 3) 大正13.4.1より大正16.3.31まで3ヵ年元金据置、大正41(1952)3.31まで25年間に元利均等年賦償還 (大正14.1.21協定)	大冶得道濟歉山他
③	1) 大正3年まで据置、大正4−11年迄8ヵ年間年賦償還 (大正2.4協定) 2) 大正13−昭和6年まで毎年187.5千円償還、年利大正6.9.1より7分に変更 (大正6.9.1協定) 3) 大正13.4.1より昭和2.3.31まで据置、以後25年年賦償還、年利を大正13.4.1より6分に引き下げ	(1) 盛宣懷所有九江管下大城門鉄山、萍郷煤鉄大冶萍漢陽鉄廠 (2) 契約不履行の場合は、明治44年の600万円契約にたいする鉄代の内をもって元利の決済に充つ
④	1) ③の1) と同じ 2) 大正13−昭和6年まで毎年62.5千円償還、年利③の2) と同じ 3) ③の3) と同じ	③と同じ
⑤	1) 大正1年末元金残高830千円を大正4年迄償還、以後3ヵ年年賦償還 (日本への銃械代金で) (大正3.12協定) 2) 大正9年以降3ヵ年間分割償還 (大正3.12協定) 3) 大正14−15、毎年280千円、昭和2,270千円償還、年利6分5厘に引き下げ (大正6.9.1協定)	③の第2担保と同じ (大正2.2.27改約)
⑥	1) 大正1年まで1年延期 2) 大正5−8年に年賦償還 (大正2.2決定) 3) 大正8−12年の5ヵ年に年賦償還 (大正3.12決定) 4) 大正13−昭和3年に年賦償還 (大正6.9.1協定) 5) 大正13年4月−昭和2年3月まで据置、以後25年元利均等年賦償還 (大正14.1.21協定)	(1) 公司株券150万円——公司全財産を担保とし株券返戻 (大正2.12.2改約) (2) 償還不履行の場合は①の600万円契約に対する銃鉄分の内をもって元利の決済に充つ (大正2.1.28改約)

248

第 5 章 「製鉄原料借款」覚書

⑦	1）大正 8 －昭和 4 年までに償還（大正3.12協定） 2）大正13－昭和 8 年までに償還（大正6.9.1協定） 3）⑥の 5 ）と同じ	担保なし
⑧	1）大正 7 年より 8 月，最良鉱石10万トン代金から利子を控除した額で元金償還（大正3.12決定） 2）大正12年以降同上．年利を 6 分に引き下げ（大正6.9.1協定） 3）⑥の 5 ）と同じ	①の担保を第 2 担保とし，同借款完済のもの同担保を第 1 担保とする
⑨	1）大正1.11.13より 6 カ月延期 2）大正 3 年までに元金据置，大正 4 － 5 年に年賦償還（大正3.12.7協定） 3）大正 8 － 9 年に年賦償還（大正3.12.7協定） 4）大正13－14年に年賦償還，年利 6 分 5 厘に引き下げ（大正6.9.1協定） 5）⑥の 5 ）と同じ	曳船（ 4 隻）及艀船（110隻）＝575,750両
⑫	1）大正10年以降 6 カ年賦償還（大正6.9.1協定） 2）⑥の 5 ）と同じ	南京公債500万元並びに本借款をもって公司の返還せる外国借款の担保品とする
⑬	1）大正14－昭和 9 年まで毎年60千円，昭和10－29年まで毎年150千円，昭和30－33年まで毎年225千円（大正6.9.1協定） 2）大正13年 4 月－昭和 2 年 3 月据置，以後32年間元利均算年賦	製鉄所に売渡すべき鉱石及銑鉄代金を引当として公司の動産不動産を第 1 担保とする．但し他の債務の担保となっている財産は第 2 担保とする
⑭	1）大正14－昭和 9 年まで毎年40千円，昭和10－29年まで毎年100千円，昭和30－33年まで毎年150千円（大正6.9.1協定） 2）⑬の 2 ）と同じ	同　上
⑮		公司の現在所有し並びに本借款により取得すべき動産不動産いっさいの財産及び将来是等の財産に附属して其一部を構成すべき財産
⑯		⑮と⑬に同じ

備考：表 5 － 5 と同じ。

このように，日本政府＝製鉄所は一企業にたいして巨額の貸付残高を有し，かつ年間60万トンの鉄鉱石と10万－25万トンの銑鉄を漢冶萍公司から確保しようとしたにもかかわらず，実質的に日本帝国主義の経済的支配下にある漢冶萍公司の鉄鉱石生産高は1920（大正9）年度の824千トンをピークに減少傾向を示し，銑鉄は1926（昭和1）年度以降ストップの状況を示す。しかも公司は製鉄所への供給のために，1924（大正13）年度以降自ら象鼻山鉄鉱石を買い入れているのであり，象鼻山への代金支払いを滞留するほどになるのである(61)。これらは，日本資本主義の再生産構造の一部門たる鉄鋼業の中核的存在たる製鉄所にとっては，ひとつの「危機」に他ならない。これと密接に結びついて登場するのが裕繁公司への借款であり，石原産業への貸付である。補足的に前者について説明しておこう。

裕繁公司借款の発端は，形式的には，同公司に支配力を有していた中日実業株式会社が，第1次世界大戦後の恐慌で従来裕繁の桃沖鉱石を購入していた東洋製鉄と輪西製鉄所の購入量が激減したために同公司が苦境におちいり，そのために製鉄所に裕繁借款を申し込んだことにある(62)，といわれている。周知のように東洋製鉄株式会社は1917（大正6）年，郷誠之助，渋沢栄一，中島久万吉らによって払込資本金3400万円で設立されたのであるが，戦後恐慌で苦境にたち，1921（大正10）年「無償」で製鉄所に経営を委託した。この東洋製鉄の鉄鉱石確保策はまさしく製鉄所のそれに範をとったと考えられるほどの同一方式であり，中日実業を通じて1917（大正6）年7月から1919（大正8）年1月にかけて約250万円を裕繁公司に貸し付け，35年間にわたって年間37万トンの鉄鉱石を購入する契約を結んでいたのである。東洋製鉄の経営危機は鉄鉱石購入の不必要となる。そこで，製鉄所は，大冶鉄鉱石が当初の契約通りに入ってこない状況にかんがみ，1920（大正9）年12月20日，中日と製鉄所との間に150万円借款契約が結ばれ，1921（大正10）年度鉄鉱石10万トン，翌年度以降毎年22万トンを製鉄所に供給（価格は荻港本船積込渡し，銀貨3元50仙＝4円48銭）することになり，その後2回にわたり，大蔵省預金部→正金銀行→中日→裕繁公司という経路で貸し付けられ，合計475万円に達した（表5－10参照）。1923（大正12）年の借款とともに，新しく元利

第5章 「製鉄原料借款」覚書

表5－10　裕繁公司借款

(単位：千円)

貸付年月日	貸付金額	昭和3年3月残高	貸付順序・年利率	償還期限・方法
大正 9.12.27	1,500	1,261	預金部→正金　日→公司 6分5厘　7分5厘　7分5厘 (5分5厘)　(6分)　(6分)	15カ年、桃冲鉱石代金より元利年賦償還、大正12年2月17カ年に改訂
大正12. 2.13 12. 3.19	400 2,850	355 2,531	5分5厘　6分　6分 5分5厘　6分　6分	} 7カ年　同　上
計	4,750	4,147		

備考：大蔵省預金部「支那裕繁公司借款ニ関スル沿革」1-2ページより作成。
注：( )内は大正12年2月改訂年利率。

表5－11　裕繁公司借款元利償還予定（1923〔大正12〕年決定）

(イ)	採　掘　量	4,930千トン	1年採掘量	290千トン (17年間採掘)
(ロ)	新旧借款元利負担	4,670千円	1年当元利金	458.2千円 (17年年賦)
(ハ)	東洋製鉄出資金に対する割合	1トン当	1円58銭	(1円53銭[1])
	裕　繁　公　司　手　取	1トン当	0.32	
	計　（荻港渡価格）	1トン当	3.00	(銀3.00弗)
	荻港・八幡間運賃	1トン当	4.90	(銀4.85弗)
	計　（製鉄所引渡価格）	1トン当	2.70	(銀7.55弗)
	総計	1トン当	7.60	

備考：表5-10に同じ（ただし、18-20ページ）。
注：1) 年利率6分に引き下げたために、1トン当たり元利負担分5銭軽減。

償還方法が決定され（表5-11参照），製鉄所は年間29万トンの鉄鉱石を17年間にわたって供給することを公司に義務づけたのである。[63]

ここで注目すべきことは，製鉄所購入の桃冲鉱石価格中トン当たり32銭を製鉄所は東洋製鉄に支払うことになっていることである。これは東洋製鉄の株主の救済であり，製鉄所長官や農商務大臣がしばしば議会で東洋製鉄は無償で委託されたものであると強調しているが，かかる意味での「賃借料」を支払っているのである。こうして，製鉄所はさらに国家資本の輸出を通じて新たな鉄鉱石を確保するとともに，東洋製鉄の救済をも行なうのである。

われわれは，製鉄原料借款の過程と実態を検討してきたが，この帰結としてみられたのは巨額の貸付残高であると同時に製鉄所の躍進と対照的な漢冶萍公司の停滞・銑鉄生産のストップに端的にみられる製鉄部門の破壊的状況のきわだった傾向である。この本質の把握のためには，この借款問題の本格的体系的分析が不可欠であり，ひとつの鍵を提供するように考えられる。[64] わたくしは，現在それを果たしえないが，借款を通ずる鉄鉱石の購入価格を検討することによって何らかの示唆をうることができるであろう。

(36)　前掲『漢冶萍借款沿革』52-53ページ。この閣議決定は，漢陽鉄政局，萍郷炭山がそれぞれ50万円，35万両の借款を大倉組に申し込んだのに対して，「帝国政府ニ於テ右ニ対スル前途ノ方針ヲ確定セスシテ徒ラニ問題ノ起ルニ従ヒ少額ノ貸付ヲ為スモ一時ノ姑息ニ流レ或ハ最終ノ目的ヲ達セサルヤノ虞アルニ付」，その方針を確定するためのものであった（農商務・外務・大蔵各大臣の請議文）。
(37)　『日本外交文書』第40巻第2冊，656ページ。
(38)　同上，655ページ。
(39)　同上，662-665ページ参照。
(40)　『明治大正財政史』第13巻，646-647ページ参照。1911（明治44）年3月の600万円借款から，公司→大倉組→大蔵省預金部の順序で返済。大倉組は年利率1分の利ざやを濡れ手にあわ的に取得している。また大倉組はこの借款によって，萍郷のコークスの一手販売権を確保した。
(41)　これは製鉄所の斡旋により横浜正金銀行が貸し付けたもので，年利率8分，期間は約1年であり，1923・24（大正12・13）年度に製鉄所へ納入す

第5章 「製鉄原料借款」覚書

べき鉄鉱石・銑鉄の代金より旧借款元利を控除した残金で返済することになっていた（前掲『漢冶萍借款沿革』177ページ）。しかし，これがどう返済されたかについてはのべられていない。

(42) 『日本外交文書』第44巻第2冊，219－221ページ。
(43) 同上，216ページ。なお，1200万円の簡易借款仮契約の内容については同上，203－204ページ参照。
(44) 辛亥革命直前の時期に，日本が無理押しをすれば，買弁資本家盛宣懐の政治的生命を危うくする可能性があったことも，公司の全財産を担保とする借款が成立しなかった一因であった（同上，216ページ参照）。果せるかな，辛亥革命の勃発とともに，盛は日本に一時的に亡命する。
(45) これらのなかで，注目すべきものは，1911（明治44）年3月の銑鉄代価前借款と1912（大正1）年2月の300万円鉱石代価前借款である。前者は銑鉄確保にまで手をのばしたことであり（製鉄所の第2期拡張に照応していることに注意），後者は日本滞在中の盛が革命政府の要求に対し500万円の資金供与を約束したことによるものであって，300万円のうち50万円は漢冶萍公司の正金銀行からの借款の利子その他に当てられ，残金250万円は三井物産を通じて直接革命政府へ渡されたものである（前掲『漢冶萍借款沿革』96ページ）。三井物産は1906（明治39）年に漢陽鉄政局に100万円を貸し付け銑鉄・鋼材の日本向け一手販売権を獲得（同上，55ページ）し，たとえば，1909（明治42）年25千トン，同10年3万トン，同11年4万トン（予定）を輸入している（『日本外交文書』第44巻第2冊，222ページ）が，先の大倉組の場合と同様に，国家資本の輸出開始後であり，それが財閥資本の漢冶萍進出の前提になっているのは注目してよい。また同公司成立にさいして株式の応募に三井が参加しようとした（ただし，清国の国内法との関係で成功しなかった）ことや，漢冶萍公司の日清合弁化策の場合に三井の山本条太郎が参画していることも注目すべきである。天皇制権力が三井等を意図的に前面に出しているのであるが，これらは中国への進出過程における権力と財閥の関係のひとつの表象を具現しているといえよう。
(46) 一例として，『日本外交文書』大正2年第2冊，939－940ページ参照。
(47) 前掲『漢冶萍借款沿革』117ページ。
(48) 『日本外交文書』大正2年第2冊，953－955ページ。
(49) 高橋亀吉『大正昭和財界変動史』上巻，東洋経済新報社，昭和29年，第1章第2節参照。
(50) 同上，16ページ。
(51) この表は，借款申し込みの際に，公司が正金銀行に提出したものである

が，日本からの借入金が全体の61.4％を占め，外国銀行（井上準之助によれば露西亜及び印度支那銀行）からの借入が4.6％にすぎないことが注目される。その点では日本は，外国資本の駆逐に成功したといえよう。

(52) 井上準之助（正金銀行副頭取）「漢冶萍公司借款申込ニ関シ意見内申ノ件」，『日本外交文書』大正2年第2冊，959ページ。

(53) 同上。

(54) 善後借款750万円の申し込みを600万円に削減した理由については，上記の井上「意見書」参照（同上，962－963ページ）。

(55) 製鉄所長官，正金副頭取他の協議，閣議決定による（前掲『漢冶萍借款沿革』128ページ，同上『参照書類』297－298ページ，299－304ページ）。
　　この借款は日本資本主義の「危機」的状況に規定されて，とくに担保を回収確実な方法をとるべきことが大蔵省から強調されていた。何故なら「従来此等資金ヲ国庫ヨリ支弁スルニ当リテハ外交ノ機微ニ入リ隠密ノ手段方法ヲ採ルノ必要アリシヲ以テ普通ノ如ク公然タル措置ニ出ツルコト能ス不得已国庫金ノ運転上多少ノ手心ヲ用ユルノ形式ニ依テ資金ヲ融通シ来リシカ故ニ借款元利支払上ニ事故ヲ生スルトキハ整理甚タ困難ナル事情ア」るからである。この資金は預金部より鉄道特別会計に一時融通した2600万円を鉄道公債によって早晩整理する計画なので，これによって生じた資金を正金に融資してあてる，というものであった。また公司の合弁化計画のひとつの要因は，新株式の発行による従来の未償還借款の返済にあったことに注目しておきたい（閣議決定）。

(56) この契約は「事業拡張資金9百万円借款」（全14条），「旧債整理資金6百万円借款」（全14条），同上に借款の「別契約」（全9条），および同「附属文書」，最高顧問技師および会計顧問の「職務規程協定及傭聘契約」から成りたっている（前掲『参照書類』105－130ページ，140ページに収録されている）。

(57) 最高顧問技師と会計顧問は公司のたんなる相談役ではなく，前者は事業及び同計画への直接的参加であり，後者は会計面への介入による公司の監督が任務である。また公司は「支那国以外ノ銀行又ハ資本家ヨリ借入金其他資金ノ融通ヲ得ントスルトキハ必ス先ツ〔正金〕銀行ト商借」することが義務づけられ，正金銀行が貸付不可能の場合にのみ，公司は他から借り入れることができる（9百万円及6百万円借款契約書各第9条）とされ，実質的に正金の許可なくして，外国資本の導入は禁止されたのである。

(58) 日本鉄鋼史編纂会編『日本鉄鋼史』は，漢冶萍は「実質的に八幡〔製鉄所〕の分工場とみられる」と書いている（第3巻第8分冊，36ページ）が，

いつから分工場とみられるのかは語っていない。
- (59) 公司の経営困難の諸原因については，それ自体として解明しなければならない問題であるが，このような要因を否定することはできないであろう。第1次世界大戦中の公司は大幅な利益を計上しているが，これは鉄鋼価格の急騰とそれの製鉄所以外への販売の増加が大きな要因だと考えられる。
- (60) 大蔵省『昭和財政史』第12巻，100ページ。
- (61) 小田切万寿之助・川久保修吉「漢冶萍公司代表トノ交渉概要並ニ其ノ対案」(1926年10月28日商工大臣へ提出した文書)。
- (62) 大蔵省預金部『支那裕繁公司借款ニ関スル沿革』10ページ。
- (63) 同上書所収資料による。
- (64) なお，この借款と商品輸出との関連の追究が必要であろう。レーニンは「借款の一部を債権国の生産物，とくに軍需品，船舶，等々の購入に支出することを借款の条件とするのは，最も普通のことである」(『帝国主義論』国民文庫版，84－85ページ)とのべているが，この漢冶萍借款の場合には，それを残念ながら明示できない。しかし，それは充分に考えられることであり，とくに財閥との関連を把握しなければならない。

III　製鉄原料の購入価格

1899(明治32)年7月4日，大冶鉱石1600トンを積載した飽ノ浦丸が石灰窰の波止場を解纜し，わが国輸入鉱石の嚆矢となった。契約単価は1等鉱石3円，石灰窰船積渡しであった。これに運賃，税関手数料，輸出税などを加え，さらに陸揚げ，場内運搬費等を加えると製鉄所着の大冶鉄鉱石着値は第1次世界大戦まで約6円30銭－7円50銭程度であった。[65] 税関手数料，輸出税等はとるにたらない金額であるから契約単価と運賃が鉄鉱石着値の基本であった。既述のように，1900(明治33)年，漢冶萍との契約単価決定の際に，製鉄所長官は単価3円は運賃などを加えると八幡着値が国内鉄鉱石買入価格よりも高値になると表面では強調したが，現実には「毫モ損スルコトナ」くと満足の意を表明していた。この後借款の場合にもこの毫も損しない価格が維持されてきたが，第1次世界大戦の勃発とともに，銑鉄・鋼材価格が高騰し，鉄鉱石価格も急騰し，漢冶萍公司は生産費の上昇からたびたび鉄鉱石・

表 5 - 12　漢冶萍公司の製鉄所への鉄鉱石・銑鉄販売価格
（1トン当たり，単位：円）

年　度	鉄鉱石	銑　鉄
大正 5(1916)まで	3.00	26.00
6(1917)	{3.00 / 3.40}	42.50
7(1918)	3.80	120.00
8(1919)	6.00	92.00
9(1920)	4.50	70.00
10(1921)	3.45	46.45
11(1922)	{3.80 / 3.00}	41.55
12(1923)	3.52	{40.50 / 41.35}
13(1924)	{3.52 / 3.80}	40.00
14(1925)	4.50	41.00
昭和 1(1926)	5.50	―
2(1927)	5.50	―
3(1928)	5.50	―

備考：大蔵省預金部『参照書類』附表，及び1922（大正11）年度以降各年度『製鉄所事業成績書（原議ノ分）』（製鉄所文書）より作成。

銑鉄価格の引き上げを製鉄所に要請したが，製鉄所は契約価格年限をたてにとり，また金融的支配と顧問派遣の Macht で応ぜず，1917（大正6）年なかばまで鉄鉱石単価3円，銑鉄単価は同年3月まで26円と強力的に購入価格を維持し続けるのである。釜石コークス銑1号のトン当たり年間平均市場価格が1913（大正2）年50円から1916（大正5）年89円，1917（大正6）年4月169円と急騰している時に何と単価26円で，製鉄所は漢陽銑鉄を購入しているのである（運賃を加えればもう少し高くなる）。

漢冶萍公司からの鉄鉱石・銑鉄購入単価の変化を表示すれば表5‐12のようになる。鉄鉱石価格は1917（大正6）年6月18日出航の分より3円40銭になり，以後漸騰し，1919（大正8）年度6円をピークに漸落，銑鉄価格も同じような変化を示している。このような価格のもつ意義が問題なのである。

鉄鉱石契約単価3円というのはたしかに安価であるといえる。たとえば，三菱の独占的運搬契約による運賃を支払っても，明治末年の日米銑鉄生産費

表5-13 1917（大正6）年上半期漢冶萍公司大冶鉄山鉄鉱石生産費

（単位：両）

項　　　　　目	金　額
事　　務　　費	16,214
特　　別　　費	10,756
本　　店　　費	29,400
鉱　山　部　費	12,363
鉱　石　採　掘　費	95,350
機　械　工　場　及　修　繕	36,605
運　輸　部　費	8,895
鉄　道　運　搬	30,889
積　　　　　卸	24,894
計	265,366
資本利子・負債利子及銀行利子半年分	160,260
鉄鉱石産出高	トン 296,412
１トン平均生産費（利子及減価償却費含まず）	両 1.436
新借款利子・原資本割賦償却高（トン当たり）	0.438
小　　計	両 1.874
1918（大正7）年4月26日漢口向売相場100円に付46½両で邦貨換算	4.03円（4.68円[1]）

備考：1918年3月16日付公司からの報告（製鉄所文書『大正7年度漢冶萍公司関係書類』所収）より作成。
　注：1）100円に付き40両で換算した場合（1919年8月の相場）。

において製鉄所の鉱石費が11.885円にたいしてアメリカのそれは14.60円であることはそれを示している。だがこのことは製鉄所がとくに漢冶萍公司から他よりもとくに安価に購入したことをかならずしも意味しない。何故なら，1910（明治43）年に漢冶萍公司がアメリカの Seattle Steel Corporation と売買契約を結んだ時の鉱石単価は1.5米ドルであり，銑鉄単価は13米ドルであり，製鉄所の販売価格とほぼ同価であったからに他ならない。したがって，公司は当初の製鉄所への販売価格で楽に採算がとれていたといえるであろう。その限りでは盛宣懐の買弁化の経済的基礎は存在していた。基本的には低賃金に基づく採掘費の低廉さによるものであろう。

表 5 - 14 1917 (大正 6) 年漢冶萍公司漢陽銑鉄生産費

(単位:両)

項　目	金　額
萍　郷　骸　炭	1,551,687
大　冶　鉄　鉱	356,704
シンコウ満俺鉱	5,245
チャンティ満俺鉱	42,670
石　灰　石	91,012
汽　罐　石　炭	30,345
鉄　及　鋼	17,258
諸　材　料	33,494
中国人職員俸給	14,676
労　働　者　給　料	29,743
日雇及月雇苦力給料	31,248
苦力賃金受負人へ支払	6,060
稼　高　賞　与	2,490
雑　費	433
銑　鉄　税	148,414
工　場　費　分　担	228,578
本店費及日本・英国支店費分担	48,000
計　　(A)	2,638,048
銑　鉄　生　産　高　(B)	トン 148,415
トン当生産費	両 17.775
利子(トン当り)	5.357
10カ年割賦減価償却費(トン当り)	6.401
石炭・鉄鉱他価格騰貴分(トン当り)	4.500
小　計	34.033
邦　貨　換　算	73円17銭

備考:1918年3月26日付呉博士書翰による(表5-13と同資料に所収)。

第5章 「製鉄原料借款」覚書

表 5 - 15　鉄鉱石輸入トン当たり単価

(単価：円)

年　　度	官業の場合			民業の場合	
	大冶	桃冲	ジョホール	太平	桃冲
大正 6(1917)	8.9			26.0	－
7(1918)	12.93			26.0	24.0
8(1919)	15.13			28.0	24.0
9(1920)	14.90			20.0	22.70
10(1921)	7.95	7.38	11.10	－	11.74

備考：白仁武「本邦製鉄業ニ関スル意見」(製鉄所文書『大正14年2月製鉄調査会資料及報告文類』所収)より作成。本「意見」には何ら注記はないが、いずれも運賃他諸経費を含むことは明らかである。

　しかしながら、1913(大正2)年の1500万円借款、例の21カ条要求以後は事態が大幅に変化してくる。もっとも、公司が他国に鉄鉱石を販売する余裕は全くなくなるから、先のアメリカの販売価格のような比較はできないが、注66で言及したことからも推察できるように、一般物価の激騰、鉱石、銑鉄価格の急騰のもとで、極力公司の両価格の値上げを抑えており、たとえば、1917(大正6)年の場合、漢冶萍公司の鉱石および銑鉄の生産費(直接・間接)は製鉄所の購入価格を凌駕していることに注目しなければならない(表5‐13、5‐14参照)。鉄鉱石生産費約4円にたいして、購入価格は3円－3円40銭、銑鉄は同じく73円にたいして42円50銭である。もっとも、この傾向が続けば、公司が破産的危機においこまれるから、製鉄所の一定の譲歩はさけられないが、戦中・戦後の製鉄所の購入価格が如何に安価であったかは、同じ中国からの日本の民間鉄鋼業者(たとえば輪西製鉄所など)の購入価格と対比すれば、より明白である。表5‐15はそれを物語っている。両者の価格差は驚くべきものがある。第1次世界大戦時、戦後の鉄鉱石価格は民業の購入価格の方がむしろ「正常」であったと考えるべきであろう。また製鉄所着値が鉄鉱石価格を大幅にうわまわっているのは、運賃の高騰、すなわち三菱(鉄鉱石)と三井(銑鉄)の手中に帰する部分の騰貴なのである。表5‐16はそれを示している。
　また、アメリカの国内鉄鉱石平均卸売価格と製鉄所の大冶鉄鉱石価格を対

表 5 - 16 1918（大正 7）年度平均大冶鉱石・漢陽銑鉄 1 トン当たり着値

(単位：円)

	鉱 石	銑 鉄
原　　　価	3.80	120.00
運　　　賃	8.045	7.93
税関手数料	0.0524	
輸 出 税 等	0.2488	
輸　入　税		1.4213
漢陽船内人足費		0.223
合　　　計	12.1462	129.5743

備考：1919（大正 8）年 8 月製鉄所調べ（製鉄所購買課『大正 9 年漢冶萍公司関係書類』〔製鉄所文書〕所収）による。

表 5 - 17 アメリカにおける鉄鉱石（non Bessemer, 鉄51½%）
1 トン当たり平均卸売価格

年次	卸売価格	
	ドル	円
1913	3.40	6.821
20	6.473	12.986
21	6.012	12.061
22	5.271	10.575
23	5.435	10.903
24	4.961	9.953
25	4.375	9.577

備考：*Statistical Abstract of U. S. A.*, 1925, p.316. 邦価換算は平価（100円＝49.845ドル）による。

比してみればアメリカの場合，年次的には若干ずれるが，non Bessemer で，しかも鉄分51.5%にすぎない鉄鉱石であり（表 5 - 17），比較の対象として適当とはいえないが，品質を考慮するならば，製鉄所の購入価格は八幡着値でも安価とみて大過ないであろう。銑鉄の場合も類似のことが傾向としていえるのではあるまいか（表 5 - 18参照）。

白仁製鉄所長官は1923（大正12）年 3 月 8 日，貴族院予算委員第 5 分科会で「支那或ハ朝鮮ニ於テ長ク今日ノヤウニ安イ鉱石ヲ引受ケルコトガ継続致シマスル限リハ，印度ノ銑ト相当ニ競争ガ出来ハセヌカト思ヒマス」（議事

表5-18 アメリカの銑鉄卸売価格（ベッセマー）

年次	価格	邦価換算
	ドル	円
1913	17.133	34.266
17	57.450	115.900
18	36.600	73.2
19	29.350	58.70
20	47.150	94.30
21	22.835	45.67

備考：*Statistical Abstract of United States,* 1921, p.627.
　　　1917-21年は7月の価格。

速記録」）と強調している。より厳密な比較分析を必要とするが，われわれは，漢冶萍（や朝鮮）の鉄鉱石の価格上の意義はとくに漢冶萍支配の実質的達成と第1次世界大戦開始以降に大であるといわなければならない。安価な鉄鉱石と一般的にいうのではなく，第1次世界大戦前夜を境にそれのもつ意義が決して同じではないことを注意しておきたい。

　資本輸出を通じて漢冶萍支配を拡大してきた製鉄所が，銑鉄・鋼材の「異常」な高騰期に，かかる安価な製鉄原料を取得し続けたことは，鉱石コストの上昇を抑制し，費用価格の上昇を相対的におさえ，莫大な利潤の取得に結実する。第1次世界大戦後大正末期までをみてもこのような安価な鉱石の購入の継続が——したがって他民族の労働価値の強力的移転が——製鉄所の黒字の大きな要因を形成したのである。

(65)　たとえば，製鉄所の「材料素品受払勘定」から算定してみると，大冶鉄鉱石単価は1902-1903（明治35-36）年度7円50銭，1905（明治38）年度6円80銭，1907（明治40）年度7円20銭，1912（大正1）年度6円30銭となっている（各年度『製鉄所作業報告』〔製鉄所文書〕による）。試みに，製鉄所の釜石鉄鉱石購入単価を算定すると1902-1903（明治35-36）年度7円になっている。これは運賃込みであるから，鉄分含有量を考慮しても，釜石は官営製鉄所の鉄鉱石よりも安価な鉄鉱石を原料に使用していたことは明白である。したがって，小野一一郎氏のように，釜石鉄鉱石価格よりも「大冶価格は遙かに低価格であることは疑問の余地がない」とか「八幡

製鉄所」の安価な大冶鉄鉱石の確保は「逆に内地鉱石に依存する釜石の経営を圧迫し，……」などという（小野一・難波，前掲論文，54ページ）のはナンセンスである。釜石の経営問題は別の問題であり，鉱石価格ではなく別の原因から説明されなければならない。大冶鉄鉱石単価3円は製鉄所炉前価格でないことに注意。

(66) 公司は1915（大正4）年末，イギリスの鉄鉱石が単価27シリング10ペンス，銑鉄が63シリング9ペンスであるからとのべ，1916（大正5）年度より鉄鉱石4円の値上げ他を要求し，1916年末にも鉄鉱石4円50銭への値上げの要求をしている。前者の場合には，契約期間中につき応じがたしと相手にせず，それには同時にだされた鉱石代価協定期間中10ヵ年から5ヵ年への改定要求に対しても，その短縮はしばしば価格変動となり製鉄所の作業計画に影響を及ぼす，価格改定の煩を繁くすると製鉄所はそれを拒絶している（1916年4月19日公司宛書翰）。後者の場合は，公司が当初，鉱石価格を今後日本の市価によりたいと申し出たのにたいして，製鉄所長官は「現時日本ニハ市価ナルモノ存セス其ノ標準ヲ得ルコト困難」と拒絶した。そのため公司は単価4円50銭を再提出しているのにたいして，製鉄所は，公司の採掘費はトン当たり1両前後であり，現行価格3円でもよほどの利益がある，3円でも製鉄所着値では国内鉱石より30銭高値である，しかし，公司財政の窮乏を救助するため1割の30銭の増価をみとめよう，と，まさしく従属者にたいする主人の態度を示し，翌年4月に結局，公司要求の4円50銭と製鉄所案3円30銭との平均価格3円80銭に決定し，1918（大正7）年度より実施した。銑鉄の場合も，同様であるが，価格は年1回協定とし，前年度のイギリスのクリーヴランド3号銑の平均価格に26円を加え，平均した価格を購入することに決定した。全く奇妙なやり方である。クリーヴランド3号銑はスコットランド銑よりも相対的に安価であることに注意されたい（表5-19参照）。

　その後も値上げや，大戦後は価格維持の要求が連年のように公司から製鉄所にだされているが，製鉄所の態度は基本的に同様である（前掲『漢冶萍借款沿革』および製鉄所文書『漢冶萍公司関係書類』による）。

(67) 同上。

(68) 野呂景義の1909（明治42）年の比較データによる。銑鉄トン当たり生産に鉱石1.7トン消費とすれば，日本の場合は鉱石単価約6円80銭（これは本節注65のわたくしの算出価格にほぼ照応），アメリカの場合は約8円50銭となる。この野呂計算によると日本の製鉄所の銑鉄生産費が28.42円，アメリカのそれは28.02円でほぼ拮抗している（『日本鉄鋼史』明治篇，455

第5章 「製鉄原料借款」覚書

表5-19 イギリスの銑鉄価格

年次	スコットランド銑		クリーヴランド3号銑		平価換算
	シリング	ペンス	シリング	ペンス	円
1914	57	1	51	2	24.98
15	71	2	60	8	29.54
16	90	0	82	10	40.44
17	95	7	97	3	47.30
18	101	0	113	8	55.49
19	143	1	145	0	70.79
20	214	11	206	0	100.57
21	168	6	141	11	69.28

備考：B. R. Mitchell, *Abstract of British Historical Statistics*, 1962, pp.493-494.

ページ）。この点では，小野・難波両氏ものべているように，鉱石費の安価のもつ意義が大きい。
(69) 『日本外交文書』第44巻第2冊，220ページ。

結　語

　われわれは漢冶萍借款を中心として，製鉄原料借款の発端・本格的展開，借款による原料の購入価格について素描を試みてきた。解明すべき数多くの問題を残しており，明確な結論を提示するにはあまりにも不充分であるが，いちおうの結論をとりまとめておこう。
　日清戦争戦後経営計画のひとつとして，軍備拡張とともにその生産力的基礎の造出の緊急性と鉄鋼需要の激増とに対応して，国家事業として設立を計画された製鉄所は，あたかもその後の運営を予示するかの如く初年度の財源を清国からの賠償金に求め，清国人民の労働の結晶に依拠して建設を開始し，日本の多くの勤労人民の汗の結晶の収奪を基礎として設立・発展の条件を造出した。国内鉄鉱石を中心として大冶鉄鉱石で補完しようとした製鉄所は，当初より貸付資本の輸出による大冶鉄山掌握の意図を示すが果たせず，国内鉄鉱石利用の現実性の著しい低下とともに，鉄鉱石の安定的確保・支配のた

めに財閥資本を代位し，強力に貸付資本としての国家資本の輸出政策を志向する。過剰資本でもなく，高利子取得を目的としたものでもない国家資本300万円の借款は漢冶萍にたいする金融的支配の端初を開いたが，それは文字通り端初にすぎなかった。

　朝鮮の植民地化を完了し，「満州」経営と漢冶萍への浸透を通じて帝国主義としての相貌をあらわにした日本は，民族矛盾の激化におののき，それを弾圧しながら，基礎構造の確立のために，日英同盟を背景として，国家資本を動員し次々と製鉄原料借款を強行する。漢冶萍借款の多くの部分が明治末大正はじめに集中していることはこの促迫のすさまじさをものがたっている。こうして第1次世界大戦前夜に日本帝国主義の漢冶萍支配が実質的に完成した（それにもかかわらず，21カ条要求という暴力的な方法で解決しようとしたのは，日本帝国主義の脆弱性の一表現に他ならない）。これによって，製鉄所＝日本政府は製鉄原料を安価に取得し，再生産の一前提条件を安定的に確保したのである。

　製鉄所は巨額の拡張費を租税に依存し，借款の原資として勤労人民の零細所得の一部の集積＝郵便貯金・年金や外資を使用し，あわせて中国人労働者をも収奪して生産（規模）を拡大したのであるが，漢冶萍を支配し，その果実を充分に吸いつくそうとした時には，日本帝国主義の強圧の一帰結として，それはかならずしも予定した通りにはならず，新たな借款によって新たな製鉄原料の確保策をとらざるをえなくなるのである。こうして，製鉄所は合理化の遂行＝搾取の強化とあいまって，外国の鉄鋼独占資本と対抗し，企業的にもいちおう成りたちうる財政状態を継続しうるひとつの条件が強化されたのである。

第6章　製鉄所特別会計の成立

I　問題の提起

　わたくしは，これまで日本官業分析の一齣として「作業特別会計」[1]制度のもとにおける官営製鉄所財政の内在的かつ多角的な検討を行ない，官業としての製鉄所の経営行動の実態と特徴把握への接近を意図してきた。本稿はそれに引き続いて大正15（1926）年に成立し翌昭和2（1927）年度から実施された製鉄所特別会計[2]，いわゆる独立会計のもとにおける官営製鉄所の財政[3]——したがってまたその経営行動——の分析のための前提として，「作業特別会計」から「独立会計としての特別会計」への官業会計制度改変の諸要因を検討し，官業において独立採算化[4]を必然化した一つの形態[5]を明確にして，それの一般化のための基礎要因を確定することを意図している。これは現代公企業の独立採算制の問題と連繋をもつものであり，それを念頭においている。

　従来，この官営製鉄所の「作業特別会計」から特別会計への移行の諸要因は，とくに製鉄合同に関連してふれられているが，その殆どが政府当局の見解，とりわけその移行に努力したとみられる片岡直温商工大臣の言明などを紹介するにとどまっていて，内在的な分析を加えていないように思われる。これは国有鉄道特別会計の成立とその実態についての秀れた研究と比べると著しく対照的である。これはある意味では当然のことであるかもしれない。というのは，官営製鉄所は専ら日本鉄鋼史の対象として分析されてきたからであり，公企業論または官業（論）史の対象として殆ど分析されることがなかったからである。

　したがって，われわれは日本官業論の固有の課題・対象として，この問題

をとりあげるのであるが，主題をより明確にするために，従来の成果・指摘にふれておかなければならない。

製鉄所「作業特別会計」を特別会計に改変しなければならない理由を政府の「製鉄所特別会計法制定理由」は次のようにのべている（通説〔？〕的に紹介されることが多いので，念のために言及しておこう）。すなわち，第1に，「作業特別会計」のもとでは，製鉄所の設備投資資金が一般会計支出であるために一般会計計画の影響を蒙り，その結果「施設ハ斯業ノ発達ニ順応セザル憾ヲ生ズルコトナシト謂フベカラズ」。それ故に，収益は自己処分とし「拡張改良ノ資源ニ充当シ，必要止ムベカラザル場合ニ於テ其ノ元利ノ償還ヲ製鉄所自ラノ負担ニ於テスル公債又ハ借入金ニ依」ることとする。第2に，製鉄所は「民間当業者ト全ク同一ノ地位ニ立チテ市場ニ其ノ製品ヲ供給」するのであるから「民間当業者」に近い「会計方式」をとり「損益計算ヲ適確明瞭ナラシメ，……従業者……ノ緊張努力ヲ促シ，……其ノ経理状態ヲ良好ナラシメ，依テ生ジタル益金ハ以テ更ニ有利ナル設備ノ拡張，改良ヲ遂行」するためにあてるとともに，それによってその「事業成績ヲ彼此比較考慮セムトスル民間同業者ノ要望ニ応ズルヲ得ベシ」と。周知のように片岡商工相は別のところで「将来大合同の目標に進む前提として」製鉄所の会計制度改変を行なう旨言明している。

これらの政府当局の言明をふまえたうえで『日本製鉄株式会社史』は，この会計制度改変に関して，それは国家による銑鋼一貫作業の奨励，鉄鋼材にたいする関税保護の措置およびカルテル助成とともになされた，わが国鉄鋼業「強化」のための施策の一つであると同時に，「製鉄合同を前提として，それへの準備という意味を多分に持つものであり，したがってこれが製鉄合同問題の発展についてもつ意義は，高く評価されねばならない」とのべている。また，これは「製鉄所幹部をして自信をもって企業担当をなしうる素地を提供したことにおいて，きわめて重要な改革であった」とのべている。

いわゆる独立会計の設置が製鉄合同のためのひとつの布石であったことは明らかであるが，その設置がなに故に他の措置とともに「わが国鉄鋼生産の強化を図る……措置の一つ」と評価しうるのであろうか。そしてまたその一

つとして必然化したのであろうか。『日鉄社史』は明確にそれを説明していないが，次の叙述からみて政府の提案理由の第1点に依拠して説明しようとしているように思われる。

> 「当時製鉄所は第3期拡張工事を継続中であり，そのうえ震災復興用鋼材製造設備の設置に当面していたが，なお将来改良・拡張を要するものとして，繋船壁および陸上諸設備・所内運搬設備・排出ガス利用装置・熔鉱炉および製鋼工場の改良・混銑炉新設等があり，相当の資金の必要が痛感されていた」（傍点は引用者）。
(10)

すなわち，製鉄所は相当の設備投資資金を必要としていたが，一般会計計画＝財政政策に左右されその資金調達が容易でなかったのにたいして，特別会計として独立することによって，他の方法により資本の調達が可能になり設備投資資金の必要が充足され，設備拡張・改良がなされ，その結果製鉄所の生産力の発展を促進し，したがってそれは日本の鉄鋼生産の強化措置のひとつであった，というのであろう。しかしながら，ここで指摘されている震災復興用鋼材製造設備の設置は一般会計において継続費として支出決定済であり，現に支出されてきていたし，「将来改良・拡張を要するもの」は，特別会計設置決定後にそれを考慮に入れて計画されたもの（後述Ⅲ節）であって，『日鉄社史』のように説明するのは結果論にすぎない。特別会計をテコとして「合理化」が強力に推し進められ，いわゆる生産性の著しい上昇をみたことは明白であるが，特別会計への移行の要因を単純に製鉄所における資本の動員問題に帰着せしめることはできないのである。

かかる把握は，製鉄所の「作業特別会計」から特別会計への移行の一要因（ただし重要な）を製鉄所の内部からの要求，すなわち製鉄所官僚の要求に求める見解と直線的に結合する。現に，時の製鉄所長官中井励作氏は後年「製鉄所としても独立会計になることはかねてから希望するところであった」（傍点は引用者）とのべ，その理由を財政政策上の理由で思うように情勢に即応した製鉄所の改良・拡張ができないこと，企業としての収益状況の不明確，
(11)

製鉄合同のための漸進的な準備の必要,に求めている。

　しかし,中井氏のいう如くこれは製鉄所官僚が「かねてから希望する」ものであったであろうか。わたくしは別稿［第3章］において,第1・第2・第3期の製鉄所拡張政策についていわばつぎはぎ的拡張とならざるをえなかった根本的理由が国家財政における構造的規定性と原料的基盤の不安定性にあったことを論究した。一般的意味で国家の財政政策に規制されたことは何ら疑問の余地がない。とくに第1次世界大戦後の恐慌以後は既定の製鉄所拡張費すらも繰りのべされたほどであったが,既述の如く一方では繰りのべ,他方では新規の支出と対照的な方式で一般会計から設備投資資金が投ぜられてきたのである。そして,製鉄所は第1次世界大戦期を除いて「作業特別会計」の特徴的制度に支えられてのみ「利益」を計上しえたにすぎず,とりわけ第1次世界大戦後の鉄鋼価格暴落期にはそうであった。従って,減価償却費を計上し,借入金・公債の元利支払いを行なうならば,「利益」を期待することは困難な状態にあったのである。

　かかる状況のもとで,製鉄所官僚が独立会計を希望する要因は原則的に微弱であるというべきである。独立会計の可能性——生産の集積を基礎として——が見通しうる程度であり,少なくとも重要な要因とみることはできないし,それは前提条件というべきであろう。とすれば,独立会計への移行の要因を別に求めなければならない。問題は,諸要因を羅列的に指摘することではない。より根源的なものを明確にすることである。

　本稿の第1課題はこれの解明にある。それを鉄鋼資本および国家財政との関連において分析する。独立会計への移行の契機と背景の追究によって,それの基本的要因がこれらにあることは行論の過程で明らかにするが,結論を先まわりしていえば,製鉄所における生産の集積の進展が独立会計の可能性を見通しうるほどに達したことを前提として,基本的には財閥資本を中心とする鉄鋼資本の要求ならびに大正末期における国家合理化というべき財政整理政策の一端として,独立会計への移行が必然化するのである。

　次に,かくして成立した製鉄所特別会計は如何なる内実と特徴を有しているのか,が問題とされなければならない。一般的に,この特別会計によって

第6章　製鉄所特別会計の成立

製鉄所は独立採算制へ移行した，といわれている[13]。その場合に根拠とされているのは「製鉄所特別会計法」であるが，戦前日本官業の独立会計の一般化のためには，国鉄の場合と同じように，はたして独立採算制たりえたか，という点が問題となる。国有鉄道については，帝国鉄道会計法によって法的には独立採算制がうちだされているが，現実には「鉄道公債の多くは一般の公債と共に国債整理基金の負担に於いて，結局はこの基金会計へ毎年多額の繰入れをなしつつある一般会計の負担に於いて元利償還されていたのである。そうだとすれば，鉄道資本は自らの足ではなく，依然として国家の権力的収入に依存している[14]」，あるいは，国鉄会計は「『帝国鉄道会計法』以降は一応独立化しながら，将来に負債を繰延べていたのが基本的な形態であったといえるように思われる[15]」とかいわれている。この両者の把握はけっして同一ではないが，いまそれを措くとして，製鉄所財政の場合にも，国鉄の財政とこの点に関して同じ特徴をもつものとして，すなわち戦前日本官業における独立採算化の特徴的形態として概念的把握が可能なのであるかどうか。この点が本稿の第2の課題である。

敢えて指摘するまでもなく，独立採算の問題はたんに資本収支，作業収支の技術的観点から把握するのではなく企業経営活動の分析と一体化して行なわなければ，けっして科学的体系的把握とはなりえないであろう。その点で本稿の問題把握は完全たりえない。それは次に予定している「製鉄所特別会計の構造」の分析によって補完されることになるだろう。

（1）　ここでいう「作業特別会計」は財政当局者が使用する国家の作業（鉱工業，運輸業）に関する特別会計の意味ではなく，別稿（次の注2）で規定したように，独立会計としての特別会計と，主として設備投資資金を一般会計に依存する特別会計とを区別し，後者を一括した用語である。財政当局者は特別会計を一般に，作業特別会計，事業特別会計，資金特別会計，営造物特別会計その他に分類している（たとえば大蔵省編『明治大正財政史』第2巻，494ページ参照）が，異質の会計構造を有するものを作業特別会計として一括しているためにまぎらわしい。それを避けるためにわたくしは上述のように便宜的にではあるが区別する意味をもたせて使用する

ことにした。
（2） 拙稿「戦前日本における官業財政の展開と構造――官営製鉄所を中心として――〔I〕〔II〕〔III〕」,『経営志林』第3巻第3号，同巻第4号，第4巻第2号［以上本書第1章－4章］。なお，この補論として，拙稿「『製鉄原料借款』についての覚え書――官営製鉄所財政との関連において――」,『土地制度史学』第32号，1966年7月［本書第5章］，参照。
（3） 独立会計という用語はかならずしも科学的に定着した概念とはいえない。上述の作業特別会計をはじめとし特別会計のなかで一般会計から資金的に独立した会計を意味するものとして，財政当局者によって使用されはじめたものと考えられる。
（4） ここで独立採算制といわずに独立採算化と表現する意味は行論の過程で明らかにするが，若干附言しておけば戦前日本の官業においては特別会計法の規定が独立採算制であっても，その内実は一挙に実現されたのではなく，独立採算化の進行――それは国家財政の危機的状況によって推進された――によって独立採算制が現実のものとなるのである。「作業特別会計」から特別会計への改変はひとつの質的変化・飛躍を意味するが，とくに製鉄所の場合には独立採算制の規定は現実には独立採算化――独立採算への過程――であり，そのいっそうの強化によって内実的に法規定をみたすものとなるのである。
（5） ここで一つの形態というのは次の理由による。国鉄や通信事業のような国家独占の場合と製鉄所のように地理的独占を全く含まず，しかも官・民並存の産業分野――鉄道部門における国有と民有の並存とは全く異質のもの――の場合とでは独立会計への移行の基本要因は同一ではない。したがって，官・民並存の形態をとる部門における独立採算を主内容とする特別会計への移行の論理を把握する必要がある。もちろん形態を固定化しようとするものではない。
（6）『日本製鉄株式会社史』36－37ページ，ならびに中井励作『鉄と私――半世紀の回想――』鉄鋼と金属社，昭和31年，69－70ページ，に全文が収録されている。
（7） 川中貢『鉄鋼及機械工業――生産・販売・組織の合理化と自給策――』栗田書店，昭和6年，119ページ。
（8）『日本製鉄株式会社史』日本製鉄史編集委員会，昭和34年，37ページ。
（9） 同上，36ページ。
（10） 同上。
（11） 中井，前掲書，67ページ。

昭和6（1931）年12月，犬養内閣の通信大臣に就任した三土忠造は就任時に「特別会計が通信事業を救済する万能薬となるかどうか疑問だ，僕は嘗て農商務省の次官当時，八幡製鉄所の特別会計を実現し，非常に喜ばれた。処が最近の製鉄所は産業界の不振に禍され，八百万円からの歳入減で悩んでいる。通信事業の場合もよく利害得失を研究してみなくては……」と新聞記者団に語っている（内海朝次郎『通信特別会計の生れるまで』交通経済社出版部，昭和8年，168－169ページ）。製鉄所の特別会計の実現が誰に喜ばれたのか明白ではないが，それが製鉄所官僚であったとしても，製鉄所内部からの特別会計要求は通信事業の場合とは比べものにならない。通信事業の特別会計要求が通信省官僚によって長年月にわたって如何に強いものであったかについては内海・上掲書を参照されたい。
(12)　中井，上掲書，66－67ページ。
(13)　中井，上掲書，68ページ。一柳正樹『官営製鉄所物語』下巻，鉄鋼新聞社，昭和34年，劔持通夫『日本鉄鋼業の発展』東洋経済新報社，昭和39年，511ページ。ただし，劔持教授は「独立採算を目的とした製鉄所特別会計」と表現している。
(14)　島恭彦『日本資本主義と国有鉄道』日本評論社，昭和25年，186ページ。
(15)　寺尾晃洋『独立採算制批判』法律文化社，昭和40年，146ページ。

II　鉄鋼資本と特別会計
――製鉄所特別会計成立の契機と背景（その1）――

　戦前日本の鉄鋼資本のひとつのいちじるしい特徴として，国家への依存性・寄生性を指摘することができる。明治末期に創立した日本製鋼所は軍需との結合，神戸製鋼もまた呉海軍工廠からの需要に支えられ，日本ではじめての近代的大鉄鋼工場たる釜石製鉄所は創立期にその銑鉄を陸軍工廠（日露戦争時には官営製鉄所へも）に販売することが企業経営に大きな意味を有していたことは周知の如くである。更に第1次世界大戦時の特有の条件のもとで，製鉄業奨励法によって特権を享受した製鉄工場の著しい派生，第1次世界大戦後においては経済恐慌に直面した鉄鋼資本にたいする政府の銑鉄の一時的買い上げ，特殊銀行＝国家による救済融資，などの手厚い政策，そのうえ「死地に陥って居る民間製鉄事業を政府の力によつて復活させたい希望」

(傍点は引用者）を公然と表明し，そのために一貫した努力を傾ける鉄鋼資本の人格的表現たる鉄鋼資本家。そのための方策として，「景気循環の特定の局面」[18]において出現する製鉄合同論。そしてまた保護関税の要求。製鉄業奨励法の改正による銑鉄奨励金の交付。これらのなかにも，鉄鋼資本の国家への依存性・寄生性が明瞭に示されている。

製鉄合同論の展開については既に多くの著作によって論じられているし[19]，それ自体を対象としない本稿ではそれを詳しくかつ体系的にのべる必要はない。ただし，製鉄合同論という名称での実質的には鉄鋼資本救済（論）の一つとして製鉄所が問題とされ，製鉄所の特別会計の実現が鉄鋼資本の要請によるものであるから，われわれはその意味において関連する限り合同論にも言及せざるをえないのである。われわれは鉄鋼資本救済（論）が登場する基礎を一瞥し，そのなかでどのような救済策が提起されてくるのかを明確にしておく必要がある。

周知のように，第1次世界大戦時に日本の工業は飛躍的な展開をとげたが，鉄鋼資本（民間鉄鋼資本をさす，以下同じ）もその例外ではなく，輸入鉄鋼の欠乏のもとで急激な銑・鋼価格の騰貴を生じ，主として，最大限の利潤を追求せんとする既存企業の設備拡張と新規企業の参入によって，そしてまた官営製鉄所の第3期拡張の開始によって，日本の鉄鋼生産（力）が著しく増加した。[20]民間鉄鋼会社は大正2（1913）年末に21，払込資本金4500万円であったのにたいして，大正7（1918）年末には166，払込資本金2億1368万円と飛躍的に増加した[21]，と見做されている。だが，その多くは小規模企業であり，比較的大規模企業の拡張・新設は戦時中に開始されたが日本資本主義の生産手段生産部門の弱体性のために外国依存を不可避とした機械の輸入遅延なども重なり合い，それが完成した時には休戦ラッパがなりひびき，銑・鋼価格の暴落となり，企業経営を著しく圧迫した。すなわち，大正7（1918）年12月，休戦が成立すると，戦時中の特殊事情に支えられて異常な高値にあった鉄鋼価格は，先行不安人気による思惑筋の投げ売り，先行見込みによる需要者の買い控えなどから暴落に転じた。

翌大正8（1919）年5月－6月ごろから戦時中の厖大な蓄積と抑圧されて

いた消費購買力を背景として一般経済界は戦後景気を生じ，民需産業の急激な設備拡張が行なわれ，鉄鋼業もまたこの間他産業ほどではないにしても，小康状態を保ちえた。しかし，大正9（1920）年1月－3月の著しい貿易入超傾向は金融逼迫を招き，過剰生産を根源として遂に同年3月－5月から他資本主義国に先がけて恐慌に突入し，さらに7月－8月ごろからは世界的な戦後景気の大反動＝世界恐慌の爆発によって，その打撃は一層深刻となっていった。鉄鋼業においては，戦後復興景気の時期に思惑買付をしていた海外発注品が大量に入荷するようになり，これに加えて，国際市価も暴落して投げ売りが殺到し，滞貨が激増した。これにたいして，鉄鋼問屋の有力者はシンジケートを組織して小口浮動品の買い浚いにより市価安定をはかろうとし，また有力な鉄鋼資本は興銀他の金融機関に対し滞貨資金の融通を申し込み（日本銀行の鉄鋼業にたいする特別救済融資を基礎とした），安定を計ろうとするなどの努力を行なったが，滞貨は増加し，鉄鋼問屋，メーカーともに倒産が続出し，鉄鋼業における集中を促進した。[22]

しかし，海軍縮小による艦材の需要減少がみられたが，全体として鉄鋼需要は漸増傾向にあり，鉄鋼資本は一部を除いてかならずしも減産政策をとらなかった。これとともに，欧米諸国の鉄鋼独占資本は大正10－11（1921－22）年ごろには反動恐慌からたちなおり，鉄鋼輸出に力を入れ，とくにドイツ，ベルギーなどからは安価な鉄鋼がわが国市場に殺到したし，銑鉄ではとくにインド銑の脅威がはげしくなり，製銑部門が製鋼部門よりも大きな打撃をうけたのである。

このような状況のもとで，製銑部門は減産政策をとり，一部では経営破綻となり，製鋼部門は既述の如く，一部を除いて減産政策をとらず，漸増政策を進めていった（表6－1，6－2参照）。しかし，周知のように，第1次世界大戦中に取得した莫大な利潤を設備拡張のために固定化し，しかも物価騰貴の絶頂期であったから建設費が割高であり不変資本中固定部分の膨脹がいわば「水膨れ」となり，資本の有機的構成を名目的にいちじるしく高度化させ，それ自体利潤率の低下を不可避とするとともに，現実に製品価格の低下はそれに拍車をかけた。利潤率は「資本主義生産の刺激である（資本の価

表6-1　主要会社別銑鉄生産高の推移（暦年）

(単位：千トン、かっこ内％)

	大正6	7	8	9	10	11	12	13	14	昭和1
輪西	45 (9.2)	83 (12.4)	116 (14.9)	101 (14.0)	40 (6.1)	42 (6.2)	41 (5.1)	47 (5.8)	73 (7.9)	95 (8.4)
釜石	62 (12.7)	68 (10.2)	64 (8.2)	51 (7.0)	37 (5.7)	37 (5.4)	58 (7.4)	54 (6.5)	47 (5.2)	65 (5.7)
兼二浦	—	43 (6.4)	78 (10.0)	84 (11.7)	83 (12.7)	83 (11.9)	100 (12.5)	100 (12.2)	99 (10.7)	115 (10.3)
本渓湖・鞍山	39 (7.9)	46 (6.8)	106 (13.5)	116 (16.0)	94 (14.5)	60 (8.6)	98 (12.3)	134 (16.4)	137 (14.9)	198 (17.9)
東洋製鉄	—	—	21 (2.6)	34 (4.7)	47 (7.3)	53 (7.7)	50 (6.2)	53 (6.4)	100 (10.8)	107 (9.5)
官営製鉄所	305 (62.3)	272 (40.6)	281 (36.1)	243 (33.8)	307 (47.3)	401 (57.8)	441 (55.3)	425 (51.9)	456 (49.5)	533 (47.5)
その他	39 (7.9)	159 (23.6)	114 (14.7)	92 (12.8)	42 (6.4)	18 (2.5)	10 (1.2)	7 (0.8)	10 (1.0)	10 (0.9)
合計	490 (100)	671 (100)	780 (100)	721 (100)	650 (100)	694 (100)	798 (100)	820 (100)	921 (100)	1,123 (100)

備考：商工省『製鉄業参考資料』昭和2年版。

第6章　製鉄所特別会計の成立

表6－2　主要会社別鋼材生産高

(単位：千トン)

	大正6	7	8	9	10	11	12	13	14	昭和1
釜　石	18(3.4)	17(3.1)	11(1.9)	7(1.2)	—	3(0.5)	23(3.1)	28(3.4)	31(3.0)	47(3.9)
日本製鋼	36(6.8)	27(5.0)	28(5.2)	30(5.4)	19(3.1)	12(1.7)	12(1.5)	18(2.1)	25(2.4)	16(1.3)
日本鋼管	44(8.3)	50(9.4)	52(9.5)	60(10.8)	57(9.5)	85(12.7)	81(10.7)	113(13.6)	123(11.8)	133(10.7)
浅野造船	—	4(0.7)	25(4.6)	8(1.4)	11(1.8)	13(1.9)	8(1.0)	12(1.4)	21(2.0)	32(2.6)
大阪製鉄	6(1.1)	8(1.4)	9(1.6)	11(1.9)	10(1.6)	13(1.9)	15(1.9)	18(2.1)	26(2.5)	36(2.9)
住友製鋼	6(1.1)	19(3.5)	10(1.8)	9(1.6)	9(1.5)	21(3.1)	26(3.5)	22(2.7)	18(1.7)	24(1.9)
住友伸鋼鋼管	6(1.1)	15(2.8)	12(2.1)	10(1.7)	11(1.8)	5(0.8)	14(1.8)	12(1.4)	15(1.4)	22(1.8)
川崎造船	19(3.6)	28(5.2)	50(8.9)	65(11.7)	46(7.7)	47(7.1)	66(8.9)	63(7.5)	66(6.4)	71(5.7)
神戸製鋼	18(3.4)	22(4.1)	6(1.0)	15(2.7)	21(3.5)	6(0.8)	7(0.9)	17(2.0)	39(3.8)	42(3.5)
浅野小倉製鋼	9(1.7)	12(2.2)	4(0.7)	10(1.8)	20(3.3)	20(3.0)	25(3.4)	27(3.2)	34(3.3)	39(3.2)
東京鋼材	5(0.9)	9(1.6)	4(0.7)	5(0.8)	5(0.8)	9(1.3)	13(1.7)	12(1.4)	11(1.1)	12(0.9)
東海鋼業	—	3(0.5)	5(0.9)	8(1.4)	5(0.8)	18(2.7)	27(3.6)	31(3.8)	36(3.6)	38(3.1)
兼二浦	—	—	5(0.9)	26(4.7)	31(5.2)	9(1.3)	—	—	—	—
官営製鉄所	342(64.0)	306(57.4)	281(50.9)	277(49.5)	314(52.8)	364(54.3)	406(53.8)	432(51.7)	535(51.5)	658(52.7)
その他	25(4.6)	15(2.8)	51(9.3)	19(3.4)	36(6.6)	46(6.9)	32(4.2)	32(3.7)	57(5.5)	75(5.8)
合　計	534(100)	537(100)	553(100)	560(100)	595(100)	671(100)	755(100)	837(100)	1,037(100)	1,245(100)

備考：表6－1に同じ。

表6－3 対払込資本金利益率

(単位：％)

	機械造船主要8社平均	紡績主要9社平均	鉄鋼4社平均	全工業
大正 9(1920)上	84.2	145.0	9.2	59.1
14(1925)上	10.4	40.9	4.9	18.0
15(1926)上	10.0	34.2	0.9	14.8
昭和 2(1927)上	3.4	32.9	0.9	14.8

備考：東洋経済新報社『経済年鑑』昭和2年版より作成。鉄鋼4社は日本製鋼所，日本鋼管，東京鋼材，東洋製鉄。

値増殖がその唯一の目的であるように）かぎり，利潤率の低下は……資本主義生産過程の発展にとって，脅威的なものとして現われる[23]」。これは製鉄国策を標榜する政府にとってもある意味では脅威的となるが，それは措くとして，さらに一部の企業では利潤の激減にとどまらず，マイナスとなって現象した。利潤率ではなく利益率にすぎないが[24]，鉄鋼主要4社の利益率は戦後好況期を含む大正9（1920）年上半期9.2％から大正15（1926）年上半期0.9％にまで低落した（表6－3参照）。

　かかる趨勢にたいして，鉄鋼資本は利潤および利潤率を上げるために，こぞって労働の搾取度を高めるべく，そして「不変資本の諸要素の低廉化」のために，努力する。とくに不変資本の流動部分である原料等の低廉化のために。しかし，大正9（1920）年の「恐慌後の反動期において物価の下落が英米などに比して不じゅうぶん」であったのは「企業の合同・連合などによる競争防止，通貨の膨脹，金利の引き下げ，放漫なる財政策などの手段」に「好んで訴えられた[25]」からであり，しかもとくに鉄鋼生産の原料たる石炭は財閥独占のもとで高価格維持策がとられ，識者をして「製鉄事業をして重大な関係を有する石炭を低廉に輸入することを得ぬやうな制度にして置いて，鉄鋼の値ばかりを引下げようとしても夫れは無理である[26]」となげかせたような状況が続くのである。

　さらに，「窮余の策として，固定資産の評価変更による資本の有機的構成の相対的低度化の方法，すなわち減資の最後手段に訴えられる。これはすべてを失うかわりに一部の犠牲をもってせんとする外科手術であって，この挙

にいでるのはよくよくのことである」。この「外科手術」によって，固定資本を安価なものとし，費用価格の低減化をはかり，またそれによって労働の搾取度を高める手段がとられるのである。現実にいくつかの企業では減資が断行されたが，全くそれを行なわず「水膨れ」の固定資本を維持し，赤字を累積してきた企業が存在する。両者の代表的な企業として日本鋼管と三井の釜石製鉄所を指摘することができるだろう。

日本鋼管の場合，大正3（1914）年4月営業を開始し，第1次世界大戦時に莫大な利益をあげ第10期（大正6年上期）には利益率（対払込資本金）160％，第11期（大正6年下期）には202.19％にたっした。しかし大正8（1919）年上期には4.9％に低下し，同9（1920）年上期（大正8年12月－同9年5月）の戦後好況から恐慌突入期に利益率が5.6％となっただけで，大正期を通じてそれをこえる会計期はなかったほど低率で終始したし，大正9（1920）年下期と大正10（1921）年上期には欠損となり，大正10（1921）年下期に払込資本金2100万円を1050万円に半額減資し，固定資産を減価償却することによって危機をのりきろうとしたほどであった。鋼管および鋼材の販売数量は増加しながらも，販売単価の傾向的低落のために売上金額は停滞的とならざるをえず，純益金額そのものも，「製鉄業奨励法」による「租税特別措置」＝国家による営業税所得税の合法的免税にもかかわらず，不安定なままに終始したのである。

日本鋼管の場合には固定資産の償却をいちおう行ない——それが適度のものであったかどうかは別にしても——企業内部での経営努力を示し，またインド銑，相対的に安価な輸入屑鉄を利用して，操業度を高め，それとともに「合理化」＝搾取の強化策を遂行した。これらを総括的に表示すれば表6-4の如くである。ただし，これらとともに，積極的に鉄鋼保護政策を政府に求め，社長白石元治郎，今泉嘉一郎らは懸命に努力するのであり，国家の保護・救済政策に期待をかけるのである。

これにたいして釜石製鉄所の場合には，銑鉄生産高は大正7（1918）年の68千トン，鋼材生産高は大正6（1917）年の18千トンをピークに低下し，大正末期に後者が増加するが鋼塊生産は同10（1921）年に完全中止，鋼材生産は

表6-4 日本鋼管経営実績の推移

(各年下半期,単位:千円)

	払込資本金	売上高	条鋼販売量	条鋼平均販売単価	鋼管左同	純損益	対払込資本金利益年率	配当年率
大正 4	1,600	825	2千トン	103円	152円	104	13.0%	10%
7	9,400	13,914	8	421	932	3,741	79.6	50
8	18,000	7,376	24	179	339	309	3.4	10
9	20,000	5,790	17	187	456	(-)199	—	0
10	10,500	5,030	26	122	247	98	1.9	0
11	13,125	6,090	35	116	216	225	3.4	普通1 優先12
12	14,175	4,483	23	116	237	229	3.2	10
13	14,175	6,661	38	111	226	23	0.3	0
14	14,175	8,372	51	103	198	71	0.9	0
昭和 1	15,225	8,174	53	92	195	189	2.5	7

備考:『50年史』日本鋼管株式会社,862,980-981ページより作成。

同9(1920)年8月から同11(1922)年8月迄約2カ年にわたって中止され,僅かに鋳鋼管の生産が増加傾向を示していたにすぎない。大戦後の釜石銑の市価の低落も統計が示す通りであり,鋼材も市価の低落に抗しえず一時中断を余儀なくされたものと考えられる。しかし,大正12(1923)年上半期までは少額にしろ営業利益を計上していた(大正9年上半期に従来3期にわたって維持してきた8%の配当率から無配に転じたが)のであるが,同年下半期には291千円の欠損をだし,翌大正13(1924)年はじめには約1000万円の累積負債を生じ,同年3月に三井鉱山へ引き継ぎ契約をするに至ったのである。[30]

大正6(1917)年4月,株式会社に組織替えを行ない資本金2000万円(払込み1000万円)で再編出発した釜石製鉄所が,設備拡張を重ね,大戦後の経営困難に直面していたにしても,減資という手段をとらずに簡単に三井鉱山の手におちたのは何故か,かならずしも明らかではないが,三井にとってはきわめて有利な取引であったことは明白である。[31] 金融資本にとってはこの程度の企業でも赤子の手をひねるに似たものであったのだろう。三井の手中に帰した釜石製鉄所は依然として赤字経営を続け,大正15(1926)年以降製鉄業奨励法の改定による奨励金の交付によって営業利益をかろうじて生じた(表6-5参照)が,この間,いわゆる生産設備の近代化と「合理化」によ

第6章 製鉄所特別会計の成立

表6－5　釜石鉱山収益状況

(単位：千円)

	総収入	総支出	損益	配当率
大正　6	10,366	8,930	1,436	7.5
7下	12,462	10,817	1,645	8.0
8下	7,245	6,834	412	8.0
9下	3,054	3,001	53	－
10下	3,562	3,478	84	－
11下	2,987	2,888	99	－
12下	4,053	4,344	(－)291	－
13下			(－)509	
14下			2	
昭和　1下			11	
2下			2	

備考：『釜石製鉄所70年史』372, 374ページ。なお昭和1年－3年の銑鉄奨励金が当期の利益額を上廻っていることについては，同書90ページを参照。

って搾取度を高め，商品の価値の低下をはかることに力を注ぎ，けっして減資という手段をとらなかった。したがって，次のような興味ある批判が加えられるのは，けだし当然であろう。経綸会出版部の小冊子『合同後の製鉄問題』は次のようにのべている。長文だが引用しておこう。

「三井の釜石等大財閥の製鉄事業は，未だ曾て1回も固定資本の整理をしたことがない。これは実に不思議な位ゐの現象で，赤字欠損を毎期平然と累積して，むしろ誇り顔の体であった。／大財閥の製鉄会社が，何故斯の如き態度に出てゐるかと云へば，合同に対する前途を控へてゐる為め，減資をして固定資〔原〕評価を切り下げることが資産評価の場合割損だと云ふ横着根生以外の何ものでもない。もう一つには製鉄事業に『この通り犠牲を払って居ります』と云はぬばかりに表示して，以て政府に対して常に保護政策のより徹底を無言の裡に督促してゐた為で，甚だしくなると，三井の釜石の如きは三井系諸会社の欠損の捨てどころの如き感があって，真偽は詳かでないが石炭その他原料購入に際して，どうせ欠損だと云ふので同系会社からの供給は市価よりもむしろ高いものを支払って赤字累積を加重せしめてゐたと噂されている。大財閥の製鉄事業に

対する態度は市価の激落以来概ね斯の如きものであった。／……大財閥の製鉄事業は株式会社とは名のみであるだけ，帳簿面にも赤字累積で幾年でも放って置く芸当が易々と出来るとはしても其処に大財閥の意図が奈辺にあったかは充分首肯し得るであらう。即ち大財閥は大戦後銑鉄市価の急落に逢って，正当の経営をするには，みすみす損をする一大減資を断行して極力コストを低めて時代に順応して行かなければならないことを知って，その代りとして早くもその損失を政府の保護政策と合同実現に転嫁せしめやうと図ったので，洵にその巨大な財的バックに依って常に時の政治的勢力と結びつくことを常習とした彼等のやりそうなことであった」。[33]

大戦後の鉄鋼資本は，大戦中の「水膨れ」固定資本の整理を全く行なわなかったもの，それを一定範囲内で行なったもの，かなり徹底して行なったもの，に分けられるが，その他は廃業，吸収合併を余儀なくされるにいたった。製銑部門を有する大財閥系企業ほど固定資本の整理を行なわなかったし，とくに国家の鉄鋼政策——政治による救済に経営困難打開の途を強く求め要求していったのである。[34]

それでは政治による鉄鋼業の経営困難打開の途とはどのようなものであったのか。その大要は各種委員会の報告や諸種の建議などによって容易に知りうるし，従来からもよく指摘されてきた。[35]周知のように，鉄鋼資本の要求の中核は，徹底した保護関税と製鉄合同にあったが，前者は日本資本主義の工業構成に規定され容易に実現しえなかったし，[36]後者は製鉄所自身の反対もあり，それは独占を強化しまた企業を救済せんとするものであるとする反対論も根強く，単純には進展をみせなかった。この過程で，日本鉄鋼業における最大の企業である官営製鉄所が鋼材生産の49.5％－64％（大正6－14年）をしめ，製鉄所の生産と販売の動向が鉄鋼資本にたいしてもつ意味がきわめて大であったから，鉄鋼資本の要求は製鉄所の政策，そしてまたそれを支えている経営財務組織そのものへもむけられていった。

第1次世界大戦後早くも大正8（1919）年2月，日本工業倶楽部は理事長団琢磨の名により，「製鉄事業奨励及保護」のための「根本的対策」として

「内地官民製鉄事業統一」,「鉄鉱石,石炭ノ供給ニ関シ永遠ノ計ヲ定メ殊ニ此目的ヲ以テ支那ニ対スル恒久政策ヲ講スルコト」,「保護関税」の要求を政府に提出し,その他の「応急的対策」とともに政府の鉄鋼政策の基本となるべきものを提起した。これと前後して,鉄鋼資本の側から鉄鋼輸入制限,官民調和,官民製鉄所の生産分野協定論などが提起され,製鉄所の製品販売価格にたいする鉄鋼資本の要望が相次いでだされるのである。

別稿［第3章］で論じたようにそれらによって製鉄所の経営政策は大きな変化が不可避となり,事実変化していくのであるが,いうまでもなく官・民製鉄所の完全なる調和は一朝一夕に達成されなかった。その理由は別稿でもかんたんに指摘したのでくりかえさないが,そのために鉄鋼資本から製鉄所の政策批判がくりかえされる。たとえば,大正13（1924）年末,製鋼懇話会が農商務大臣に提出した「官立製鉄所の製品に対する請願」は,製鉄所の製品中民間製鉄所でも製造販売しているものについて製鉄所が廉売によって市場価格を下落させるような措置をとらない方針を定め,かつ価格決定に際しては民間業者と可成同一の歩調をとること,を懇請した。

その理由を4点にわたって,この「請願書」は指摘しているが,そのなかでヨーロッパ諸国の「不正投売の結果極めて廉価に輸入せらるるもの殆んど輸入の全部を占め,之に依って形成せられたる我国の市場価格は我国何れの製鋼所といえども其生産実費を償うこと能はざるものなり」,したがって製鉄所の販売価格は「其の生産実費を支弁するに足るべき正当なる営業的価格にあらざるべしと信ぜらる」と強調し,さらに,「此の如く官立製鉄所が民間製鉄所に向てなしつつある挑戦的競争は種々なる特権を有する官業が是を有せざる民業に対し明瞭なる不当の競争たるなり」（傍点は引用者）と官業の特権に批判の矢をむけ,「多数の株主を擁し営業上の苦辛を極めつつある民業と異なり幾多特権を有し比較的容易に損失を忍び得る官業」であるが故に,生産費を下まわって販売が可能なのであり,それ故にこそ「目下産業界の極めて窮迫せる時期に於て産業の破壊を促すもの」になるのである,と強く批判している。

官業の特権を意識的に問題にしてきたことは注目してよい。かかる立場か

らは官業の特権を剝奪するか，あるいはそれに類似のものを鉄鋼資本が獲得するか，あるいはその両者を同時的に志向するか，鉄鋼資本の要求はそれらのいずれかに帰着することになるだろう。

　このような要請が製鉄所にたいしてなされた直後政府は大正13（1924）年12月23日製鉄鋼調査会設置を閣議で決定し，翌大正14（1925）年1月12日，高橋是清農商相のもとに，農商務・大蔵・鉄道の関係官庁，陸海軍代表，三井・三菱・東洋製鉄の代表者，学者などをあつめて，同調査会が発足し，同年4月11日，「本邦製鉄鋼業ハ八幡製鉄所ヲ中心トセル半官半民ノ合同経営ニヨルヲ可ナリト認ム，仍テ準備ノ完了ヲ俟チテ可成速ニ之ヲ実行スルコト」（傍点は引用者）をはじめ7項目にわたる有名な答申書を農商相に提出した。
(42)

　この製鉄鋼調査会の審議動向に注目していた，鉄鋼資本の協議機関ともいうべき日本鉄鋼協会は，同年3月5日，鉄鋼資本の総意を「製鉄鋼業振興ニ関スル意見書」にまとめ，製鉄鋼調査会に提出した。この意見書は，漸進的な製鉄合同，そのための共同研究機関，共同の原料購買及び製品販売機関の設置を要請し，それとの関連で製鉄所の「独立会計」を提起している点で，注目しなければならないものである。従来，製鉄鋼調査会答申がとくに重視され，「其後更に政変に遭遇して合同計画は再び前途逆睹し難い事態となった」と内閣交代に高橋の製鉄トラスト政策の流産の原因を求め，高橋のトラスト政策から片岡のカルテル政策への政策転換ととらえられているが，両者に本質的な相違はないし，漸進的に合同に進む，すなわち合同のための前提条件の整備に力点をおくことが財閥資本を中心とする鉄鋼資本の要求であったことに着目しなければならない。鉄鋼協会の「意見書」は次のようにのべている。
(43)
(44)
(45)
(46)

　「惟フニ製鉄鋼業ハ之ヲ大規模ノ経営下ニ置クノ有利ナル事ハ世已ニ定評アリ，従来朝野ノ識者ニヨリテ屢々唱導セラレタル合同経営ハ製鉄振興策トシテ最モ適切ナル方策ニシテ本邦ノ如キ他ニ優越セル利便ヲ有セサル国ニ於テハ国内協同一致ノ努力ヲ以テ外国ニ対抗スル事ノ最モ緊要事タルハ多言ヲ要セサル

所ナリ故ニ貴調査会ニ於テモ結局合同経営ヲ最終ノ理想トシテ方策ノ樹立セラルルニ至ル可キラ信シテ疑ハズ。

　唯ダ合同経営ガ一気呵成円満完全ニ成立スレハ洵ニ結構ナリト雖モ翻テ考フレハ本邦現在ノ各製鉄所ハ其成立ノ歴史上各々其立場ヲ異ニシ各工場状態ハ極メテ複雑ニシテカノ米国ユ・エス・コーポレーション成立当時ノ如ク簡易ナル能ハズ故ニ此際徒ラニ成立ヲ急キ為メニ後日ニ至リ故障続出シテ整理ニ困難ヲ来タシ或ハ経営ノ進行ヲ阻害スルガ如キコトアリテハ悔ユルモ及バザルノ恐アルヲ以テ再度慎重ニ調査考究シテ然ル後円滑整然タル合同ノ効果ヲ収ムルニ努メザル可カラズ。

　故ニ今回貴調査会ニ於テ到達セラレタル結論ニ基キ此際準備行為トシテ左ノ如キ機関ヲ設置シテ一般的ニ原料ノ調査，技術ノ研究並ニ各製鉄所ノ長短得失ヲ仔細ニ考究シ又当面ノ問題トシテ各製鉄所ノ連絡ヲ図リ目下ノ経営ヲ可及的有利ナラシメ以テ徐ロニ合同経営ノ歩武ヲ進ムルコト最モ適当ナリト信ズ」（傍点は引用者）。

そのために，第1に，現在の官民製鉄所の研究調査機関を統一し，官民有識者を以って「製鉄業共同研究機関」を設置し，内外の利用し得べき製鉄原料の調査，貧鉱，砂鉱並びに硫化鉱の利用方法の研究，本邦に適切なる製鉄技術ならびに設備の研究，官民製鉄所経営所経営組織改善に関する研究，作業能率増進の研究を行なう。第2に，官民製鉄所の代表者および官民有識者によって「共同の原料購買及製品販売機関」を組織し，外国産原料の共同購買とその配給，製品の共同販売とその按配，輸出入鉄鋼の調査とその調節，生産品目の分担割付と生産割当又は生産制限，を行なう。しかも第2の機関は第1の機関と協調を保ち各製鉄所の設備改良費を調査し之に必要な低利資金金融の斡旋をすることがある，とともに両機関を合併して一体として両者の連絡協調を保つようにしてもよい，というのである。

このようにするためには「先ヅ官立製鉄所ノ法規ヲ改正シ民間経営ト同一経路ノ営業決算ヲナサシムル事，官民工場及研究所ヲ本機関ノ調査ニ対シ絶対的開放ノ協定ヲナサシムル事，並ニ本機関ノ経費ハ各工場ノ出資及手数料

ニヨルコト勿論ナルモソノ基礎ヲ鞏固ナラシムルタメ一定ノ補助金額ヲ年々政府ヨリ本機関ニ補給スルノ要アルベシ」と（傍点は引用者）。「斯ノ如クシテ各製鉄所ノ事情ガ一管理ノ下ニ明瞭ナルニ至ラバ自ラ無益ノ競争ヲ避ケ共同一致シテ外国ニ対抗シ得共存共栄ノ基礎固マリ進ンデ合同遂行ノ必要ナル場合ハ最モ円満ナル解決ヲ見ルニ至ルベシ」。

内外の製鉄原料の調査を以前から活発に行なってきたのは製鉄所であり[47]，大正 5 （1916）年 6 月に製鉄技術に関する各種の研究調査及びこれに附帯する研究と分析のために研究課を設置し，さらに大正 8 （1919）年 5 月には研究課を研究所に改め，同年10月には 4 部制をひきそれぞれの専門分野の研究・技術開発を進めてきたのは製鉄所であり[48]，製鉄原料（とりわけ鉄鉱石）をもっとも大量にかつ「安定的」に掌握しているのも製鉄所であり，もっとも大量にしかも多品目を生産しているのも製鉄所である。したがって，日本鉄鋼協会の上述のような要求は，合同を最終目標としながらも鉄鋼業の内部条件として当面官業を全面的に利用し，協調の名のもとに官業を鉄鋼資本に従属させ，関税の増徴と製鉄原料・製品の鉄道運賃の軽減とを速やかに断行させ[49]，いわば鉄鋼資本の外部条件をみたし，それによって「目下ノ経営ヲ可及的ニ有利ナラシメ」ようとするものである。

その一環として「官立製鉄所法規ヲ改正シ民間経営ト同一経路ノ営業決算ヲナサシムル事」を鉄鋼資本は要求するのであり，それは，「作業会計制度」にもとづく製鉄所の特権を剥奪し，資本の自己調達と金利の負担，減価償却の計上など「企業会計制度」を官業に導入し，製鉄所の「生産実費を支弁するに足るべき正当なる営業的価格にあらざるべしと信ぜらる」製品販売価格を支える財務的基礎を掘りくずし鉄鋼資本の条件を改善しようとするものである，と考えることができる[50]。

製鉄所財政に「企業会計制度」を導入し，特別会計に改変することを考えたのは片岡商工大臣であり，「片岡氏が生命保険等の事業をやっており，その経験から直感されたものと思う」と当時の中井励作製鉄所長官はのべているが[51]，片岡構想が発表される以前に，前述の如く，鉄鋼資本によって提起されていたのであり，また三井の団琢磨は大正14（1925）年 1 月－ 4 月の製

鉄鋼調査会において，すでに次のような発言をしているのである。すなわち，「合同を成立せしめんとする場合には八幡製鉄所を加入せしむることを要し，且合同の先決条件たる八幡製鉄所並に各会社のアーニング，パワーを査定することは非常に困難にして，恐らく一朝一夕に具体案を得ることは不可能なるべく，仮令具体案成るとしても，其実行には相当期間を要すべし。要するに方針としては合同の可なるを認むるも合同成立迄には相当期間を要すと認めらるるゆえ。先ず八幡製鉄所を民間会社と同様の会計状態に引直し，其経過を見るべく，又原料の共同購入，製品の共同販売等の処置を為し，尚関税其他各種の方法を以て保護策を講じ，斯くして合同成立の条件を醸成せしむることにしては如何」と。

その後，大正14（1925）年11月に提示された製鉄所会計規則の改正，製鉄所の営業方針変更，製鉄原鉱及び燃料の統一共同購買，製鉄の統一共同販売，製鉄分業主義の確立，保護関税率の設定なる片岡直温構想は，財閥資本を中心とする鉄鋼資本の要求そのもの——具体的には製鉄鋼調査会，日本鉄鋼協会の要求——およびその延長線上にあるものであり，どれ一つとして鉄鋼資本の要求でなかったものはない。そのような性格と内容をもつものであった。

片岡構想を合理化し権威づけるために，大正14（1925）年11月20日「製鉄鋼調査会」＝「当業者協議会」が組織され，製鉄所会計制度の改定は「政府ニ於テ決定スベキ問題ナリ」として除き次の諸項目について諮問がなされた。すなわち「一　将来鉱石ヲ得ントスル為メ共同購入ノ途ヲ講スル事／一　銑鉄ノ生産販売ノ共同機関ヲ設クル事／一　官民鋼材ノ生産ノ分野ヲ協定シ，之ガ販売価格協定ヲ為ス事，之ニ必要ナル機関ヲ設クル事／一　輸送運賃ノ逓減ヲ図ル事／一　将来ノ起業ハ許可ヲ受ケシムル事」。

これにたいして，調査会は「翌21日ヨリ十数回ニ渉リ慎重審議ヲ遂ケ」た結果，答申書を商工大臣に提出した。そこでは，(1)「生産ノ分野ヲ定メ共同ノ力ニ依リテ生産ヲ改善シ，以テ本邦製鉄鋼業ノ安全ナル発達ヲ期センガ為メ，当業者ノ協議機関トシテ別紙規約ニ拠リ鉄鋼協議会ヲ組織スルコト」，(2)銑鉄の共同販売機関の設立，鋼材は各社の実情を斟酌したうえで適当なる共同販売機関を作ること，この機関により生産分野をきめ増産を期すこと，

(3)銑鉄原料は銑鉄共販機関により共同購入する（将来は独立機関または他に適当なる方法を講ずる）が，製鋼原料は「将来必要ニ応シ相当ナル共同購入機関ヲ設クル事」，(4)鉱石・石炭その他の品目にたいし噸哩1銭2厘の程度に運賃を逓減すること，を鉄鋼資本の合意として答申し，さらに関税定率の改正を日本鉄鋼協会の建議の採用によって実施すること，製鉄業奨励法の期間延長，工業資金の充実などを強く希望した。[54]

これにもとづいて片岡商相があっせんを行ないまもなく，製鉄懇話会，製鉄協議会を母胎として，大正14（1925）年12月官民20社の鉄鋼協議会が設立され，翌15（1926）年6月には，それに直属して銑鉄共同組合と条鋼分野協定会（分野協定の決定は昭和2〔1927〕年2月）が設立され，また販売統制機関として関東鋼材販売組合が昭和2年11月に設立され，鉄鋼業におけるカルテルが本格的に成立した。

銑鉄関税の引き上げは——とくにインドのタタ銑を対象としたものであったが——日本の綿糸布輸出にたいする報復をおそれて遂行しえず，周知のようにこの代わりに銑鋼一貫化の奨励なる名目で，実質的には財閥鉄鋼資本の救済のために，製鉄業奨励法の改定による銑鉄奨励金の交付を考えるのである。[55] この製鉄業奨励法の改正法案が製鉄所特別会計法案と一括して議会に上呈されたのは双方とも鉄鋼業に関連を有する法案だからというよりも更に深い内的連関をもつものであったからに他ならない。いわゆる平炉メーカーと高炉メーカーの対立に象徴的にあらわれている当該期の日本鉄鋼業の構造的特徴は鉄鋼資本の独占組織形成を複雑なものとした。それに影響されながらも，政府の鉄鋼政策は，大戦後の反動恐慌以来，鉄鋼資本を掌握しつつあった財閥の要求に，財政・経済条件の許すかぎり忠実な方向をたどったのである。

「吾々委員は大臣にも云ふて置たのであるが，鉄鋼業は合同せねばならぬ。……如何なる案にしても合同と云ふことを眼目としたものでなければ吾々は承認することが出来ぬ」[56]（郷誠之助），「協議会の組織……を効果あらしめるには，組合全部即製鉄所長官まで入れて，余り我侭を言はせぬ仕組にせねばならぬと思ふ」[57]（渋沢栄一）。これらの発言のなかにも資本家の意図は明白に

第6章　製鉄所特別会計の成立

示されている。郷・渋沢とも東洋製鉄の創立者であり，大株主であるだけにとくにそうである。

　以上，検討してきたように，鉄鋼資本は第1次世界大戦期のいわば異常なコンディションのもとに設備の拡張と新設を強行し，莫大な利潤を取得したが，戦後ヨーロッパの鉄鋼独占資本の回復と反動恐慌の嵐に遭遇し，きわめて割高な生産設備の累積と鉄鋼価格の急落により群小企業は淘汰され，財閥資本への鉄鋼企業の集中が促進された。財閥を中心とする鉄鋼資本は国家にたいする保護・救済の要求を露骨に提出し，国内市場において自ら資本の競争者としてあらわれる製鉄所を自らの「目下の経営を可及的有利ならしめる」ために利用し，自らの下に包摂するためのひとつの方法として，製鉄所の企業負担を増加させ，採算を強要することにより価格競争力を低下させることを意図したのである。これは製鉄合同へのプロセスとして示されたのであるが，経営条件を改善することが，合同のさいにも有利な条件を獲得できるのであり，高い保護関税壁をもうけ，外国資本の競争力を減殺し，国内では製鉄所に「我侭をいわせぬ仕組」をつくりあげようとする財閥資本を中心とした鉄鋼資本の最大限の利潤を獲得せんとするためのまさに「見事な」構想と要求であった。

(16)　正確には当初は製銑，明治36(1903)年から製鋼作業へ突進，翌37(1904)年に粗鋼3427トン，鋼材2800トンを生産し，釜石製鉄所は小規模ながら銑鋼一貫化生産体制をとるにいたる（『釜石製鉄所70年史』）。

(17)　渋沢栄一の談。『東京朝日新聞』大正13年1月18日（『渋沢栄一伝記資料』第56巻，609ページ）。

(18)　森川英正「戦前日本における銑鋼一貫化運動」，『経済志林』第28巻第3号，181ページ。

(19)　日本鉄鋼史にかんする著作でこれにふれないものは稀であるが，かなり詳しいものとしては，小島清一『本邦鉄鋼業の現在及将来』第4章（有斐閣書房，大正14年），東亜経済調査局『本邦基礎産業集中の現勢（其3）』（『経済資料』第13巻第4号）および同『本邦鉄鋼業の現勢』第7章（昭和8年），『日本鉄鋼史』第3巻第7・第8分冊，『日本製鉄株式会社史』，日本興業銀行調査部「我国鉄鋼資本の発展について（その2）」，興銀『産業

金融時報』第78号,17ページ以下など。
(20) たとえば,大正3 (1914) 年－大正8 (1919) 年の官・民鋼材生産高については前掲拙稿〔III〕〔第3章,注31〕参照。
(21) 東亜経済調査局『本邦基礎産業集中の現勢(其3)』,『経済資料』第13巻第4号,12ページ。
　なお,日本興業銀行『本邦事業小史』によれば,大正7 (1918) 年末の民間会社数は208とされ,同払込資本金2億1435万円(公称資本金4億3400万円)となっている。また208会社中年産能力5000トン以上の会社42,5000トン以下の会社166であり,大部分は小企業である。
(22) 以上主として,前掲,興銀『産業金融時報』第74号,1954年7月,30ページ以下による。
(23) K・マルクス『資本論』第3巻,向坂訳(岩波版)第3巻第1部,300ページ。
(24) 利潤率と利益率との理論的関連については,さしあたり,経営分析研究会『経営分析論』世界書院,昭和40年,10ページ参照。
(25) 野呂栄太郎「わが国における資本の攻勢について」,『野呂栄太郎全集』下巻,新日本出版社,昭和42年,18ページ。
(26) 新田直蔵『本邦重要産業の合理化』大同書院,昭和5年,150ページ。なお,石炭カルテルについては美濃部亮吉『カルテル・トラスト・コンツェルン(下)』(改造社,昭和6年)をはじめとして,石炭産業の研究書で論じられている。
(27) 野呂,前掲書,19ページ。
(28) 具体的には,田中貢『鉄鋼及機械工業』101－102ページ参照。
(29) 『日本鋼管株式会社30年史』,『同40年史』による。
(30) 釜石製鉄所については主として『釜石製鉄所70年史』による。
(31) 柴垣和夫『日本金融資本分析』(東京大学出版会,昭和40年)242－243ページに引用されている『三井本社史』参照。
(32) 『釜石製鉄所70年史』102－104ページの各部門原価及原単位表参照。
(33) 経綸会調査部編『合同後の製鉄問題』経綸会出版部,昭和9年,10－11ページ。
(34) 同上書は「わが大財閥の方針は……合理的な改良によって製鉄事業を更生する代りに一度作った不完全割高な設備をそのままとして,只管政治的策動によって,保護政策の徹底化と,製鉄合同によって過去の不良資産を体よく,而も高評価で手放すことのみ専念したのである」と酷評している。
(35) 本節注19にあげた文献や高橋亀吉編『財政経済25年誌』第4・5巻　政

策編，実業之世界社，昭和7年，通産省『商工行政史』などを参照．
(36) 大正6（1917）年11月，経済調査会貿易租税産業3部連合会の特別委員会の報告は「鉄の潤沢なる供給は，一国工業発達の基礎的要件にして，其の供給十分ならざるときは，軍器の独立は勿論，造船，鉄道，建築，機械工業等の振興は，到底之れを期する能わざるなり」と鉄鋼の豊富な供給の重要性を指摘し，現在（大戦中）の鉄不足解消策として鉄鋼業の保護と鉄材輸入の必要性をのべ，「関税に依る保護政策は，鉄の輸入を妨ぐると共に，其の価格を不廉ならしめ，却つて各種工業の発達を阻碍する虞あるを以て，宜しく関税以外の方策に藉り，其目的を達せんことを期せざるべからず」と強調している（高橋亀吉『財政経済25年誌』第5巻，141ページ）．鉄鋼保護関税反対の主張はその後も同様な趣旨でくりかえされ，徐々に鋼材を中心として関税引き上げがなされるが，鉄鋼資本の要求する保護関税は容易に達成されなかった．鉄鋼資本の要求する銑鉄・鋼材の保護関税については，製鉄同業会・製鋼懇話会・全国鉄工機械同業連合会共同の「銑鉄・鋼材・鉄鋼製品並ニ機械ノ関税改正ニ関スル陳情書」（大正14年7月27日付，『鉄と鋼』大正14年8号に全文収載）を参照．
(37) 『日本工業倶楽部25年史』上巻所収．
(38) たとえば今泉嘉一郎編『本邦製鉄業助成に関する参考資料』今泉文庫，大正9年，127-136ページを参照．
(39) 拙稿，前掲論文〔III〕［第3章III節］を参照．
(40) この製鋼懇話会は大正11（1922）年12月に，民間の製鋼業者を殆ど網羅して設立された団体で，代表は日本鋼管であった．
(41) 『日本鉄鋼史』第3巻第8分冊，51-55ページ．
(42) この答申書は種々の文献に紹介されているが，附属表も含めて全文を収録した『渋沢栄一伝記資料』第56巻，613-622ページ参照．
(43) 会長である河村驤（三菱製鉄理事）他4名の連名で提出されたもので，日本鉄鋼協会『鉄と鋼』第11年第3号（1925年3月）に全文収採．また小島精一『本邦鉄鋼業の現状及将来』254-258ページにも附録として収めてある．ここでの引用は前者による．従来，答申書はよく利用されているが，この意見書はどうしたわけかあまり注目されていない．
(44) 東亜経済研究所『本邦鉄鋼業の現勢』159ページ．
(45) 日本鉄鋼史編纂会『日本鉄鋼史』第3巻第7分冊，17ページ．
(46) 高橋是清は合同を半官半民方式でできる限り早く実行すべきだと考えたのにたいして，片岡直温は，合同のための前提条件を整える必要を強調したのであり，製鉄合同そのものでは両者は一致していた．そして，片岡方

式は財閥を中心とした鉄鋼資本の要求とその点では一致していた。
(47) 大正初年までの動向については，三枝・飯田『日本近代製鉄技術発達史』595－596ページ参照。
(48) 『八幡製鉄所50年史』293ページ。
(49) 前掲の日本鉄鋼協会意見書は「本邦製鉄業ノ国策ガ前述ノ如ク確定シテ事業振興ノ基礎定マリ自給自足ノ実ヲ挙グルノミナラズ進ンデハ東亜各地ニ販路ヲ拡張スル如キハ終局ノ目的トナス可キ処ナルモ之ニ達スル径路トシテハ現在ノ各製鉄所ノ内改良スベキモノハ之ヲ改良シ廃棄スベキモノハ之ヲ廃棄シ着々改善ノ途ヲ講ズルノ必要アリ而シテ本邦現在ノ製鉄業ガ其ノ改善ノ成果ヲ挙グル迄ハ是非共之ヲ保護扶育セザル可カラズ即チ根本国策ノ樹立ト共ニ応急策ノ必ズ之ニ伴ハザル可カラザルヲ信ズルモノナリ故ニ応急策モ亦国策ノ一部トシテ考慮シ現下ニ処スルノ途ヲ講セサル可カラズ」とのべ，「鉄鋼ニ対スル輸入税ノ一時的増徴」と「製鉄原料並ニ製品ニ対スル鉄道運賃ノ軽減」の2項を「応急策トシテ直チニ実施スベキモノ」と力説している。保護関税に守られ輸送費を軽減させ，そして製鉄所を鉄鋼資本の企業経営の利潤追求のために利用し従属させ，そのうえで固定資産の整理や改良を行なおう，というのであるから，これほど鉄鋼資本の利益本位の露骨な自己主張もざらにはないだろう。鉄鋼資本の国家への寄生・依存性の明白な表白である。
(50) 1925年8月のドイツ議会において，公経営に租税を賦課すべきかどうかに関して興味ある議論がなされている。その場合，課税すべきであるという根拠とは，ユルゲン・ブラントの紹介によれば，次のようなものであった。

「ここでは公経営を租税に関係づけんがために，公経営が若し私経営と競争に立つ場合には，同一計算条件の下に立つべしということが，第一に引用されている。若し公経営が租税を免除されれば，経済競争においては特権を有することとなり，生産向上の刺激が失われるであろう。私経営が租税を支払うべきその割合において，公経営には非合理的経済への活動範囲が残り，而も公経営はこれにより自己の競争能力を殺がれることはない。この他，免税される公資本は，混合経済的企業に於いて私資本との結合に反対する」(J. Brandt, *Die wirtschaftliche Betätigung der öffentlichen Hand,* 1929, Jena. 麻生平八郎訳『公企業論』章華社，昭和7年，213ページ)。

私企業と国家企業とが同一産業部門に並存する場合，私企業の観点からは国家企業が免税されている時には，競争上特権を有することになり，私

企業の競争条件にハンディキャップを与え，私企業の最大限の利潤追求の阻害要因となることは明白である。したがってかかる場合に私企業が国家企業の特権に反発し，種々の要求を国家につきつけるのは，私企業の本質から必然であろう。我が国の鉄鋼業の場合には，製鉄業奨励法によって前述のような特権を与えられた鉄鋼資本が，さらに大きな特権を有する国家企業と国家に，特権の制限・剝奪と協調ならびに鉄鋼資本への新たな特権の賦与を要求するのであるがその表現は多様であるにしても，その根本に存在するものは，鉄鋼資本の利潤，企業の安定化に他ならない。

(51) 中井励作『鉄と私――半世紀の回想――』68ページ。一柳氏も同様のことをのべている（『官営製鉄所物語』下巻）。
(52) 故団男爵伝記編纂委員会『男爵団琢磨伝』下巻，昭和13年，98ページ。
(53) 『東京日々新聞』大正14年11月8日（『渋沢栄一伝記資料』第56巻，623－625ページ所収）。周知のように，この年の4月高橋是清政友会総裁は総裁辞任の意向を明らかにし，同時に農相も辞して，後継総裁に田中義一を推し，5月には革新倶楽部が政友会に吸収合併されて犬養逓信相も辞任し，護憲三派内閣といわれた加藤高明内閣はその実質を失い，7月には閣議に提出された税制整理案にかんして政友会出身閣僚は同党の懸案である地租・営業税の地方委譲問題が実現されていないことに不満を表明し，ついに閣議は決裂して内閣総辞職となり，8月に加藤高明憲政会単独内閣（第2次加藤高明内閣）が成立したが，その商工大臣として片岡直温が登場した。片岡商相は高橋是清農商務相を会長とした製鉄鋼調査会の答申書をはじめ懸案の鉄鋼行政をどう進めるべきか，という問題に直面した。彼は大正14（1925）年10月6－9日，製鉄所，東海鋼業，東洋製鉄，小倉製鋼，九州製鋼などを視察（『鉄と鋼』大正14年10月）し，その他鉄鋼業の状態などをいちおう検討したうえで，大正14年11月7日「商相の所謂共存共栄製鉄業対策」（東京日々新聞の見出しの一部）として，前内閣の製鉄鋼調査会委員であった主要メンバーに片岡構想を発表した。その内容は周知のことであるので省略するが，製鉄所会計規則の改正の趣旨においては，本稿のはじめ（266ページ）に引用した「製鉄所特別会計法制定理由」のように，従来の制度では製鉄所の設備拡張が「財政計画」に影響されて適切に行ないえないから改定するというような説明は全くなく，「製鉄所を民間業者と同じレベルに置き，将来大合同の目標に進む前提として，製鉄所会計を一般民業会社と同一の形式に改むる方針である……従業員に対しても民間会社と同様に奨励金を出し，出来得るだけ製鉄の価額を低廉ならしむる趣旨で」あることが強調されている。

片岡商相は第51議会では製鉄合同のための土台の造出とともに「製鉄所で相当の儲けが出来たならば，其儲けた金は又其事業の拡張に与えられる，斯う云う風になって来れば，仕事に従事して居る者は一種の楽しみを持つことが出来ると私は思って居る」（『大日本帝国議会誌』第16巻，503ページ）とのべているが，特別会計は製鉄所の「合理化」の促進のテコとしての作用をも果たすのである。

(54) 「製鉄鋼調査会類（参考書類）」，『渋沢栄一伝記資料』第56巻，625-627ページ所収。

(55) 既にのべたように銑鉄奨励金が財閥系製鉄会社の損益に如何に大きな意味をもったかは，釜石，輪西双方とも奨励金が利益を大きくうわまわっていることからも明白である。片岡商相は当初約100万円程度の銑鉄奨励金を考慮していたが，これは一般会計から製鉄所に設備投資資金として支出される予算額に照応しているのは興味をひく。

(56) 『渋沢栄一伝記資料』第56巻，626ページ。

(57) 同上。

III 国家財政と特別会計
―― 製鉄所特別会計成立の契機と背景（その2）――

　製鉄合同を提起したいくつかの調査会に，関係官庁として大蔵省から代表が参加し，その同意のもとに製鉄合同を含む鉄鋼政策（案）が決定・答申された，という事態のなかに，われわれはこの問題にたいする大蔵省の原則的態度をある程度理解しうる。財政技術的観点からいえば，財政当局者にとっては，製鉄所財政を一般会計から独立させることは一般会計歳入への製鉄所益金の繰り入れが廃止されると同時に一般会計からの製鉄所設備投資資金の投入が不要となることを意味する。さらに，製鉄所のために発行・調達された公債・借入金の元利負担（の全額または一部）が一般会計から特別会計に移ることによって，一般会計の国債負担がその分だけ減少することを意味するのである。したがって「作業特別会計」から特別会計＝独立会計への改定は他面では財政問題とならざるをえない。しかも，とくに戦後反動恐慌以後，一方では，いわゆる露骨な資本救済政策の遂行の絶対的要請，国債の累積

——同時に元利支払いの増加——，軍事費の増加などによる「財政硬直化」，他方では不況の慢性化を基礎とする国民所得の停滞傾向が歳入の中軸たる税収の停滞化を不可避とした「財源難」的状態のもとにおいては，財政の制度的技術的問題にとどまらず財政構造の問題，そしてまた財政政策とならざるをえない。

敢えて指摘するまでもなく，一般会計から支出される製鉄所の設備投資資金の絶対額それ自体は一般会計経費総額を大きく左右するようなものではない。しかしながら，たとえば昭和43年度の予算案編成劇にも明らかに示されているように，「財政硬直化」のキャンペーンを大々的に行ない一般会計に計上されていた国立療養所を昭和43（1968）年度から国立病院特別会計に移し替えようとしている如く，支配階級にとって負担を転化しうるものは徹底的にそれを行ない，いわゆる重点政策のための財源を少しでも確保しようとするのである。したがって，その場合に金額の多寡それ自体が絶対的に問題なのではない。製鉄所特別会計の場合は多面的かつ複雑な諸要因が介在しているのであるが。

さて，前節で明らかにしたように，製鉄所特別会計は財閥資本を中心とする鉄鋼資本の要求によって提起されたが，これは国有鉄道や通信事業ほど一般会計において占める地位が大きくなかったから，財政問題としてはそれほど大きな論議の対象とはならなかった。しかし，戦後反動恐慌から金融恐慌，そして支配階級が「一歩誤れば経済組織の根本から覆される程の難局に逢着した」と認識せざるをえなかった，あの大恐慌への過程における財政政策の一環として，特別会計・独立採算が問題となるのであるから，われわれは特別会計を現実化する財政条件，とりわけ行財政整理政策を分析していかなければならない。

(58) もちろん，ここで戦前の製鉄所特別会計と現在の国立病院特別会計とを同一の次元で問題にしようというのでは全くない。財政「合理化」の一例として提示したにすぎない。念のため一言しておく。
(59) 高橋是清「経済難局に処するの道」，『随想録』千倉書房，昭和11年，

230-231ページ。
(60) 本節の対象である財政政策全般についての詳しい説明は次の著作を参照。①鈴木憲久『最近日本財政史』東洋経済新報社、昭和4年、②風早八十二『日本財政論』三笠書房、昭和12年、③藤田武夫『日本資本主義と財政』第7章、実業之日本社、昭和24年、④楫西光速他『日本資本主義の没落』東京大学出版会、昭和35年、第1巻、第1章第6節、⑤鈴木武雄編『財政史』東洋経済新報社、昭和37年、第4章。租税については阿部勇『日本財政論——租税』（改訂版）、改造社、昭和8年、公債については大内兵衛『日本財政論——公債論』（改訂版）、改造社、昭和22年など、を参照。
それぞれユニークな概説書であり、本稿でも参考にしたが、この時期（第1次世界大戦後から金融恐慌まで）の財政史の個別研究は、井上・高橋財政（期）の優れた分析に比してきわめて手薄であると考える。

1

周知のように、第1次世界大戦時の急激な経済の拡大とともに財政もまた膨張し、日本帝国主義の対外進出のための道具として、そして資本の要求をみたすべく「惜しみなく」使用された。大正3（1914）年度に6億4820万円であった一般会計歳出（決算額——以下ことわりなき限り同じ）は大正7（1918）年度には10億0703万円に、そして同10（1921）年度には14億8986万円と急増し、特別会計（臨時軍事費も含む）と一般会計の純計は、同期間に9億5990万円から16億1260万円へ、そして30億9460万円へと約3.2倍の急激な膨張を示した。(61) それは、政府が大戦中に軍拡をはじめとして鉄道の建設と改良、電話事業の拡張、製鉄所の第3期拡張などのいわゆる積極政策を遂行(63)(64)(65)したこと、ロシア革命にたいする反革命干渉戦争を強行したこと、さらに金輸出禁止のもとでのインフレ政策の遂行、などのあらわれであった。
しかも、それらは殆どが継続費であったから、大戦中に膨張した経費は大戦後も収縮しなかったのにとどまらず、大正7（1918）年9月、米騒動でたおれた寺内内閣の後をついで成立した原敬内閣は、軍備拡張・交通通信機関の整備・教育の振興・産業の奨励のいわゆる四大政綱をかかげ、大正8・9（1919・20）年度予算編成にさいして、これらの実現のため巨額の経費をも

第6章　製鉄所特別会計の成立

りこんだのであるから経費の膨張は著しいものとなった。これらの経費の急増への対応として，タバコの専売価格の引き上げ，所得税・酒税の増税，戦時利得税の新設を行ない，また国債整理基金への元金償還資金の繰り入れ停止と公債増発などの政策をとったのである。また，政府は大戦中の未曽有の輸出超過を基礎に開戦前日本財政を窮地においこんだ外債の支払いを行ない，金融資本とともに連合国政府公債を6億4000万円以上も引きうけ，臨時国庫証券の発行によってえた資金を主として帝政ロシアと中国の軍閥に貸しつけ，預金部資金（すなわち主として大衆の零細郵便貯金の集積）を動員して悪名高き「西原借款」をはじめ，巨額の「対華借款」政策を遂行した。

　日露戦争から第1次世界大戦までの間，輸入超過，国債とりわけ外債の累積になやまされ借換政策によって辛うじて糊口をしのいできた日本財政は，かくして帝国主義戦争によって漁夫の利をえた日本資本主義の経済力・軍事力を大幅に拡大・促進すべく機能した。日本資本主義は自らに有利な国際環境を利用し，帝国主義体制のいっそうの強化をめざして突進し，一時的に債権国の地位にすら立ったが，急速な膨張はその反動を鋭いものとし，戦後恐慌の打撃を強くうけ，その後不況の慢性的状態におちいるのである。この過程で体制的に確立した金融資本は政府に「新たな」政策を要求し，財政は危機に瀕した企業の救済のための道具として資本に奉仕し，他方，労働・農民運動の激化，市民運動の展開にたいして，弥縫策にすぎないけれども政府が一定の対応をするための物質的基礎を与えるために機能するのである。

　大正10（1921）年11月，原内閣の後をうけた高橋是清内閣――従来絶えず積極政策を主張してきた高橋是清首相兼蔵相すら――は，大正11（1922）年度予算の編成にさいして，不況の深刻化のために「緊急差措き難いものゝ外は節約緊縮を旨とし，以て財政の基礎を鞏固にするの方針」を言明せざるをえなかったこと，そして加藤友三郎内閣もまた「歳計の整理，国費の緊縮」を強調せざるをえなくなったこと，そしてまた，それが海軍軍縮という好条件のもとであったにもかかわらず，現実には「根幹に触れざるもの」に終わったこと，続いて登場した歴代内閣もまた財政整理を標榜し，かつ実施したが，結局は「その実行の不徹底に終りたる」こと，などはよく知られている。

つまり，第1次世界大戦後の「経済力は，戦後の深刻な恐慌と大震災によって甚しく低減したにもかかわらず，また軍備縮少，行財政整理の世界的趨勢の裡にあってさえ，日本の財政は，ほとんどいうに足るほどの緊縮整理を実現しえず，僅々3箇年度にして再び増勢に転じた」ことは一般的に認められている。したがって，われわれは，あらためて歴代内閣の行財政整理が如何に失敗であったかを追究し確認する必要はない。いわば，製鉄所の独立採算化を促進した行財政整理への努力の過程を明らかにすればよいのである。

一般に，大戦後に行財政整理を総合的に実施しようとしたのは，大正11(1922)年6月12日に成立した加藤友三郎（海軍大将）内閣である，といわれている。加藤（友）内閣の市来乙彦蔵相は，6月22日，財政経済政策方針を発表し，「一面歳計を適当の程度に緊縮致し一面経済界の安定を恢復」することを標榜し，次いで次のような大正12(1923)年度の予算編成方針を決定した。

1．華府会議ノ趣旨ニ基キ海軍軍備ノ制限ヲ実行シ且陸軍軍備ノ整理ヲ実行スルコト
2．行政整理ヲ実行スルコトゝシ普通経費ヲ節減シ継続費ハ之ヲ繰延ヘ以テ歳入歳出ノ均衡ヲ図ルコト
3．教育ノ振興，産業奨励，治水事業，其他社会政策的施設等ニ関シ現下ノ情勢ニ照ラシ最モ急務トスルモノヲ実行スルコト
4．財界ノ状況ニ顧ミ国債償還復活ノ時期ヲ繰上クルト共ニ公債ノ発行ヲ制限スルコト
5．税制整理ノ一端トシテ所得税，営業税及印紙税ニ改正ヲ加ヘ石油消費税ヲ廃止スルコト

かかる方針は，歳入面では何よりも不況のために「歳入ノ趨勢従来ノ如クナラス」，そのうえ国債消化の困難，国債市価の低落が顕著であり，さらに積極政策を続けるならば，財政の赤字を生ぜしめると同時に，輸入の増加を誘い対米為替相場の動揺をはげしいものにしていく可能性を生ぜしめるため

にとられたものである。国債市価の低落はその保有金融機関からの反発を招いたために，国債償還繰入の復活と国債発行の制限をうたわざるをえなくなり，他方労働運動のはげしい昂揚とそれと一定のつながりをもって小作争議が飛躍的に増大し，資本主義および寄生地主制の矛盾が深まり，政府が手あつい資本救済策を強力に推進するために，徹底した緊縮政策をとりえなかったのである。

したがって，政府機関も認めているように，大正12（1923）年度予算は前年度予算に比べて1億3630万余円の減額となったが，これは海軍の部分軍縮と行政整理によって生じた不要額の減額であり，いわゆる緊縮・節約によるものは1億162万余円にすぎず，しかもこのうち，陸軍軍備増及び既定継続事業費年度繰延額を控除すれば，差引7700万円程度の減少にとどまり，前年度予算（15億148万円）の約5％にすぎないものであった。しかも，減債基金繰入を復活し4200万円をこれにあてたが，国債応募予定額は1億5940万円に及んでおり，日本銀行，大蔵省預金部資金による救済融資は続けられていたのである。その多くは特殊銀行を経由するものであり，特殊銀行自体も植民地および半植民地の支配と救済融資のために資本を動員し，反動恐慌以後経営内容を悪化させてきたのである。後述するようにこれは逆に大蔵省預金部の資金の流動性を阻害することになってくるのである。かくして，日本財政の矛盾は深刻化してくる。

たんなる災害にとどまらず，大杉栄の虐殺や亀戸事件そして朝鮮人虐殺——それが政府の指令であったことが歴史家によって明るみにだされている——として，鋭くわれわれの胸につきささっている関東大震災の爪痕（焼失戸数41万1046戸，罹災者約150万人，焼失面積2万2475平方里，死亡者20万人強，負傷者100余万人，損害総額150億円）は，周知の如く財政に大きな影響を与え，いわゆる善後処理費の支出によって経費を膨張させ，同時に公債の累増を惹起した。この膨張財政によるspending policyと復興需要の増加はいわゆる震災景気を現出させたが，それは必然的に輸入の激増をひきおこし，正貨の減少とあいまって，為替相場の下落を促進し，「国辱公債」に端的に表現されているように，日本経済の対外信用の低落を不可避とした。

「仮に震災に遭遇することなかりしとするも、更に第2段の緊縮整理を続行するの到底避くべからざる成行に在ったことは夙に明白なりし所である」[87]が、震災の財政政策は経済・財政の矛盾をより拡大し、政府はそれへの強力な対応策に腐心せざるをえなくなる。

世上、「地震内閣」と称された山本権兵衛内閣は大正12（1923）年12月27日、「虎ノ門事件」の責を負い総辞職し、翌大正13（1924）年1月貴族院の研究会を基盤に、貴族院内閣または特権階級内閣と憲政会・革新クラブに批判された清浦奎吾内閣が組織された。革新クラブは「特権階級の一部に拠りて組織せられたる清浦内閣は、時代の精神に悖り、国民を侮辱し、憲政の本義を紊り、階級闘争を激成し、国民思想の悪化を誘致するものと認む」と清浦内閣を批判（大正13年1月7日の「申合」）し、憲政会もまた「速に此特権内閣を膺懲打倒すべきものと認む」旨の決議を行ない（大正13年1月9日）、政友会は清浦支持派と反対派に分裂した（政友会の代議士278名中149名が床次竹二郎を総裁とする新政党「政友本党」を結成、清浦内閣の唯一の与党となる）。

かくして、清浦内閣は、特権内閣打倒、普選断行、貴族院改革、枢密院改革、行政・財政整理などの政策をかかげた「護憲三派」とそれを支持する労働組合・農民組合の運動にさらされ、いわゆる第2次護憲運動の昂揚のもとで、震災の善後政策を継続し、復興事業以外には一般会計では国債発行を行なわない方針のもとに実行予算を編成したが、半年にして、選挙に破れ去った。加藤高明を首班とする閣僚の顔ぶれからみて、金融資本＝財閥を直接代表とするといわれる護憲三派内閣は大正13（1924）年6月に成立し[88]、従来から膨張財政に一定の批判を加えていた浜口雄幸が蔵相に就任した[89]。浜口の前に山積していた財政・経済的諸条件は既述の如く容易なものではなかった。浜口蔵相自身にそれを語らせよう。

浜口蔵相は「熟々海外の状勢を観まするに、英米を初め諸外国は戦後官民一致して財政経済の整理に努め、其の実績は既に大に見るべきものがあり……今や世界経済は重大なる転回期に入らんとして居ります」と相対的安定期に入らんとしていることを認め、これにたいして、我が国の現状は寒心に

第6章　製鉄所特別会計の成立

たえないと次のように指摘する。すなわち「戦後財政整理未だ完からす，財界の回復未だ其の緒に就かざる時に当りまして，更に客年の大震災に遭遇し，之が為に多年の蓄積経営に係る巨額の富を烏有に帰せしめたのみならず，財政の負担は頓に重きを致し，金融は梗塞を加へ，産業は益々不振に陥り，国際貸借の逆調は一層甚しくなり，惹ひて我国の正貨は減少致し，為替相場は低落し，斯くて世界経済界の機運に後れ，今後に於ける国際競争上極めて不利なる地位に立つに至ったのであります」と率直に日本経済の「危機」的症状を語り，やや具体的に次のように指摘する。

「外国貿易の逆調は益々甚しく，本年〔大正13年──引用者〕は10月迄に朝鮮台湾の分を合せ6億9千百余万円の入超を示し，大正8年以降の入超累計は27億4千9百余万円の巨額に上り，戦時4箇年間の出超累計13億9千3百余万円を相殺して，尚13億5千6百余万円の入超を残したのであります。之と同時に貿易外の受取勘定も戦後著しく減少致しましたから，政府及日本銀行の保有する正貨は，最高記録たる大正10年1月の21億9千余万円より漸減し，今春英米市場に於て新に外債を募集致しましたるに拘はらず，本年10月末には15億3千余万円となり，為替相場も次第に低落し対米相場は今や38弗台に下り，国民の注意を惹くに至ったのであります」。しかし，財政はかえって著しく膨張し，国債も激増（大正7年度末30億5100余万円から大正13年10月末47億2300余万円へ）し，「其の発行額は市場の消化能力の限度を超えて既発公債の市価を低落せしめたるのみならず，金融市場を圧迫し財界整理の進行を阻害したる所が少くはないのであります」。また「臨時国庫証券収入金特別会計の如きは，其の運用に係る外国証券の大部分は数年来其の利子の支払なく，従て同会計は年々2千数百万円の歳入不足を生じて居りまして，資金を以て之を補填し来ったのでありますが，其の資金も已に尽きんとして居りまして，之が整理の方策を講じまするこが焦眉の急に迫って居ります」。

さらに大戦の軍事費支弁のために設置した臨時軍事費特別会計がある。この財源は主として公債に依って調達することになっていた。「而して軍事費の支出済額に対する財源として発行を要する公債の額は，5億5千5百余万円に上りましたが，内1億4百余万円は今尚発行未済に属して居ります。元

来本会計は戦争終了後,速に之を閉鎖するのを妥当と致しまするにも拘はらず,公債の発行困難の故を以て遷延今日に及び,尚未整理の侭存続せしめて置き,公債発行未済の分に対しては已むなく一時国庫金を流用しつつあるのであります。斯の如きは財政上稀に見るの変態と云はねばなりませぬ」[92]。

また,浜口蔵相が第50議会の財政演説で「預金部の資金は近年著しく膨大し,現在額15億円を超過するに至りましたが,従来其の資金の運用は動もすれば放漫に流れ不確実に陥る弊もありました」とのべている預金部資金の問題がある。論旨は明快である。これらは,大戦中・大戦直後を通じて,膨張財政と国家信用を基礎としてインフレーション政策を遂行し,資本蓄積と帝国主義的支配の拡大のために奉仕してきた政府の政策の破綻の表白であり,震災後の財政政策を継続できないことを示す支配階級自らの警鐘でもあった。

このために加藤高明内閣は,まず,為替相場の低落が物価・産業・貿易などに及ぼす悪影響が甚大であるために,為替相場の低落防止と安定化策を志向する。その政策として「随時在外正貨の払下を行ひ,必要の場合には政府及日本銀行の内地に保有する正貨の一部を海外に現送し,以て為替調節に資すること」(浜口蔵相の第50議会における財政演説)とし,あわせて「為替恢復の根本策」である輸入の抑制と輸出の促進をはかるために,消費節約・国産品愛用を国民に訴え,資本蓄積・生産費の低廉化・市場拡大を強調する(同上)。と同時に,「国民経済の実力に適応しない」「財政の膨脹」を支えてきた従来の国債増発の弊害を緩和するために「財政の現状に鑑み新規発行額は預金部引受郵便局売出等の方法に依って調達し得る見込の限度に止めて之を1億5千万円とし,一切一般市場に公募しないこと」(同上)とした。また臨時国庫証券収入金特別会計と臨時軍事費特別会計の廃止を含む特別会計の改廃・統合,大蔵省預金部制度の改定など重要な措置を講じたのである[93]。

この時点では製鉄所特別会計の問題はまだ表面にはでてこない。何故なら製鉄鋼調査会において鉄鋼業問題を検討中であったからである。しかし,財政の緊縮化のための措置として,製鉄所拡張費が繰り延べられることが続いており,第50議会で第3期拡張完成年限を昭和4(1929)年度まで繰り延べされる(『経営志林』第4巻第2号[第3章,注28]を参照)ほどであって,

第6章　製鉄所特別会計の成立

製鉄所拡張費自体財政の緊縮化から自由ではなかった。その限りでは，大戦中・後の膨張財政の反動を製鉄所は直接的に受けるのであり，繰り延べと新規支出の並存という複雑な過程をとりつつも，財政の緊縮・財源と製鉄国策・製鉄所拡張政策との矛盾は露呈していたのである(94)。しかもそれは，一般会計負担の製鉄所拡張費にとどまらず，製鉄国策の全体系——後述するように従来製鉄所建設・拡張のために発行した公債，「製鉄原料借款」の制度そのものが，財政整理を含む財政政策上の問題として表面化せざるをえなくなるのである。

また，大正15＝昭和1(1926)年度予算についても政府は「我国財政経済の現状に鑑みまして，本年度に於きましても尚従前の方針を継続する必要あるを認める」(95)と財政の緊縮化については前年度の方針を踏襲することとし，階級対立の激化に対して，「歳入に著しき増減なからしむる範囲内に於て」税制整理を行ない(96)，「社会政策」的経費を計上し，他方貿易振興費，銑鉄奨励金の交付と「海軍軍備制限補償公債」2000万円の交付，興銀・台銀・鮮銀にたいする「対支借款関係3銀行債務整理公債」1億5603万円の発行などの露骨な資本救済政策を遂行した。この大正15＝昭和1(1926)年度予算案の編成過程および議会の予算審議過程で製鉄所特別会計＝独立会計が具体的に登場するのである。これらの一連の政策が，政治的には治安維持法とだきあわせでのみ登場しえた普通選挙法，まさしくアメとムチの弾圧体制の強化を背景としていることは，その後の推移にきわめて暗示的である。

われわれは，以上第1次世界大戦中および戦後の財政政策の展開を，財政の緊縮・整理の不可避性とそのための政府の政策を中心に文字通り素描し，それが製鉄所の財政にまでかかわらざるをえなくなったことを検討してきたが，われわれは，さらに，財政（政策）と製鉄所財政の独立化の関連をより内在的に分析していかなければならない。

(61)　歳出純計は江見康一・塩野谷祐一『財政支出』長期経済統計　第7巻，東洋経済新報社，昭和41年，162－163ページ，による。
(62)　大正前期の軍備拡張は，明治40（1907）年策定の「帝国国防方針」（陸

軍平時25師団常備，海軍8・8艦隊建設を中心とした）にもとづくものである。この時期の軍拡を詳論するいとまもないし，その場でもないので，ここでは大戦中に計画・実施されたものを略記しておくにとどめたい。

　陸軍。(1)大隈内閣，大正4（1915）－同10（1921）年度の7カ年継続費として2箇師団増設費11,986千円計上。(2)寺内内閣，大正6（1917）年度に機関銃隊充備費（総額322万余円，10カ年度間継続費），山砲兵隊充備費（62万余円，4カ年度間継続費），兵器製造所新設費（400万円，2カ年度間継続費），航空隊設備費追加（132万余円を既定継続費に追加，6カ年度間に支出）などを計上。続いて，翌大正7（1918）年度には同年度以降18カ年度にわたる継続費5526万余円（騎兵機関銃隊の新設・野砲兵隊および重砲兵隊の編成替え・航空大隊の新設費など）を計上。かくして，軍備拡張継続費は大正7－24年度経常費のみで総額1億2873万余円に達した。これ以外に特種兵器製造費及試験費として5カ年度継続費150万円が策定された。

　海軍。(1)寺内内閣，大正6（1917）年度に，軍艦建造費の既定継続費（1億4941万余円）にたいし，さらに同年度以降7カ年度継続費として2億6152万余円を追加。(2)翌大正7（1918）年度に上記計画を改定し，同年度以降6カ年度継続費として総額3億54万余円を追加計上した。こうして，大正7年度現在，新旧継続費を含めて，軍艦製造費総額は8億5531万余円の巨額に達した。

　このような，陸海軍あわせて約10億円にのぼる軍拡継続費は既定財源のいわば前取りであり，国家財政の「死重」となるものである（詳しくは，大蔵省編『明治大正財政史』第1巻，360－363ページ，海軍軍令部「欧州大戦前後における帝国海軍軍備の概況」，海軍省編『山本権兵衛と海軍』所収，などを参照）。

(63)　鉄道の建設改良費は，大正4（1915）年度に同年度以降7カ年度継続費として3億5700余万円計上された。これとともに従来の建設・改良費公債支弁を改定し，一般会計から鉄道特別会計に毎年2000万円を貸し付け，それと鉄道益金で建設・改良費に充当することとした。しかし，早くも大正6（1917）年度には一般会計から鉄道特別会計への貸付金は廃止され，公債支弁に逆もどりされたことに注意しておかなければならない。

　大正7（1918）年度に，計画を改定し，1億567万余円を追加し，同年度以降大正20年度までの継続費として4億7369万余円の巨額を計上した（前掲『明治大正財政史』第1巻，363ページ）。大正4（1915）－10（1921）年度の7カ年継続費当初計画については，鉄道省『国有十年』40－

42ページ参照。同書は，一般会計から鉄道特別会計への2000万円貸付廃止の理由について「当初の計画に於ては年額2千万円の支出は国債整理基金に繰入るべき金額中より流用するの規定なりしが，輿論の反対を招きたるを以て遂に大正6年度以降公債に依ることとなしたり」（42ページ）とのべている。

(64) 電話事業の拡張は，周知のように明治29（1896）年度以降7カ年度にわたる第1期拡張（総額1280万円），明治40（1907）年度以降の6カ年度にわたる第2期拡張（総額2000万円）を実施した（平和経済計画会議・電々事業合理化対策委員会編『日本の電信電話事業』35ページ）が，経済の拡大とともに電話需要が増加し，大戦時には「東京の電話1個3千円と云ふ法外な市場価格を持つに至った」（内海朝次郎『通信特別会計の生れるまで』昭和8年，27ページ）。「電信電話施設は産業経済活動の基盤をなすもの」（電信電話調査会『電信電話調査会報告書』昭和40年9月，14ページ）であるから，それを放置しておくことはできず，かくして第3期拡張が策定され大正5（1916）年度から5カ年計画（2250万円）が開始されたが，翌6（1917）年度にはその第1次改定（期間大正5－13年度，予算1億1150万円すなわち8900万円の増額）を行なった（日本電々公社『電話料金の沿革』昭和31年，31ページ）。この資金調達のために大正6年7月，電話事業公債法を制定して，1億250万円まで公債発行をなしうることを決定した。

(65) 拙稿「戦前日本における官業財政の展開と構造――官営製鉄所を中心として――〔III〕」〔第3章II節〕を参照。

(66) 原内閣のいわゆる積極政策は，大戦中のそれに輪をかけたものであった。米騒動の衝撃で総辞職を余儀なくされた寺内内閣にかわって，大正7（1918）年9月成立したはじめての「政党内閣」といわれる原内閣の諸政策のなかで「最も重要なるもの」は「軍備の充実」であった（前掲『明治大正財政史』第1巻，398ページ）。すなわち，大正8（1919）年度には陸軍各部隊の編成改正のため同年度以降3カ年度継続費として18,869千円を計画し，また海軍水陸設備として同年度以降5カ年度継続費18,399万円を既定のものに追加した。翌大正9（1920）年度には大規模な軍拡計画を決定し，陸軍部隊改編費に46,469千円を追加（大正9－19年度継続費）し，また特科隊増設・兵器の充実改良のため国防整備費として300,799千円を決定（大正9－22年度継続費）し，さらに要塞整理費135,548千円（大正9－20年度継続費）の支出を決定した。海軍については，既定の海軍軍備補充費1,004,841千円にたいし761,112千円を追加（大正9－16年度継続

費）決定（8・8艦隊完成費）し，また既定の水陸設備費90,682千円にたいし，あらたに123,456千円（大正9－16年度継続費）を追加，既定の航空隊設備費6,988千円に20,193千円（大正9－12年度継続費）を加え，その他無線電信設備費追加5,349千円，火薬廠臨時設備費434万余円の支出を決定したのである。かくして，これらの継続費のみで，大正9（1920）年度分99,999千円，同10（1921）年度分159,999千円（『明治大正財政史』第1巻，399ページ）となり，軍事費（陸海軍省費）予算の15.3%，21.9%に達する程となったのである。この大規模な軍拡強行のための財源として政府は本文で指摘したように所得税及び酒税の増徴を行ない，また国債償還基金3000万円の繰り入れ停止という暴挙にでたのである（所得税・酒税増徴の性格と内容については，阿部勇『日本財政論──租税』351ページ以下，所得税についての詳論は高橋誠「現代所得税制の展開──日本所得税制史論（3）──」，『経済志林』第28巻第1号，を参照）。国債償還基金への繰り入れは，後述するように，国債政策の矛盾の露呈のために実際は大正9・10・11の3カ年度でとりやめになった。

　原内閣のその他の重要施策とその財源についての具体的説明は，前掲『明治大正財政史』第1巻，400ページ以下を参照されたい。

(67)　かつて，風早八十二氏は古典的労作『日本財政論』において，第1次世界大戦時・戦後の財政政策を次のように特徴づけた。すなわち，「大戦時の資本の比類なき蓄積に対し，国家財政は補助的な，むしろ消極的な関係，莫大な戦時超過利得の上にいはば寄生する関係にあった。これは，大戦後の財政政策が資本主義の救済と云ふ積極的作用をもつに至ったのと全く趣きを異にする。例へば，政府及び日銀の輸出金融に対する保護政策にしても，日本の生産力の著しい発展が前提となって行はれてゐることであって，戦後全般的停滞の上に勃発せる恐慌の克服のための救済諸政策とは根本的に異なる」（122ページ）。また，「日本経済における国家財政の意義は大戦後の体制的問題を契機として，異常に増大し且つ積極的となり，資本の困難を救済するための意識的方法となってきた。国家財政が公然と独占資本の『救済』に出動するに至ったのも，全くこの体制そのものの問題の打開の見地に於いてであって，この事は大戦時及びそれ以前の国家財政の，生産力発展に対する助成的な機能と著しく異なる」（131ページ）と。資本主義の全般的危機への突入によって，財政政策の転換が不可避になったことを強調するあまり，風早氏が大戦時の国家財政を「莫大な戦時超過利潤の上にいはば寄生する関係にあった」というのは，理解に苦しむ表現である。この「寄生する関係」と「生産力発展に対する助成的機能」との関連も不

第6章　製鉄所特別会計の成立

　　　明である。
(68)　日本における全般的危機の展開についての簡潔かつダイナミックな分析は，井上晴丸・宇佐美誠次郎『危機における日本資本主義の構造』32ページ以下を参照されたい。
(69)　その具体的内容については，とりあえず信夫清三郎『大正政治史』第6章，田沼肇「米騒動・社会運動の発展」（岩波講座『日本歴史』現代2，所収），渡辺徹「無産階級運動」（同上，現代3，所収）などを参照。
(70)　大正11年1月21日，第45議会衆議院における演説，『大日本帝国議会誌』第13巻，509ページ。
(71)　第46議会衆議院における財政演説，同上，第13巻。
(72)　鈴木憲久『最近日本財政史』262ページ。
(73)　同上，826ページ。
(74)　藤田武夫『日本資本主義と財政』435－436ページ。
(75)　ただし，なぜ財政整理が失敗に終わったのかは問題であろう。『日本資本主義の没落』の著者たちは，加藤（友）内閣の財政整理がいずれの点からみても微温的であった「基本的な原因」について次のようにのべている。
　　　「軍縮を徹底するとともに行政整理と新規事業の切捨を大規模におこなう決断と勇気に政府が欠けていたことにあることはいうまでもない。そしてまたそれは，たとえ一時はいっそう不況を深化するにしてもより徹底的に『財界』整理をおこない，経済の合理化をはかるよりは姑息な救済手段で当面を切りぬけようとする日本のブルジョアジーの伝統的な態度と，そうせざるをえないほどに多くの矛盾を内包していた日本資本主義の経済構造とに由来するものであったといわなければならないであろう」（『没落』Ⅰ，185ページ）。
　　　抽象的な指摘であるが，『没落』Ⅰの第6節全体を通じて，著者たちの主張はある程度理解できる。しかしこの指摘では，決断と勇気があれば多くの矛盾を内包する経済構造でも整理や切り捨てができた，というのであろうか。
(76)　鈴木憲久，前掲書，107ページ。
(77)　日銀調査局『世界戦争終了後ニ於ケル本邦財界動揺史』，『日本金融史資料・明治大正編』第22巻，671ページ。
(78)　同上。
(79)　大内兵衛『日本公債論』，巻末附表32を参照されたい。
(80)　現に，為替相場の下落のために，加藤（友）内閣は対外支払いに在外正貨をつかい，為替相場の維持政策を行なったのである。なお，第1次大戦

305

後の貿易・為替問題については，花原二郎「金輸出再禁止後における為替ダンピング」(『経済志林』第28巻第1号，96-103ページ)を参照。
(81) 日銀調査局，前掲書，671ページ。
(82) 同上，673ページ。
(83) たとえば，台湾銀行・朝鮮銀行について，大蔵省銀行局は次のようにのべている。

「台湾銀行及朝鮮銀行カ現在ノ如ク多額ノ欠損及不良滞貨ヲ抱擁スルニ至リタルハヨリ両行当事者ノ経営其宜ヲ得サリシニ依ルコト其ノ一原因ナランモ一面ニ於テハ大正9年3月ノ財界変動ニ基因スルコト最モ多カルヘク政府ハ銀行当局者ヲ督励シ其ノ当時極力貸付ノ整理ニ努メタルモ経済界ノ不況ハ時日ノ経過スルニ従ッテ益深酷トナリ動モスレハ大勢ニ引連ラルルノ止ムヲ得サル状態トナリシカ左リトテ其ノ当時断然タル整理ヲ行ハシムルコトモ一般経済界又ハ我国ノ対外信用ニ及ホス悪影響ノ頗ル大ナルヘキヲ顧慮シ一ニ財界恢復ノ時期ヲ待ツノ外ナシト認メタル次第ナリ，然ルニ其ノ後財界復興ノ時ハ容易ニ到来スヘクモアラス一方銀行ノ内容モ亦漸次不良化シツツアリシヲ以テ台湾銀行ニ対シテハ大正12年3月頃朝鮮銀行ニ対シテハ大正13年2月頃何レモ政府及日本銀行ニ於テ相当ノ援助ヲナシ依テ両行ノ恢復ト健全ナル発達ヲ期シタルモ不幸ニシテ彼ノ大震災ニヨリ我国ノ経済界ハ一層不況トナリ産業ノ萎靡対外信用ノ動揺ニ遇ヒ前記ノ援助モ殆ト其ノ効果ヲ顕ハスニ至ラス両行ノ内容ハ……一層不良化シ来リタルヲ以テ政府ニ於テ最早時日ノ遷延ヲ容サザルヲ認メ止ムヲ得ス政府及日本銀行協力シテ各能フ限リノ援助ヲナスト共ニ両行ヲシテ今回ノ如キ大整理ヲ行ハシムルニ至リタル次第ナリ」(大正14年8月)。

両銀行の経営内容の悪化の理由を恐慌に転化せしめているが，政府が帝国主義政策の道具として両行を積極的に利用したことの反動の大きさを抜いているのは根本的な誤りである。ただし，反動恐慌後に断然たる整理ができない理由として一般経済界，対外信用に及ぼす悪影響をあげているが，これは両行の問題にとどまらずこの時期の政府の財政・経済政策の理念的なものであったように思われる。

(84) 日本評論社『大震記』大正12年10月，2ページ。但し，この数字には種々の相違がある。
(85) 震災善後処理費の詳しい内容については，大蔵省編『明治大正財政史』第1巻，444-448ページ，鈴木憲久『最近日本財政史』第4章を参照されたい。
(86) この発行条件などについては，日本銀行『関東震災ヨリ昭和2年金融恐

慌ニ至ル我財界』，前掲書所収，858ページ参照。
(87) 鈴木憲久，前掲書，387－388ページ。
(88) この護憲三派内閣の成立については，周知のように政治史上の画期として重視されているが，ここではたちいらない。
(89) たとえば，浜口雄幸の第42－45議会における質問演説をみよ。
(90) 浜口蔵相の関西銀行大会における演説，大正13年11月26日，大蔵大臣官房編『浜口大蔵大臣財政経済演説集』大鐙閣，大正15年7月刊，48－49ページ。
(91) 浜口蔵相の手形交換所連合懇親会における演説，大正13年11月21日，同上書，36－38ページ。
(92) 注90に同じ，同上書，52ページ。
(93) これらの諸政策およびその他の政策については，鈴木・前掲書，第5章が資料的にもっとも詳しい。
　　臨時国庫証券収入金特別会計の廃止は日本帝国主義の対ロシア政策，対中国政策（いずれも反革命政策）の失敗の財政的表白であり，かつ処理であった。そして，その失敗の財政負担を国民に転嫁・強要するものであった。大蔵省預金部の改造は，預金部資金の運用を大蔵大臣の専断から資本家階級を中軸とした支配階級の「合議制」に改めようとしたものである。
(94) したがって，政府は製鉄所特別会計法制定にさいして，既述したように，「作業特別会計」のもとでは製鉄所の設備投資資金が一般会計計画の影響を蒙ることをその大きな理由として提示しえたのである（日鉄の成立にさいしても政府は類似のことをのべているのに注意）。
(95) 浜口，第51議会財政演説（前掲『財政経済演説集』141ページ）。
(96) 浜口，税制整理に関する法律案の説明演説（第51議会），同上，166ページ。

2

前節で明らかにしたように，製鉄所の独立会計は財閥資本を中心とする鉄鋼資本の要求としてはじめに提起され，片岡商工大臣の構想として定着し，その実現は商工省（同時に製鉄所）と大蔵省との折衝・合意，政府および議会の承認というかたちをとるのであるが，独立会計の内容の具体化にさいしては既に帝国鉄道会計法なるモデルが存在したことと製鉄所の第3期拡張継続費（昭和4年度まで）が既に議会を通過していたことを考慮に入れておく

表 6 - 6 国債

会計年度	起債額		
	新規	借換	総額
大正 5(1916)	9,916	60,000	69,916
7(1918)	381,256	50,000	431,256
9(1920)	448,545	460,824	909,370
11(1922)	250,820	583,306	834,127
13(1924)	317,075	718,406	1,035,482
14(1925)	157,492	443,200	600,693

備考：大蔵省『昭和財政史』第6巻、15ページ。交付公債も含む。

必要がある。

既述（前節）の如く、片岡構想が明確になるのは大正14（1925）年11月であり、それ以後商工省と大蔵省との製鉄所特別会計の具体化について折衝が開始されると考えられるのであるが、前述した財政過程を基礎に、その場合に問題となるのは、製鉄所の設立・拡張のために調達した国債の負担、「借入運転資本」の取り扱い、第3期拡張費の補充費として既に支出が決定されている経費の処理、「製鉄原料借款」資金の負担区分、国有財産としての製鉄所の固定資本の評価額、独立会計とした場合の製鉄所の採算性、などである。膨張財政の生みだした財政的経済的矛盾を弥縫すべく、そして日本財政の基礎を鞏固にすべく意図され不可避となった財政の緊縮化・財政整理と軍器素材・生産手段素材の生産の自立化・強化をどのように調整するか、さらにまた財閥資本を中心とする鉄鋼資本の要求をどのようにくみこんでいくかがそれらの上述の諸問題の底流を形成するのである。重要な点について分析を加えていこう。

(1) 国　債

既に言及してきたように、大戦時から軍拡、国鉄・電信電話の拡充、帝国主義的海外進出およびソビエトの10月革命にたいする反革命政策の遂行のために国債を発行し、それらのために財政資金を調達し、反動恐慌後にはいわ

の起債・償還額

(単位：千円)

償還額			年度末残高
基金	借換	総額	
39,306	52,142	91,449	2,467,701
28,210	50,011	78,221	3,051,776
332	409,646	409,979	3,777,263
843	568,504	569,347	4,341,895
45,513	856,911	902,424	4,863,013
60,342	404,187	464,529	4,999,176

ゆる資本救済のための交付公債をはじめとして，震災復興事業のための公債，国鉄電信電話のための公債など次々に発行し，しかも原内閣は軍拡をはじめとする積極政策の財源捻出のために減債整理基金への繰り入れを停止したのであるから，公債残高は増加の一途をたどった。

　大正12（1923）年度から減債繰入を復活させ，起債抑制策がとられたが，大正6（1917）年度以降年々起債額が償還額を上まわっているのであるから国債の累増は必然であり，大正5（1916）年度末24億6770万円であった国債残高は大正14（1925）年度末49億9918万円と倍増した（表6-6参照）。しかも反動恐慌以後は金融市場の変化にともない公債応募力を減退させ，国債の郵便局売出と大蔵省預金部の公債引受が激増した。かくして，大戦中に大幅に増加した郵便貯金が国債政策のために動員されたのである。しかし，銀行，とりわけ普通銀行の金融資本の国債所有は増加し，その要請によって，国債の償還期限は短期化（内国債中短期債の割合は大正3年3%から同12年64.5%，同15年60.5%となっている）し，それは必然的に借換国債の増加をもたらした。その場合，低利の借換は困難であり，せいぜい同条件への借換であって，借換のたびに発行価格差増を生じ，その借換差増額は大正3（1914）－同10（1921）年度間では「数百万円」であったが，大正11（1922）年度には1486万円，同13（1924）年度には940万円にも達し，大正14（1925）年度にも3901万円に及ぶほどとなり，それだけ財政負担＝人民の租税負担を(97)

重いものにしていった。

かかる状態のうえに,大正14(1925)年度には従来からの国債発行予定額3億5800余万円を消化する能力が金融市場にはなく,かといって巨額の国債発行によってもたらされる弊害を避けようとすれば「予算の実行は竟に不能に陥るを免れない」状態におちいり,起債額を1億5000万円にとどめ一切一般市場からの応募をとりやめざるをえなくなっていた(浜口蔵相の第50議会における財政演説,前掲書,66-67, 77ページ)。

かかる状態であったから,国債整理は財政当局の大きな課題であって国債の負担を軽減させる方策を追求するのである。かくして,製鉄所財政の独立化は国債政策上からも合目的なものであり,財政当局は支持こそすれ反対する理由は全くないものとなる。こうして,従来一般会計負担であった製鉄所の創設・拡張のために使用された公債は製鉄所特別会計に移され,その元利償還は製鉄所財政の負担となるのである。これは明治42(1909)年度施行の「帝国鉄道会計法」の前例にもとづくものと考えられるが,これによって内国債20,996千円,外国債(第1回4分利付英貨公債=明治32年発行)4,608千円,合計25,605千円は製鉄所財政に移されたのである。製鉄所は特別会計初年度たる昭和2(1927)年度に1,071千円の利子を支払う。但し製鉄所の従来の「借入運転資本」は製鉄所の債務として取り扱われていないことに注意しておきたい。

(97) 日本銀行『関東震災ヨリ昭和2年金融恐慌ニ至ル我財界』,前掲書,860ページ。なお,以上の過程については,大蔵省昭和財政史編集室『昭和財政史 第6巻 国債』第1章第1節を参照されたい。

(2) 「製鉄原料借款」の負担

わたくしは,別稿(『経営志林』第3巻第3号[本書序章,10ページ])において,「製鉄原料借款」は製鉄所にとって原料確保のための借入金としての意味をもつものであり,製鉄所そしてまた日本鉄鋼業の研究のためにその分析が不可欠であることを提起し,試論を行なった(『土地制度史学』第32
[98]

号所収［第5章］）。「製鉄原料借款」はそこで明らかにしたように，大蔵省・外務省・農商務省（商工省―製鉄所）が三位一体となって国策として中国の鉄鉱石・銑鉄確保，支配のために遂行したものである。それが製鉄所財政の独立化にさいして問題，しかも極めて重要な問題，となってくるのは，日本帝国主義の漢冶萍・裕繁両公司にたいする強圧と支配に根ざした両公司の経営難(99)のために，借款の元金返済を一定期間据え置かざるをえなくなり，また利子の支払いすらとどこおる事態が生じて，いわゆる不良貸付化してしまい，それが独占資本や地主の要求する預金部資金の新たな運用のための阻害要因となってきたからである。

そこで，国家合理化＝財政整理の一環としての大蔵省預金部の「合理化」形態として借款の負担区分（どの所管が負担すべきか）が製鉄所財政の独立化にさいして問題となるのである。大蔵省は借款総額の製鉄所特別会計での即時負担・肩替わりを要求し，商工省・製鉄所はそれに反対し，後述するような妥協策がとられるのであるが，われわれはかかる問題を惹起してくる預金部の状態について必要な限りにおいて一瞥しておかなければならない。

周知のように，大蔵省預金部資金の運用は明治19（1886）年以降主として国債証券への投資で行なってきたが，明治35（1902）年に北清事変の賠償金として交付をうけた「4分利付支那債券」を買い入れたのをはじめとして，外国国債証券や特殊銀行会社債券にも及ぶようになり，明治37（1904）年1月の興業銀行による漢冶萍公司借款への支出にみられるように，次第に対外的に拡大された。明治39（1906）年には東北三県凶作融通資金が勧銀債券の預金部引受によって融通され，対内的にも地方資金の運用が始まっている(100)。全国津々浦々にはりめぐらされた資金吸収網ともいうべき郵便局を通じて，国民大衆の零細預金を吸収し，預金の増加とともに預金部資金は増加し，その運用も多面的にしかも巨額となっていった。預金部資金の運用は，国債証券投資をはじめ一般会計及特別会計貸付金，地方資金，特別貸付金，外国国債証券，在外資金，現金その他というように目的別に分類されているが(101)，このなかでとくに問題なのは特別貸付金（内地事業資金と海外事業資金）と地方資金であるが，本稿の主題からは前者である。

預金部の特別貸付中海外事業資金貸付の嚆矢は前述した興銀債券引受による明治37（1904）年の漢冶萍公司借款であると考えられるが、それ以後明治40（1907）年の江西南潯鉄路公司借款をはじめとして、かの悪名高き西原借款にも示されているように、海外事業資金はとくに中国にたいする金融的・政治的支配権の拡大のための道具として運用された。とくに西原借款は1億7208万円の巨額）にのぼり、「日本帝国主義のために東亜経済同盟を実現するものとしてくわだてられ」、そしてその名称は鉄道建設，水害復旧，参戦，有線電信などとなっていたが、実際には中国の革命勢力と北洋軍閥の段祺瑞にたいする反対勢力をたおすことをめざした戦費として使用され、回収不能となった。他方、内地事業資金は、国内の銀行会社の事業資金として融通されたもので第1次世界大戦後に大幅に増加したが、戦後恐慌で打撃をうけた特定企業への救済融資に使用され、震災後には1億2000万円にのぼる震災地大工業救済資金というものが興銀を通じて貸し出されているし、朝鮮銀行、台湾銀行への救済融資にも使用されたのである。しかも『昭和財政史』が指摘するように「明治40年から大正13年ころまで融通された事業資金は、海外たると内地たるとを問わず、まずだいたい回収不能の状態に陥ったといってよい」（第12巻，7ページ）状態を現出するのである。しかもその事業資金総額は約3億4300万円に達し、資金運用総額の21％弱に及んでいる。

　つまり預金部資金は財政政策の重要な環として帝国主義的積極政策に，資本の救済政策に動員され、その帰結として、必然的に資金の硬直化を惹起せしめ、伏魔殿の異名をとり、新たな政策遂行のためにも障害となりつつあった。かくして預金部改造・改良が支配階級からも提起されるようになる。かくして預金部は制度的改造とともに、不良貸付の整理を行なうのであるが、「製鉄原料借款」の回収は、大蔵省にとって預金部資金の融通であるだけに重要であった。

　大正14（1925）年1月における850万円の漢冶萍公司借款にさいして、大蔵省は、従来「我債権ノ回収ハ寧ロ第二義ノ問題トシテ考慮セラレタル形跡アリト雖モ、既ニ3千4百万円ノ借款並5百万円ノ短期債権ノ回収ハ本邦財政上極メテ重大ナル問題ニシテ、然モ其ノ資金ノ大部分ハ預金部ノ融通ニ係

ル以上是非共之カ回収ヲ計ラサルヘカラサル立場ニアリ」(傍点は引用者)と力説し,かつ,その850万円借款契約書では次のように規定する。すなわち,「製鉄所ニ於テ公司ヨリ購入セル鉱石及銑鉄代金ノ全部(但シ日本国株式会社日本興業銀行ニ対スル公司債務返済ノ為メ同行ヘ交付スル鉱石代金ヲ除ク)ハ公司ノ勘定トシテ製鉄所ハ之ヲ銀行〔横浜正金銀行——引用者〕ニ交付スルニ付銀行ハ鉱石及銑鉄ノ毎噸代金ニ対スル本契約ノ貸付金元利及銀行ノ公司ニ対スル既存諸貸付金元利ノ毎年額支払基預金トシテ積立ツヘキ割当額ヲ定メ前記交付ヲ受ケタル都度其交付金ノ内ヨリ該割当額ニ1割ヲ加ヘタル金額ヲ控除シ之ヲ銀行ノ公司ニ対スル諸貸付金元利支払基預金ト為シ其残額ハ之ヲ公司ニ交付スルモノトス」。ただし不足の場合は公司は正金銀行ヘ現金でその分を補塡し,もしそれができない時には翌年度の鉱石・銑鉄代から補塡すること(契約書第7条)。

かかる方法によっても成果をあげえず,大蔵省は,製鉄所財政の独立化を原則的に認めたうえで「製鉄原料借款」を製鉄所特別会計に肩がわりさせ,製鉄所の責任でその元利の支払いをなすべきことを提起するのである。これにたいして,商工省・製鉄所側は,それでは製鉄所の経営に支障をきたすと反対し,借款の一部についての元利支払いに責任をもつ,などの妥協案をだして,大蔵省と商工省・製鉄所の折衝が続くのである。

この場合に,大蔵省が,「製鉄原料借款」を製鉄所が継承すべきであるという理由は,製鉄政策の遂行上借款を行なったのであるが不良債権化したので,預金部の性質上かかる債権に長期にわたって責任をもつのは不適当であり,貸付金の回収が鉱石・銑鉄の購入代金によって行なわれるのであるから,購入者が貸付金の回収を行なうのは一石二鳥である,というものである。しかし,製鉄所は「製鉄原料借款」を継承する原則を容認しながらも,即時継承はせず一定の猶予期間をおくこと,政府が国庫金に余裕ある場合には無利子の貸付を製鉄所にたいして行なうことを主張した。これは製鉄所官僚が独立会計に充分自信をもちえないことのひとつのあらわれであろう。ようやく,大正15(1926)年2月末,次の関係省次官協定が結ばれるのである。未紹介なので全文を引用しておこう。

製鉄原料関係借款製鉄所ヘ承継ニ関スル関係省次官協定

今回ノ製鉄所特別会計法改正ニ際シテハ従来両者間ノ申合ニ従ヒ且製鉄所ノ会計ヲ鉄道ノ会計ノ如ク独立ノモノトスルノ趣旨ニ鑑ミ従来預金部及国庫ヨリ融通シタル鉄鉱石及銑鉄獲得ノ為メノ借款ハ製鉄所ニ於テ之ヲ肩替シ且借入運転資本ノ利息ハ当然製鉄所ニ於テ之ヲ負担スヘキ筋合ナルモ製鉄所会計ノ現状ニ於テハ直チニ上記ノ要求ヲ徹底セシムルコト不可能ナルヲ以テ諸般ノ事情ヲ考慮シテ之カ緩和ヲ図リ漸次其ノ実現ヲ期スル為左記ノ協定ヲ為シ別紙ノ通リ法律案ヲ作成シ第51議会ニ提出スルコトトスルモノトス

記

一　従来ノ沿革ニ鑑ミ漢冶萍及裕繁両公司ノ経営維持ニ付テハ今後専ラ製鉄所ノ責任ヲ以テ之カ方策ヲ樹テ原料ノ確保ト債権ノ元利回収ヲ図ルコト

二　借款ニ関係アル銑鉄及鉱石ノ購入価格ニ付テハ製鉄所ニ於テ特別ノ考慮ヲ払ヒ予メ大蔵省ト協議スルコト

三　製鉄原料関係ニ於テ今後預金部及国庫ハ新借款ノ要求ニ応セサルコト又現在ノ借款ノ条件ヲ変更セサルコト

四　大正19年度ニ於テ預金部及国庫ノ製鉄原料関係借款ヲ製鉄所特別会計ニ継承スルコト但シ左記ノ場合ニ於テハ大正19年度以前ト雖モ右借款ヲ製鉄所特別会計ニ於テ継承スルコト

　(イ)　製鉄所益金カ相当増加シタル場合

　(ロ)　新規ノ拡張計画ヲ樹テムトスル場合

　(ハ)　製鉄所ヲ民間ニ払下ケ又ハ半官半民ノ経営ニ移サムトスルノ計画ヲ樹ツル場合

五　国庫金ニ余裕アル場合ニ於テハ貸付金及年度内繰替金ノ両者ヲ通シ最高5千5百万円ヲ限リ大正18年度末迄無利息貸付ヲ為スコト

　但シ右期間内ト雖モ国庫ニ余裕金ナキ場合ニ於テハ特別会計ノ負担ニ於テ融通証券ヲ発行シ若ハ一時借入金ヲ為シ又ハ借入ヲ為スコト

右協定ス

　大正15年2月26日

　　　　　　　　　　　　　　　　　　　大蔵次官　田　　昌印

第6章　製鉄所特別会計の成立

商工次官男爵　四条隆英㊞

製鉄所長官　中井励作㊞

　このようにして，大正19（昭和5＝1930）年度から「製鉄原料借款」は預金部から製鉄所に肩替わりすることにきめられたが，大正15＝昭和1（1926）年7月23日の閣議で「製鉄原料関係借款ハ製鉄所第3期拡張計画終了ノ翌年タル大正19年度ニ於テ之ヲ製鉄所特別会計ニ承継セシメ其ノ所要資金ハ大蔵省預金部ヨリ同特別会計ニ貸付クルコト而シテ右借款承継ノ具体的方法ハ別途之ヲ講究スルコト」と正式に決定された。ただし，上述の次官協定で「今後預金部及国庫ハ新借款ノ要求ニ応セサルコト」と決めたが，その後漢冶萍公司から新借款の要請がだされ，結局貸し付けざるをえなくなり，昭和2（1927）年1月26日の第13回運用委員会の決議によって預金部から横浜正金銀行に200万円融通された。これは次節で言及するように，製鉄所特別会計に振り替えられ，昭和4（1929）年4月1日に製鉄所の預金部からの借入金となったのである。

　国債と「製鉄原料借款」の製鉄所特別会計への継承の原則が決定されることによって，そして製鉄所拡張費が繰り延べされねばならないような財政条件によって，製鉄所特別会計への移行が一層具体化し，その内容が明確となってくるのであり，第51議会の末期に議会に提案された。議会では主として実業同志会の武藤山治らの古典的財政原則論ともいうべき立場からの反対論が提出されたにとどまり，比較的容易に議会を通過するのである。ただし，製鉄所特別会計法は，前述の「次官協定」にもみられるように，製鉄所の採算制への懸念から，次節でのべるように例外規定がもりこまれており，さらに，「借入運転資本」（450万円）および同「補足金」（5500万円）を製鉄所の借入金として処理せず，またその利子負担を皆無とする如き特別措置を前提とするものであった。

(98)　漢冶萍公司借款については，別稿［第5章］でも注記したように，安藤実氏の労作「漢冶萍公司借款（一）（二）」（静岡大学『法経研究』第15巻，

表 6 - 7　西原

名　称	契約年月日	金　額	債権者	年利率
①交通銀行借款	大正6. 9.28	20,000	興銀・台銀・朝銀	7.5% (延期後) 8%
②兵器代借款	大正6.12.30 　　7. 7.31	32,081	泰平組合	7.0% (他に手数料) 1%
③有線電信借款	大正7. 4.30	20,000	(中華滙業経由) 3行	9.0 (中華滙業へ) 7.0
④吉会鉄道借款前貸	大正7. 6.18	10,000	3行	7.5
⑤黒吉林鉱借款	大正7. 8. 2	30,000	(中華滙業経由) 3行	7.5 (中華滙業へ 7.35)
⑥満蒙四鉄道借款前貸	大正7. 9.28	20,000	3行	8.0
⑦山東二鉄道借款前貸	大正7. 9.28	20,000	3行	8.0
⑧参戦借款	大正7. 9.28	20,000	3行	7.0 (他に手数料1%)
小計(西原借款)		172,081		
⑨京畿水災借款	大正6.11.22	5,000	興銀他10行	当初　　7.0 延期後 9.0
計		177,081		

備考：表中3銀行とは興銀，台銀，朝銀のこと。

第 6 章　製鉄所特別会計の成立

借款一覧

(単位：千円)

期　限	担　保	資金の出所	備　考
3カ年 (更に1年延期)	中国政府国庫債券額面2500万元	預金部	目下延期交渉中
大正9.9.23	なし	臨時国庫証券収入特別会計	期限満了せるも延期条件に関する交渉まとまらず延期契約の成立を見ず
5年	全国有線電信財産収入	15,000政府保証興業債券 5,000 預金部引受興業債券	担保物確保の為め事業資金1500万円を東亜興業より供給することとなり，大正9年下記条件の契約成立し，600万円交付済(3銀行及古河，住友より資金融通)。年利，9％，期限，13年，担保，電信財産及収入
6カ月毎に切替(但し10年12月以降未済)	本鉄道公債募集金中より償還	政府保証興業債券	本鉄道建設見積額約 90,000
10年	黒龍江，吉林両省の金鉱森林並其収入	同　上	
6カ月毎に切替(但し10年10月以降未済)	本鉄道公債募集金より返済	同　上	本鉄道建設見積額約 170,000
同　上	同　上	同　上	本鉄道建設見積額約 90,000
1年 (1カ年延期)	なし	臨時国庫証券収入特別会計 (但し，当初予備部)	期限満了せるも延期条件に関する交渉まとまらず，延期契約の成立を見ず。尚辺防事務処経費不足補充の為，大正8年2月迄追加借款160万円成立，朝鮮台湾両銀行より中華滙業を経由して貸与し，両行へは預金部より資金融通を行ったが本追加借款は大正11年3月中国政府9600万ドル債券にのりかえた
当初1年(のち大正15年6月迄延期)	国庫証券額面7,063	銀行の自己資金	大正11年3月発行の中国政府9600万ドル債券にのりかえ

1号，2号。のち，『日本の対華財政投資』〔アジア経済研究所，昭和42年〕としてまとめられた）がある。わたくしとは視角を異にするが，系統的に叙述されており，得るところが多い。あわせて参照されたい。

(99) 漢冶萍公司の経営難の唯一の要因が日本帝国主義の強圧と支配による，というのではない。安藤実氏も漢冶萍公司の「経営不振の社会的要因」のなかで「基本的なのは……日本とのあいだに成立していた特殊な関係，すなわち金融的従属という関係であった」（同上書，93ページ）と指摘しているように，それが基軸的要因なのである。

(100) 大蔵省昭和財政史編集室『昭和財政史』第12巻（吉田震太郎教授執筆）4ページ。

(101) 同上，5ページ。大正13年度末で地方資金は総額の27.1%，特別貸付金は20.7%にのぼっている。

(102) 西原借款という場合，その内容・金額ともに論者によってかならずしも同一ではない。条件その他についてもかならずしも明確ではないようであるから，参考までに大蔵省理財局国庫課調べ（大正11年末）のデータを掲げておけば表6－7の如くである（『第46議会参考書』より作成）。当時大蔵省では8件を西原借款としていたが，西原亀三個人は兵器代借款を除く他の7件（合計1億4500万円）を西原借款とよんでいる（北村敬直編『夢の七十余年——西原亀三自伝——』平凡社，205-206ページ）。また，『日本興業銀行50年史』の規定（230ページ以下），信夫清三郎『大正政治史』（37ページ）の規定を参照。鈴木憲久・前掲書は表6－7表示の9件全部を俗にこれを西原借款と総称しているとのべている（219-220ページ）。

(103) 信夫清三郎，前掲書，376ページ。

(104) 『日本興業銀行50年史』200ページ。

(105) 特別貸付金の内訳については，高橋亀吉『日本金融論』東洋経済新報社，昭和4年，304ページの表を参照。

(106) 大蔵省預金部『支那漢冶萍公司借款ニ関スル沿革』184ページ。

(107) 同『支那漢冶萍公司借款ニ関スル沿革参照書類』141ページ。

(108) 日本鉄鋼協会の雑誌『鉄と鋼』第12年第2号（大正15年2月）は次のように報じている。

製鉄所会計の独立に関して，「大蔵省でも既に省議にて商工省案に同意し……近日本会議に……法律案を提出すべく最近省議を開き之れが方法その他に就き商工省案を基礎として種々協議した結果」，次の2つの希望条件を付して商工省の同意を求めることとし，同省に回付した。すなわち，第1，漢冶萍借款3000万円を「製鉄所に肩替りすると共にその利子をも

第6章　製鉄所特別会計の成立

責任を以て製鉄所から支払ふべき様にすること」，
　　第2，「商工省では製鉄鋼調査会の答案に基き八幡製鉄所の会計を民間事業会社の如く明確ならしめる為その財産の換価をして居るが右の勘定科目中製鉄所固定資産を1200万円〔原文のまま，1億2000万円の誤植と思われる――引用者〕と見積ったことはいさゝか少額の嫌ひあること」（207－208ページ）．

(109)　これは，大蔵省所蔵『昭和財政史資料』第1－144冊，所収資料に散見される．

(110)　同上資料による．

(111)　同上．この資料のなかで「借入運転資本」の利子の支払いすら製鉄所会計の現状から直ちに応じえないとのべていることからみても，中井製鉄所長官が「製鉄所としても独立会計になることをかねがね希望するところであった」とのべているのを（Ⅰ節でも指摘したように）文字通りうけとることはできないであろう．

(112)　大蔵省預金部『支那漢冶萍公司借款ニ関スル沿革参照書類』406ページ．

(113)　この理由については，別稿［第5章］で指摘したのでくりかえさない．

(114)　この借款については運用委員会でもかなり異論がだされたのであるが，この件を委員会に提案する前に大蔵省では次の条件を必要と考えていた．
　　「委員会ニ於テハ本件ニ対シ性質上反対論相当ニ有力ナルヘキヲ以テ本件ハ万已ムヲ得サルノ異例的措置ニシテ且直チニ確実ニ回収シ得ルモノタルコトヲ示スカ為商工省ヲシテ製鉄所特別会計法ヲ改正シ製鉄原料資金ヲ設ケシメ今後ノ所要資金ハ全部同会計ヨリ貸出スコト又今回預金部ヨリ融通スル資金ハ大正19年度迄待ツコトナク改正法施行ト共ニ同会計ニ肩替リスルコトニ同意セシメ之ニ関スル法律案ヲ本期議会又ハ次期通常議会ニ提案スルコトニ閣議ノ決定ヲ経置クコト」（大正15年11月12日）．

(115)　武藤山治の反対論は次の2点に要約できる．特別会計を独立会計に移すことは民間会社にたとえていうならば，総勘定元帳と全く関連のない独立の帳簿をもつのと同じであり，また「下世話で申せば女房が臍繰勘定を持つと云ふのと同じであり……一家で主人が会計簿に載せない臍繰勘定を……許せば台所の勘定は是より紊乱する……」，現に独立会計である鉄道の会計は，独立会計であるために党勢拡張の具に供されており，それは民間ならば背任罪に問われるような会計組織を有しているからである．
　　彼は『実業政治』（『武藤山治全集』第3巻所収）で，特別会計全廃論や官業の大幅整理を主張しているが，前者は彼のいわば，予算原則といえる明確の原則と統一の原則の主張といえよう．

Ⅳ　製鉄所特別会計の内実と特徴

　大正15 (1926) 年3月，議会を通過した「製鉄所特別会計法」（法律46号）は1年の猶予期間をおいて，昭和2 (1927) 年4月から施行されるのであるが，従来の「作業会計法」にもとづく製鉄所の会計制度とは大幅に異なったものであることはいうまでもない。『八幡製鉄所50年誌』はこれによって「当所の経理機構に根本的な改革が行なわれ……単に国家事業という性質より一歩進んで国家企業として収益も当所経営上考慮さるべき要素として採り上げられるに至った」(242ページ)とのべ，また大蔵省昭和財政史編集室編『昭和財政史』第17巻は「官業企業の企業性拡大」という視角から「企業特別会計の一般会計からの独立は，官営企業の資本主義的国家企業としての発展を反映した会計制度上の特色であった」とのべている(140ページ)。かかる企業性の拡大は次の規定の中に明瞭にあらわれている。すなわち，

　　「製鉄所ノ事業ヲ経営スル為従来ノ固定資本及据置運転資本並将来ノ製鉄所益金及本会計ノ負担ニ属スル公債又ハ借入金ヲ以テ資本ト為シ其ノ歳入ヲ以テ歳出ニ充テ特別会計ヲ設置ス」（第1条）
　　国債の負担――「製鉄所ノ創設及拡張ニ必要ナル経費ヲ支弁スル為従来発行シタル公債及之カ借換ノ為従来発行シタル公債」，固定財産の拡張・改良費のために発行した公債および借入金，それらの借換のために起債した国債，以上の「国債ノ償還金，利子，割引料並発行及償還ニ関スル経費ノ支出ニ必要ナル金額ハ毎年度之ヲ国債整理基金特別会計ニ繰入ルヘシ」（第3条）
　　減価償却の実施（第5・7条），利益の資本組入および損金の資本減額（第11条）。[116]

　これはまた製鉄所の独立採算の原則規定でもある。ただし，「本法ニ依リ本会計ニ於テ借入ヲ為シ又ハ一時借入ヲ為ス必要アル場合ニ於テハ当分ノ内当該年度内ニ限リ国庫余裕金ヲ繰替使用スルコトヲ得」（第19条）および

「一般会計ノ歳出予算ニ於ケル製鉄所拡張費ハ大正16年度以降本会計ノ所属トス」(第21条)なる規定がなされており，前者は国庫余裕金の無利子繰替使用であり，第3条のいわば例外規定であり，後者は第3期製鉄所拡張費の補足のために支出決定済となっていた継続費を決定通り一般会計から製鉄所特別会計に支出し，それを製鉄所の所得＝収入とすることを明記したものであって，いずれも独立採算の例外規定をなすものである。これは製鉄所の独立会計にたいする過渡的処置であって，独立会計への危惧の表明でもあったといえよう。と同時に，国策として強力に推し進めてきた製鉄所の拡張を完成させるための措置であろう。そのために昭和2(1927)年度1,325千円，同3(1929)年度1,325千円，同4(1929)年度1,295千円，合計3,945千円が一般会計から製鉄所特別会計に繰り入れられることになっていたが，財政の緊縮化と拡張費支出の相剋，銑鉄奨励金の交付，救済融資の拡大措置など独占資本の財政への要請が強まり，実際には一般会計から製鉄所特別会計への拡張費支出は初年度以降中止され，僅かに昭和3(1928)年度に大正15＝昭和1(1926)年度の拡張費繰越額489千円が支出されたにとどまったのである。

　かくして，製鉄所特別会計は純化に一歩歩を進めるのであるが，製鉄国策の目標を達成するためには，設備投資を行ない生産力を高め生産を増加していかなければならない。国家財政から銑鋼一貫メーカー(財閥資本)には銑鉄奨励金が交付され，従来からの保護政策が継続され，また官・民協調のための組織が作られカルテルも結成されはじめたことは，鉄鋼資本にとって，最大限の利潤追求のための一歩前進であった。さらに製鉄所特別会計の要求も達成しえたのであるから，残るのはカルテルの広汎化と高率の保護関税となった。国家企業たる製鉄所は，かかる状況と一般会計からの設備投資資金供与を廃止された条件のもとで，新たな「拡張計画」を開始しようとするのである。製鉄所は独立会計という新しい条件のもとで，「将来において鉄の自給の見地から断然一大拡張計画を遂行する方針を包蔵してゐるが，しかしながら茲数ヶ年の間は現在の計画を踏襲し，新規設備に依る生産能力の増加はこれを避け専ら工場能率の増進と生産費低下の見地から旧式工場の改革，工場組織の統一に全力を注ぐ意向」(傍点は引用者)を示すのである。

独立会計の製鉄所拡充計画への作用をここからも容易に看取しうるのであるが,その場合に今後数年間に継続事業として予定された「改善する事業」の大要は次のようなものである。
(118)

1 熔鉱炉の改善,第1期及び第2期計画時代の旧式熔鉱炉を新式として何れも300瓲程度のものとすること
2 送風機の改善,熔鉱炉の能率を挙げるため送風機の改善,……送風装置を改善完備する
3 混銑炉の新設,混銑炉の能力1回200瓲を2000瓲以上のものとする
4 繋船壁の拡張,大拡張を為し起重機その他設備の能力を十分発揮せしむること
5 運搬設備の整理改善,現在の継ぎ足し式拡張に依る不便を除き根本的に現在の生産設備に適応するやう整備改善を加ふること
6 排出瓦斯の利用改善,排出瓦斯の利用を更に完備しこれに依り燃料節約を計ること
7 製鋼工場の改善,旧式設備を改善し作業工程を簡単にし能率を発揮せしむること
8 平炉の余熱利用,現在の設けてゐる平炉の余熱利用設備を整へる
9 動力電化,既定の計画にて着々進捗中に在るがこれがために更に新規発電所を設置せんとするものである
10 副産品利用設備,主要製品たる鋼材の生産費低下を計るため副産品の利用設備を完全にすること

さて,上述した特別会計制度のもとで製鉄所の経営財務体制が新たに発足するが,前節でのべた「製鉄原料借款」の継承条件の具体化が「次官協定」で定めた期限がせまるにつれて問題となってくる。さらに,製鉄所特別会計法では既述のように,公債の償還金を国債整理基金特別会計に繰り入れることが規定されていたが,実際には繰り入れられていなかった。金融恐慌後のいわゆる財源難と国債の累増への対応策として,これが問題となってくるの

である。したがって，製鉄所特別会計を特徴づけるこれらの事態を明確にしておかなければならない。

「製鉄原料借款」は前述したように，大正19＝昭和5（1930）年度から製鉄所特別会計に継承することになっていたが，「次官協定」後に新借款が漢冶萍公司支配維持のために避けられなくなり製鉄所特別会計にそれを肩替わりさせることを前提として預金部から支出され，昭和4（1929）年4月1日に，それ以前の借款と切りはなして，製鉄所特別会計に元利合計2,249千円（償還期間30年，利子率5.5％）が継承された。大蔵省預金部および国庫（日本銀行）支出の「製鉄原料借款」総額は先の2,249千円を除いて，元利合計で51,771千円の巨額に達していたのであるから，製鉄所にとってその返済条件如何は経営上極めて大きな問題であった。預金部としては預金部資金の状態からも短期間で借款の回収をはかりたいであろうし，製鉄所は可及的に長期かつ低利であることが望ましいことは当然である。そこで大蔵省と商工省・製鉄所間の交渉が重ねられるが，継承条件について，第58議会の委員会では，「預金部資金ノ性質上妥当ニシテ且ツ是ガ為メ製鉄所ノ経営ニ支障ヲ来サナイヨウニ決定スル見込デアリマス」と小川郷太郎政府委員が説明し，中井製鉄所長官もまた予定されている利子負担なら製鉄所の経営に格別の支障はない見込みであり，利子率も2分程度に軽減するよう預金部と交渉中であることを言明するような段階に内容が煮つまってくるのである。中井長官は次のように事情を説明している。

「本年度〔昭和5年度——引用者〕ノ追加予算ニ計上致シテ居リマス利子ガ漢冶萍公司ノ分ニ付キマシテハ64万円余デゴザイマスシ，ソレカラ裕繁公司ノ分ニ付キマシテハ4万円余，石原産業関係ノ分ニ付キマシテハ4万円余ト云フコトニナッテ居リマス，此程度ノ利子ヲ負担スルコトニナルノデアリマスガ，石原関係ノ此南洋ノ方面ノ分ニ付キマシテハ，従来元利共滞リナク納ッテ居リマス，裕繁公司ノ分ニ付テモ利子ダケハ納ッテ居リマスノデ，漢冶萍関係ノ分ダケガ只今ノ所元利猶予ニナッテ居ルノデアリマスガ，今申上ゲタ金額ヲ負担スレバ差当ッテハ宜シイコトニ預金部トノ間ニ協定ヲ致シテ居ル……其為ニ

製鉄所ノ会計ノ経営ニ対シテモ格別ノ支障ハナイ見込デ居ルノデゴザイマス」(123)

漢冶萍の分については差し当たり「2分ノ利子ダケヲ負担致シマシテ10箇年後ニ於テ45箇年ニ亘ッテ元本ヲ償還スルト云フ条件デ，御相談ヲ致シテ居ル……」，裕繁の分は「矢張2分ニ致シマシテ，是ハ元利ヲ今後15箇年間ニ償還ヲ致スト云フコトニ御相談ヲ致シテ居リマス」，石原産業は従来通りの利率及び償還年限。また「従来ハ取扱銀行ガ5分ノ利鞘ヲ取ッテ居ルノデアリマスガ，今後ハマダ確定ハシマセヌガ，其利鞘ナシニ引受ケテ貰フコトニ只今相談ヲ致シテ居ル……向ホ債務者ニ対スル条件ハ……債務者タル漢冶萍公司又ハ裕繁公司ノ経済状況ニ依ッテ，将来或ハ今日迄ヨリモ緩和スルカモ分リマセヌガ，只今ノ所デハ，今日迄ト同様ナコトデ済ムコトニ相談ヲ致シテ居ルノデアリマス」，「債務者ニ対シテ，其利鞘ダケハ無クシテ，結局ソレダケ利子ガ減ルコトニ致ス積リデ，是ヨリ相談シヨウト思ッテ居リマス」(124)〔文中「5分ノ利鞘」は5厘の利鞘の誤りであろう〕

この中井長官の言明のなかで，償還年限と製鉄所へ継承した借款の利子率の軽減は預金部との合意に達し，漢冶萍公司借款（前記の2,249千円分を除く）は55年間，裕繁公司借款は15年間に返済することとし，利子率は年2％と決定された。しかし，償還金に関しては次のように「益金」の額による方式がとられ，大蔵省と製鉄所の間で協定がむすばれた。すなわち，

「製鉄所特別会計作業益金カ予算上5百万円ニ達セサル年度ニ於テハ償還金ヲ猶予シ15百万円以上ノ益金ヲ生スル年度ニ於テ其ノ年ノ償還金ノ外15百万円ヲ超ユル金額ヲ以テ右猶予額ヲ順次補塡スルモノトス」(125)

このようにして，大蔵省・外務省・農商務省（商工省）―製鉄所が，三位一体となって，軍器素材・生産手段素材生産のための原料の確保・支配のために遂行してきた借款を，預金部財政の整理と借款元利の回収見通しの確定のために一国家企業の負担に，経営に格別支障を来さない範囲でではあるが，転嫁していく方式が確定するのである。

第6章　製鉄所特別会計の成立

表6－8　「製鉄原料借款」の預金部への元金返済額及び残高

(単位：円)

	昭和4年または5－8年度返済高	昭和7年度末残高	同8年度末残高
漢冶萍公司借款	170,055	2,114,329	2,079,060
同　　　　上	－	46,199,069	46,199,070
裕繁公司借款	1,105,800	3,317,397	3,040,947
石原産業貸付金	1,424,507[1]	1,074,997	
計	2,700,362	52,705,772	51,319,077

備考：大蔵省『預金部年報』(昭和7,8各年度版),「一般会計及特別会計ニ対スル貸付金明細表」より作成。なお当初額は表6－14を参照のこと。

注：1)　昭和5－7年度返済高は349,530円であるが,昭和8年度製鉄所特別会計資本勘定に1,074,977円収入済となっていることと8年度の『預金部年報』には石原産業貸付金の項目がなくなっていることから,全額返済されたと見做した。

かかる方式によって,製鉄所特別会計から預金部に元利の返済が行なわれてゆくのであるが,製鉄所が日本製鉄株式会社にくみこまれていく時の借款残高51,319千円は一般会計に引きつがれ国民の負担として残されるのである。その内訳は表6－8の通りである。その表に明らかなように昭和4または5 (1929, 30)年度から同8 (1933)年度の間に2,700千円の借款元金(製鉄所にとっては借入金)が預金部に返済されているが,この間に製鉄所が回収した金額(すなわち貸付金収入)は1,424千円であって,差額は利潤部分から支払われたものであるとみてよいだろう。製鉄所にとってはこれだけ企業負担が増加したことを意味するのである。[126]

次に公債償還金の国債整理基金特別会計への繰り入れ問題に言及しておかなければならない。

国債の累増は国債市価の低落を招き,国債市場も変化し,金融資本の要請にもとづいて短期債が増加し,借換のたびに国債発行差増＝(差損)を生じ,国債の整理が大戦後の反動恐慌以降,政府の財政政策のうちでも重要な地位をしめるようになったことは既にのべた。加藤高明内閣における一連の政策もまた国債累増のテンポを抑制したにとどまった。大正12 (1923)年度に国債総額の1万分の116相当額4200万円の国債償還資金への繰り入れを行ない,翌13 (1924)－昭和1 (1926)年度も1万分の116相当額の国債償還資金への

繰り入れを行なったが,「国債ハ大震災ニ伴フ復興復旧等ノ諸費用及欧州大戦ニ要シタル戦費並ニ之ニ伴フ財界変動ニ基因スル各種交付公債ノ発行其他借替差増等ノ為メ急激ノ膨張ヲ来シタル」[127]ために,従来の国債総額の1万分の116相当額の国債整理基金への繰り入れに加えて,昭和2(1927)年度より歳計剰余の4分の1を同基金へ繰り入れすることにした。そして予算編成にさいして政府は従来通り「緊縮」をたてまえとした方針を志向せざるをえなくなるが,政友会＝田中内閣(昭和2年4月成立)は,若槻内閣の金融恐慌対策に次いでモラトリアムを実施(昭和2年4月22日)し,「日本銀行特別融資および損失補償法」を公布・施行(昭和2年5月9日)するなど,恐慌対策を行ないながら,他方第1次山東出兵(同年5月28日)を強行し中国侵略政策を積極的に推し進めたのである。[128]

かかる政策を遂行するための物質的基礎を確定するために「昭和3年度ノ予算ハ節約ノ趣旨ヲ以テ歳計膨張ノ抑制ニ努メ既定ノ計画施設ト雖モ進ンテ之ヲ改廃シ以テ新規政策遂行ノ必要ニ応スル覚悟」をし,同年度予算で「実現ヲ期スヘキ重要ナル政策」「以外ノ経費ニ付テハ極力緊縮ノ方針ヲ採ルコト」,「新規要求ヲ為ス場合ニ於テハ特ニ他ノ費途ニ於テ節約ヲ加ヘ之ヲ財源トスル方針ニ出テ歳出ノ総額ヲ増加セシメサルコトニ努力シ且人員ノ増加要求ハ努メテ之ヲ避クルコト」[129]を政府は強調した。しかし,伝統的ともいえる政友会の積極政策論者は「公債増発論は無論のこと,外債募集論,郵便料金引上論,剰余金減債制度の廃棄論など」[130]さえだし,重要政策分2億1000万円をあわせて新規要求が3億9000万円に及び,恐慌下で租税および官業収入の自然増収は期待できず,新規要求の削減と公債増発および既定経費の節約繰り延べによってその不足を補足することとしたが,[131]この過程で製鉄所公債の元金償還金負担構想が登場するのである。

昭和2(1927)年11月25日,名古屋で開かれた関西銀行大会において,三上忠造蔵相は大要次の如くのべている。

「従来減債基金制度においては,前年度初の国債現在額の万分の116以上の元金償還をなすこととなってをり,従来この元金償還は全部一般会計の負担とな

第6章　製鉄所特別会計の成立

ってをったが、2ヶ年の猶予期間を置いて昭和5年度より、元金償還の負担を特別会計に負担せしめることとし、但一般会計より経費の補充を受けてゐる会計は除いて、独立せる特別会計即ち鉄道、台湾総督府、製鉄所の三者に限り、これを適用実行することとした、これがために一般会計の負担を軽減すること昭和5年度以降毎年約2千万円に上る」。(132)

このように、金融恐慌の過程において財政の膨張と緊縮──重要政策遂行のために他の諸経費を緊縮し、公債発行と公債償還をあわせて行なうために、製鉄所他の公債元金償還の負担が政府によって提起され、昭和4年7月、張作霖爆死事件に端を発して瓦解した田中内閣のあとをうけて成立した浜口内閣のいわゆる井上財政の一般会計における公債非募債政策のもとで現実化したのである。(133)それはまた「金解禁の前提としての国債整理」政策の一環であった。製鉄所は製鉄特別会計法によって公債償還金の負担が明記されておりながらも実際にはそれを負担せずに推移したのであるが、(134)かかる国家財政の危機的状況によって、その負担が政府から要求され国家企業としての製鉄所の負担増加となるのである。こうして製鉄所特別会計は法規定を次第にみたすものとなってくるのであるが、それははたして独立採算たりえたのであろうか、われわれはさらに検討を加えていこう。

資本勘定を概括的に示せば表6－9の如くである。そこに明らかなように、資本主義体制を震憾させた大恐慌時に作業勘定の大幅赤字（たとえば昭和5年度2,987千円）のために作業益金繰入がゼロになって、資本勘定は昭和5（1930）年度8,708千円、翌6（1931）年度2,577千円の赤字を計上し、固有資本の減額によって補塡したのを除けば、5カ年度は多額の利益を計上している。作業勘定において、昭和3（1928）年度以降固定財産減価償却を行ない、また昭和2（1927）年度以降、公債および借入金の利子支払いを行ないながら、昭和2（1927）年度5,359千円の作業益金を計上しているのをはじめ、昭和8（1933）年度ではそれは42,456千円の巨額に達している。それに応じて製鉄所の設備投資額も波はあるが多額にのぼっている。

固定財産減価償却費が作業勘定において、歳出項目（損益計算表では「損

表 6 - 9　製鉄所特別会計資本勘定収支決算（会計年度）

(単位：千円)

		昭和2 (1927)	昭和3 (1928)	昭和4 (1929)	昭和5 (1930)	昭和6 (1931)	昭和7 (1932)	昭和8 (1933)
歳入	作 業 益 金 繰 入	5,359	14,881	9,460		6,411	20,691	42,456
	固定財産減価償却金繰入		10,288	5,512	5,973		6,447	5,458
	貸 付 金 償 還 収 入			0	110	116	123	1,075
	借 入 金			35,000	25,000	15,000	0	0
	用品勘定益金繰入	151	545	8	11	27	528	2,910
	固 定 財 産 売 払 代	13	66	89			69	111
	雑 収 入	9	6	13	10	21	92	277
	計	5,532	26,275[1]	50,081	31,105	21,575	27,951	52,286
歳出	製 鉄 所 拡 張 費	623	1,373	2,070	365		1,822	1,312
	製鉄所改良・補充費	4,837	8,835	15,459	8,765	4,804	4,889	12,769
	国 債 償 還 金			28	726	721	530	62,983
	諸 支 出 金	5	12	19	27	8[2]		
	製 鉄 所 整 備 補 足 費	3						
	計	5,468	10,220	17,575	9,882	5,525	7,241	77,064
	損 (−) 益	4,847	15,632	12,078	(−)8,708	(−)2,577	18,387	46,901

備考：各年度「製鉄所特別会計歳入歳出決定計算書」より作成。

注：1）一般会計からの「大正15昭和元年度製鉄所拡張費」および同設備補足費」「繰越財源受入」合計489千円を含む。
　　2）製鉄所改良補充費に合算されている。

[損益は本表の歳入・歳出の差ではない]

第6章　製鉄所特別会計の成立

表6-10　製鉄所特別会計国債

(単位：千円)

	内国債				外国債				大蔵省証券			
	年度首額(A)	発行済額(B)	償還済額(C)	年度末残高(D)	(A)	(B)	(C)	(D)	(A)	(B)	(C)	(D)
昭和2 (1927)	20,996			20,996	4,608			4,608				
3 (1928)	20,996			20,996	4,608			4,608				
4 (1929)	20,996			20,996	4,608			4,608				
5 (1930)	20,996		324	29,672	4,608			4,608				
6 (1931)	20,672		326	20,346	4,608			4,608				
7 (1932)	20,346	1,549	109	21,785	4,608			4,608		3,800	3,800	0
8 (1933)	21,785	2	97	21,690	4,608			4,608				

	借入金				合計			
	(A)	(B)	(C)	(D)	(A)	(B)	(C)	(D)
昭和2 (1927)					25,605			25,605
3 (1928)					25,605			25,605
4 (1929)		41,249	4,028	37,221	25,605	41,249	4,028	62,826
5 (1930)	37,221	130,512	50,420	117,305	62,826	130,512	50,753	151,585
6 (1931)	117,305	11,500	10,427	118,380	142,585	15,300	14,550	143,335
7 (1932)	118,380		433	117,948	143,355	1,549	542	144,342
8 (1933)	117,948		62,887	55,061	144,341	2	62,983	81,360

備考：会計検査院長官官房調査課編『帝国決算統計』(昭和10年版)、大蔵省『預金部年報』(昭和5年度版以降)、同『国債統計書』(各年度版) より作成。

表 6 - 11 製鉄所特別会計より国債整理基金特別会計への繰入額

(単位:千円)

	総額	資本利子	債務取扱費	借入金元金	公債
昭和 2 (1927)	1,071	1,067	4		
3 (1928)	1,071	1,067	4		
4 (1929)	2,193	2,162	4	28	
5 (1930)	5,276	4,545	4	429	297
6 (1931)	5,835	5,111	4	424	297
7 (1932)	5,990	5,399	4	433	98
8 (1933)	68,167	5,109	4	62,887	96

備考:表6-10と同じ。借入金繰入高が前表の借入金償還済額と一致しないのは,本表では年度内返済の場合には計上されていないからである。尚総額と各項目の合計が一致しないのは若干の賜金公債の利子が総額に含まれているからである。

失ノ部」)であり,それが資本勘定に繰り入れられるために,資本勘定の歳入そのものは多額となるが,「作業特別会計」制度のもとにおける利益と比べると減価償却費や金融費用の負担にもかかわらず飛躍的に増加していることは注目しておかなければならない。この理由は何であるかの分析はここでの課題ではないし,別稿にゆずらざるをえないが,おそらく官民協調=カルテル,「合理化」,保護関税,大恐慌脱出のための侵略戦争開始による鉄鋼需要の増加などを指摘しうるであろう。

ところで,製鉄所特別会計において問題なのは同会計所属国債の元利が同会計において充全に負担されているかどうかである。製鉄所特別会計国債の動向と同会計からの元利支払額を示せば,表6-10, 6-11の如くである。国債は当初において内外債のみであったが,昭和4 (1929)・5 (1930)年度に「製鉄原料借款資金」が借入金となったことと経営難のために預金部ならびに日本銀行から借入をしたために借入金が急増し,国債総額は25,605千円から143,335千円(昭和6年度末)に達し,昭和8年度の高収益を基礎に内債・借入金元金62,983千円を返済したが,8年度末に81,360千円の残高であり,日鉄の成立にともない一般会計に帰属せしめられた。

他方,国債の元利支払いは,当初資本利子と債務取扱費のみであったが,昭和4 (1929)年度から「借款」資金の元利支払い,同5年度からの公債1

第6章 製鉄所特別会計の成立

表6－12 製鉄所借入金残高内訳

(会計年度末，単位：千円)

		昭和5 (1930)	昭和6 (1931)	昭和7 (1932)	昭和8 (1933)
漢冶萍公司借款資金	(預金部)	2,179	2,148	2,114	2,079
同　上	(預金部)	46,199	46,199	46,199	46,199
同　上	(日　銀)	2,925	2,925	2,925	2,925
裕繁公司借款資金	(預金部)	3,870	3,594	3,317	3,041
石原産業貸付資金	(預金部)	1,314	1,198	1,075	0
事業費	(預金部)	50,000	61,500	61,500	0
短期運用	(預金部)	10,000	0	0	0
事業費	(日　銀)	817	817	817	817
計		117,305	118,380	117,948	55,061

備考：大蔵省『預金部年報』(各年度)および同『国債統計書』(各年度)より作成。

万分の116相当額の公債元本償還支出が加わって次第に増加していった。利子率は内国債の場合4％と5％（4％－16,677千円，5％－4,319千円，昭和2年度)，外国債は第1回4分利付英貨公債であり，預金部借入金の場合は5％または5.5％あり，民間からの借入は皆無である（表6－12参照）から，規定利子額は支払っているとみてよいが，日本銀行から無利子借入金をしていることに注意しなければならない。そして，公債元本の国債整理基金特別会計への繰入額と内国債償還額の相違に明らかなように，少額ではあるが公債元本の一部が，一般会計から多額の繰り入れを行なっていた国債整理基金の負担で償還されているのである。

かかる点において，製鉄所特別会計は独立採算たりえなかった，といえよう。国家の優遇措置とともに漢冶萍公司借款資金4600余万円の元金は全く預金部に支払われずに，そして日銀へも支払われずに，製鉄所財政は展開したのである。しかし，その他の借款資金の返済は一定の進展をみたのであり，昭和8 (1933)年度末には預金部からの長期事業費借入金を皆済するところまで経営は改善されたのであって，資本勘定の収益状況にも明らかなように，独立採算を充全に可能とする企業経営内容を，製鉄所はもつにいたった，と言ってよいだろう。したがって，公債償還金の一部が権力的収入に依存しているとのべたが，その場合に公債元本償還金の国債整理基金への繰り入れが

その償還必要額によるのではなく，むしろ1万分の116というように固定的機械的に規定している，制度そのものの特徴も無視できないのである。

(116) 製鉄所特別会計法，大蔵省編『明治大正財政史』第2巻，565ページ以下による。
(117) 中外商業新報「八幡製鉄所の拡張計画」，『鉄と鋼』第12年第8号，大正15年8月，713ページ。
(118) 同上，713-714ページ。なお，これらの構造的分析は次に予定している別稿［本書補論］で詳細に行うはずである。
(119) 「次官協定」で今後預金部及び国庫は新借款に応じないことを規定していたために，漢冶萍公司の200万円の新借款要求にどう対応すべきかが問題となり，大蔵・外務・商工の3大臣連名で若槻首相に例外的に認めるべき旨の要望書をだしている。
(120) この金額は大蔵省『預金部年報』（昭和5年版）56ページによる。なお，昭和4年度製鉄所特別会計資本勘定予算では貸付金収入2万7842円，借入金償還2万7842円と計上されている。後者は「預金部ヨリ譲渡ヲ受クル債権ニ相当スル債務ノ元本償還金」であるが，ここで意図されているのは，漢冶萍公司への新借款（昭和2年借款）貸付金の年割元金をうけとって，それを債務の支弁にあてることである。但し，同年度の貸付金償還収入はゼロで，利潤から預金部に支払われている（前掲『昭和財政史資料』第1の144冊，昭和4年度『製鉄所特別会計決算書』による）。
(121) 前掲『昭和財政史』第12巻（大蔵省預金部・政府出資）では，製鉄所特別会計が継承した「製鉄原料借款」は次のように示されている（100ページ）。

  1．預金部　計4172万2千余円
   中国漢冶萍煤鉄廠有限公司貸付資金
    横浜正金銀行貸付金　3410万千余円
    日本興業銀行貸付金　205万千余円
   中国裕繁鉄鉱股份有限公司貸付資金
    横浜正金銀行貸付金　414万6千余円
   石原産業海運合資会社貸付資金
    横浜正金銀行貸付金　142万4千余円
  2．日本銀行
   中国漢冶萍煤鉄廠有限公司貸付資金

第6章 製鉄所特別会計の成立

表6-13 漢冶萍借款元利総額

(単位:千円)

	元金	利子	利子にたいする延利	計
興銀	2,051.5	378.6	29.4	2,459.5
正金	36,628.4	7,290.9	624.9	44,544.2
	千両	千両	千両	千両
日銀	2,500	510	44.6	3,054.6
計	38,679.9	7,669.5	654.3	47,003.7
	千両	千両	千両	千両
	2,500	510	44.6	3,054.6

備考:大蔵省預金部『支那漢冶萍公司借款ニ関スル沿革参照書類』381ページ。

表6-14 製鉄所特別会計への借款資金貸付高

	貸付年月日	償還満期	年利率	当初貸付額
			%	千円
漢冶萍公司借款資金	昭和4.4.1	昭和34.3.31	5.5	2,249
同　　　　　　上	5.6.2	60.3.31	2.0	46,199
裕繁公司借款資金	5.6.2	19.12.15	2.0	4,147
石原産業貸付資金	5.6.2	14.12.15	5.5	1,425
計				54,020

　　　横浜正金銀行貸付金　292万4千円
　　総計　4464万6千余円
　わたくしは以前にこの数字を引用したことがある(『土地制度史学』第32号[第5章, 245ページ])が, 漢冶萍公司借款に関する限り, 明らかに過少である。昭和4年3月末現在, 漢冶萍公司借款元利は表6-13のように算定されている。すなわち, 大蔵省預金部支出によるものの元利合計47,004千円, 日本銀行支出分元利合計3,055千円である。
　また大蔵省『預金部年報』(昭和5年度版)ではより明確に, 製鉄所特別会計への預金部からの貸付金として表6-14のように示されている。昭和4年に製鉄所特別会計が預金部より継承した2,249千円を除いて51,771千円が昭和5年に製鉄所特別会計に継承されたのであって, 上掲『昭和財政史』の44,646千円ではないことは明白である。
(122)　昭和5年5月1日, 衆議院「賠償金特別会計法中改正法律案外一件委員会議録」3ページ。
(123)　同上, 4ページ。

(124) 同上，5ページ。
(125) 「製鉄原料借款承継ニ関スル法律案説明資料」，前掲『昭和財政史資料』第1の144冊，第5号。
(126) 年度別内訳は，昭和5年度110千円，同6年度116千円，同7年度123千円，同8年度1,075千円である。
(127) 日銀調査局『関東震災ヨリ昭和2年金融恐慌ニ至ル我財界』，前掲書，859ページ。
(128) これは侵略と弾圧の宣言でもあり，第2次山東出兵決定前に，日本共産党にたいする大弾圧（昭和3年3月15日），東大新人会に解散命令（同4月16日）をはじめとして，思想，革命運動にたいする強圧が続いたことはよく知られている。
(129) 「昭和3年度概算方針ノ件」（昭和2年5月27日閣議決定）『昭和財政史』第3巻巻末所収，604ページ。
(130) 朝日新聞経済部『朝日経済年史』（昭和3年版）244ページ。
(131) 同上。
(132) 同上，244-245ページ。
(133) 井上財政の基本方針については，島恭彦『大蔵大臣』岩波新書，昭和24年，110ページ以下を参照。
(134) 何故，法的に規定されながら，従来製鉄所においても国有鉄道においても公債元本の償還のための繰入金が実際になされなかったのであるか，その理由は残念ながら不明である。国鉄財政の場合もかかる観点から内在的検討を加えてみなければならないであろう。
(135) 大蔵省『国債統計書』（昭和2年度版）による。

結　語

　われわれは，製鉄所特別会計＝独立会計の成立の諸要因とその特徴について検討してきたが，要約して結語に代えよう。
　製鉄所特別会計は第1次世界大戦後の恐慌以後，苦境におちいった鉄鋼資本が「目下ノ経営ヲ可及的ニ有利ナラシメ」るための諸方策の一環として提起・要求したものであり，製鉄合同のための条件を造出するための手段であった。われわれは，財閥資本を中心とした鉄鋼資本のこの要求が時間的にも

第6章　製鉄所特別会計の成立

先駆性をもつものであることに注目し，さらに鉄鋼資本の諸要求をばらばらに現象的・表面的に把握するのではなく，それらが内部的に有機的に結合していることを強調し，統一的な把握を試みたのである。財閥資本を中心とした鉄鋼資本の要求が片岡構想として結実し，それが政治過程に登場し，財政問題となるのである。

　第1次世界大戦中・後に侵略と反革命——軍拡の遂行，鉄道・電信電話の拡充などを通じて財政は急膨張し，資本蓄積に奉仕した。恐慌以後，国際的・国内的両条件に規制され，財政の整理を余儀なくされ，財政は資本の救済と階級闘争の激化への対応に動員され，反革命政策，経済侵略と資本救済は財政に重荷を負わせ，人民の負担を増加させ，財政の矛盾を深め，政府は一般会計のみならず財政の「合理化」を行なわざるをえなくなり，製鉄所財政にまでそれが及ぶのである。財政の緊縮・財源と製鉄所拡張との矛盾が露呈し，国債整理と預金部資金の整理の必要性をも含む国家合理化の一形態である財政整理＝合理化の一環として，製鉄所特別会計の成立が更に具体化されるのである。その合理化の内容をめぐって，財政当局者と製鉄所所管官庁との間で折衝がなされ，製鉄国策と製鉄所の採算性への懸念から一定の例外措置を残しつつ，製鉄所特別会計が成立するのである。

　かかる独立採算＝独立会計の成立の契機と国鉄特別会計成立の契機とは，日本資本主義の帝国主義段階における財政政策の一局面（財政の緊縮化が体制的に要請された時期）の産物であるという点で一つの共通因子をもつが，他の契機はいうまでもなく異なる。

　かくして，成立した製鉄所特別会計は，公債元本の一部が権力的収入によって負担され，国庫金の無利子利用の優遇措置などによって，厳密な意味での独立採算ではなかったが，公債・借入金の利子を支払い，「製鉄原料借款資金」の新負担や減価償却（それが適正なものかどうかは別として）を行ないながら，そして，多額の設備投資を行ないながら，5カ年度にわたって多額の利益を計上しえたことは，製鉄所が独立採算たりうる内実を保有するにいたったことを示すものである。国鉄財政が公債の償還金の一部を国債整理基金の負担に依拠していたと考えて誤りないものとすれば，官業における独

335

立採算は，程度の差はあるが，迂回的な形態において一般会計に一定の依存をすることによって成りたっていたといえよう。ただし，製鉄所の場合には，製鉄所の企業・経営そのものよりも，それは国債制度そのものの特徴によるものが大である点に注目しなければならない。

解　題

石井　寛治

1

　本書は，2002年8月2日に亡くなられた佐藤昌一郎氏が，前著『陸軍工廠の研究』（八朔社，1999年5月刊）に続いて，刊行すべく鋭意準備を進めておられた新著『官営八幡製鉄所の研究』を，既に論文として発表されていた部分をもとに編纂したものである。佐藤氏が，生前に記しておられた本書の全体構想は次のとおりである。

　　序　章　本書の課題と方法
　　第1章　製鉄所の成立と経営方針
　　【補論】　赤谷鉄山問題
　　第2章　創立期における製鉄所財政の構造
　　第3章　製鉄所の拡張政策の展開と矛盾
　　第4章　拡張期における製鉄所財政の構造
　　第5章　「製鉄原料借款」覚書
　　第6章　製鉄所特別会計の成立
　　第7章　製鉄所特別会計の構造
　　終　章　総　括――官営製鉄所から日鉄へ――
　　あとがき
　　図表一覧

　著者は，序章については原論文をもとに大幅に書き改め，第3章も増補する予定であり，第7章と終章は新しく書き下ろすつもりであったが，前著の刊行後，そのための原稿を準備する余裕のないままに，早過ぎる死を迎えね

ばならなかった。それ故,本書に収録することができたのは,原論文の一部をそのまま抜き出して構成した序章と,原論文の編成を一部組み替えながら編纂した第1章から第6章までの部分である。いま,本書の基になった論文を発表順に記すと,次のとおりである。

① 「製鉄原料借款」についての覚え書――官営製鉄所財政との関連において――(『土地制度史学』第32号,1966年7月)……本書第5章
② 戦前日本における官業財政の展開と構造(Ⅰ)――官営製鉄所を中心として――(『経営志林』第3巻第3号,1966年10月)……本書序章・第1章
③ 戦前日本における官業財政の展開と構造(Ⅱ)――官営製鉄所を中心として――(『経営志林』第3巻第4号,1967年1月)……本書第2章
④ 戦前日本における官業財政の展開と構造(Ⅲ)――官営製鉄所を中心として――(『経営志林』第4巻第2号,1967年7月)……本書第3章・第4章
⑤ 製鉄所特別会計の成立(上)――戦前日本における官業財政の展開と構造〔Ⅳ〕――(『経営志林』第4巻第4号,1968年1月)……本書第6章Ⅰ・Ⅱ
⑥ 製鉄所特別会計の成立(下)――戦前日本における官業財政の展開と構造〔Ⅴ〕――(『経営志林』第5巻第1号,1968年4月)……本書第6章Ⅲ・Ⅳ・Ⅴ
⑦ 「戦前日本における官業財政の展開と構造」補論――赤谷鉄山開発問題と鉄鉱石輸送契約書について――(『経営志林』第11巻第2号,1974年11月)……本書補論

2

このように,本書の基になった諸論文は1966年から1974年にかけて発表されたものであり,それ以来すでに30年前後の年月が経っている上,著者の抱いていた全体構想からすれば,本書は序章・第3章の加筆修正部分と最後の

解　題

第7章・終章の部分を欠くものであって，このままで刊行されることについて，著者としては不本意に思われるに違いない。しかし，たとえこのような形であっても本書が刊行されることは，官営八幡製鉄所の史的研究にとって極めて重要な意義をもつだけでなく，ひろく公企業の形態変化や多様性の論理的・歴史的把握を進める上でも，また，近代日本史研究全体の進展にとっても貴重な貢献となるものと思われる。以下，官営製鉄所に関する研究史における本書の位置付けについて簡単な説明を試みたい。

官営八幡製鉄所の位置付けに関する古典的な研究として，山田盛太郎『日本資本主義分析』（岩波書店，1934年）を挙げることについては誰しも異論がなかろう。戦前日本資本主義を「軍事的半封建的」資本主義として把握する同書は，産業資本確立過程を通じての軍事工廠の「迫進過程」によって「促迫」を受けつつ基本原料（鉄，石炭）の確保に向けての過程が進むとし，官営八幡製鉄所の軍事的性格と鉄鉱石確保のための「植民圏劃保」の必然性を強調するとともに，その規模の狭小さと民族運動による不安定さを指摘した。

第二次大戦中から戦後にかけて八幡製鉄所所蔵の膨大な一次資料を用いて行われた研究である三枝博音・飯田賢一編『日本近代製鉄技術発達史──八幡製鉄所の確立過程──』（東洋経済新報社，1957年）は，近代日本鉄鋼業が最初から軍需産業としての重荷を背負わされる運命をもったことを指摘しながらも，官営八幡製鉄所の創設は「単に軍事面の要求によってのみ実現されたのではなく」，一般的な鉄鋼需要の増大に対応した側面があったことを強調した。とくに大島道太郎技監の意向を汲んだ1897年11月の和田維四郎製鉄所長官の意見書による鋼材年産6万トンを9万トンへと増加させる計画変更と兵器用鋼材生産の一時延期は，当初設計を根本的に改めたものと評価している。

これに対して，本書の著者が相次いで発表した諸論文においては，官営製鉄所創出の「必然性」は，「鉄鋼業が大政商資本を中心とした民間資本による高利潤取得の対象となりえない」ことを基礎としつつ，「基本的には，国家による経済的必要を包摂した軍事的必要にあった」とされており，官業財政の視点からの具体的事実を踏まえた上で，随所で山田盛太郎説の再評価が

試みられていたと言ってよい。

　こうした山田説の再評価の方向については，山田説を批判的に継承する立場から若干の異論が提起されている。例えば，官営八幡製鉄所だけでなくそれ以外の鉄鋼企業をも分析しつつ，原料基盤の確保のための「資源帝國主義」の展開を明らかにした奈倉文二『日本鉄鋼業史の研究——1910年代から30年代前半の構造的特徴——』（近藤出版社，1984年）は，佐藤説に対して，「国家資本としての独自性が，日本鉄鋼業全体との関連でどのように把握されているのかは必ずしも定かでない」として，もともと山田説自体に見られた「国家資本偏重的弱点」の克服が必要だと指摘する。また，両大戦間にかけての日本鉄鋼業の発展面を高く評価する長島修『戦前日本鉄鋼業の構造分析』（ミネルヴァ書房，1987年）は，軍需素材の供給は，日本鉄鋼業の発展を促進した面よりも制約した面が大きかったと論じており，官業財政の視点から八幡製鉄所の一次資料を分析した本書著者の研究について，「戦後の八幡製鉄所研究のエポックを画し，その後も佐藤氏の水準を凌駕するまとまった研究はでていない」と極めて高く評価しつつも，佐藤説においては，生産手段素材としての普通圧延鋼材の大量生産の体系と兵器製造素材たる特殊鋼生産の体系とが別個の系列に属することが必ずしも明確にされていないと批判している。これらの批判に対して，本書が著者自身の手によって仕上げられた場合には，著者による反論なり弁明がなされたであろう。ここでは，1980年代後半の時点においても，鉄鋼業史の専門家から見て，本書の内容が最高の水準のものと評価されていたこと，そして官業財政の視点からのまとまった官営八幡製鉄所研究としては，現在においても最高水準を保っていることを確認しておきたい。

3

　本書の叙述は，最近の若い読者には言葉遣いの点でやや難しく感ずるかも知れないが，細かい実証的根拠の部分はほとんど表と注に譲っているため，本文を読み進んで筋書きを追うことはやさしい。著者苦心の整理された叙述

スタイルであると言えよう。したがって，各章の内容についての解説は不要かとも思うが，以下，気のついたポイントと留意点を述べることによって，読者の理解に資したい。

序章「本書の課題と方法」は，もともと第1章「製鉄所の成立と経営方針」とともに原論文②を構成していたものであり，内容的には一般会計と資金的に結合した「作業特別会計」としての製鉄所財政を分析した第1章から第5章に対する「序」として書かれたものである。第6章および第7章（予定）で扱われる一般会計から独立した「特別会計」としての製鉄所財政への移行とその内実の分析についての「序」としては，第6章第1節「問題の提起」を参照されたい。著者は，恐らくこの序章については，世界史の現段階と研究史の現状を踏まえて，大幅な加筆修正をする予定であったと思われるが，残念ながらそのための原稿は発見できなかった。それ故，この部分については，飽くまでも1966年段階における著者の考えを示すものとして読んでくださるようにお願いしたい。

第1章「製鉄所の成立と経営方針」では，製鉄所が官業とされた背景には，三井・三菱の両有力資本家に鉄鋼業進出の勧誘を断られた政府の私企業不信論があったこと，創立費500万円全額を清国賠償金から支出する予定が，実際には58万円以外は増額分を含めて公債支弁となったのは，収益を国庫に納付させるためだったと思われること，1897年11月の和田長官の意見書による鋼材年産6万トンから9万トンへの規模拡大と兵器用鋼材生産の一時延期は，三枝・飯田前掲書の言うような軍事目的の断念ではないこと，などが指摘される。最後の論点をめぐっては，荻野喜弘氏が，和田長官による兵器用材料の生産に向けての一貫した努力をあげ（『福岡県史近代史料編，八幡製鉄所（一）』解説，1995年），清水憲一氏も呉製鋼所案に抗議しての和田長官の辞表提出をあげ（「創業期八幡製鉄所と兵器用鋼材生産」，『九州国際大学経営経済論集』第9巻第2号，2002年），それぞれ佐藤説をサポートしている。

製鉄所創立費への清国賠償金の支出が削減されたことについては，かつて長岡新吉氏が伊藤博文内閣と自由党の提携が成立した結果，賠償金を割く必要がなくなったためであると指摘されたが（「日清戦後の財政政策と賠償金」，

安藤良雄編『日本経済政策史論』上，東京大学出版会，1973年)，いずれにせよ，賠償金の意義を評価する上で，この点は看過すべきでなかろう。高校の日本史教科書の中には，賠償金によって官営製鉄所が建設されたという叙述も依然として見られるし，解説者自身も，「八幡製鉄所よりも先に出発した漢陽製鉄所が，八幡製鉄所への原料供給者へと転落した原因の一つが，清国政府の賠償金支払による財政難にあったこと，そして，まさにその賠償金を基礎に八幡製鉄所が建設されたことを想起すると，日清戦争が両国の工業化に与えたインパクトの大きさがうかがえよう」(『日本の産業革命――日清・日露戦争から考える――』朝日新聞社，1997年，161頁）と述べたことがあるが，それは構造的把握としては正しいとしても，厳密に言えば賠償金による産業投資を過大評価したものとして批判されねばならない。この問題は，日本資本主義の確立が，日清戦争賠償金という国外からの資金獲得によって初めて可能になったのか，それとも国際的には異例に属する外資排除＝自力建設路線によって基本的には達成されたのかという評価にかかわるものである。解説者の前掲書は，日清・日露戦争は日本の産業革命を支えた面よりも矮小化させた面の方が大きいことを主張したつもりであったが，前述のような曖昧な叙述を含んでいたために真意が伝わらなかった。製鉄所の建設資金がどのような経緯で賠償金から国内公債に転換したかは，今後さらに明らかにされる必要があろう。

なお，補論は，藤村道生氏からの批判に答える形で，赤谷鉄山開発によって官営製鉄所の原料鉄鉱石を調達する可能性が十分にあったこと，それにもかかわらず，製鉄事業調査委員会が1902年12月に赤谷開発の中止と大冶鉄鉱石の使用を勧告したのは，委員会内部での侵略的原料取得の議論が，民族資源の開発論を圧倒したためであったことを改めて指摘している。歴史は自動的に進むのでなく，構造的に制約された範囲内での幾つかの客観的可能性のなかから人々が主体的に選択した結果の累積として進むことが，ここでは明示されていると言えよう。

第2章「創立期における製鉄所財政の構造」は，1901年11月に開業式を挙行するまでに，製鉄所の創立費が当初予算410万円の4.5倍に膨張した経緯を

検討し,「予算のでたらめさと配分の不合理さ」から建設が「さんたんたる有様」となり,溶鉱炉ができてもコークス炉が完成していないといったさまざまな「戯画的」事態が生じたこと,1904年に大冶鉄鉱石確保の見通しが立つとともに中止された赤谷鉱山開発では,投下資本120万円が全額放棄されたことを指摘する。さらに,著者は,1902年7月の高炉吹止めという危機を打開するための予算請求が満たされぬまま,日露戦争の勃発による臨時事件費の支出により辛うじて軍器生産を含む銑鋼一貫化生産体制が構築されたこと,1896-1905年の創立費は合計約2500万円に及び,軍・官需を中心とする販売価格が輸入価格に追随する値引きによって,もともと高かった生産費をはるかに下回ったため,製鉄所の連年の赤字は1900-05年に合計約560万円に達したことを明らかにする。なお,本章でも触れられているドイツ人技師・職工の高給振りと日本人職工との頻発するトラブルについては,従来は一柳正樹『官営製鉄所物語』(鉄鋼新聞社,上巻1958年,下巻1959年)などによってエピソード風に知るしかなかったが,最近刊行された前掲『福岡県史近代史料編,八幡製鉄所』((一)1995年,(二)1998年)において,雇外国人についての日独両国語の関係原史料を直接見ることができるようになった。

　第3章「製鉄所の拡張政策の展開と矛盾」は,第1期(1906-09年,鋼材18万トン),第2期(1911-15年,鋼材30万トン),第3期(1916-21年,鋼材75万トン)の相次ぐ拡張政策が何を目指し,いかに遂行され,何をもたらしたかを検討する。ここで著者が強調するのは,民需がしだいに増加したことは事実としても,拡張目的としての海軍を中心とする軍拡への対応を見落としてはならないこと,および,財政面と原料面の制約から,拡張は「段階的つぎはぎ的」にしか実現しなかったことである。それでも1910年度に至って製鉄所は漸く若干の黒字を生むようになったため,それまでの官営方式への批判が影をひそめ,1920年代には第一次大戦期を通じて拡大した民間鉄鋼業との利害調節が議論の中心になってくる。著者は,鉄鋼資本家としての今泉嘉一郎が中国・朝鮮の鉄鉱石資源を独占する官営製鉄所の活動は,民間製鉄所への銑鉄供給を主目的とすべきだと論じていることを紹介し,財閥資本によって包摂されつつある民間鉄鋼業の力の増大に対して,官営製鉄所が

「官・民協調」化に向けて進まざるをえないこと，その延長線上に1934年の日本製鉄の設立も位置付けられることを指摘する。

続く第4章「拡張期における製鉄所財政の構造」では，原材料コストの分析を通じて，大冶鉄鉱石と漢陽銑鉄の購入価格の安さと，それらの輸送のために三菱商事に支払う運賃と三菱兼二浦製鉄所からの購入銑鉄価格の高さ，官営製鉄所所有の二瀬炭坑の産炭価格に比較しての石炭カルテルからの購入価格の高さを指摘し，植民地・半植民地的収奪と独占体への利潤保証によるコストの抑制と上昇の並存を明らかにする。次に，著者は，銑鉄生産費が世界的水準に達したにもかかわらず鋼材生産費がかなり高い理由は，鋼材の多品目少量生産という創立期の特徴が持続しているためであると指摘する。著者は，1922年以降における鋼材の民間販売比率の上昇が大鉄鋼商社の役割の増大を伴い，官営製鉄所はそれらの意向を無視できなくなったと指摘することも忘れない。最後に，第一次大戦期には4年間で1億4746万円という莫大な収益をあげた官営製鉄所は，大戦後は利子負担を免れつつも収益が激減していることを明らかにする。大戦後の官民協調のもとでの価格政策については，その後，奈倉・長島前掲書のほか岡崎哲二『日本の工業化と鉄鋼工業——経済発展の比較制度分析——』（東京大学出版会，1993年）などが，立ち入った分析を行っている。

第5章「『製鉄原料借款』覚書」は，借款の発端とその展開の実態を研究史上はじめて明確にするとともに，日本帝國主義の行動を欧米帝國主義への受身的対応と捉える見方を鋭く批判した。すなわち，官営製鉄所は1899年8月に買収した赤谷鉄山の開発によって鉄鉱石10万トンを毎年確保しようとしたが，それに先立ち大冶鉄山の経営者盛宣懐から鉄鉱石売却の提案があったため，毎年5万トンの購入契約を同年4月に結んだ。この時期には大冶鉄鉱石は明らかに赤谷鉄鉱石の不足を補うものとされており，大冶鉄鉱石購入契約を赤谷鉄山開発の失敗の結果とする見解は明白な誤謬であると著者は言う。ところが赤谷鉄山の開発が停滞したため政府は大冶鉄鉱石をドイツに対抗しつつ借款供与によって確保しようと，1904年1月に300万円の借款契約を結ぶとともに赤谷開発を中止し，以後度々借款を供与した挙げ句，1913年には

解　題

漢冶萍公司の全財産を担保に取り，鉄鉱石・銑鉄の購入価格の抑制に成功したと指摘する。ドイツとの対抗はあったとしても，そのために日本政府が借款供与を余儀なくされたわけではないことを著者は強調するのである。漢冶萍公司借款については，その後いくつもの研究が公刊されたが，ここでは，著者も言及されている安藤実『日本の対華財政投資――漢冶萍公司借款――』（アジア経済研究所，1967年）と，国家資本輸出研究会『日本の資本輸出――対中国借款の研究――』（多賀出版，1986年）のみを挙げておく。

　第6章「製鉄所特別会計の成立」においては，官営製鉄所が，1927年度から従来のような設備投資資金を一般会計に依存する「作業特別会計」を廃止して，一般会計から独立したものとしての「特別会計」を採用した必然性と，その内実を明らかにする。著者は，製鉄所官僚が特権を捨ててまで独立会計を希望する要因は乏しく，1925年3月に日本鉄鋼協会が政府の製鉄鋼調査会に提出した意見書において，漸進的な製鉄合同を要請するとともに製鉄所の独立会計化を提起していることに注目し，民間資本側は官営製鉄所との競争条件の改善のために，資本の自己調達と金利の負担，減価償却の計上など企業会計の制度を官営製鉄所に導入して特権を剥奪しようとしたこと，また，歴代内閣による行財政整理も，製鉄所創設・拡張用の公債と製鉄原料借款を官営製鉄所に負担させるべく特別会計への移行を促進したことを指摘する。その上で，特別会計の内実については，幾つかの特典を与えられたため，厳密な意味での独立採算ではなかったが，重い利子負担や減価償却にもかかわらず多額の利益をあげえた限りで，製鉄所は独立採算たりうる内実を保有するに至ったと評価する。

　なお，第6章の基になった論文⑤において，著者は，「独立採算の問題はたんに資本収支，作業収支の技術的観点から把握するのではなく企業経営活動の分析と一体化して行なわれなければ，けっして科学的体系的把握とはなりえないであろう。その点で本稿の問題把握は充全たりえない。それは次に予定している『製鉄所特別会計の構造』の分析によって補完されることになるだろう」と記していたが，本書の第7章として予定されていたその部分はついに執筆されずに終わった。

以上の内容紹介は，解説者の関心にしたがって行ったもので，本書の膨大な実証の一部分しか伝えていないが，本書が官業財政の視点からする官営八幡製鉄所の総括的・実証的研究として，今日なお他の諸研究の追随を許さない水準を保っていることが窺えるであろう。もちろん，本書の分析がさまざまな限界をもっていることは，著者自身が熟知するところであり，残された課題が本書の各所において指摘されている。本書が，公企業体論や日本近代史の研究者だけでなく，広くそれらの分野に関心のある読者によって読まれることを願うものである。　　　　　（東京大学名誉教授・東京経済大学教授）

あとがき

花原　二郎

　敬愛する佐藤昌一郎君との悲別から早くも１年の時が流れた。この１年，国連無視のアメリカによるイラク先制攻撃，いち早くこの不法な戦争を支持し，これに便乗した小泉内閣の「有事立法」（戦時立法）の制定，平和憲法を公然と否定した自衛隊のイラク派兵決定――アメリカの武力による世界支配を内実とする「単独行動主義」とこれに忠誠を誓う小泉政治の「戦争への道」への傾斜が急展開中である。

　戦争と平和の経済学の研究と平和運動の理論化に全力を傾注した佐藤君の研究成果が生かされなければならない時に，君はいない。大切な人を喪った損失の大きさは計り知れない。

　佐藤君は福島大学では，大石嘉一郎先生に経済学の基本と戦争経済に歪められた日本資本主義史を学び，大石先生の助言によって選んだ法政大学大学院宇佐美誠次郎ゼミでは，財政学と戦争経済学を学んだ。

　佐藤君が在学した時期の福島大学経済学部は，旧帝大を含めても数少ない高水準の学問の場として広く知られていた。少壮・中堅の研究者の秀抜な論文が学内機関誌（『商学論集』）の毎号を飾っていた。当時の学者群像の香気は小林昇先生『山までの街』（八朔社，2002年）に活写されている。この地で，良き師に恵まれて経済学研究をスタートさせることができた佐藤君は幸運であったといわなければならない。

　法政大学大学院宇佐美ゼミはユニークなゼミであった。もちろん財政学の体系的研究が中心であったが，「なんらかの実践的主張と結びついていない社会科学はない」「経済学の理論は経済政策の検討にまで進まざるをえない」（宇佐美『財政学』青木書店，1986年）という観点から「国民生活を豊かにす

るための財政政策」の具体的，独創的提示がゼミ生に求められることになる。理論と実践の結びつきを考えさせるゼミである。

宇佐美先生の主著『臨時軍事費』（大蔵省昭和財政史編集室編『昭和財政史』第4巻，東洋経済新報社，1955年）について大内兵衛先生は「戦争経済学の原理を確立した」と激賞したが，戦争経済の第一次資料の徹底的分析を通じて，揺るぎない平和を構築したいとの信念が宇佐美先生の学問を貫いている。佐藤君が宇佐美先生のこの研究態度に強い刺激を受けたことはいうまでもない。

私が佐藤君と親しくつき合うようになったのは1964年春からであり，約40年の交友ということになる。この年佐藤君は法政大学経営学部研究助手となり，教授会の決定によって「指導教授」という名のアドバイザーを務めることになった私は，同じ研究室で机を並べて研究と対論を積み重ねることになった。多岐にわたる議論はいつも，平和のための「実践的主張」に帰着した。

現代社会の「三悪」を戦争・不況・インフレと規定し，これを除去するための「大衆の団結」を訴えた蜷川京都府知事の発言については，これを今，どのように具体化すべきかを繰り返し議論した。「つくられた武器は必ず使われる」という佐橋滋（通産事務次官）の発言は名言であり，だからこそ核兵器廃絶が喫緊の課題であることを確認し合った。平和運動の現状についてわれわれが到達した結論は「残念ながら，正しい理論が直ちに国民に受け入れられるとは限らない，人間が感情の動物であることに深く思いをいたし，人間の心に訴える政策提示が必要ではないか」ということである。

佐藤君は「行動する学者」であった。東奔西走して軍事基地の調査に情熱を傾けた佐藤君は，日本平和委員会代表理事，基地対策全国連絡会議代表幹事として，平和運動の前進に多大の貢献をした。これは研究を犠牲にして運動に参加したのではなく，実践から生じた問題を研究対象とし，己の研究成果を実践によって検証しようとするものであり，理論と実践の統一を目指したものにほかならない。社会人に広く開かれて，大きな成果を挙げている「法政平和大学」の中心的推進者であった。全法政教職員組合委員長の経験もまた「行動する学者」の証左である。

佐藤君がやさしい心の持ち主であったことについては衆目の一致するとこ

ろである。質問するため研究室を訪れた学生に対し,時間を超越して懇切丁寧に指導する姿をたびたび目撃した。きびしい勉学条件下で真剣に学ぶ通信教育部学生を一貫して励まし続けた佐藤君に通信教育部長は適任だったが,有能のゆえに 2 期 4 年間続けただけでなく,私立大学通信教育協会理事長の重責も加わり,病体を苦しめたことが悔やまれる。

　佐藤君はしばしば,生涯を通じての 2 人の師,大石嘉一郎先生と宇佐美誠次郎先生への感謝の言葉を口にした。佐藤君の学風は,野呂栄太郎賞に輝く『地方自治体と軍事基地』(新日本出版社, 1981年) から大著『陸軍工廠の研究』(八朔社, 1999年),遺著『官営八幡製鉄所の研究』にいたるまで,細密な重要事実の収集,会津魂に裏打ちされた,粘着度の高い分析を特徴としているが,そこには両先生の研究手法の継承を読みとることできる。論文構成,文体までも両先生に酷似しているように思われる。

　天才的なマルクス主義理論家であり,最初の科学的日本資本主義史をまとめあげた野呂栄太郎『日本資本主義発達史』(1930年) の岩波文庫版の初版 (1954年) には宇佐美先生によって,新版 (1983年) には大石先生によって,いずれも「理論と実践の統一」の観点からのすぐれた解説が付されている。野呂栄太郎の学問の輝きは,大石先生によって①実践運動が提起する問題にこたえて歴史分析を発展させた学問的営為の姿勢,②客観的過程を矛盾の発展として分析する唯物弁証法に基づく分析方法の確かさ (一般性と特殊性との統一的把握),③日本の客観的過程に即してマルクス主義理論を自らの思考で再構成し,それを創造的に発展させたこと,に要約されている。野呂栄太郎,宇佐美誠次郎,大石嘉一郎,佐藤昌一郎が同じ学問系譜の高き峰に並び立つことは疑いない。

*

　なお本書の成立事情について一言したい。佐藤君は果敢な闘病生活の中で,最後の著作となることを意識して,本書を完成させることに死力を尽くした。残念ながら,それは果たせぬ夢となった。この夢を叶えるために有志の者が「佐藤昌一郎遺稿集刊行会」を立ち上げ,関連論文の統一を図ったのが本書である。困難な編集作業は大澤覚,中村孝子のお二人が担当した。

本書を構成する個別論文の特徴や研究史上における位置づけは，佐藤君と親交のあった石井寛治氏（東京大学名誉教授・東京経済大学教授）によって丁寧に「解題」されている。「解題」によって佐藤君が本書に託した「大志」を誤りなく読み取ることができる。石井先生の御労苦に対し，深甚なる謝意を表する。

　最後に，本書刊行に物心両面にわたりご助力を賜ったすべての方々に深謝いたします。

（法政大学名誉教授）

　　　「あとがき」脱稿後，ご遺族によって発見された佐藤君自身の「あとがき（粗稿）」に接した。粗稿は中断されたままであり，全体構想の半ばに過ぎないと思われるが，佐藤君の学問形成の歩みとともに，本書で展開された研究の経緯を物語るものとして割愛するに忍びなく，以下に収録することにした。

あとがき（粗稿）

　私が官営製鉄所の研究に直接とりくみはじめたのは1965年4月ごろであった。その直接的契機は64年4月，法政大学経営学部の研究助手に採用され，専任講師にプロモートした場合に担当する予定の科目に関係する論文を教授会に提出しなければならないことにあった。経営学部であるので，私は公企業論または公益事業論を希望し，教授会がそれを認めてくれた。そこで公企業論等に関する先学の研究成果の学説を本格的に勉強しはじめた。

　私は福島大学経済学部に入学以来，日本資本主義論争に関心をもち，関係文献を読んでいたが，財政論に関心を集中したのは大石嘉一郎先生のゼミナールと「財政学特殊問題」の講義であった。在学中硬式野球部に所属していたが，肩を痛めてプレイヤーとして続けることができなくなり，3年生で退部し，最後の年を勉強に時間をとろうと考えた。そこで田添京二先生のゼミ

あとがき

に加えて大石先生のゼミへの参加を無理矢理おねがいをし，2つのゼミナールに在籍させていただいた。当時2つのゼミの履修を不可とする規定はなかった。

　戦前日本資本主義の構造的特徴の一つである軍事的性格を解明するために軍事費の解明が重要であると考え，私はその端緒が「松方財政」にあるとの結論に達し，それを中心に明治前期財政における軍事費の史的検討を論文としてまとめた。これは当初ゼミ論文（レポート）として執筆したのだが，大石先生は丹念に読んで誤字に赤ペンを入れてくださり，卒業論文にしたらと助言を受けたので，そのようにした。

　法政大学大学院で宇佐美誠次郎先生の指導のもと，財政論を更に勉強する機会に恵まれ，財政論の方法や構成について視野を広げていくなかで，いわゆる「段階論的財政論」への疑問を強くもつようになり，イギリスの19世紀中葉の国家財政を素材に「いわゆる自由主義段階の国家経費について」を修士論文としてまとめた。ドクター・コースでは，当初，マスター論文の延長として帝国主義財政の研究を考えていたが，当時日本に居て，イギリスやアメリカの財政の実態分析をおこなうことは「貧乏院生」にとってはきわめて難事であることを痛感した。

　このようなときに，大石先生が国内研究員で東京大学にいくが，自由民権運動の財政論を研究するので，関係資料の閲覧等協力してもらえないかという話があり，快諾して東京大学法学部明治新聞雑誌文庫に通って『自由新聞』その他の各種新聞を読み，メモをとったりした。

　また宇佐美先生から今度大蔵省の『昭和財政史』の「国際金融・貿易」の後編を書かざるをえなくなったので，助手として大蔵省の昭和財政史編集室に時間の都合のつく時に行ってくれないか，という話があった。ただ，時給が100円だからアルバイトにはならないがその他の点で君の研究に役立つかもしれないとも言われた。当面はどんな資料があるかを調べてくれればよいとのことであった。

　昭和財政史編集室にいくと厖大な関係資料以外に，研究者の垂涎の的である「松方家文書」などのいわゆる「五家文書」も並んでおり，率直に言って

351

驚いた。青木得三先生は殆ど毎日，大内兵衛先生はときどき顔を見せていた。大蔵省の執筆スタッフの山村勝郎，西村紀三郎，川上秀正，大森とく子の各氏には，時々しか行かないのに，たいへん親切にしていただき，「松方家文書」等の閲覧もさせていただいた。

　このような諸事情は学部時代の問題意識を復活させ，日本資本主義の軍事的性格を財政分析，とくに軍事費の分析を通じて歴史的に解明する作業にとりくむようになった。この結果を「『松方財政』論の再検討」（法政大学大学院『経済学年誌』創刊号，1963年），「『松方財政』と軍拡財政の展開」（福島大学『商学論集』第32巻第3号，1963年），「企業勃興期における軍拡財政の展開」（『歴史学研究』第295号，1964年）として発表した。そこで予告した「軍事財政と成立期の日本資本主義」を公表せずに終わってしまったのは遺憾であった。その理由の一つは，はじめに言及した研究助手採用と研究テーマの変更である。戦前日本は世界でも有数の官業国であり，公企業論の先学の研究の吸収とともに日本資本主義と官業の歴史的研究に焦点をあわせて学習を続け，「松方財政」研究で浮上していた陸海軍工廠の問題や製鉄所設立の明治政府の志向性に焦点をあわせてみた。

　これらは日本資本主義の特徴を端的に示すものである。日本鉄鋼史の研究を学ぶなかで，画期的研究である三枝博音・飯田賢一編『日本近代製鉄技術発達史——八幡製鉄所の確立過程——』（東洋経済新報社，1957年）が「製鉄所文書」をフルに使って分析していることを知り，私も是非参照したいと思った。

　当時教授会決定の私の指導教授であった今井則義教授に官業である八幡製鉄所の研究にテーマをしぼりたい旨相談したら教授は，これまでの君の研究とつながるし，企業体としての八幡の研究は殆どないからおもしろいと思うと賛成してくださった。そこで松岡磐木経営学部教授の紹介で八幡製鉄株式会社の調査部長をたずね，九州の八幡製鉄所にある「製鉄所文書」を閲覧したい旨をおねがいし，現地に足を運んだ。本社からの紹介状がとどいており，私は閲覧理由を述べて文書課の同意をえ，文書掛長が私の面倒をみてくださることになり，さっそく文書掛の書庫に案内していただいた。　　　（未完）

[著者略歴]

佐藤　昌一郎（さとう　しょういちろう）

1932年　福島県に生まれる
1956年　福島大学経済学部卒業
1964年　法政大学大学院社会科学研究科経済学専攻博士課程
　　　　単位取得退学，法政大学経営学部研究助手，専任講
　　　　師，助教授を経て
1975年　法政大学経営学部教授
1979年　英国シェフィールド大学客員研究員（−80年）
2002年　8月2日　死去
主　著　『地方自治体と軍事基地』新日本出版社，1981年
　　　　『反核の時代』青木書店，1984年
　　　　『世界の反核運動』（編著）新日本出版社，1984年
　　　　『いま「税制改革」を考える』（共著）青木書店，1987年
　　　　『陸軍工廠の研究』八朔社，1999年
監　訳　ジョセフ・ガーソン，ブルース・バーチャード編著
　　　　『ザ・サン・ネバー・セッツ――世界を覆う米軍基
　　　　地――』新日本出版社，1994年，ほか

官営八幡製鉄所の研究
2003年10月10日　第1刷発行

著　者　　　佐　藤　昌一郎
発行者　　　片　倉　和　夫
発行所　株式会社　八　朔　社
　　　　　　　　　　はっ　さく　しゃ
東京都新宿区神楽坂2-19 銀鈴会館内
振　替　口　座　・　00120-0-111135番
Tel.03-3235-1553 Fax.03-3235-5910

ⓒ佐藤昌一郎，2003　　　印刷／製本・藤原印刷
　　ISBN4-86014-017-6

―― 八朔社 ――

原　薫
現代インフレーションの諸問題
一九八五―九九年の日本経済
四五〇〇円

島原　琢
鉄道事業経営研究試論
京王電鉄を中心として
四五〇〇円

梅本哲世
戦前日本資本主義と電力
五八〇〇円

藤井秀登
交通論の祖型　関一研究
四二〇〇円

野田正穂／老川慶喜・編
日本鉄道史の研究
政策・経営／金融・地域社会
五五〇〇円

佐藤昌一郎
陸軍工廠の研究
八八〇〇円

定価は本体価格です

―――― 八朔社 ――――

| 伊藤裕人　国際化学工業経営史研究 | 四〇〇〇円 |

菊池孝美　フランス対外経済関係の研究
　　　　　資本輸出・貿易・植民地　　　　七五七三円

下平尾勲　現代地域論
　　　　　地域振興の視点から　　　　　　三八〇〇円

福島大学地域研究センター・編
　　　　　グローバリゼーションと地域
　　　　　21世紀・福島からの発信　　　　三五〇〇円

是永純弘　経済学と統計的方法　　　　　　六〇〇〇円

伊藤昌太　旧ロシア金融史の研究　　　　　七八〇〇円

定価は本体価格です

── 福島大学叢書学術研究書シリーズ ──

田添京二 著	サー・ジェイムズ・ステュアートの経済学	五八〇〇円
小暮厚之 著	OPTIMAL CELLS FOR A HISTOGRAM	六〇〇〇円
珠玖拓治 著	現代世界経済論序説	二八〇〇円
相澤與一 著	社会保障「改革」と現代社会政策論	三〇〇〇円
安富邦雄 著	昭和恐慌期救農政策史論	六〇〇〇円
境野健兒／清水修二 著	地域社会と学校統廃合	五〇〇〇円
富田 哲 著	夫婦別姓の法的変遷 ドイツにおける立法化	四八〇〇円

定価は本体価格です